大数据系列丛书

MATLAB数据可视化

（微课视频版）

蔡旭晖 吕格莉 谭锴轶 编著

清华大学出版社
北京

内 容 简 介

本书通过大量示例，全面地介绍了数据可视化的流程和MATLAB数据可视化的应用，并由浅入深地讲述使用MATLAB及相关工具包进行数据可视化的方法和技巧。

全书共10章，分为基础篇（第1～6章）和应用篇（第7～10章）。基础篇包括数据可视化概论、MATLAB基础知识、MATLAB数据对象及运算、MATLAB流程控制、MATLAB数据可视化的基础方法、数据导入和预处理；应用篇结合具体的数据案例，详细阐述各类数据可视化的流程，包括数据集对比的可视化、数据分布特征的可视化、时序数据的可视化和高维数据的可视化。

本书适合作为理科、工科、医科、农科、商科等专业高年级本科生和研究生的教材，还可作为从事数据分析和相关应用的工程技术人员、研究人员和开发人员的参考用书。

图书在版编目（CIP）数据

MATLAB数据可视化：微课视频版/蔡旭晖，吕格莉，谭锴铁编著. —北京：清华大学出版社，2024.6
（大数据系列丛书）
ISBN 978-7-302-66457-4

Ⅰ.①M… Ⅱ.①蔡… ②吕… ③谭… Ⅲ.①可视化软件－Matlab软件－教材 Ⅳ.①TP31

中国国家版本馆CIP数据核字(2024)第109740号

责任编辑：张 玥 薛 阳
封面设计：常雪影
责任校对：刘惠林
责任印制：宋 林

出版发行：清华大学出版社
网 址：https://www.tup.com.cn，https://www.wqxuetang.com
地 址：北京清华大学学研大厦A座 **邮 编**：100084
社 总 机：010-83470000 **邮 购**：010-62786544
投稿与读者服务：010-62776969，c-service@tup.tsinghua.edu.cn
质量反馈：010-62772015，zhiliang@tup.tsinghua.edu.cn
课件下载：https://www.tup.com.cn，010-83470236
印 装 者：大厂回族自治县彩虹印刷有限公司
经 销：全国新华书店
开 本：185mm×260mm **印 张**：23.25 **字 数**：564千字
版 次：2024年7月第1版 **印 次**：2024年7月第1次印刷
定 价：69.00元

产品编号：099532-01

前 言

PREFACE

在数智时代，各行各业的数据呈井喷式增长，数据量巨大，种类繁多，结构复杂，人们想从更多角度、更快速、更深入地了解数据。利用可视化方法和相关技术，清晰、高效地传达信息，挖掘数据蕴藏的价值，从而为探索世界、统筹决策等提供依据和帮助。数据可视化已经成为人们工作、研究和学习的重要手段，其应用越来越广泛。MATLAB 是一个科学计算软件，集成了面向各类型应用的通用工具和专业工具包，可以为各领域的数据可视化应用提供多种解决方案。本书从数据可视化的基础概念入手，以数据可视化全流程的问题解决为主线，讲解了利用 MATLAB 实现数据可视化的方法。

本书以新工科、新农科、新医科专业发展的需求为基础，以培养和提高实践能力为目标，梳理了数据可视化各环节的知识点，并形成相应知识单元。按照从基础应用到深层次应用的顺序建构知识体系，便于学习和掌握。本书提供的案例，注重训练学习者应用新兴技术发现问题、解决问题的能力。本书不仅可以作为理科、工科、医科、农科、商科等专业高年级本科生和研究生的教材，还可以作为从事数据分析和相关应用的工程技术人员、科研人员和开发人员的参考用书。

全书共分为 10 章，章节安排以应用 MATLAB 实现数据的可视化为主线展开，内容讲解由浅入深，层次清晰，通俗易懂。第 1 章介绍数据可视化的基础知识和应用技术；第 2 章介绍 MATLAB 的工作环境与特点；第 3 章介绍 MATLAB 中结构化数据和非结构化数据的表示，重点讲解 MATLAB 存储和处理数据的特色；第 4 章介绍 MATLAB 的流程控制结构；第 5 章介绍 MATLAB 数据可视化的基础方法；第 6 章介绍 MATLAB 访问各种来源数据的方法和数据预处理方法；第 7 章介绍 MATLAB 用于对比数据集的可视化工具；第 8 章介绍用于反映数据分布特征的工具；第 9 章介绍用于时序数据分析的可视化工具；第 10 章介绍 MATLAB 高维数据的可视化方法。

本书具有以下特点。

(1) 知识覆盖面广，技术体系全面。遵照新工科、新农科、新医科建设的理念，涵盖了数据可视化的相关知识和应用技术，以及利用 MATLAB 强大的科学计算能力实现数据可视化、优化分析结果的方法。

(2) 注重理论和实践的结合，融入了多领域的数据案例，并详细讲解了如何根据数据的背景、结构和分析目标选择实现的工具和方法，帮助读者理解 MATLAB 数据可视化的应用特色，培养和提升分析问题、解决问题的能力。

(3) 配套资源丰富。本书提供了教学课件、示例数据、程序源码等，读者可在清华大学出版社官方网站下载。

本书由蔡旭晖、吕格莉、谭锴铁共同编写。其中，蔡旭晖编写了第 1～6 章并负责全书统稿，吕格莉编写了第 7～9 章，谭锴铁编写了第 10 章。在编写过程中，编者参阅了 MathWorks 公司官网，引用了部分数据案例和应用成果，也吸取了国内外相关书籍的精髓，对这些作者的贡献表示由衷的感谢。本书在出版过程中，得到了清华大学出版社的大力支持，在此表示诚挚的感谢。

由于编者水平有限，书中难免有不足和疏漏之处，恳请各位专家、同仁和读者不吝赐教和批评指正。

编　者

2024 年 2 月

目　录

CONTENTS

数据可视化概论

本章学习目标

（1）了解数据可视化的相关概念。

（2）了解数据可视化的技术。

（3）了解数据可视化的常用工具。

本书阐述的数据可视化(Data Visualization)指运用图形图像处理、大数据、人工智能等技术，将数据转换为可以交互的视觉元素(如图形、动画等)，向数据的使用者传达数据中蕴含的信息，以增强人们对数据的感知、解释、分析和应用能力。

本章首先讲述数据可视化的发展、意义和应用，以及MATLAB在数据可视化应用中的特色。重点介绍数据可视化的相关技术，最后介绍常用的实现数据可视化的工具。

1.1 数据可视化：画意能达万言

人们难以记住一长串的数字，也无法直接看出数据之间的关系和变化的趋势，但是可以轻松地识别和区分图案和颜色，从而分辨图形的差异。采用可视化手段，使得人们在工作、学习和生活中更易于理解和交流基于数据的信息和知识。弗雷德·R.巴纳德(Fred R. Barnard)说："A picture is worth a thousand words.",即"画意能达万言。"阐述一个复杂的故事、解释自然现象中蕴含的抽象原理，图表比冗长、繁复的文字描述更有成效。

1.1.1 什么是数据可视化

研究表明，人类对图像的处理速度比文本快6万倍。可视化正是利用人类的天生技能来增强数据处理和组织效率。数据的可视化就是将复杂、抽象的数据转换为视觉可感知的图形、符号、颜色等元素，以直观、生动的方式展示数据结构、关系和变化规律，帮助人们更好地理解数据，发现数据中隐藏的信息。

数据可视化技术从最初的数据呈现、信息获取、知识发现，到数智时代的智慧生成，数据的价值在不断提升。

1. 数据可视化的前世今生

公元前550年，吕底亚王国的克罗索斯重建阿尔忒弥斯神庙，令工匠在神庙的陶器上绘制了古希腊主要城镇的位置。公元10世纪，人们开始有意识地用一些图表记录某些特定信息，如图 1.1 所示，包含坐标轴、网格、线条、图案标注等图形元素。

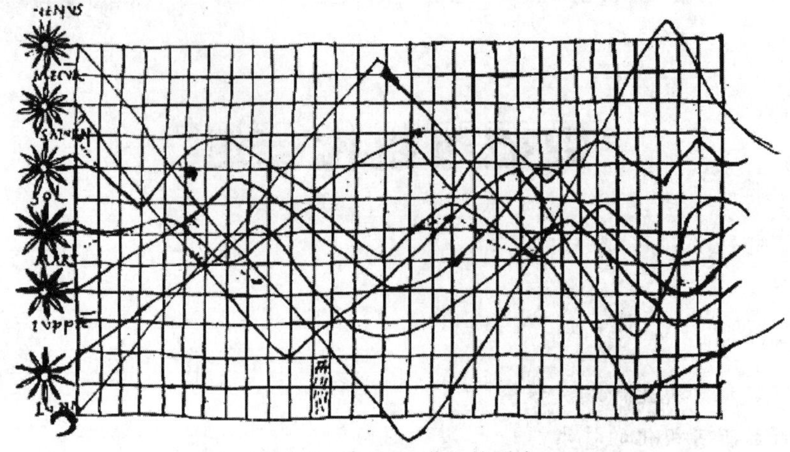

图 1.1　公元 10 世纪的图表

14 世纪，笛卡儿创造了解析几何和坐标系；数学家费马和哲学家帕斯卡共同发展出了概率论；J.格兰特开始了人口统计的研究。这些学科的发展，开启了数据可视化的发展之路。

18 世纪，随着统计学方法、工具等在生产和生活中广泛应用，人们逐渐意识到数据的价值，各种数据开始被系统地收集、整理，并使用图表描述数据特性。

19 世纪，人们在生产实践、生活中开始应用散点图、直方图、极坐标图、时间序列图等展示数据。1854 年，伦敦爆发霍乱，英国医生约翰·斯诺为了向人们说明霍乱是通过水来传播的，他在一幅记录有每个街区的水泵分布情况的伦敦地图上，用粗黑线标记死亡病例的位置，线的长短表示死亡人数，连续排列的线表示死亡事件的延续时长。这幅地图，从视觉的角度验证了宽街的公共水泵是污染源。这幅呈现霍乱事件与地理位置、时间关联性的图后来被称为"霍乱地图"。1858 年，南丁格尔绘制了一幅圆形直方图，图中用三种颜色标注军队战士的不同死亡原因，揭示战争中造成伤亡的主要因素。

随着技术的进步，越来越多领域的数据应用中采用了可视化技术。在可视化应用中，交互技术、自然语言处理、人工智能等技术的引入，进一步增强了数据的应用价值。

2. 数据可视化的应用场景

可视化技术旨在通过可视化工具和方法揭示数据、信息或知识的结构或模式，以增强信息和知识资源的利用，在信息管理、数据挖掘、知识管理、教育及学习等领域得到了广泛应用。

数据可视化应用场景包括比较、分布、关系、趋势、位置关联性等，第 7～10 章将通过典型示例介绍这些场景中的应用。

1.1.2　数据可视化的意义

数据可视化充分利用人们对视觉符号、颜色等的感知、识别能力，将数据、信息和知识转换为可以感知的图形符号，使得人们能够观察、操纵、研究、探索和理解数据。

1. 数据可视化的重要性

1973年，统计学家F.J.安斯库姆(F.J.Anscombe)构造出了4组奇特的数据，如表1.1所示，后来被称为安斯库姆四重奏(Anscombe's Quartet)。

表1.1 安斯库姆四重奏数据集

x_1	y_1	x_2	y_2	x_3	y_3	x_4	y_4
10.0	8.04	10.0	9.14	10.0	7.46	8.0	6.58
8.0	6.95	8.0	8.14	8.0	6.77	8.0	5.76
13.0	7.58	13.0	8.74	13.0	12.74	8.0	7.71
9.0	8.81	9.0	8.77	9.0	7.11	8.0	8.84
11.0	8.33	11.0	9.26	11.0	7.81	8.0	8.47
14.0	9.96	14.0	8.10	14.0	8.84	8.0	7.04
6.0	7.24	6.0	6.13	6.0	6.08	8.0	5.25
4.0	4.26	4.0	3.10	4.0	5.39	19.0	12.50
12.0	10.84	12.0	9.13	12.0	8.15	8.0	5.56
7.0	4.82	7.0	7.26	7.0	6.42	8.0	7.91
5.0	5.68	5.0	4.74	5.0	5.73	8.0	6.39

例1.1 表1.1中的4组数据存于文件“四重奏数据.txt”。设计MATLAB程序，从该文件读取数据，计算4组数据的统计特性，并分别用4组数据作为数据点的坐标绘制曲线。

程序如下。

```
M = readmatrix('四重奏数据.txt');
aver_M=mean(M(:,2:2:end),1);                              %求平均值
std_M=std(M(:,2:2:end));                                  %求标准差
var_M=var(M(:,2:2:end));                                  %求方差
coef_M=zeros(1,4);
p_M=zeros(2,4);
for n=1:4
    coef=corrcoef(M(:,2*n-1),M(:,2*n));                   %求相关系数
    coef_M(1,n)=coef(1,2);
    p_M(:,n)=polyfit(M(:,2*n-1),M(:,2*n),1)';             %求线性回归方程的系数
    subplot(2,2,n)
    x=2:2:20;
    y=polyval(p_M(:,n),x);
    plot(M(:,2*n-1),M(:,2*n),'ro',x,y,'b')                %绘制图形
end
```

运行以上程序，得到4组数据的统计特性如表1.2所示。该表显示，4组数据的平均值、标准差、线性拟合结果等大致相同。

表 1.2　安斯库姆四重奏数据集的统计特性

数　据　集	y_1	y_2	y_3	y_4
平均值	7.5009	7.5009	7.5000	7.5009
标准差	2.0316	2.0317	2.0304	2.0206
方差	4.1273	4.1276	4.1226	4.1232
x 与 y 的相关系数	0.8164	0.8162	0.8163	0.8165
线性回归方程	0.5001x＋3.0001	0.5000x＋3.0009	0.4997x＋3.0025	0.4999x＋3.0017

例 1.1 程序中调用 plot 函数绘制图形，将这 4 组数据可视化，如图 1.2 所示。绘制的图形反映出 4 组数据分布特性差异大。图 1.2(a)显示，y_1 与 x_1 基本线性相关，但波动较大；图 1.2(b)显示，y_2 与 x_2 的关系是非线性的；图 1.2(c)显示，y_3 与 x_3 基本线性相关，有 1 个离群值；图 1.2(d)显示，y_4 与 x_4 基本无关，有 1 个离群值。

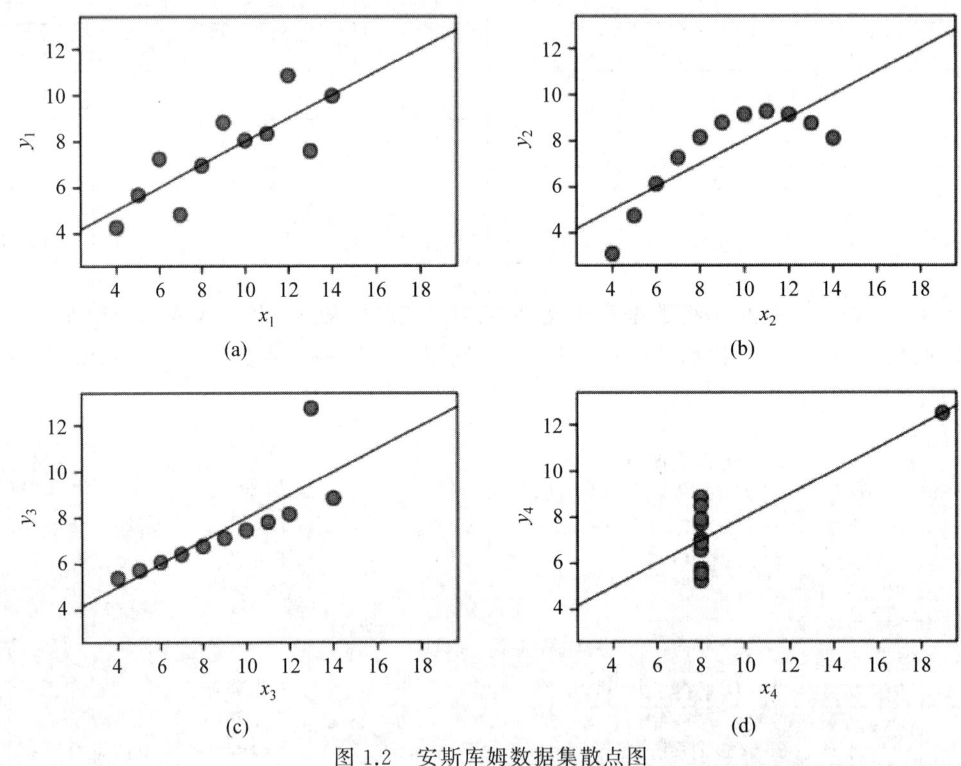

图 1.2　安斯库姆数据集散点图

可视化技术在展示数据的基本特性时，还可以有效呈现、突出关键信息，帮助人们发现问题和探究引发问题的相关因素。

在大数据时代，数据体量大、复杂度高，不适合仅用传统的统计方法对数据进行分析。数据可视化作为最直接、最简单和最高效的信息获取方式，在政务、金融、交通、医疗、商业、通信、化工等行业扮演着重要角色。

2. 信息可视化的优越性

信息可视化是运用形象、有趣的形式，直观地传达不易被理解的抽象信息、繁杂的数据特征等。MATLAB 提供了多种信息可视化工具，通过颜色、图案等来揭示抽象的概念和隐藏的信息。

例 1.2 使用 MATLAB 的 imagesc 函数呈现高阶幻方中数的分布特性。

幻方矩阵又称为九宫图，将自然数 $1,2,3,\cdots,n^2$ 排列成 n 行 n 列的方阵，使每行、每列及两条主对角线上的 n 个数的和都等于$\frac{n(n^2+1)}{2}$。MATLAB 的 imagesc 函数用于将矩阵每个元素的值分别映射一种颜色，用颜色填充元素下标对应的图块，这些图块构成一个矩形图案。本例调用 imagesc 函数，将 5～12 阶幻方矩阵元素值的分布情况可视化。程序如下。

```
for n =1:8
    subplot(2,4,n)
    ord = n+4;
    m = magic(ord);
    imagesc(m)
    title(join(num2str(ord)+"阶幻方"))
    axis equal
    axis off
    colorbar
end
```

运行以上程序，可视化效果如图 1.3 所示。

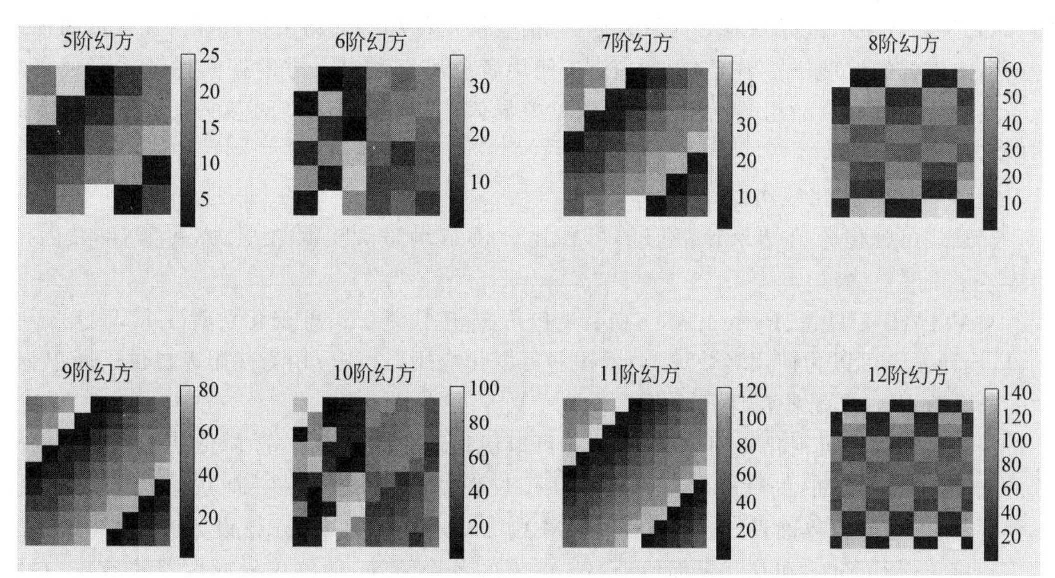

图 1.3　5～12 阶幻方的可视化

每个子图旁的颜色条反映矩阵元素值与颜色的映射关系，元素值按从小到大的顺序，分别用蓝渐变为黄的色带中的一种颜色表示。例如，5 阶幻方矩阵，最大值 25 映射为色带最上端的黄色，最小值 1 映射为最下端的蓝色，值 15 映射为绿色。对比 8 个子图可以看出，由色块形成的图案取决于幻方矩阵的阶数,奇数阶(5、7、9、11)的幻方图案沿对角线对称;偶数阶(6、8、10、12)的幻方图案可切分成4个大小相同的方块,且上下互补;而能被4整除的8、12阶幻方图案相似。

例1.2通过将数据值映射到颜色图的不同颜色,直观、清晰地解释了幻方矩阵中数的分布规律。在科学研究、工程实践中,通过可视化手段,将枯燥的数据组织在一起,并串成故事线,可以帮助人们理解抽象的理论,获取数据中蕴藏的知识。

3. 交互式数据可视化

数据可视化过程包括数据的收集和转换、模型的定义、数据的集成与分析、结果的表示与呈现,以及信息传达有效性的提升等。数据可视化过程各个阶段都需要通过各种交互方式,加强使用者对数据的理解。

1) 交互式可视化应用

交互式可视化分析界面帮助人们在进行数据分析时,通过单击、拖动等操作,或者从键盘输入来调整模型参数,改变图形呈现模式,从而提高数据分析和应用的效率,提升数据的价值。互联网上有很多科普类网站提供交互式数据可视化体验,以有趣的方式帮助人们更深入、更全面地认识世界、获取知识。

网站Histography(http://histography.io/)提供一个交互的时间表视图,汇集了从大爆炸到2015年期间的主要历史事件,其数据来源于Wikipedia。每个点代表一个事件,使用者单击某个数据点,视图上将呈现该点对应的重大事件。拖动图下方的滑块,可以改变观察的时间窗口期。左侧的列表供使用者选择感兴趣的类别。

网站Ventusky(https://www.ventusky.com/? p=44)提供了一个动态的风雨气象图,即时获取并显示世界各地的气象数据,包括气候变化和空气污染指数等。交互页面根据检测到使用者的地理位置确定图的中心点,使用者也可以通过上方的搜索栏来改变观察的中心点。天气状况页面用颜色展示各地温度差异,海洋区域则通过动态的流线呈现洋流的速度、方向等信息。

2) 交互式可视化应用设计

交互式可视化分析结果比静态的可视化分析结果呈现更具吸引力,更有趣,更易于阅读。

MATLAB工具箱、Python第三方工具包等提供了交互式可视化设计工具,利用这些工具,设计人员可以为使用者快速、高效构建可视化应用,这些应用为使用者提供了简单、高效的操纵数据、分析数据的手段。

仪表盘在很多可视化应用中被采用,它可以优化信息的显示方式,降低使用者对数据阅读的难度。MATLAB的App Designer提供了仪表盘上的多种组件,通过拖动组件到设计视图上,就可以完成界面设计。例如,利用MATLAB的App Designer设计如图1.4所示的应用程序。运行程序,在交互界面拨动左边面板的各个旋钮,调整信号发生器的参数,右边面板会输出调制后的信号波形。通过设置不同频率、不同滤波方法、不同滤波参数,观察输出波形,从而确定将用于被测电路的信号发生器的各项参数。

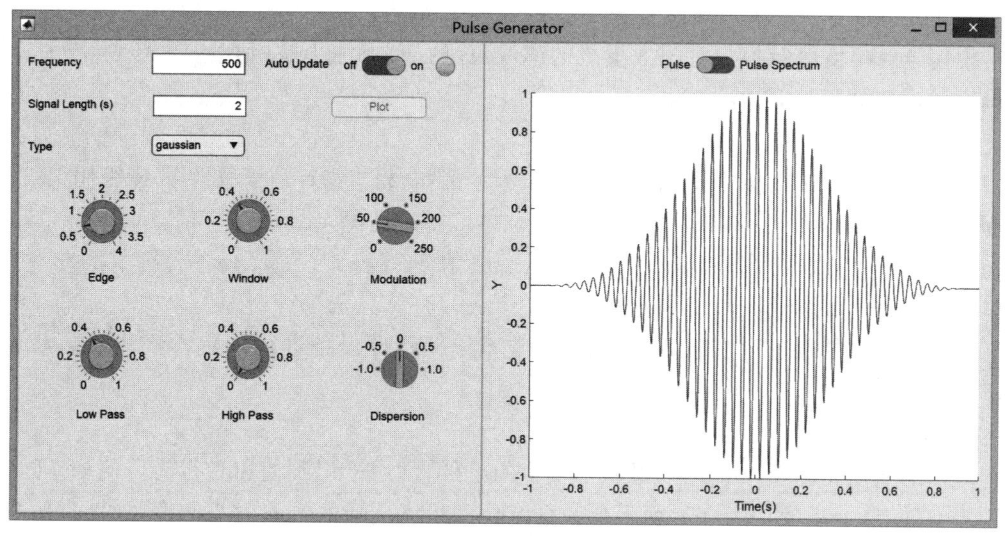

图 1.4　脉冲生成器的交互界面

注：此案例来源于 MathWorks 网站的在线帮助 https://ww2.mathworks.cn/help/matlab/creating_guis/app-or-gui-with-instrument-controls.html。

1.2　数据可视化的技术基础

数据可视化是用“图形讲数据”，基本的流程如图 1.5 所示，包括数据采集、数据预处理、视觉映射和人机交互等过程。

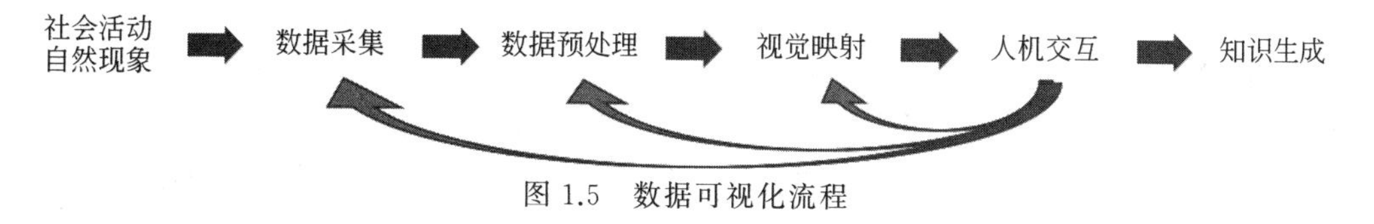

图 1.5　数据可视化流程

1.2.1　数据采集

数据采集是数据可视化的基础。数据采集方式、手段确定了数据的格式、维度、尺寸、分辨率、精确度等重要性质，在很大程度上决定了可视化结果的质量。

随着大数据和物联网等技术的发展，数据采集向智能化、网络化、高速化的方向发展，数据采集演变为数据感知。面向不同场景，数据感知可分为硬感知和软感知。

1. 硬感知

硬感知主要利用设备或装置采集数据，采集对象为现实世界中的物理实体，或者是以物理实体为载体的信息、事件、流程等。传统的硬感知过程包含以下三个步骤。

1）采样

利用传感器将现实世界中的物理量(如温度、水位、风速、压力等)转换为可测量的光、电信号。例如摄像头、麦克风等，都是数据采样工具。

2）量化

把信号的幅度值转换为有限数量级的离散值，例如，将纯小数（值为 0～1）划分为 11 个数量级（0，0.1，0.2，…，0.9，1.0）。

3）编码

将量化后的值按一定规则用二进制数表示。例如，将 0～1.0 的 11 个数量级用 BCD 编码为 0000，0001，0010，…，1001，1010。

2. 软感知

软感知获取的数据存在于数字世界，通常不依赖物理设备进行采集。软感知技术包含以下几种。

1）埋点

埋点的实质是监听系统运行过程中发生的事件，常用于识别使用者行为。例如，通过对购物平台埋点，捕捉使用者在界面上从数据定位到最终消费的浏览过程和停留时间等，并关联使用者的职业、所在地等信息，用于生成使用者画像和业务群体画像等。

2）日志数据收集

日志数据收集指实时收集服务器、应用程序、网络设备等生成的日志记录，目的是识别运行错误、配置错误、入侵检测、安全漏洞等。

3）网络爬虫

网络爬虫（Web Crawler）又称为网页蜘蛛、网络机器人，是按照一定的规则，自动获取、筛选、提取网页信息的程序。

1.2.2 数据预处理

数据的质量（准确性、完整性、一致性、时效性、可信性和解释性）直接决定了可视化效果。原始数据通常为脏数据，即原始数据集中存在大量缺失值、噪声和异常数据，甚至是无效数据，严重影响到数据可视化分析的过程，甚至误导分析结果。为了提升数据质量，数据可视化前需要进行数据预处理。

数据预处理包括但不限于以下步骤。

1. 数据清洗

主要任务是填补缺失值，平滑噪声数据，识别并移除异常值，解决原始数据的不一致问题，以及数据整合后带来的冗余。

2. 数据集成

采集到的数据往往是很分散的，可以集成为一个或几个数据集。例如，将多个 Excel 工作表合并为一个工作表，并去掉冗余字段；或者将多个数据源集成为一个数据源。数据集成时，来自多个数据源的数据的表达形式不一样，甚至可能不匹配，需要将原始数据加以转换、合并和提炼为统一的格式。

3. 数据变换

对数据进行规范化处理，将数据转换为适当的形式，以满足可视化的需要。常用方法包括标准化、归一化、中心化等。数据可视化过程中，需要参照相关指标，每个指标的性质、量纲、数量级、可用性等特征均可能存在差异，当各指标间的水平相差很大时，数值较高的指标在综合分析中的作用就会被放大，相对削弱数值较低的指标的作用。标准化指将数据按比例缩放，使之落入一个小的特定区间。在某些可视化应用中，为便于不同单位或量级的指标能够进行比较和加权，常会去除数据的单位限制，将其转换为无量纲的纯数值。

4. 数据降维

在数据清洗与集成后，能够得到整合了多个数据源且数据质量较好的数据集。可视化分析前需通过技术手段降低数据规模，这就是数据降维，也称为数据规约。数据规约指在尽可能保持数据原貌的前提下，最大限度地精简数据量，降低数据存储的成本，提高数据处理的速度。

采用这些预处理方法，可以逐步提升数据质量。但不是每次预处理都需要经历所有步骤，视数据集的结构、规模和数据项的类型等选择合适的步骤。

1.2.3 数据映射

数据可视化的目的是"让数据说话"，实现的方法是从数据空间到视觉元素的映射，通过形状、颜色、大小、位置、明暗、肌理等图形元素表达数据对象的静态特征和动态属性，利用人们的视觉认知和空间感知能力，解释和揭示数据、信息或知识本体及其相互关系。

数据映射是整个可视化流程的核心，指建立数据与视觉元素的关联，视觉元素的运用直接影响着数据可视化作品的质量。

1. 色彩视觉元素

色彩视觉元素的搭配使用，有助于构造层次分明的可视化效果，能够将读者的视觉范围直接引向关注焦点，增强数据易读性。

1）颜色

颜色是人的视觉系统对所接收到的光信号的一种主观的视觉感知。1802年，英国科学家杨格提出：人眼有红、绿、蓝三种颜色感受器。他将红、绿、蓝称为三原色，并指出将三原色按照不同比例混合，就可以形成人们所能辨别的所有颜色。这个三原色就是计算机图形学中的RGB(Red-Green-Blue)。

2）色调

色调是指一幅画中画面色彩的总体倾向。同一幅图，采用不同色调，读者产生的心理联想也会不同。亮色(也称为暖色调)相较于暗色(也称为冷色调)更彰显活力、绚丽，暗色相较于亮色更突出力量、醇厚。

例如，某科研团队在研究北半球夏季气温趋势时，用红色、橘红色、蓝色分别表示气温的高低程度，此色调的运用不仅符合主题，还符合人类对色彩的视觉感知习惯，能够让读者迅速产生联想，更深入地理解图所表达的气温变化趋势。在MATLAB中，预定义了多种色调的色图。

3) 亮度

亮度,也称为明度,指色彩明暗深浅的差异程度。白色亮度最高,黑色亮度最低。亮度是眼睛对光源和物体表面明暗程度的感觉,它主要是由光线强弱和眼睛的适应状态决定的一种视觉经验。科学研究发现,影响亮度视觉的一个要素是周围环境的光线强度,在MATLAB中,提供了调整光照效果的工具和模拟图形表面感光性的参数,如设置远近光源、改变光源投射的角度等。

4) 纯度

纯度又称为彩度、饱和度,指色彩饱和的程度,或色彩的纯净程度。例如,大红比玫红的纯度更高。在可视化配色方案中,大的区域适合用低饱和度的颜色填充,如散点图的背景;小区域适合用亮度高、饱和度高的颜色加以填充,如散点图的各个数据点。在MATLAB中,可以自定义图元的颜色纯度。

在可视化应用中,合理运用色彩不仅能使可视化作品的呈现形式更加丰富,更有利于加速读者对数据的认知。在可视化的色彩视觉元素设计中,常被使用到的表现方法有色相对比、亮度对比、纯度对比、面积对比。通过不同的表现方法能够使关键数据高亮显示,让读者快速感知到数据的特殊性和数据之间的差异性。

2. 形状视觉元素

形状视觉元素是在视觉上可感知的区域,有助于构造生动、形象的可视化效果,引导读者关注数据的状态和数据间的关联。例如,正方形和矩形可以描述稳定性;圆形和椭圆形可以表达连续性;三角形可以引导眼睛向上运动;倒三角形会产生不平衡感和张力。

1) 形状

可视化应用中用多种形状,如点、线、图块等表达数据的各项信息。

线条用于标记两点之间的连接,有许多不同的样式、形态。直线能为构图增添稳定性;曲线表达数据的连续变化;轮廓线在形状的边缘创建一个边框,显示分隔;网格面描述表面特征。

可视化中常用不同形状的图块(三角形、圆形、菱形、星形)作为数据点标记,主要用于在多组数据分析时区分组别、系列。

2) 位置

位置常用于探索趋势规律或者数据分布规律。平面位置分为水平和垂直两个方向,受到重力场的影响,垂直方向的差别能被人们更快意识到,所以计算机屏幕设计成16∶9或4∶3,使得两个方向的信息量达到平衡。

位置也用于表达事物之间的关联性。当一个事物(自变量)变化时,另一个事物(因变量)也可能发生某种变化。例如,散点图中,点的位置越来越高,说明两个变量正相关;点的位置越来越低,说明两个变量负相关;如果没有基本一致的变化趋势,说明二者不相关。

在可视化时,合理运用位置和颜色元素,可以更加清晰地呈现数据蕴含的层次、强弱等信息。

3) 大小

大小包括长度、角度、面积、体积等。人眼对于长度的感知往往是最准确的,例如条形图,大脑的理解模式是条形越长,值越大。当尺寸比较小的时候,其余的视觉通道容易受到影响，例如，一个很大的红色正方形比一个红色的点更容易让人识别。根据史蒂文斯幂次法则，人们对一维尺寸（长度或宽度）有清晰的认识。随着维度的增长，人们对大小的判断越来越不清晰，如二维尺寸（面积）。所以，可视化时，常将重要的数据用一维尺寸来编码。

4）方向

方向通常用于描述事物变化的趋势，例如，折线图中直线的斜率，轨迹图中有指向的箭头。沿一定方向移动的线条、图块等则可以描述事物的动态变化。

5）纹理

纹理即物象表面的组织结构。纹理作为视觉元素，可以丰富可视化手段，增强作品的表现力。可视化应用中，通常将纹理填充到平面、曲面、三维体的表面，以区分不一样的事物。

综合应用多种视觉元素，会使数据、结果表达更加生动有趣，并使读者快速产生联想。

3. 参照与注解

不同的应用，可视化的参照框架、度量方法都不一样。

1）坐标系

坐标系是描述物体在空间中的位置、姿态及其运动轨迹等特征的参照系统。常用坐标系包括直角坐标系、极坐标系、地理坐标系等，常用标尺包括线性标尺、分类标尺、对数标尺等。坐标系与坐标系的标尺共同决定了数据和图形的投影模式。

2）标注

为了更清晰地呈现数据的特征和数据间的关系，往往会在可视化的图形中添加对数据的说明。例如，通过标注坐标轴、注明度量单位、轴标签等说明数据集的来源、意义；通过添加标注、数据标签突出单个数据或一组数据的特征、结构；通过图表标题等描述数据的背景信息；通过图例、颜色条等展示各个视觉元素与数据的映射关系。

可视化应用应根据数据的属性，使用合适的视觉符号、坐标系、标尺以及标注等元素进行组合来表现数据的多方面。

1.2.4 人机交互

数据可视化的目标不仅是传达数据蕴含的信息，而且应让使用者能够操纵数据和数据可视化过程。随着人工智能、图像处理技术的发展，越来越多的应用融入了虚拟现实（Virtual Reality，VR）、增强现实（Augmented Reality，AR）等技术，营造更丰富的人机交互体验，增强人们组织、管理和分析数据的能力，提升可视化成效。

1. 基于视觉的交互感知

传统的可视化图表用多种方式提供事先预设问题的答案，而交互式的可视化，还允许使用者通过键盘、鼠标、触控设备等进行人机交互，呈现的结果、关联要素等随之变化，能帮助使用者快速定位所关注的元素，或改进可视化效果。可进行交互操作的可视化应用，使得人们在最短的时间内获取更多的信息，并引导使用者进行更深层次的探究。

2. 基于听觉的交互感知

在语音交互场景中，使用者可以通过语音触发行动点，控制信息的多层穿透获取。同时由于信息的多维度传递，画面和声音同步输出，可以提升沉浸感与高效性。例如，车载智能导航系统通过语音识别获取驾驶者的意愿数据，即时规划新的行车路线，并在导航屏上更新可视化界面，然后通过语音提示路线、反馈路况数据。

3. AR交互的全景感知

AR是一种根据摄影机拍摄的位置和环境光进行计算，生成和模拟实时场景的技术。引入AR技术，可以增强对现实世界的感知，例如，将AR技术与数据可视化技术相结合，设计商场实景地图，根据实时采集的消费者位置、时间、温度等数据，以文字、图片、视频等形式，投放与购物相关的数据（店铺、商品、服务等信息），方便消费者实时了解商品和店铺，增强购物体验。

1.3 数据可视化工具

在数智时代，大量的可视化工具研发出来可供选用，有些工具适合用来快速浏览数据，有些工具则适合为日常应用设计图表。哪一种工具最适合，取决于数据的特性以及可视化应用的目的和目标。有些应用场景下，需要将某些工具组合起来运用。

可视化的解决方案主要有两大类：程序式和非程序式。程序式的工具，拿来即用，通过单击、拖动等操作，实现可视化数据的导入和结果的导出，方便不熟悉编程的使用者分析数据，如Microsoft Excel、ECharts等。非程序式的工具，使用者根据自己的需求编写程序，可以更灵活地表达自己的分析意愿，进行更深入的分析，更进一步地挖掘数据的应用价值，如Python、R语言等。MATLAB既提供了具有交互性的程序式可视化应用环境，也集成了大量用于自定义可视化解决方案的开发工具。

1.3.1 Microsoft Office

1. Excel的图表

Excel是Microsoft Office套件中的电子表格软件，提供了大量模板，帮助使用者快速实现数据可视化。常用方法如下。

1）图表

Excel图表将工作表中的数据用图形展示，常见的数据图表有散点图、折线图、条形图、瀑布图、热力图、雷达图、词云图等，通常基于比较、分布、构成和联系4方面来选择。

建立图表后，可以通过增加数据标记、图例、标题、文字、趋势线、网格线等来美化图表，还可以从图表的布局、配色和字体等方面进行优化。

2）条件格式

在Excel表格中，利用“条件格式”可以突出显示某些特定数据项，即通过设置条件而使得某些单元格的字体、背景颜色与其他单元格不同。例如，在学生成绩表中设置“＜60”的单元格为红色，对不及格的人员进行警示。

3）函数公式

例如，在人力资源管理或供应商管理的绩效评价中，常常用到星级评价，Excel提供的

REPT 函数可直观显示星级评价结果。

Excel 2016 及后续版本还提供了迷你图、动态透视图、动态三维地图等工具实现数据的可视化，增强数据分析结果呈现效果。

对于预先采集的数据，须经过人工去噪、统一数据格式、降维等预处理后，才可以在 Excel 中选择相应可视化手段进行分析。对于类型繁杂、格式不统一的数据，以及实时获取、自动导入数据，Excel 处理能力较弱。

2. Visio

Visio 是 Microsoft 提供的信息可视化工具，可用于创建和设计组织结构图、空间的平面设计图、业务流程图、网络系统结构等。此外，还可使用协作工具与他人共同创作。

1.3.2 数据可视化应用平台

专业的数据可视化应用平台集成了多种数据可视化服务的模块。平台根据应用场景，采用了不同的可视化手段展示数据，呈现该类数据蕴含的信息。

1. 中央气象台

http://www.nmc.cn/

中央气象台的气象信息可视化平台以丰富、生动的二维平面图提供实时的全国天气预报、海洋、环境、生态和农业气象数据。在不同服务的页面，采用多种可视化手段发布灾害性天气的检测预警。

2. NASA 洋流地图

https://svs.gsfc.nasa.gov/3913

NASA（美国航空航天局）的 Scientific Visual Studio 洋流地图中，用卫星等太空检测器采集的数据，以彩色矢量渐变展示海洋涡流现象。洋流地图以直观的方式描述海洋运动，图中呈现的洋流就像巨大的传送带，移动着海洋中的水。北半球的洋流主要是顺时针旋转，南半球的洋流主要是逆时针旋转，类似于时钟上的表盘，形成一个由温水和冷水碰撞的圆形图案。

1.3.3 在线可视化分析工具

Internet 上也有很多在线可视化分析工具，按照可视化的实现流程，提供了数据向导、图表向导、发布等功能。操作简单，可选用的图表模板也有几十种，并支持在线发布和分享到其他社交平台（如微信、QQ、微博等）。

1. 百度图说

https://tushuo.baidu.com/

使用者通过网站提供的数据向导、图表向导、发布向导，可以快速导入 Excel 表数据，制作出折线图、柱状图、散点图、雷达图等图表。

2. 图表秀

https://www.tubiaoxiu.com/

使用者通过简单操作选择图表、上传数据，就可以制作常用图表，并可以利用其提供的行业模板生成图文并茂的数据分析报告。

3. 花火数图

https://hanabi.data-viz.cn/index?lang=zh-CN

使用者根据应用场景选择图表模板，复制粘贴数据或上传数据，可以快速生成静态或动态图表，分享或导出可视化的结果。

在线可视化分析工具需要注册使用，基本功能是免费的，输出的图表会附带有该产品的版权水印，但个性化功能需求（模块）和专业的行业数据可视化功能是需要定制的。

1.3.4 桌面可视化应用

1. 商业数据分析工具软件

数据可视化分析在商业领域应用非常广泛，在辅助企业的分析决策中扮演着举足轻重的角色。

1）FineBI

FineBI 是一款国产的数据可视化 BI 工具，可以进行销售主题的探索分析和财务运营分析，也为数据分析师提供了高效的数据清洗、精细的数据权限管控、智能的数据分析等专业数据管理和分析工具。

2）Tableau

Tableau 提供了多种工具，包括制作报表、视图和仪表板的桌面端设计和分析工具 Tableau Desktop，适用于企业部署的 Tableau Server，用于数据清洗与分析的 Tableau Prep，用于网页创建和分享数据可视化内容的 Tableau Public。在各行业领域实际运行过程中会产生大量的基础数据，通过 Tableau 建立的可视化决策系统能够将来源于不同部门、行业和系统的数据，以及具有多种格式的海量数据进行汇集整合，为各领域运行态势的综合研判提供支持。免费版功能有限。

3）Power BI

Microsoft 的 Power BI 包括多个协同工作的元素：用于创建报表的桌面应用程序 Power BI Desktop；提供 SaaS（软件即服务）服务的 Power BI Service；适用于 Windows、iOS 和 Android 设备的 Power BI Mobile；用于创建共享的分页报表的 Power BI 报表生成器；用于发布报表的 Power BI 报表服务器。

这些软件简单易用，不需要写代码，大多数操作通过单击、拖动即可完成。这些软件对图表的控制力、数据融合能力各有特色。通过这些工具软件设计的可视化系统基于数据驱动，接入实时/历史数据、真实/模拟数据，设备的工作原理、装备的运行状态、实时的交通流量等，都能够以可视化方式生动复现。结合专业的分析及预测模型进行研判，可为使用者的业务决策提供有力支持，极大地提升使用者的监测、分析和决策能力。

2. 地理数据可视化工具

在数智时代，随着移动设备和传感器的广泛使用，产生了大量与地理位置相关的数据。例如，外卖平台上的订单，包括时间、收货地点、收货人联系方式、货物名称、价格等；在动物身上安装的追踪器，不断返回动物的停歇地点、迁徙时间与移动速度和身体状况等数据。这些数据使得人们研究自然现象、动物和人类活动更加完整和全面。采用数据可视化技术，可以生动、形象地展示这些数据的规律及分布状态。

Vis5D 主要应用于气象数据的可视化，5D 是指数据集涵盖 5 个维度，第 1～3 维分别表示经度、纬度和高度，第 4 维表示时间，第 5 维表示物理量(如温度、风等)。使用者通过交互操作调整参数，Vis5D 将即时呈现模拟结果。Vis5D 还提供了 API，用于将 Vis5D 的功能扩展到其他系统，或使用编程语言(如 Python)设计面向特定应用的程序。

ECharts、DataFocus 等软件也支持地理数据的可视化。

1.3.5 可视化应用开发工具

利用可视化手段，可以大幅提高沟通效率，提升数据管理、分析和应用水平。采用可视化应用开发工具，可以快速生成面向特定专业、领域的数据分析应用。

1. ECharts

ECharts 是百度推出的数据可视化应用开发软件，它提供了多种类型的图表，包括线性图、柱状图、饼图、散点图、雷达图、地图等，可以满足各种数据可视化需求。ECharts 使用 JavaScript 语言编写，支持多种数据格式，包括 JSON、XML、CSV 等，支持响应式布局，能够自适应不同的设备和屏幕大小。开发者需要按照文档中的要求导入相应的数据，然后通过配置参数来调整图表的样式和布局。

2. D3.js

D3.js 用于在浏览器中创建交互式可视化，支持 HTML、CSS、SVG 和 Canvas。D3.js 要有一定编程基础。

3. Python

Python 是一个结合解释性、编译性、互动性和面向对象的脚本语言。用 Python 开发可视化应用，依赖于 Python 扩展程序库，如矩阵运算库 NumPy、绘制图形的扩展库 Matplotlib、结构化数据分析的扩展库 Pandas、生成图表的扩展库 pyecharts 等。

4. R 语言

R 语言最初是用于统计分析的语言。R 是一个集成了数据操作、计算和图形绘制功能的编程环境，常用于数据统计分析、可视化和数据挖掘。R 语法结构较为简单，容易学习。

5. MATLAB

MATLAB 是一个集成的科学计算环境，不仅具有强大的矩阵运算、数组运算、绘制图形的能力，还提供了交互处理数据的各种方法，以及大量对数据进行预处理、可视化和挖掘分析的高效工具包、专业领域的数据分析工具包。利用这些工具，既可以实现程序式的可视化应用，又可以开发解决复杂问题的可视化应用。

小　　结

数据可视化是指将数据以视觉形式来呈现，如图表或地图，以帮助人们了解这些数据的意义。数据可视化，突破了传统统计分析的局限性，使得人们能够直观、深入地洞察数据特性，进一步挖掘隐藏在数据中的信息。数据可视化技术被广泛地应用于商务管理、生产控制、市场分析、工程设计和科学研究等领域。

数据可视化的基本流程包括数据采集、数据预处理和变换、可视化映射和人机交互。数据可视化过程的核心是可视化映射，即把数据映射为视觉元素。

在实现数据可视化时，要根据数据特性、应用场景等，采用合适的可视化工具，才能更高效地达成可视化目标，更全面地呈现数据背后的故事。MATLAB 集成了大量可用于数据处理、计算分析和可视化的工具，既可以通过简单操作实现小规模数据的可视化，也可以开发大数据的可视化应用。

本书后续章节将详细讲解 MATLAB 如何表示数据，如何探索数据，以及如何通过可视化技术和方法挖掘数据蕴含的信息、蕴藏的知识。

MATLAB基础知识

本章学习目标

(1) 熟悉 MATLAB 的安装方法。
(2) 熟悉 MATLAB 的工作环境。
(3) 了解 MATLAB 数据可视化的基本方法。

MATLAB 是 MathWorks 公司开发的工程与科学计算软件,它以矩阵运算为基础,将数据可视化和挖掘分析、App 应用开发、系统的建模和仿真等功能有机地融合在一起,并包含众多专业应用的工具箱,以及与其他应用程序连接的接口,在工程计算与数值分析、金融模型构造与分析、信号处理与通信、图像处理、控制系统设计与仿真等领域广泛应用。

本章先介绍 MATLAB R2021b 的安装方法,以及 MATLAB 提供的数据处理和可视化工具的特色,然后通过示例介绍 MATLAB 的工作环境,最后介绍在 MATLAB 中实现数据可视化的流程。

2.1 认识 MATLAB

矩阵实验室(MATrix LABoratory,MATLAB)自 1984 年推向市场以来,经过不断的完善和发展,为数智时代的众多领域人员提供了数据分析和科学计算的集成环境,广泛应用于科学研究、生产实践、经济生活等领域以及金融、商业、机械、交通、通信等行业。

20 世纪 70 年代中后期,美国新墨西哥大学的 Cleve Moler 教授在给学生讲授线性代数课程时,需要使用当时流行的线性代数软件包 Linpack 和基于特征值计算的软件包 Eispack,而这两种软件包生成的结果不能兼容,于是,Cleve Moler 教授设计了一个 Linpack 和 Eispack 的接口程序,并命名为 MATLAB,这便是 MATLAB 的雏形。在后续阶段,MATLAB 的功能被不断完善和扩充,并被其他领域人员用于各自的学习和研究工作中。1984 年 Cleve Moler 成立了 MathWorks 公司,开始研发成产品,推出了 MATLAB 1.0。后来,MATLAB 在计算方法、图形功能、用户界面设计、编程手段、应用技术等方面不断改进,运算速度变得更快,数值计算性能越来越好,工具包也越来越丰富。从 2006 年开始,MathWorks 公司每年发布两次以年份作为建造标号的 MATLAB 系统,a 版在上半年发布,b 版在下半年发布。本书示例使用的是 MATLAB R2021b。

2.1.1 安装 MATLAB R2021b

Windows 平台的 MATLAB 安装包是一个.iso(光盘映像)文件,装载该.iso 文件后,切换到装载的虚拟光驱,双击 setup.exe 文件开始安装。Linux 平台的安装程序文件是 install,macOS 平台的安装程序文件是 InstallForMacOSX。

也可以从 MathWorks 的产品下载页面 https://ww2.mathworks.cn/downloads 下载 MATLAB R2021b 安装程序(如 Windows 平台启动安装程序是 matlab_R2021b_win64.exe 文件),但是从这里下载的只包含安装程序在所选择的平台(Windows、macOS、Linux)上安装所需的基础文件,而不包含 MATLAB 系统的专业工具包。在安装时,安装程序将先从 MathWorks 下载所需的产品,产品有十几 GB,因此安装会相当慢。

安装过程中,按提示选择许可证或输入激活密钥等,在“选择目标文件夹”时,建议是单独的文件夹(如 C:\Program Files\MATLAB\R2021b),文件夹名不能使用非英文字符,也不要安装在某个磁盘的根文件夹。在“选择产品”时,“产品选择”列表显示了与选定许可证或者与指定的激活密钥关联的产品,并默认选择了所有关联产品。如果不需要安装某产品,取消该产品名称前复选框的选中状态。因为有些产品的使用依赖于其他产品,若不熟悉产品之间的联系,建议安装所有产品。

安装成功后,若安装中在桌面建立了启动 MATLAB 的快捷方式,双击该快捷方式,启动 MATLAB。若安装中没有建立快捷方式,则在 MATLAB 系统文件夹(即安装时的目标文件夹)的子文件夹 bin 下双击 matlab.exe 文件,启动 MATLAB。

如果所使用的计算机系统不支持 MATLAB R2021b,可以使用 MATLAB Online 调试、运行程序。MATLAB Online 采用最新版本的 MATLAB 系统,包含单机版的大多数功能,网址是 https://matlab.mathworks.com/,需要注册、登录后才能使用。

2.1.2 MATLAB 的特色

1. 科学计算功能

MATLAB 以矩阵作为数据操作的基本单位,这使得矩阵运算变得非常简捷、高效。MATLAB 还提供了十分丰富的、高质量的数值计算和符号计算函数,这些函数所采用的数值计算和符号计算算法都是国际公认的、可靠的算法,并经过优化,运算效率极高。

例如,求解线性方程组 $\begin{cases}2x_1+3x_2-x_3=7\\3x_1-5x_2+3x_3=8\\6x_1+3x_2-8x_3=9\end{cases}$。

要得到数值解,在 MATLAB 命令行窗口中输入以下命令。

```
>> A=[2,3,-1; 3,-5,3; 6,3,-8];
>> b=[7; 8; 9];
>> x=A\b
```

第 1 行命令建立方程的系数矩阵,存于变量 A;第 2 行命令建立由方程的常数项构成的列向量,存于变量 b;第 3 行命令求方程的根,将求解结果存于变量 x,“\”是 MATLAB 的左除运算符。执行以上命令,MATLAB 命令行窗口的输出如下。

```
x =
    2.8255
```

```
    0.8926
    1.3289
```

对于实数，MATLAB 命令行窗口默认输出到小数点后第 4 位。

在实际应用中，除了数值计算外，有时要得到问题的解析解，这时可以使用 MATLAB 提供的符号计算工具包。例如，求解以上方程组也可以通过符号计算，在 MATLAB 命令行窗口中输入以下命令。

```
>> syms x1 x2 x3
>> [x1,x2,x3]=solve(2*x1+3*x2-x3-7,3*x1-5*x2+3*x3-8, 6*x1+3*x2-8*x3-9)
```

执行以上命令，命令行窗口的输出如下。

```
x1 =
421/149
x2 =
133/149
x3 =
198/149
```

符号计算的结果是符号或符号表达式，此处得到的 x1、x2、x3 是分式，分式 421/149 对应的数是 2.8255。MATLAB 符号计算得到的是解析解，将解析解数值化，可以得到精确度极高的结果。例如，执行命令 vpa(x1,100)，输出的结果精确到小数点后 100 位，这是其他数值计算工具和软件无法做到的。

2. 绘图功能

在 MATLAB 中，执行简单命令就可以绘制出二维图形和三维图形，并通过命令或交互操作调整图形和环境参数，增强图形的表现效果。

例如，设 $x\in[-5,5]$，绘制函数 $f(x)=\dfrac{100\sin(2x)}{x-10}$ 和函数 $f(x)=x^2-10$ 对应的曲线。在 MATLAB 命令行窗口中输入以下命令。

```
>> x=-5:0.1:5;
>> plot(x,100*sin(2*x)./(x-10),'b-.',x,x.^2-10,'r-');
```

命令执行后，将打开一个图形窗口，并在其中显示两个函数的曲线，点画线为 $f(x)=\dfrac{100\sin(2x)}{x-10}$ 对应的图形，实线为 $f(x)=x^2-10$ 对应的图形，如图 2.1 所示。

MATLAB 提供了丰富的绘图函数和交互绘图工具，可快速实现数据可视化。利用 MATLAB 交互工具，通过简单操作，就可将数据导入 MATLAB 工作区，对数据进行预处理，探查数据的基本特性，确定数据可视化的最佳方式。

3. 程序设计语言功能

MATLAB 程序具有流程控制、函数调用等程序设计语言特征，同时结合 MATLAB 的

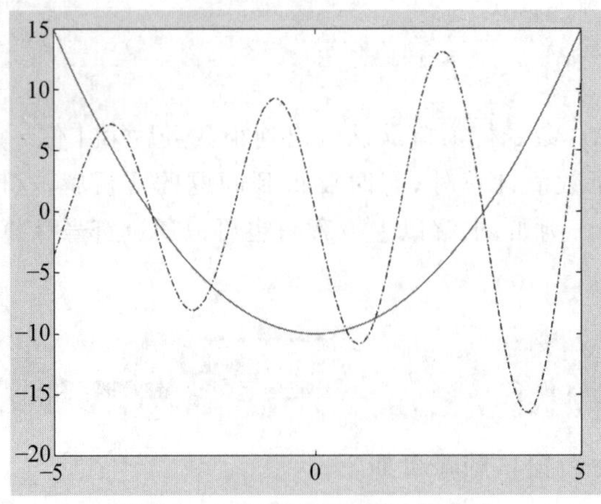

图 2.1 MATLAB绘制函数曲线

数值计算和图形处理功能，使得 MATLAB 程序的设计简单、高效。例如，上面提到的求解线性方程组，用 MATLAB 实现只需要三条命令，而用其他程序设计语言实现就要复杂得多。对于数值计算、计算机辅助设计、系统仿真等领域的问题求解，MATLAB 提供了大量的处理函数，这些函数采用了高效的算法，且使用方法简单，极大地提高了可视化应用的设计效率。

4. 扩展功能

MATLAB 的核心是科学计算的基础工具和基于模型的设计工具 Simulink。科学计算的基础工具包含大量用于数据分析、数值计算和可视化的函数和交互工具。Simulink 提供一个动态系统建模、仿真和综合分析的集成环境。应用工具箱扩展了 MATLAB 的应用范围，如控制系统工具箱（Control System Toolbox）、信号处理工具箱（Signal Processing Toolbox）、图像处理工具箱（Image Processing Toolbox）等，这些工具箱都是由该领域内专家规划和设计的，用户可以直接利用这些工具箱进行相关领域的科学研究。

MATLAB 采用开放式的组织结构。MATLAB 预定义的系统函数和各类工具箱中的函数都是以源程序文件（.m）的形式存放在对应的子文件夹中，用户可通过对源程序文件的修改扩展原函数的功能，或加入自己编写的程序来生成新的函数和工具。

2.1.3 MATLAB 的可视化工具

MATLAB 提供了多种可视化工具，针对不同领域、不同应用，用户可以选择一种或多种可视化手段，深入探查数据，并通过交互进一步发现、挖掘隐藏在数据背后的信息。

1. 通用数据可视化

MATLAB 提供了适用不同应用场景的绘图函数，利用这些函数，就可快速实现数据可视化。

1）基础绘图函数

MATLAB 提供的基础绘图函数，如 plot、plot3、mesh、surf 等函数，用于以可视化形式呈现数据和计算的结果。第 5 章将详细介绍基础绘图函数的功能和用法。

例 2.1 MATLAB 系统的样例数据文件 count.dat 记录了某站点 24h 的流量。用 plot 函数绘制该日流量图。

先加载数据，绘制折线图，然后在绘图区给图形添加标注。程序如下。

```
load count.dat;                              %加载数据
hp=plot(count(:, 1));                        %用数组 count 的第 1 列数据绘图
hp.Color='b';                                %设置线条颜色为蓝色
hp.LineStyle=':';                            %设置线型为虚线
h=gca;                                       %获取坐标区的句柄
%添加坐标区的标题以及横、纵轴的标签
h.Title.String = 'Example : Traffic Count';
h.XLabel.String='hours';
h.YLabel.String='Traffic Count';
%显示网格线
h.XGrid= 'on'; h.YGrid= 'on';
```

运行以上程序，结果如图 2.2 所示。

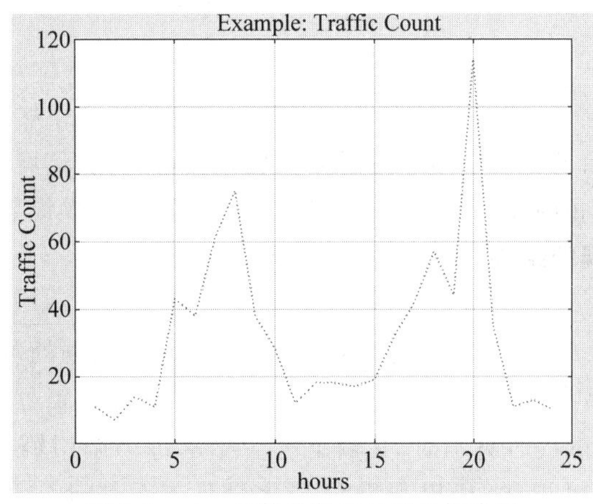

图 2.2 plot 函数绘制的日流量折线图

2）数据信息可视化函数

MATLAB 提供了多种数据信息可视化函数，用于展示数据构成、分布状态和联系。例如，调用 bar、stem 函数绘制条形图、针状图，呈现数据值的差异；调用 histogram、boxchart、bubblechart 等函数绘制直方图、箱线图、气泡图，展示数据集的分布特性；调用 pie、bubblecloud、heatmap 等函数绘制饼图、气泡云图、热图，反映数据的聚合状态。第 7～9 章将用大量示例介绍各类数据信息可视化函数的功能和用法。

例 2.2 用 normrnd 函数构造一组随机数，用水平直方图呈现这组数的分布特性，如图 2.3 所示。程序如下。

```
rng default                                  %用默认的随机数种子
%生成均值为 4、标准差为 1 的 1×100 数组
x1 = normrnd(4,1,1,100);
%生成均值为 6、标准差为 0.5 的 1×200 数组
x2 = normrnd(6,0.5,1,200);
```

```
%横向合并数组 x1 和 x2,构成 1×300 数组
x = [x1, x2];
histfit(x)                                              %绘制直方图
```

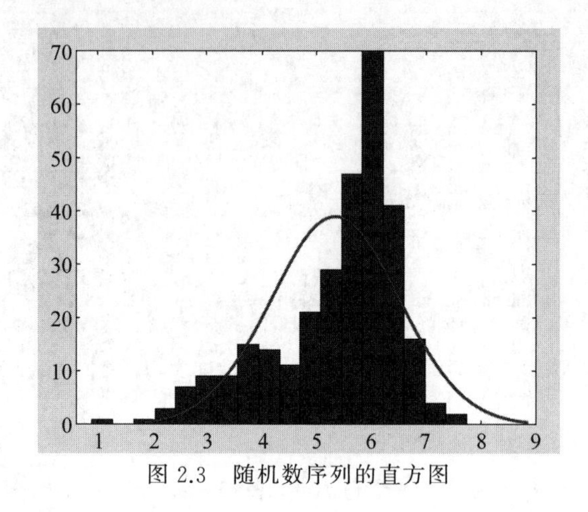

图 2.3　随机数序列的直方图

2. 分析过程可视化

在 MATLAB 中，除了可以使用绘图函数实现数据可视化，还可以使用可视化设计工具进行可视化应用的设计和调试。使用者通过简单操作，就可以操纵数据，或者修改可视化过程的参数，观察即时呈现的结果，优化可视化效果。

1）实时脚本

实时脚本是 MATLAB 程序，实时脚本中不仅包含解决问题的若干命令，还可以嵌入问题解决方案、过程参数和结果等的说明。MATLAB 的实时编辑器用于调试、测试实时脚本。在实时编辑器中调试实时脚本时，其输出区会显示每个调用输出函数的执行结果。运行过程中间结果的逐步可视化，可以帮助可视化设计人员快速定位程序缺陷，修复、优化 MATLAB 程序。

例如，运行 MATLAB 提供的样例脚本 RealTimeDashboard.mlx，获取 Natich MA 地区最近 24h 的气象数据，并将数据可视化，如图 2.4 所示。2.2.4 节将介绍实时编辑器的使用。

2）实时编辑器任务

实时编辑器任务是 MATLAB 实时编辑器的一个工具集，提供了执行数据处理、信号分析、系统辨识和预测等操作的交互界面。例如，“数据预处理”任务子集包含填充缺失数据、清洗离群数据、查找变化点、求局部极值、平滑处理数据等工具。开启某个任务后，通过交互操作，就可完成指定方法的数据预处理，并通过选取不同参数，探索最佳的数据处理、可视化方法。第 6 章将通过示例介绍这类工具的使用。

3. 高维数据可视化

在数智时代，人们可以通过多种途径获得跟研究对象相关的数据，导致用于分析的数据维度越来越高。数据维度高给数据的可视化带来了巨大的挑战。

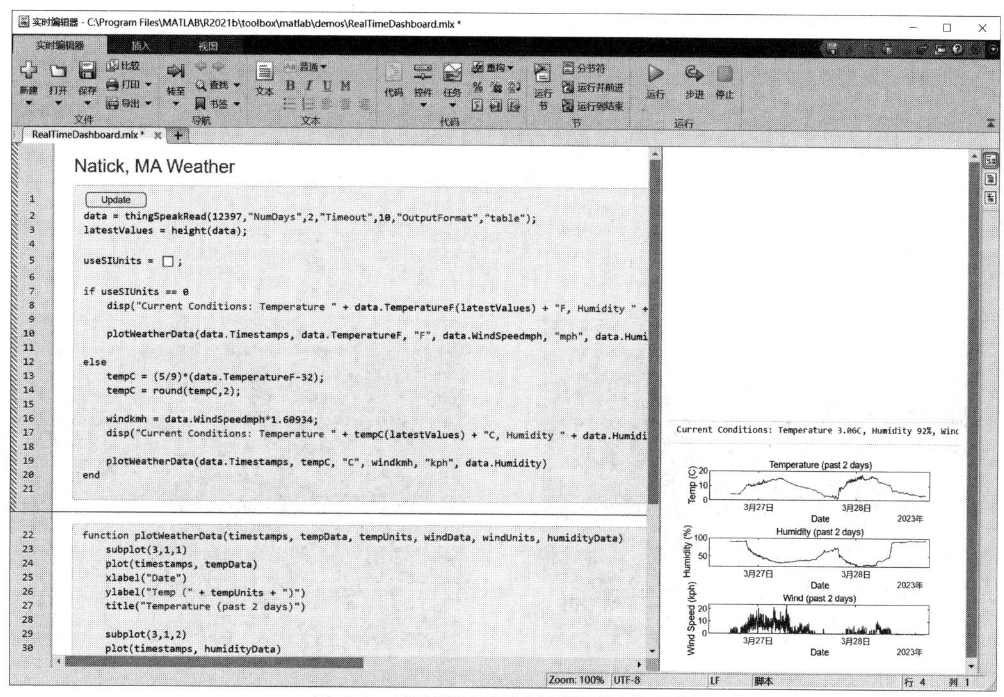

图 2.4　实时脚本调试过程可视化示例

1）数据预处理

现实世界中的大规模数据往往是不规范、不完整的，如数据属性值遗漏、数据定义缺乏统一标准、有噪声等，导致无法直接进行数据可视化，或可视化结果差强人意。为了提高数据可视化的质量，需要对数据进行预处理。MATLAB 提供了数据清理器，用于清理离群数据和缺失数据，以及平滑处理数据。

2）数据降维

高维数据的稀疏性使得可视化分析结果的准确度下降，并可能引发维度灾难。MATLAB 的“统计和机器学习工具箱”提供了多个数据降维函数，例如，采用主成分分析算法的 pca 函数，采用 t-SNE 算法的 tsne 函数。此外，MATLAB 实时编辑器的 Reduce Dimensionality 任务模块提供了实现数据降维的交互工具，通过简单操作，可以快速、有效地达成目标。

3）高维数据可视化

高维数据可视化常采用散点图矩阵、平行坐标图、图形符号图、调和曲线图等方式，在视觉空间呈现高维数据。MATLAB 提供了 plotmatrix、parallelplot、glyphplot、andrewsplot 等函数绘制相应图形。

4. 专用数据可视化

MATLAB 的专业应用工具箱提供了专用数据可视化工具，采用可视化手段探查特定领域数据，通过调整数据模型的参数，分析数据的静态特性和动态特性。

1）visualize 函数

MATLAB 信号处理工具箱的 visualize 函数用于可视化分频滤波器的幅值响应。例如,执行以下命令,将呈现如图 2.5(a)所示波形。

```
>> crossFilt = crossoverFilter;                              %生成滤波器
>> visualize(crossFilt)
```

执行以下命令,改变滤波器频率,将呈现如图 2.5(b)所示波形。

```
>> crossFilt.CrossoverFrequencies = 500;
```

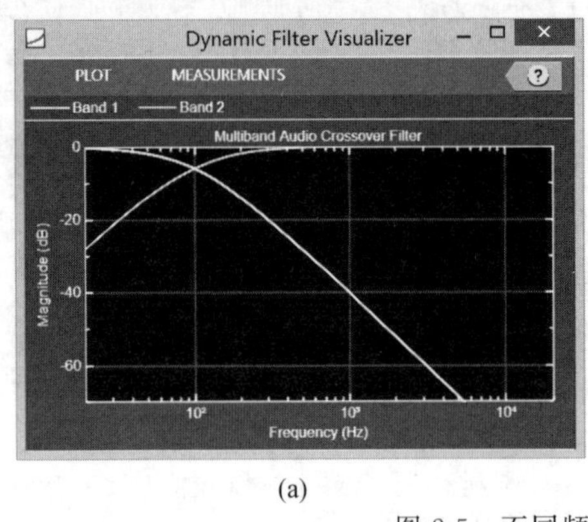

(a)

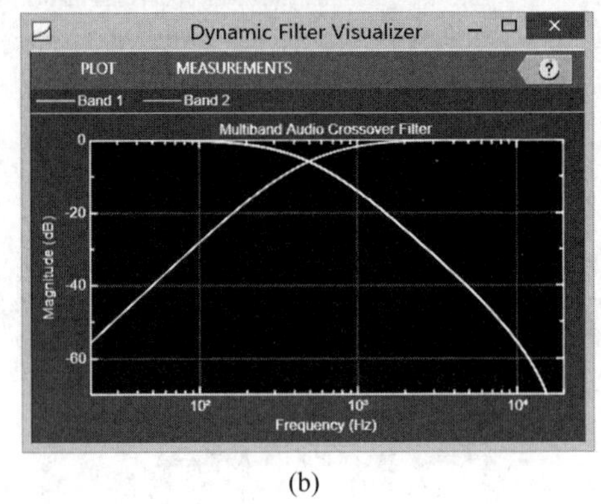

(b)

图 2.5　不同频率滤波器的幅值响应

2) 信号分析器

在科研实验、生产实践中,常需要对采集的数据进行基础分析,再确定后续的处理方法。MATLAB信号处理工具箱提供了信号处理器,用于观察模型输入信号的时域、频域特性。

从 MATLAB的 APP 工具条中单击"信号分析器"图标,或者在 MATLAB 命令行窗口中执行命令 signalAnalyzer,启动信号分析器。

MATLAB的样例数据文件 bluewhalesong.au 记录了太平洋蓝鲸发出的声音。执行以下命令,读取音频数据,并将数据转换为信号分析器中可用的格式,存于变量 whale。

```
>> [w,fs] = audioread("bluewhale.au");
>> whale = timetable(seconds((0:length(w)-1)'/fs),w);
```

在信号分析器的工作区浏览器面板中,将变量 whale 拖入显示区,音频的频谱信息如图 2.6 所示。

图 2.6 中第 1 段信号是蓝鲸发出的颤音,后 3 段信号是呻吟音,音频可视化结果显示这两种音的频谱有很大区别,因此可将音频频谱作为辨别蓝鲸状态的指标。

使用信号分析器对数据进行可视化之前,可以对信号实施预处理。例如,使用截断、削波、裁剪操作编辑信号;使用移动平均值、回归、Savitzky-Golay 滤波器对信号进行平滑处理;使用小波对信号去噪;更改信号的采样率等。探查信号时,还可利用信号分析器提供的工具提取感兴趣的部分数据,测量、计算信号的时域统计量和功率谱等。

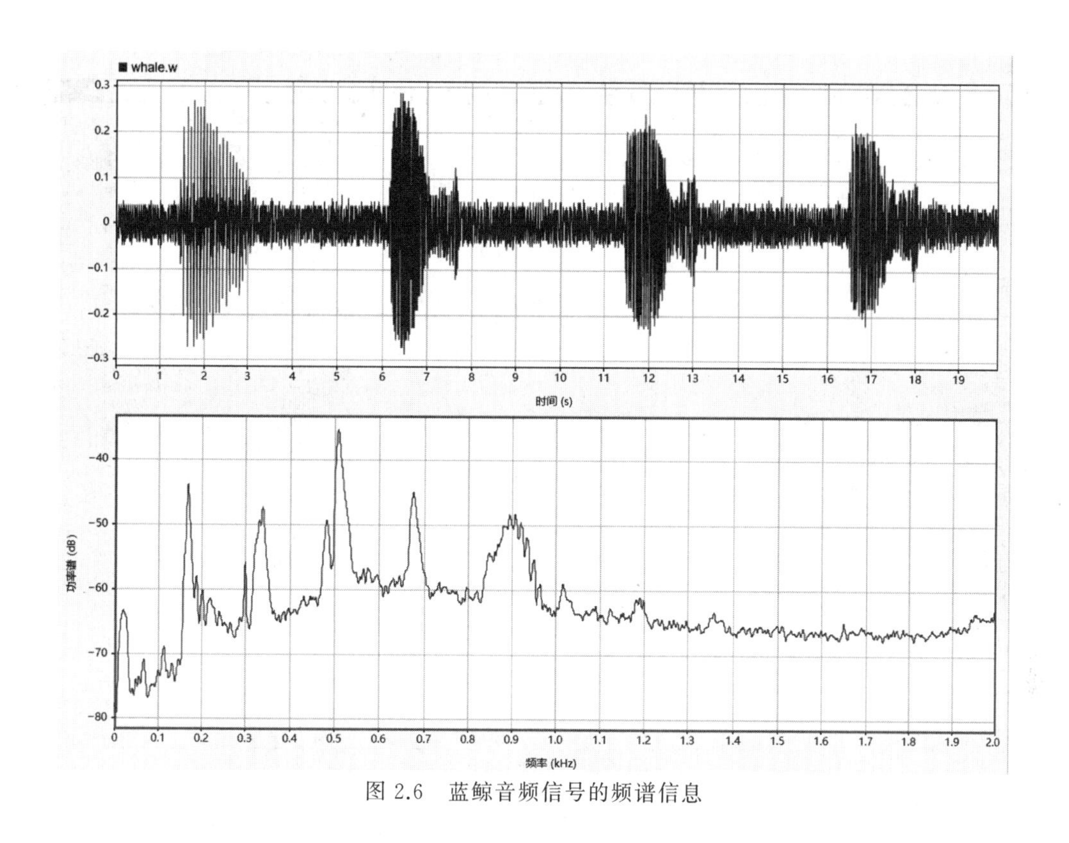

图 2.6　蓝鲸音频信号的频谱信息

2.2　MATLAB 的工作环境

2.2.1　操作界面

MATLAB 采用图形用户界面，操作简单，并可以即时查看运算结果。在 MATLAB 中，用户进行操作的基本界面就是 MATLAB 桌面。

1. MATLAB 桌面

MATLAB 桌面是 MATLAB 的主要工作界面，如图 2.7 所示，包括功能区、快速访问工具栏、当前文件夹工具栏等工具，以及当前文件夹面板、命令行窗口、工作区面板，利用这些工具，可以执行命令、操纵数据和文件、维护工作区等。

各种面板可以内嵌在 MATLAB 桌面中，也可以以子窗口的形式浮动于 MATLAB 桌面。若单击嵌入 MATLAB 桌面的某个面板右上角的“显示操作”图标，在展开列表中选择“取消停靠”项，即可使该面板成为浮动子窗口。或选中面板后，按 Ctrl+Shift+U 组合键，也可使该面板成为浮动子窗口。若单击浮动子窗口右上角的图标，从展开列表中选择“停靠”项，或按 Ctrl+Shift+D 组合键，则可使浮动子窗口嵌入 MATLAB 桌面。

MATLAB 桌面的快速访问工具栏包含编辑 MATLAB 程序时常用的操作工具，如保存文件，文本复制、粘贴等。当前文件夹工具栏用于切换工作文件夹。

MATLAB 桌面的功能区提供了三个常用工具条，“主页”工具条包含操作文件、访问变

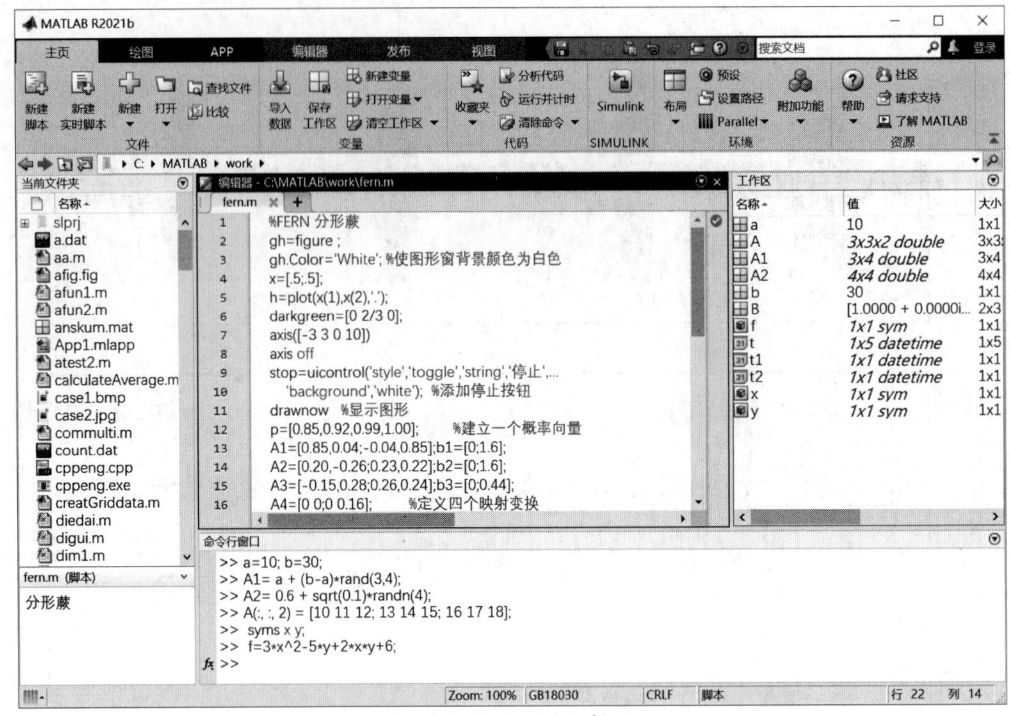

图 2.7 MATLAB桌面

量、运行与分析代码、设置环境参数、获取帮助等工具;“绘图”工具条包含用于绘制图形的工具;App工具条包含与开发应用程序相关的工具。

2. 命令行窗口

命令行窗口用于输入命令并执行命令。通常利用命令行窗口完成简单操作,测试不含复杂结构的程序,或检验小规模的数据集,或观察函数某个参数的变化对输出的影响。

命令行窗口中的“>>”为命令提示符,在命令提示符后输入命令并按下Enter键后,MATLAB就会执行所输入的命令。单击命令提示符前的“函数浏览器”图标 f_x,将弹出“函数浏览器”,在“搜索函数”栏输入函数名,可以快速查询函数用法,也可以输入关键词进行查询。

清空命令行窗口使用clc命令,也可右击命令行窗口空白处,从弹出菜单中选择“清空命令行窗口”选项。

按键盘上的↑键,将弹出命令历史记录面板,其中列出了以往执行过的命令,双击其中的某个命令,将再次执行该命令。也可以从命令历史记录面板中选择若干命令,从右键菜单中选择“创建脚本”或“创建实时脚本”选项,保存这些命令。

如果要清除命令历史记录,可以从面板下拉菜单中选择“清除命令历史记录”命令。

在命令行窗口中输出运算结果时,默认采用松散格式,即输出的数据和变量之间有空行。若要不显示分隔数据的空行,可以使用以下命令。

```
>> format compact
```

3. 工作区

工作区也称为工作空间，用于存储 MATLAB 系统运行时产生的数据。工作区面板用于管理工作区，例如，增加、删除工作区变量，将指定变量存储到文件等。单击工作区面板右上角的⊙图标，从弹出列表中选择“取消停靠”选项，工作区面板将呈现为独立的子窗口，称为工作区浏览器，如图 2.8 所示。右击工作区面板或工作区浏览器标题行，从快捷菜单中可选择显示变量的哪些属性，如变量的值、类型、大小、最大值、均值、标准差等，被选中显示的属性前有√符号。

工作区

名称	值	大小	类	字节
a	10	1x1	double	8
A	3x3x2 double	3x3x2	double	144
A1	3x4 double	3x4	double	96
A2	4x4 double	4x4	double	128
b	30	1x1	double	8
B	[1.0000 + 0.0000i...	2x3	double (complex)	96
f	1x1 sym	1x1	sym	8
t	1x5 datetime	1x5	datetime	40
t1	1x1 datetime	1x1	datetime	8
t2	1x1 datetime	1x1	datetime	8
x	1x1 sym	1x1	sym	8
y	1x1 sym	1x1	sym	8

图 2.8　工作区浏览器

1）变量的管理

MATLAB 工作区面板用于变量的管理。在工作区面板选中某些变量后，按 Delete 键或右击选择“删除”命令，就能从工作区删除这些变量。右击工作区面板或工作区浏览器的空白区域，选择“清空工作区”命令，或者在命令行窗口中执行 clear 命令，将清除 MATLAB 工作区中的所有变量。

在工作区面板或工作区浏览器中双击某个变量，或右击选择“打开所选内容”命令，将打开变量编辑器子窗口，如图 2.9 所示。

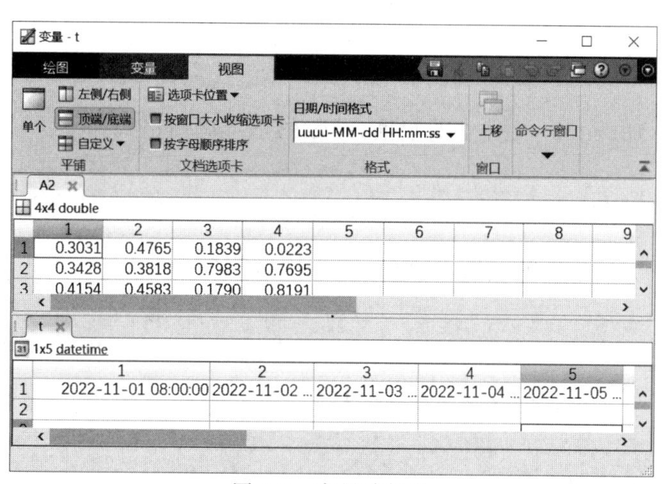

图 2.9　变量编辑器

变量编辑器子窗口的功能区有三个工具条，“绘图”工具条提供了常用绘图函数，选中某些数据后，双击其中的某个绘图函数，就可以绘制出对应的图形；“变量”工具条提供了编辑变量的常用工具，用于查看、修改变量元素的值，增加、删除变量的行/列向量；“视图”工具条提供了设置变量显示格式和变量陈列模式的工具。

2）MATLAB 数据文件

.mat 文件是 MATLAB 的数据文件，不仅保存变量的值，还保存变量名称、类型等属性。可以采用以下方法将工作区中的变量保存到.mat 文件。

（1）单击 MATLAB 桌面“主页”工具条中的“保存工作区”图标。

（2）单击工作区面板右上角的“显示工作区操作”图标，从弹出的菜单中选择“保存”命令。

（3）单击变量编辑器的快速访问工具栏中的“保存”图标。

如果只想保存工作区的部分变量，选中这些变量后，右击选择“另存为”命令。

还可以调用 save 函数保存工作区的变量，函数的基本调用格式如下。

```
save 文件名 变量名表  -append  -ascii
```

若文件没有扩展名，默认对.mat 文件进行操作。文件名可以带路径，若没有指定路径，默认所操作的文件位于当前文件夹。变量名表中的变量之间以空格分隔，当变量名表省略时，将保存全部变量。选项-append 指定将变量追加到.mat 文件，省略时，默认清空原文件后，将变量存入文件。选项-ascii 指定按 ASCII 格式存取文件中的数据，省略时，默认按二进制格式存取数据。

假定 MATLAB 工作区存在变量 a 和 b，执行以下命令，可将变量 a 和 b 保存于当前文件夹的 mydata.mat 文件中。

```
>> save mydata a b
```

mydata 是用户定义的文件名，默认扩展名为.mat。若要让 mydata.mat 文件存放在指定文件夹（如 c:\matlab\work）中，则执行以下命令。

```
>> save c:\matlab\work\mydata a b
```

load 函数用于加载.mat 文件中的数据，函数的基本调用格式如下。

```
load 文件名 变量名表  -ascii
```

例如，执行以下命令，加载文件 mydata.mat 中的数据。

```
>> load mydata
```

如果仅需要加载文件中的变量 b，则执行以下命令。

```
>> load mydata b
```

4. 当前文件夹

为了对文件进行有效的组织和管理，MATLAB 系统将一个工具包的相关文件放在同一个子文件夹下，不同工具包的文件存放在不同的子文件夹下，通过设置搜索路径来检索函数和工具包。

当前文件夹是指 MATLAB 运行时的工作文件夹，只有在当前文件夹或搜索路径下的脚本、函数才可以被打开或调用；没有指定保存路径的数据文件，也将存放在当前文件夹下。

当前文件夹面板用于显示当前文件夹下的文件及相关信息。若在当前文件夹的文件列表中选中某个文件，则会在面板的“详细信息”窗格显示该文件的关键信息。若在当前文件夹的文件列表双击.m 文件，则会在编辑器中打开该脚本/函数文件；若双击.mat 文件，则会加载该数据文件；若双击其他类型的数据文件，则会打开数据导入向导对话框。

如果要将当前文件夹切换到其他文件夹，则通过工具条下的文件地址栏输入或选取。

如果要设置 MATLAB 的初始工作文件夹，则单击“主页”工具条中的“预设”图标，打开“预设项”对话框。在对话框的左窗格列表中单击“常规”项，右窗格切换到常规设置面板，在“初始工作文件夹”的编辑框内输入指定的文件夹，单击“确定”图标后保存设置。下次启动 MATLAB，当前文件夹就是预设的这个文件夹。

5. 帮助

MATLAB 提供了种类繁多、用法各异的函数和工具，使用者可以通过 MATLAB 提供的帮助系统来了解、熟悉函数和工具的使用方法。

1）帮助浏览器

利用 MATLAB 的帮助浏览器可以检索和查看帮助文档，还能查看有关示例和演示视频。帮助浏览器默认打开 MathWorks 公司的在线帮助文档。若要在本机打开帮助文档，需要将帮助文档下载到本机，方法如下：单击 MATLAB 桌面“主页”工具栏中的“预设”图标，打开“预设项”对话框，单击左侧列表中的“帮助”项，然后在右侧的“文档位置”框中选中“安装在本地”。

本机帮助文档可以快速查找函数的用法，MathWorks 官网提供的在线帮助文档则提供了新的函数、工具的用法，以及相关的教学视频。

帮助浏览器的左窗格是帮助信息的分类列表，右窗格显示所选项目的详细信息。

2）在线帮助

MathWorks 帮助中心提供了丰富的在线帮助资源，以下是在线中文帮助页面的链接：

https://cn.mathworks.com/help/matlab/index.html

帮助资源包括文档、示例、函数、App、视频（如操作演示、案例分析）、问答等，为使用 MATLAB 解决问题提供多方面的支持。

2.2.2 MATLAB 命令

在命令行窗口中，输入并执行命令是 MATLAB 最基本的操作。也可以在命令行窗口中调用函数启动 MATLAB 的工具，或者通过鼠标单击、选取等操作查看函数、命令的帮助信息。

1. 命令格式

在命令行窗口的提示符“＞＞”后输入命令，按 Enter 键将执行该命令。一个命令行也可以输入若干条命令，各命令之间以逗号分隔。例如：

```
>> x=720,y=x/12.3
x =
   720
y =
   58.5366
```

若执行命令后，不需要输出某个运算结果，则在对应命令后加上分号，例如：

```
>> x=720; y=x/12.3
y =
   58.5366
```

表达式 x=720 后有分号，命令行窗口不输出 x 的值。表达式 y=x/12.3 后没有分号，输出 y 的值。

2. 续行符

如果一个命令行很长，可以分成多个物理行，在前面的物理行的尾部加上续行符“...”，然后在下一个物理行继续写命令的其他部分。例如：

```
>> text(repmat(-0.06,1,5), [.86 .62 .41 .25 .02], ["a","b","c","d","e"], …
   'FontSize',10,  'Rotation',90);
```

第 1 个物理行以续行符结束，表示第 2 个物理行是上一行的继续。

3. 快捷键

在 MATLAB 命令行窗口，可利用表 2.1 列出的控制键和方向键快速定位和检索。

表 2.1　命令行编辑的常用控制键及其功能

键　名	功　能	键　名	功　能
↑	前寻式回调已输入过的命令	Home	将光标移到当前行首端
↓	后寻式回调已输入过的命令	End	将光标移到当前行末尾
←	在当前行中左移光标	PgUp	前寻式翻滚一页
→	在当前行中右移光标	PgDn	后寻式翻滚一页

例如，MATLAB 的 power 函数用于幂运算，调用 power 函数求 1.234^5，命令如下。

```
>> a = power(1.234,5)
a =
    2.8614
```

若在后续的操作中需要再次调用 power 函数求 $\frac{1}{5.6^3}$，只需按 ↑ 键调出前面执行过的命令，再用数5.6替换power函数的第1个参数，用数3替换第2个参数，然后按Enter键执行新命令。

按Enter键确认命令时，光标可以在该命令行的任何位置，不需要将光标移到该命令行的末尾。

为快速定位到需要重新执行的命令，可以只输入该命令的前几个字母，再按↑键就可以调出最后一条以这些字母开头的命令。例如，输入po后按↑键，则会调出最后一次使用的以“po”开头的命令。

如果只需执行前面某条命令中的一部分，按↑键定位到前面输入的命令行后，选中其中需要执行的部分，按Enter键确认执行选中的部分。

4. 搜索路径

MATLAB搜索路径是指在执行MATLAB命令时，系统寻找命令中涉及的函数、数据文件的过程。当命令涉及的函数、数据文件在搜索路径中，则可以正常访问，否则将给出错误提示。

1）默认搜索过程

若执行的命令字符串中不包含路径，MATLAB系统默认按下列顺序搜索所输入的字符串。

(1) 检索工作区是否有与该字符串同名的变量。

(2) 检索是否有与该字符串同名的内部函数。

(3) 检索当前文件夹下是否有与该字符串同名的.m文件。

(4) 检索MATLAB搜索路径中是否有与该字符串同名的.m文件。

假定工作区有一个变量result，同时在当前文件夹下建立了一个脚本文件result.m，如果在命令行窗口中输入result，按照上面列出的搜索过程，将在命令行窗口显示变量result的值。若从工作区删除了变量result，则运行result.m文件中的程序。

如果待执行的命令指定访问某个数据文件，且没有包含路径，MATLAB将在当前文件夹或搜索路径上查找文件。当前文件夹中的文件优先于搜索路径中其他位置存在的同名文件。

2）设置搜索路径

使用者可以将自己的工作文件夹列入MATLAB搜索路径，从而将用户文件夹纳入MATLAB文件系统的统一管理。

在MATLAB的“主页”工具条的“环境”功能组中单击“设置路径”图标，或在命令行窗口执行pathtool命令，将打开设置搜索路径的对话框，如图2.10所示。

搜索路径列表中的文件夹排列顺序决定了同名文件的优先权，当在搜索路径上的多个文件夹中出现同名文件时，MATLAB将使用搜索路径中最靠前的文件夹中的文件。单击“添加文件夹”或“添加并包含子文件夹”按钮，可以将指定文件夹添加到搜索路径列表中。在搜索路径列表中选中某条路径，单击“上移”“下移”按钮，可以调整该路径的搜索顺序。

在修改完搜索路径后，单击“保存”按钮，MATLAB系统将搜索路径信息保存在MATLAB系统文件夹的子文件夹toolbox\local的pathdef.m文件中。

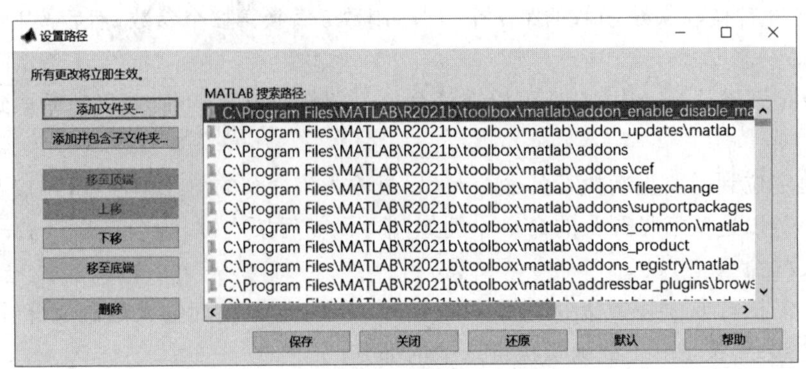

图 2.10　搜索路径设置对话框

2.2.3　MATLAB表达式

MATLAB表达式是用MATLAB运算符将有关运算对象连接起来的式子，运算对象包括数、字符串、变量和函数等。

1. 调用函数

MATLAB提供了大量执行计算任务的函数，这些函数是问题求解、数据可视化的基本工具。MATLAB调用函数的基本格式如下。

```
[输出参数 1, 输出参数 2, …] = 函数(输入参数 1, 输入参数 2, …)
```

输出参数用于存储函数的返回值，输入参数存储参与运算的数据、与运算过程相关的设置等。若函数的输入、输出参数有多个，参数之间使用逗号分隔。例如，调用rand函数生成由随机数构成的矩阵，存于变量A，矩阵的大小为4×5，命令如下。

```
>> A=rand(4, 5);
```

计算变量A的各列元素之和，并将结果赋给变量S，命令如下。

```
>> S=sum(A,1)
S =
    2.7609    1.5553    3.0506    2.3847    3.0892
```

sum函数的第1个参数是运算的数据，第2个参数设置运算的方法（1表示按列求和，2表示按行求和）。若调用时没有指定输出参数，则将结果赋给预定义变量ans。例如，计算变量A的各行元素之和，命令如下。

```
>> sum(A, 2)
ans =
    3.7835
    3.3693
    2.1556
    3.5322
```

如果调用函数需要返回多个值，则应指定多个输出参数。例如，调用 fminbnd 函数求 $f(x)=3x-\frac{1}{x}$ 在区间(1,2)的极小值以及极小值所对应的 x，命令如下。

```
>> [x, fmin]=fminbnd(@(x) 3 * x-1./x, 1, 2)
x =
    1.0001
fmin =
    2.0003
```

以上结果表示，2.0003 是 $f(x)$ 在区间(1,2)的极小值，$f(x)$ 最小时的 x 是 1.0001。如果调用函数的返回值有 n 个，但仅需要获取其中的 $m(m<n)$ 个返回值，则在不需要获取的输出参数位置使用占位符"～"。例如，调用 fminbnd 函数求 $f(x)=3x-\frac{1}{x}$ 在区间(1,2)的极小值，命令如下。

```
>> [~, fmin]=fminbnd(@(x) 3 * x-1./x, 1, 2)
fmin =
    2.0003
```

执行以上命令，仅返回了函数在指定区间的极小值。

2. 函数功能和用法提示

在命令行窗口的命令提示符前有一个图标 f_x，单击此图标或按 Shift+F1 组合键，将弹出函数浏览器，其中按类别列出本机已安装的所有函数和函数的基本功能。

在命令行窗口输入命令时，可以获得函数用法的即时帮助提示。在输入函数时，输入左括号之后暂停或按 Ctrl+F1 组合键，在光标处会弹出一个提示框，列出该函数的用法。

3. 存储数据

在计算过程中，需要用变量来存储数据。在 MATLAB 中，变量还可以用来存储表达式、函数、字符串等非数值的内容。

1）变量命名

在 MATLAB 中，变量名是以字母开头，后跟字母、数字或下画线的字符序列，最多 63 个字符。例如，x、x_1、x2 均为合法的变量名。在 MATLAB 中，变量名区分字母的大小写，addr、Addr 和 ADDR 表示三个不同的变量。另外，不能使用 MATLAB 的关键词作为变量名，例如，if、end、exist 等。

在 MATLAB 程序中，应避免创建与预定义变量、系统函数同名的变量，例如，i、j、power、int16、format、path 等。若变量与 MATLAB 函数同名，则变量优先于函数，即程序中出现的这个标识符将视作变量。若程序中创建的变量与 MATLAB 函数重名，可能导致计算过程、计算结果出现意外情况，如图 2.11 所示的错误就是因为第 1 行的赋值命令建立了变量 sum，存储了一个大小为 1×4 的矩阵，而第 2 行命令调用 MATLAB 的 sum 函数对矩阵 $\begin{bmatrix}10 & 22\\30 & 100\end{bmatrix}$ 求和。

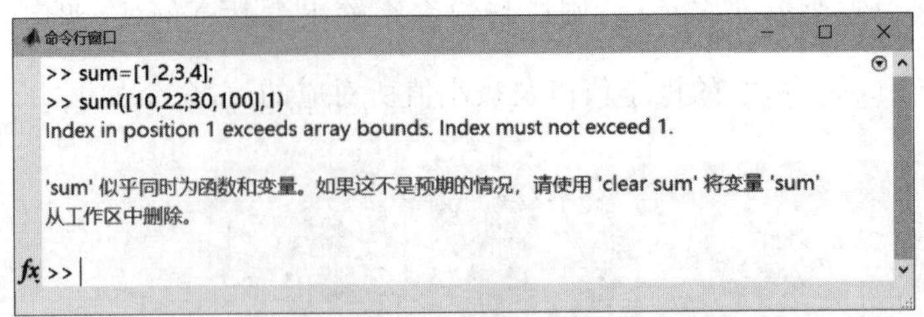

图 2.11　变量与系统函数重名导致的错误

exist 函数用于检查拟用名称是否已被使用。若不存在与拟用名同名的变量、脚本、函数、文件夹或类，exist 函数返回值为 0，否则返回值为非 0 值（如存在与拟用名同名的变量，返回值为 1；存在同名的 MATLAB 函数，返回值为 5）。例如：

```
>> exist power
ans =
     5
>> exist pow
ans =
     0
```

2）变量赋值

赋值命令用于将数据存储于 MATLAB 变量，命令格式如下。

```
变量 = 表达式;
```

命令执行时，先做赋值号“=”右端表达式所定义的运算，再将运算结果赋给左端的变量。如果没有指定变量，则将运算结果赋给 MATLAB 的预定义变量 ans。

表达式后的分号指定不在命令行窗口输出运算结果。如果表达式后没有分号，执行赋值操作后，会在命令下方显示变量和变量的值。

例 2.3　当 $x=\sqrt{1+\pi}$ 时，计算表达式 $\frac{e^x+\ln|\sin^2 x-\sin x^2|}{x-5i}$ 的值，将计算结果赋给变量 y，并在命令行窗口中显示结果。

在 MATLAB 命令行窗口中输入以下命令。

```
>> x=sqrt(1+pi);                                        %定义 x
>> y=(exp(x)+log(abs(sin(x)^2-sin(x*x))))/(x-5i)  %计算并输出结果
y =
   0.5690 + 1.3980i
```

其中，pi 和 i 都是 MATLAB 的预定义变量，分别代表圆周率 π 和虚数单位。在 MATLAB 命令后可以加上注释，用于解释或说明命令的含义。注释以%开头，后面是注释的内容，不影响命令的执行过程和结果。

3）预定义变量

在 MATLAB 中预先定义了一些有特定含义或特殊用途的变量。表 2.2 列出了一些常用的预定义变量。

表 2.2 常用的预定义变量

预定义变量	含 义
ans	存储计算结果的默认变量
pi	圆周率 π 的近似值
Inf	无穷大
NaN	非数值
eps	2^{-52}
realmax	最大的正浮点数
realmin	2^{-1022}
intmax	32 位有符号整型数的最大值
gcf	当前图窗的句柄
gca	当前坐标区的句柄

在 MATLAB 中,1/0、1.e1000、2^2000、exp(1000)的结果为 Inf,log(0)的结果为-Inf。0/0、Inf/Inf、Inf-Inf、0 * Inf 的结果为 NaN;当 y 为零,或 x 为无穷大时,rem(x,y)的结果为 NaN。若计算结果为 Inf、NaN,则表示计算的过程出现了以上的数据。为了检验计算过程的有效性,MATLAB 提供了 isfinite 函数用于判定数据对象是否为有限值,isinf 函数用于判定数据对象是否为无穷大,isnan 函数用于判定数据对象中是否含有 NaN 值。

2.2.4 脚本

命令行窗口仅适合运行简单程序,每输入一行命令,按 Enter 键执行该命令。若求解某个问题需要连续执行若干命令,或程序中包含复杂的流程控制语句(如 if、switch、for、while 语句等),则不适合在命令行窗口调试和运行。

脚本是 MATLAB 程序,可以包含多行命令和流程控制语句。运行脚本,MATLAB 就会依次执行脚本中的命令。脚本文件的扩展名为.m,可以用任何文本编辑工具进行编辑,默认用 MATLAB 编辑器打开。

1. 编辑器

编辑器是编写、调试 MATLAB 程序的集成环境。在编辑器中,不仅可以完成基本程序的编辑,还可以对脚本进行调试、发布。

1) 打开编辑器

单击 MATLAB 桌面的"主页"工具条中的"新建脚本"图标,将打开编辑器。也可以单击"主页"工具条中的"新建"图标,从弹出的列表中选择"脚本"选项,或者按 Ctrl+N 组合键,打开编辑器。编辑器默认以面板方式嵌入 MATLAB 桌面,单击面板右上角的"显示编辑器操作"图标,从弹出的列表中选择"取消停靠",编辑器成为独立子窗口,如图 2.12 所示。编辑器子窗口功能区有三个工具条:"编辑器"工具条提供编辑、调试脚本的工具;"发布"工具条提供管理文档标记和发布文档的工具;"视图"工具条提供设置编辑区显示方式的工具。

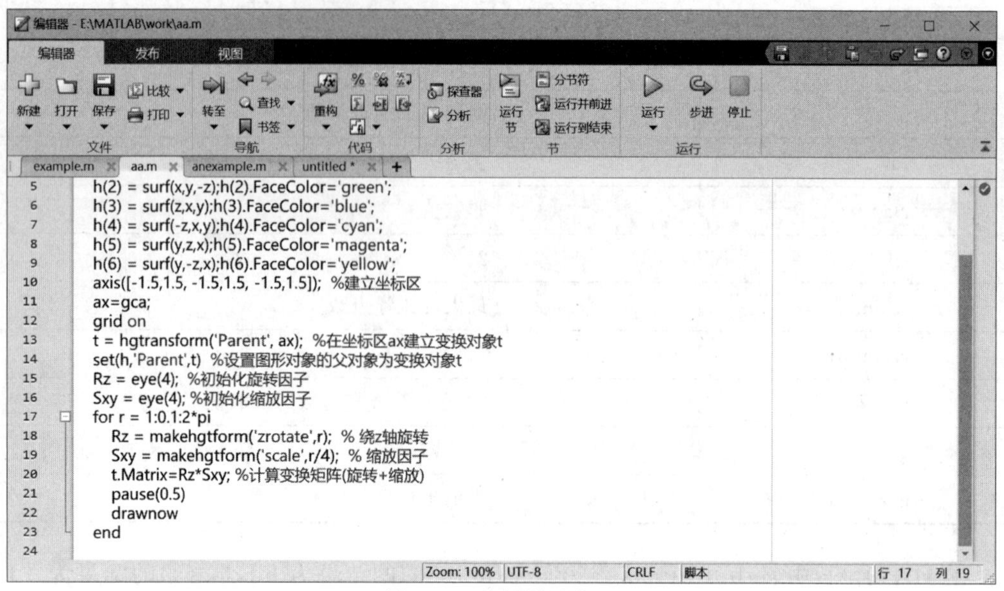

图 2.12　编辑器子窗口

打开编辑器后，在编辑区中编辑程序。编辑器的编辑区会以不同的颜色显示注释、关键词、字符串和一般的程序代码。例如，蓝色标识关键字，紫色标识字符串，绿色标识注释。编辑完成后，单击“编辑器”工具条中的“保存”图标，或单击快速访问工具栏中的“保存”图标，或按 Ctrl+S 组合键，保存程序。保存脚本文件的默认位置是 MATLAB 的当前文件夹。也可以通过在 MATLAB 桌面的当前文件夹面板双击已有的.m 文件，启动编辑器。

例 2.4　建立一个脚本，绘制如图 2.13 所示等高线，并突出显示指定层的等高线。

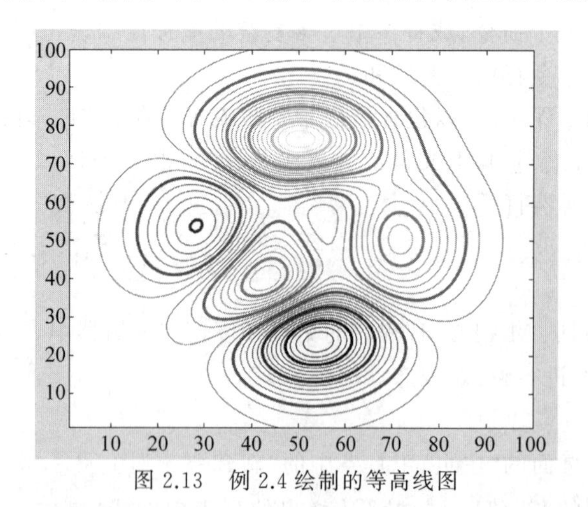

图 2.13　例 2.4 绘制的等高线图

单击 MATLAB“主页”工具条中的“新建脚本”图标，创建一个新脚本，并以文件名 DrawContour.m 保存在当前文件夹。程序如下。

```
clear
Z = peaks(100);
```

```
zmin = floor(min(Z(:)));
zmax = ceil(max(Z(:)));
zinc = (zmax - zmin) / 40;
zlevs = zmin:zinc:zmax;
figure
contour(Z,zlevs)
zindex = zmin:2:zmax;
%每隔 2 个高度单位突出显示等高线
hold on
contour(Z,zindex,'LineWidth',2)
```

编辑完成后,单击“编辑器”工具条中的“运行”图标▷,MATLAB将会依次执行该脚本中的各个命令。

在编辑器中编辑MATLAB程序时,编辑器自动识别语法问题和潜在的编码问题,并在相应位置弹出提示。例如,若删去上述脚本第2行命令后的分号,第2行赋值号“=”的背景突显为橙色,当光标移至赋值号上方时,会弹出如图2.14所示警告信息。

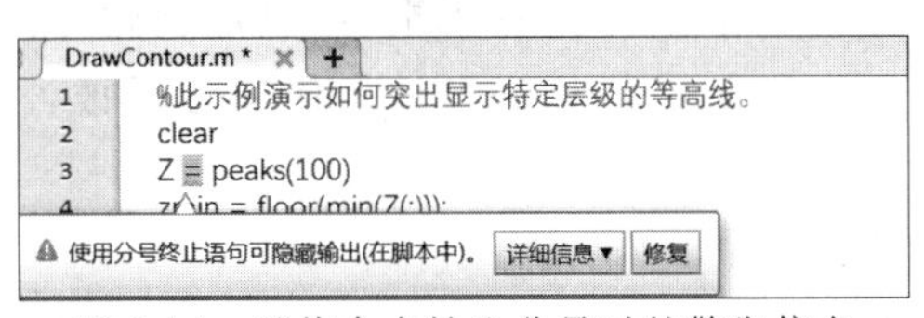

图2.14 赋值命令缺少分号时的警告信息

通过在赋值命令后不加分号来显示中间结果的方法,仅适用于数据量不大的情况,如果中间结果是有很多元素的向量、高维数组,则会导致命令行窗口信息过多。因此MATLAB编辑器中不建议采取这种方法来查看中间结果。

编辑完程序后,若需要重命名程序中的某个变量,可以在该变量第1次出现的位置选中该变量,输入新的名称后,按Shift+Enter组合键,编辑器将程序中所有的同一标识符进行统一修改,如图2.15所示。

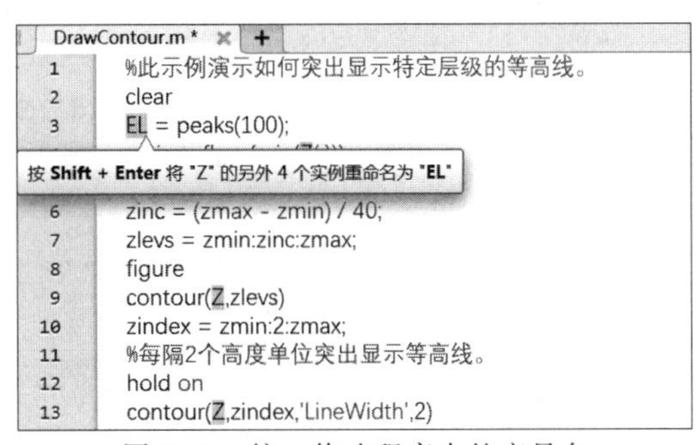

图2.15 统一修改程序中的变量名

若在程序的执行过程中要中断程序的运行,则可按Ctrl+C组合键。

2)调试MATLAB程序

调试MATLAB程序有以下方法。

(1)通过单击代码和行号之间的“运行到此行”图标▶|,即开始运行程序,当运行到这一行时暂停,可以在工作区查看已建立变量的大小、值等信息,如图2.16所示,单击第5行的

图标▶|,脚本运行前4行中的命令(第1行为注释),生成了3个变量。

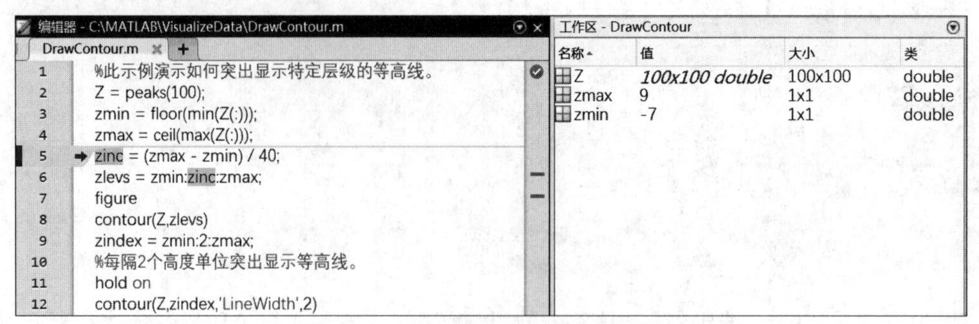

图2.16 运行到第5行中断时的界面

(2) 通过单击“步进”图标,逐行运行程序,在工作区观察每一行代码的运行结果。

3) 探查器

在编辑器中调试程序,可以发现程序中的逻辑错误,而利用探查器能了解MATLAB程序的运行性能。探查器提供了一份详细的分析报告,以可视化方式描述程序执行过程中各个函数及函数中每条语句的耗时情况,程序设计者依据分析报告,可以有针对性地改进程序,提高程序的运行效率。

打开探查器有以下方法。

(1) 单击MATLAB桌面“主页”工具条中的“运行并计时”图标。

(2) 单击编辑器“编辑器”工具条中的“运行”图标,从下拉列表中选择“运行并计时”。

此时,将打开Profiler窗口,探查摘要表列出了该脚本直接、间接调用函数的次数、总耗时等,并用火焰图将探查结果可视化。探查摘要表中每一行的函数名是一个链接,单击某个函数,将打开该函数调用过程的具体耗时情况。

例如,在编辑器中打开例2.4脚本,单击“运行并计时”图标,将打开探查器子窗口。探查摘要列表的第1行是脚本名,单击该脚本名,可以看到该脚本运行情况,如图2.17所示,按耗时时长,依次列出程序中的各命令在此次程序运行中的耗时情况。

▾ 占用时间最长的行

行号	代码	调用次数	总时间(秒)	% 时间	时间图
8	contour(Z,zlevs)	1	4.821	76.2%	
2	Z = peaks(100);	1	1.158	18.3%	
12	contour(Z,zindex,'LineWidth',2)	1	0.231	3.6%	
11	hold on	1	0.071	1.1%	
7	figure	1	0.040	0.6%	
所有其他行			0.003	0.0%	
总计			6.323	100%	

图2.17 例2.4的运行耗时情况

2. 实时编辑器

实时脚本是融合了多媒体、交互控件的程序文档。实时脚本中包含程序,还能嵌入格式化文本、数学公式、超链接、图像,以及用于交互的控件(如数值滑块、下拉列表)等,将求解问题的程序、与问题相关的信息和对求解过程的控制,组合成为一个文档,方便设计程序和使用程序的人员检验程序运行状态,优化程序性能。实时脚本文件扩展名为.mlx。

实时脚本在 MATLAB 实时编辑器中创建、编辑和调试。单击 MATLAB 桌面“主页”工具条中的“新建实时脚本”图标，或单击“主页”工具条中的“新建”图标，选择下拉列表中的“实时脚本”选项，将打开实时编辑器。实时编辑器默认嵌入 MATLAB 桌面，单击实时编辑器右上角的“显示实时编辑器操作”图标，从弹出的菜单中选择“取消停靠”选项，实时编辑器成为独立子窗口，如图 2.18 所示。

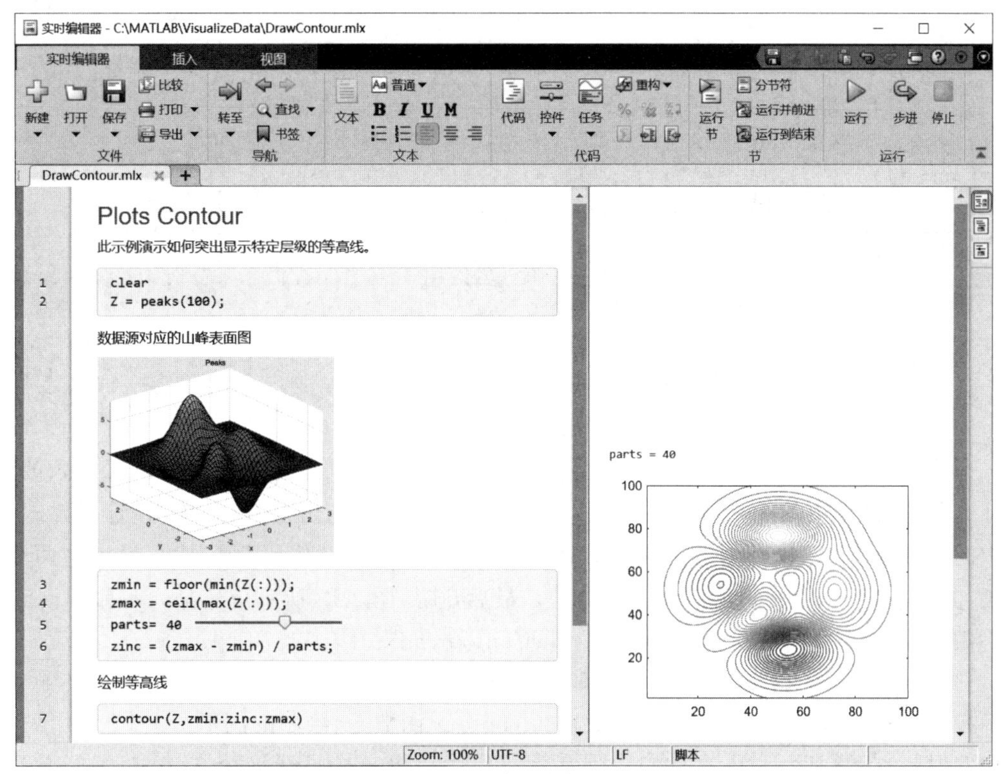

图 2.18 实时编辑器

也可以在 MATLAB 桌面的当前文件夹面板中双击已有的.mlx 文件，打开实时编辑器。

实时编辑器功能区有三个工具条：“实时编辑器”工具条包含文件管理、文本排版、代码调试等工具；“插入”工具条包含插入图像、方程等资源的工具；“视图”工具条包含排列子窗口、调整布局等工具。

实时编辑器的编辑区除了程序代码外，还可插入文本、超链接、图像、公式，并可以对文本设置格式。例如，图 2.18 中.mlx 文件的首行文字被设置为“标题”，以橙色标识；后续代码中的注释文字设置为“普通文本”，文字前可以不加注释符“%”；所有代码行自动加上了淡灰色背景；文档中还插入了图形。此外，可以通过在代码间插入公式、超链接等，对代码进行批注，形成一个格式文档。

输出区用于输出运行过程结果（包括调用绘图函数绘制的图形）。修改程序后，再次运行程序，输出区即时更新过程结果。输出区右上角有三个图标，用于设置实时编辑器视图模式，分别为“右侧输出”“内嵌输出”和“隐藏代码”。

打开实时编辑器后，在编辑区中编辑程序。编辑完成后，单击“保存”图标，保存实时脚本。

例 2.5 建立一个实时脚本,绘制等高线并突出显示指定层的等高线。

打开实时编辑器,输入以下文本。

```
Plots Contour
此示例演示如何突出显示特定层级的等高线
clear
Z = peaks(100);
数据源对应的山峰表面图
zmin = floor(min(Z(:)));
zmax = ceil(max(Z(:)));
parts=40
zinc = (zmax - zmin) / parts;
绘制等高线
contour(Z, zmin : zinc : zmax)
每隔 2 个高度单位突出显示等高线,线宽为 2
zindex = zmin:2:zmax;
hold on
contour(Z,zindex,'LineWidth',2)
```

在实时编辑器的编辑区输入以上代码后,选中第 1 行,单击“实时编辑器”工具条的“选择样式”下拉列表中的 Aa 标题▾,设置第 1 行的格式为标题。选中第 2 行,单击“选择样式”列表中的 Aa 普通,设置这一行为普通文本。选中第 3～4 行,单击“代码”图标,设置这两行为代码,其他各行文本、代码也按此方法处理。最后,在如图 2.18 所示位置插入一张图。

编辑完成后,保存程序,文件名为 DrawContour.mlx。

(1) 实时脚本的调试可以采用和脚本相同的调试方法。实时脚本在运行时会在输出区显示控件的当前值和调用绘图函数(如 plot、contour 函数等)绘制的图形。

实时脚本运行后,.mlx 文件中会保存运行结果。再一次打开这个文档时,可以看到上次运行的结果。

(2) 代码的分节运行。

实时脚本通常包含很多命令,有时只需要运行其中一部分,这时可通过设置分节标志,将全部代码分成若干代码片段。

若需要将代码分节,则将光标定位在片段首或上一片段的尾部,然后单击“实时编辑器”工具条中的“分节符”图标。完成代码片段的定义后,将光标定位在片段中的任意位置后,单击“实时编辑器”工具条中的“运行节”图标,就可以执行这一片段的代码,结果同步显示在输出区。例如,在例 2.5 的命令 contour(Z,zmin:zinc:zmax)后插入一个分节符,将整个代码分成第 1、2 节,然后将光标定位在第 1 节任意位置,单击“运行节”图标,在输出区显示的是执行完 contour(Z,zmin:zinc:zmax)的结果。

(3) 实时脚本中还可以插入数值滑块、下拉列表、复选框、编辑字段和图标等控件,以交互方式控制计算过程,用于观察不同参数对运算结果的影响。例如,将光标定位在例 2.5 的命令 parts=40 后,删去数 40,单击“实时编辑器”工具条中的“控件”图标,从下拉列表中选择“数值滑块”,将数值滑块控件插入到赋值号的右端。双击该控件对象,将弹出一个设置滑块控件参数的面板,在该面板中设置“最小值”为 10,“最大值”为 80,“步长”为 10,“默认值”

为 30,如图 2.19 所示。调整参数后,按 Enter 键确认。移动滑块控件上的滑块,滑块控件左端将显示对应的值,同时更新输出区的输出。

实时脚本没有“运行并计时”功能。

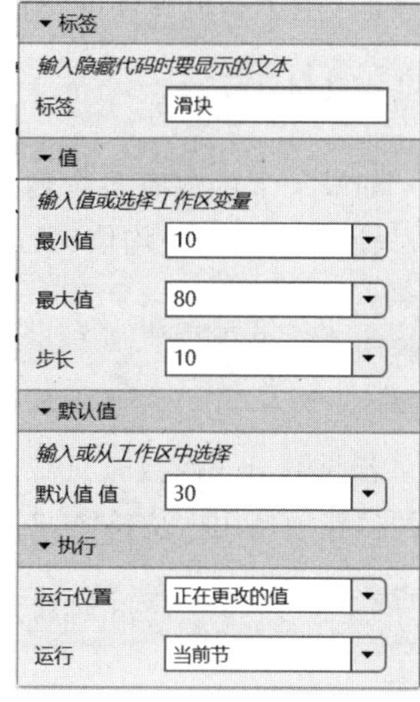

图 2.19 设置滑块控件的参数

2.2.5 自定义函数

MATLAB 的内置函数以及各种工具箱的定义程序,都存储在各个函数文件中。例如,对数值数组元素求和的 sum 函数,存储于同名文件 sum.m 中,该文件位于 MATLAB 系统文件夹的子文件夹\toolbox\stats\featlearn\+featlearn\+operator\+binary。

在可视化应用中,常常需要结合实践、科研需求,自定义解决特定问题的函数。

1. 定义函数

MATLAB 函数的第 1 行代码是函数名称、参数的定义,称为函数头。函数头的定义格式如下。

```
function [y1,y2,…,yN] = myfun(x1,x2,…,xM)
```

其中,function 是定义函数的关键词,myfun 是函数名,函数命名规则与变量命名规则一致。x1,x2,…,xM 称为输入参数,参数间用逗号分隔;y1,y2,…,yN 称为输出参数,一组输出参数用方括号[ ]进行界定。

为提高可读性,通常将关键词 end 置于函数的末尾,作为函数结束标记。一个 MATLAB 函数通常单独保存为一个文件,扩展名是.m,且文件名与待保存程序中第一个自定义函数同名。

例 2.6 编写一个函数 stat,返回一个向量所有元素的平均值和标准差。

打开编辑器,输入以下程序。

```
function [m,s] = stat(x)
    n = length(x);
    m = sum(x)/n;
    s = sqrt(sum((x-m).^2/n));
end
```

编辑代码后,单击“保存”图标,默认的文件名就是 stat.m。

将例 2.6 的程序另存为.mlx 文件后,在实时编辑器中编辑,程序中可以插入格式文本、图像、超链接等。

2. 调用函数

调用自定义函数的方法和调用 MATLAB 内置函数的方法一致。例如,调用 stat 函数求向量 t 的平均值和标准差,命令如下。

```
>> [tmean, tsvd] = stat(t);
```

如果某个函数有多个输出参数,可以只返回部分输出参数的值。例如,调用 stat 函数时,只返回向量的平均值(只返回第 1 个输出参数),命令如下。

```
>> tmean = stat(t);
    0.6238
```

若调用 stat 函数时只需要返回向量的标准差(即第 2 个输出参数),则在第 1 个输出参数的位置须使用占位符"~",命令如下。

```
>> [~, tsvd] = stat(t);
```

2.3 MATLAB数据可视化流程

数据可视化不是简单的视觉映射,而是一个以数据流向为主线的流程,MATLAB 为问题定义、数据采集、数据处理和变换、可视化映射和用户交互等环节提供了多类工具,利用这些工具,可以快速构建数据可视化应用。

2.3.1 问题定义

数据可视化分析始于要解决的问题,问题定义是确保数据可视化分析过程有效性和分析结果质量的首要条件,可以为收集数据、分析数据提供清晰的目标。

1. 明确问题

了解支持可视化目标的输入、输出、过程异常的识别等,主要包含以下任务。

(1) 明确可视化的数据来源、准确性等。

(2) 确定需要可视化和传达的信息种类,如事务明细、累积聚合、比值比例等。

(3) 了解数据可视化的目的和应用场景。

(4) 确定可视化的目标。

明确了相关问题后,就可以有组织、有目的地开展数据获取、预处理、建立数据模型、探索数据等工作。

2. 描述问题

将问题定义形成文档,无论是对科研还是商业问题都很重要。问题定义文档提供可视化过程目标,其各项指标是检验可视化成果有效性的参照。

1) 描述数据

数据分析中所处理的数据分为定性数据和定量数据。只能归入某一类而不能用数值进行测度的数据称为定性数据,如性别、品牌、商品的质量等级等。

问题定义中要描述数据的来源、类型、异常处理方法等，例如，如何收集数据；为防止数据丢失和虚假数据对系统的干扰，处理数据时应采用什么措施；定性数据分析中对词语、照片、观察结果之类的非数值型数据如何映射为定量数据。

2）问题规划

问题的规划，将决定整个数据可视化应用的研发项目所遵循的指导方针。若是描述性数据分析，则根据基本数据集制定总结报告的形式；若是探索性数据分析，则在描述性分析的基础上，进一步加入综合分析手段，如通过计算某些特征量、相关性等，寻找和揭示隐含在数据中的规律性；若是推理性数据分析，则制定如何根据数据进行推算的方法，以及验证结论的指标等；若是预测性数据分析，则制定根据数据建立模型的方法，以及系统的测试方法等。

完成问题定义，可以将定义文本、公式、图形等嵌入 MATLAB 的.mlx 文件（即实时脚本、实时函数），便于在可视化的各个步骤检验结果和优化算法。

2.3.2 获取数据

数据也称为观测值，是实验、测量、观察、调查过程采集的样本。利用 MATLAB 的数据导入函数和工具，可以从文件、其他应用程序、Web 服务和外部设备获取数据。

1. 获取本地数据

获取本地数据是指读取存储在磁盘文件中的数据。MATLAB 提供了读取标准格式数据文件的函数和交互式数据导入工具，第 6 章将详细介绍这些函数和工具的使用方法。

使用导入工具，可以通过简单操作快速读取 Microsoft Excel 电子表格、分隔文本文件和等宽的文本文件等标准格式的数据文件。也可以使用 readmatrix、readtable、readcell、readvars 等函数读取.xls、.xlsx、.csv、.txt 文件中的数据，或使用 textscan 函数读取.csv、.txt 文件中的文本并转换为指定类型的数据。

对于非文本文件，MATLAB 提供了多种专用函数读取文件中的数据。fread、fscanf 等函数用于读取二进制文件；imfinfo 函数用于获取图像文件的信息；imread 函数用于读取图像文件；audioread 函数用于读取音频文件中的数据及获取音频数据的采样率；sound 函数用于将信号数据矩阵转换为声音；lin2mu 函数用于将线性音频信号转换为 mu-law 格式；mu2lin 函数用于将 mu-law 音频信号转换为线性格式。

读取视频文件，首先需要调用 VideoReader 函数创建读取视频文件的对象，再使用 read 函数读取视频帧；mmfileinfo 函数用于获取多媒体文件的信息。

.mat 文件是 MATLAB 专用的数据文件，用于存储工作区变量（包括变量名、大小、类型、属性和值）。load 函数用于加载.mat 文件中的数据。

第 6 章将详细介绍读取各种类型数据文件的方法。

2. 获取网络数据

随着网络应用渗透到社会生活、生产实践的各个环节，Internet 上存储了海量数据。例如，使用某个应用的设备信息、浏览记录、操作记录、交易记录、位置信息等，来源众多、格式各异的数据集，构成了不同存储模式的数据资源（如数据库、特定格式的数据文件、附着在网页中的信息)。MATLAB提供了检索、读写各类网络数据的函数和工具,可以快速获取网络数据资源。

MATLAB的webread函数用于读取网页内容,weboptions函数用于设置请求Web服务的参数,regexp函数用于按指定的正则表达式匹配数据项。

此外,也可以通过MATLAB的HTTP(超文本传输协议)接口来访问Web服务,或者通过WSDL(Web服务描述语言)文档与Web服务通信。

3. 读取科学数据

MATLAB提供了读取特定格式数据文件的函数和工具,如NetCDF、HDF、FITS和CDF等,这些数据文件在科学研究、工程实践中经常使用。

NetCDF格式是网络通用数据格式,MATLAB的ncdisp函数用于显示NetCDF数据源内容,ncinfo函数用于获取NetCDF数据源的信息,ncread函数用于读取NetCDF数据源中的数据,ncreadatt函数用于读取NetCDF数据源中的属性值。

HDF4(分层数据)格式是用于科学数据存储和分发的标准化文件格式,其中,HDF-EOS是由美国航空航天局(NASA)开发,用于存储从地球观测系统(EOS)返回的数据。MATLAB的hdfinfo函数用于获取有关HDF4文件的信息;h5info函数用于获取有关HDF5文件的信息;hdfread函数用于从HDF4文件导入数据;h5read函数用于从HDF5文件导入数据。

FITS格式专用于世界各地天文台之间的数据交换。MATLAB的fitsdisp函数用于显示FITS文件内容;fitsinfo函数用于获取FITS文件的信息;fitsread函数用于读取FITS文件中的数据。此外,matlab.io.fits库还提供了大量与CFITSIO库交互的函数。

CDF格式由美国国家太空科学数据中心(NSSDC)创建,用于提供与科学数据和应用程序的结构相匹配的自描述数据存储和处理格式。MATLAB的cdfinfo函数用于获取有关CDF文件的信息;cdfread函数用于从CDF文件导入数据。此外,MATLAB的CDF库还提供了大量与CDF库交互的函数。

因本书篇幅有限,本书不详细介绍读取这些专业应用格式文件的函数的用法。如果需要了解这些函数,可以查询MathWorks公司的在线帮助文档https://ww2.mathworks.cn/help/matlab/scientific-data.html? s_tid=CRUX_lftnav。

2.3.3 数据预处理

原始数据中常常存在无效的、模糊的数据,或者部分值缺失,字段重复以及有些数据超出范围等。这些有问题的数据可能导致数据探索、可视化的结果出现偏差。在分析数据并进行可视化之前,需要确保数据的质量和完整性。只有在保证数据可信度的基础上,进行数据分析和可视化才有意义。数据预处理指从源数据中清理不正确或者有问题的数据,转换数据格式并进行数据探索分析的过程,包括数据清洗、离群数据处理、数据分组、降噪等方法。

1. 数据集成

可视化分析的数据往往来源于不同数据源,数据集成指整合多个数据源的数据。

在数据集成时,来自不同数据源的数据实体表达方式不同,甚至不匹配,需要考虑实体识别问题和属性冗余问题，将原数据加以转换、提炼和合成。实体识别是指不同源的数据，可能同名异义，或者异名同义，或者度量单位不一致，检测和解决这些冲突就是实体识别阶段的任务。冗余属性识别是指在不同数据源中数据集的同一属性多次出现，或者同一属性的名称不一致，这些问题的解决可以通过相关分析进行检测。

2. 数据清洗

数据清洗指删除原始数据集中的无关数据和重复数据，以及平滑噪声数据，填充缺失值、处理异常值等。

MATLAB的数据清理器(Data Cleaner)提供了一个交互界面，通过简单操作，导入工作区或标准格式文件(如.xls、.xlsx、.csv、.txt)中的数据，进行数据清理，清理方法包括平滑处理、清理离群数据、清理缺失数据、重设时间表时间等。

在MATLAB中，还可利用实时编辑器任务，清理缺失数据、离群数据，探寻变化点，计算局部最大值和局部最小值，归一化数据，对含噪数据进行平滑处理等。

每个数据集都有其特定的数据清洗方案，这些和数据本身特性相关。MATLAB提供的这些交互式的数据清洗工具，可以帮助可视化应用的设计人员确定最佳解决方案。

3. 数据变换

数据变换指通过标准化、离散化、泛化等手段，将数据转换成适当的形式，以便于后续的数据探索、可视化和挖掘分析。

(1) 数据标准化(Data Standardization)指将数据按比例缩放，将原来的数值映射到一个新的特定区域中，从而避免多个数据序列的量级差对可视化过程造成影响。

(2) 数据离散化(Data Discretization)指将数据用区间或者类别的概念替换。常用的数据离散化方法包括等宽法、等频法、基于聚类分析的方法、相关度离散化等。

(3) 数据泛化(Data Generalization)指将底层数据抽象到更高的概念层，从而减少数据复杂度。例如，通过属性合并创建新属性，或删除不相关属性等方法来降低数据维度，其目标是寻找最小的属性子集，并确保新数据子集的概率分布尽可能接近原数据集的概率分布。常用的数据泛化方法包括合并属性、决策树归纳、主成分分析等。

通过数据变换产生的新数据集相对原数据集，规模小，又基本保持了原数据的完整性。缩减数据规模后，可以降低数据存储的成本，缩减数据处理所需的时间。

4. MATLAB数据预处理函数

MATLAB提供了大量的数据预处理函数，用于数据集成、清洗和变换。表2.3列出了常用的数据预处理函数。

表2.3 常用的数据预处理函数

函　数	功　能	函　数	功　能
anymissing	判定数组是否有缺失值	movmad	移动中位数绝对偏差
ismissing	查找缺失值	ischange	查找数据中的突然变化
rmmissing	删除缺失的条目	islocalmin	计算局部最小值

续表

函　数	功　能	函　数	功　能
fillmissing	填充缺失值	islocalmax	计算局部最大值
missing	创建缺失值	smoothdata	对含噪数据进行平滑处理
standardizeMissing	插入标准缺失值	movmean	移动均值
isoutlier	查找数据中的离群值	movmedian	移动中位数
filloutliers	检测并替换数据中的离群值	detrend	去除多项式趋势
rmoutliers	检测并删除数据中的离群值	trenddecomp	检测趋势
normalize	归一化数据	rescale	数组元素的缩放范围
discretize	将数据划分为 bin 或类别	histcounts	直方图 bin 计数
groupcounts	分组元素的数量	histcounts2	二元直方图 bin 计数
groupfilter	按组过滤	findgroups	查找组并返回组编号
groupsummary	组汇总计算	splitapply	将数据划分归组并应用
grouptransform	按组转换		

在开发数据可视化应用的过程中,可以先利用 MATLAB 的数据清理器、实时编辑器任务尝试处理小数据集或大数据集的一部分,探索最合适的数据预处理方法及参数,然后在程序中用观察得到的参数作为预处理函数的控制参数,自动处理大规模数据集。

第 4 章将介绍实时编辑器任务的使用,第 6 章将介绍 MATLAB 的数据清理器,并通过示例介绍数据预处理函数的使用方法。

2.3.4　数据探索

在数据预处理前,数据探索可以帮助我们了解数据的结构、干净程度、数据集的大小、数据集的分布特征等,为数据的进一步处理提供参考依据。在数据建模阶段,数据探索可以帮助我们理解变量之间的关系,决定变量的选取和建模方法的选择,进一步提升模型的预测精准性。

1. 描述性统计

通过调查、实验获得的数据,经过预处理,可以采用传统的数据统计方法描述被研究对象的一些状态与特征,常用方法如下。

(1) 集中趋势分析。探寻数据平均处于什么位置,集中于什么位置,例如,计算平均值、中位数、众数等。

(2) 离散程度分析。评估数据的离散程度,例如,计算数据集的极差(即最大值与最小值之差)、标准差、方差等。

(3) 数据的分布特性。探寻样本数据的分布形态,例如,偏态分布、峰态分布等。

2. 推断性统计

推断统计是研究如何利用样本数据来推断总体特征的方法。常用方法如下。

(1) 假设检验。分析样本指标与总体指标间是否存在显著性差异。

(2) 方差分析。分析两个以及两个以上样本均数差别的显著性检验,研究不同来源的变异对总变异的贡献大小,从而确定可控因素对研究结果的影响程度。

(3) 相关分析。探索数据之间的正相关、负相关关系,如计算协方差、相关系数等。

(4) 回归分析。探索数据之间的因果关系或依赖关系。

(5) 因子分析。从变量群中提取共性因子。

第3章将介绍对数据进行统计分析的函数,包括求最大/小值的函数 max/min,求和/积的函数 sum/prod,累计求和/积的函数 cumsum/cumprod,求平均值/中值的函数 mean/median,求标准差/方差的函数 std/var,求相关系数的函数 corrcoef,求协方差的函数 cov,排序函数 sort 等。

第5章将介绍 MATLAB 图形窗口提供的数据探索工具,利用数据探索工具,探寻最佳模型参数,完善数据模型。

第6章将介绍 MATLAB 提供的拟合、插值等数据建模方法,建立数据评估和预测模型。

2.3.5 数据可视化

良好的数据可视化应用是布局、色彩、图表、动效的综合运用,使复杂的数据更易于访问和理解。MATLAB 提供了多类数据可视化工具和方法,灵活运用这些工具和方法,可以直观、清晰、准确、有效地传达数据蕴含的信息。第5章将详细讲解 MATLAB 实现数据可视化的基本方法,以及如何通过颜色、灯光等突出数据属性和关系,从而提升可视化效果。第7～10章将通过大量案例介绍 MATLAB 的数据可视化工具,实现多领域、多目标的数据可视化。

通过数据可视化手段,直观地呈现不同变量之间的关系、数据集的结构、异常值的存在以及数据值的分布,以揭示数据特性和蕴含的信息,让人们更加直观地了解数据的含义和趋势等。

小　　结

MATLAB 是一个集成了数据处理、计算、可视化等功能的工作环境,提供了丰富的数据可视化工具。MATLAB 不仅可以用于数据可视化,而且可以将计算过程和建模过程可视化,大大提高了可视化应用的设计效率和运行效率。

MATLAB 的基础工作环境是 MATLAB 桌面,操作简单。命令行窗口用于运行 MATLAB 命令,并可以用于查看运行结果。MATLAB 命令由各种表达式组成,表达式中可以调用 MATLAB 的系统函数和自定义函数。若要连续执行多条命令,则将命令集合保存为脚本或函数。MATLAB 编辑器和实时编辑器用于编辑、调试程序,提供了多种调试、优化程序的工具。掌握 MATLAB 求解问题的机制,灵活运用这些工具,可以提高解决问题的效率。

MATLAB 为数据可视化的各个环节提供了相关处理函数和工具,应了解如何选择和获取解决可视化过程特定问题的工具,从而快速、有效地达成分析目标。

MATLAB数据对象及运算

本章学习目标

(1) 掌握MATLAB数据的表示方法。

(2) 掌握在MATLAB中生成和引用变量的方法。

(3) 熟悉MATLAB算术运算规则。

(4) 熟悉MATLAB结构体、元胞数组和表的应用。

在MATLAB应用程序中引用的数据实体,如数、字符串、变量、文件等都称为数据对象。本章首先讲述MATLAB描述、表达数据的方法,然后介绍MATLAB变量的生成和引用方法,以及MATLAB的算术运算规则和实现算术运算的多种方法,最后介绍在MATLAB应用程序中如何使用结构体、元胞数组和表存储、处理半结构化和非结构化数据。

3.1 MATLAB数据类型

数据是有类型的,不同类型数据的存储方式不同,值域不同,运算的规则和方法不同。MATLAB有17个基础数据类型,包括数值(numeric)类、字符(char)和字符串(string)类、逻辑(logical)类、表(table和timetable)、结构体(struct)和元胞(cell)等,分别用于处理不同的数据实体。丰富的数据类型增强了MATLAB表达和处理数据的能力。

3.1.1 数值数据

数值数据是科学计算中最常见、应用最多的数据。不同的数值类型适用不同的应用场景。例如,采用RGB模式定义颜色时,元素的类型为uint8;定义图像颜色的饱和度时,元素的类型为double。

1. 数值数据类型

MATLAB中的数值可以表示为有符号整型、无符号整型、单精度(single)和双精度(double)浮点型。若没有指定类型,MATLAB将数值数据默认按双精度浮点类型存储和处理。

1) 整型

MATLAB支持以1字节、2字节、4字节和8字节存储整型数据。以uint8类型为例,该类型数据在内存中占用1字节，可描述的数为0～255。表3.1列出了MATLAB系统定义的整型和对应类型的值域。

表3.1 MATLAB的整型

类型	值域	类型	值域
uint8	$0\sim2^{8}-1$	int8	$-2^{7}\sim2^{7}-1$
uint16	$0\sim2^{16}-1$	int16	$-2^{15}\sim2^{15}-1$
uint32	$0\sim2^{32}-1$	int32	$-2^{31}\sim2^{31}-1$
uint64	$0\sim2^{64}-1$	int64	$-2^{63}\sim2^{63}-1$

要将数据以指定的整型方式存储于工作区，则调用与类型同名的转换函数。例如，将数12345指定用16位有符号整型存储，存于变量x，命令如下。

```
x = int16(12345);
```

使用类型转换函数将浮点数转换为整数时，MATLAB将舍入到最接近的整数。如果小数部分正好是0.5，则MATLAB会从两个同样临近的整数中选用绝对值更大的整数。例如：

```
>> x = int16([-1.5, -0.8, -0.23, 1.23, 1.5, 1.89])
x =
  1×6 int16 行向量
   -2   -1    0    1    2    2
```

此外，MATLAB还提供了按指定方式将浮点数转换为整数的函数。

- round函数：四舍五入为最近的小数或整数。
- fix函数：朝零方向四舍五入为最近的整数。
- floor函数：朝负无穷大方向四舍五入。
- ceil函数：朝正无穷大方向四舍五入。

例如，分别用以上函数将向量[−1.5,−0.8,−0.23,1.23,1.5,1.89]的各个元素转换为整型数，命令和输出如下。

```
>> x1 = round([-1.5, -0.8, -0.23, 1.23, 1.5, 1.89])
x1 =
    -2    -1     0     1     2     2
>> x2 = fix([-1.5, -0.8, -0.23, 1.23, 1.5, 1.89])
x2 =
    -1     0     0     1     1     1
>> x3 = floor([-1.5, -0.8, -0.23, 1.23, 1.5, 1.89])
x3 =
    -2    -1    -1     1     1     1
>> x4 = ceil([-1.5, -0.8, -0.23, 1.23, 1.5, 1.89])
x4 =
    -1     0     0     2     2     2
```

2）浮点型

浮点型用于存储和处理实数，在 MATLAB 中，用 single 和 double 描述。MATLAB 按照 IEEE 754 标准来构造浮点数，single 型数用 4 字节（32 位二进制）存储，double 型数用 8 字节（64 位二进制）存储。因此，实数以 double 型存储，比以 single 型存储精度高。MATLAB 默认以 double 型存储数值数据。

single 函数和 double 函数用于将其他类型数据转换为 single 型和 double 型。

3）复型

MATLAB 可以存储和处理复数，用 complex 描述。复数由实部和虚部构成，在 MATLAB 中，实部和虚部默认为 double 型，虚数单位用 i 或 j 表示，例如，5+6i、x + 1i * y。

当所构造的 complex 型数的实部或虚部是非浮点型数时，须调用 complex 函数来生成 complex 型数，例如，生成一个虚部为 int8 型数的复数，命令如下。

```
>> complex(3, int8(4))
ans =
  int8
   3 +   4i
```

real 函数用于获取复型数的实部值，imag 函数用于获取复型数的虚部值。

2. 识别数据类型

为了提高运算的精度和效率，在 MATLAB 程序中，使用表 3.2 中的函数识别数据对象是否与指定类型一致。结果为 1 表示一致，为 0 表示不一致。

MATLAB 的 isa 函数用于判别数据对象是否为指定类型，isa 函数的调用格式为

```
isa(obj, ClassName)
```

其中，输入参数 obj 是要识别的数据对象，ClassName 是类型名。例如，判别数 1.23 是否为 double 类型，命令如下。

```
>> isa(1.23, 'double')
ans =
  logical
   1
```

表 3.2　判别数值数据类型的函数

函　　数	说　　明	示　　例	
isinteger	判别是否为整型	>> isinteger(100) ans = logical 0	>> isinteger(int8(100)) ans = logical 1
isfloat	判别是否为浮点型	>> isfloat(int64(1.23e6)) ans = logical 0	>> isfloat(1.23e6) ans = logical 1

续表

函　数	说　明	示　例	
isnumerical	判别是否为数值型	>> isnumeric('1.23e6') ans = 　logical 　0	>> isnumeric(1.23e6) ans = 　logical 　1
isreal	判别是否为实数或复数	>> isreal(5+6i) ans = 　logical 　0	>> isreal(5+6) ans = 　logical 　1
isfinite	判别是否为有限值	>> isfinite(inf) ans = 　logical 　0	>> isfinite(1.23e123) ans = 　logical 　1
isinf	判别是否为无穷值	>> isinf(1.23e123) ans = 　logical 　0	>> isinf(inf) ans = 　logical 　1
isnan	判别是否为 NaN	>> isnan(0.1/0) ans = 　logical 　0	>> isnan(0/0) ans = 　logical 　1

3. 数据输入/输出格式

输入/输出数值数据时，可以采用日常记数法和科学记数法。例如，1.23456、−9.8765i、3.4+5i 等是用日常记数法表示数，1.56789e2、1.234e−5 是采用科学记数法分别表示数 1.56789×10^{2}、1.234×10^{-5}。其中，字母 e 或 E 表示以 10 为底，字母前的数可以是实数、整数，不能是复数；字母后的数是 10 的幂，只能是整数。

在命令行窗口输出数据前，可以用 format 函数设置数据输出格式。format 函数的基本调用格式如下。

```
format style
```

或

```
format(style)
```

其中，输入参数 style 指定数据的输出格式，可以使用字符向量、字符串标量，常用格式字符串如表 3.3 所示，表中的示例数据是 double 类型。format 命令只影响数据的输出格式，不影响数据的存储精度。

在命令行窗口输出数据时，默认采用 losse 模式控制行距，本书为了节约排版空间，在运行示例前，执行 format compact 命令，将命令行窗口的输出模式设置为紧凑模式，不输出空行。

表 3.3　常用输出格式

格式字符串	格　　式	输出示例 设 x=[4/3; 1.2345e-6];
short	十进制短格式(默认格式),小数点后有 4 位有效数字	1.3333 0.0000
long	固定十进制长格式,小数点后有 15 位数字	1.333333333333333 0.000001234500000
rational	分式格式	4/3 1/810045
hex	十六进制格式	3ff5555555555555 3eb4b6231abfd271
compact	在命令行窗口输出时隐藏空行	
loose	在命令行窗口输出时有空行	

3.1.2　文本数据

网络中各种应用都会涉及文本和字符数据的处理。例如,QQ、微信、网页中传输的信息文本,传输过程中需要加密/解密、压缩/解压缩;在做社会实践调查时,常会从电子邮件、社交媒体内容和产品评论中提取文本和字符,进行排序、筛选、分词、聚类等分析和处理。在 MATLAB 中,使用字符(character)数组和字符串(string)数组来存储和处理文本数据。

1. 字符数组

MATLAB 字符数组用于存储字符序列,每个元素存储一个字符。存储单行字符序列的字符数组称为字符向量,只有 1 个元素的字符数组称为字符标量。

1) 生成字符向量

生成字符向量是通过单撇号界定字符序列来实现的,向量中的每个元素存储一个字符。例如:

```
>> ch1 = 'This is a book.';
```

若字符序列中含有单撇号,则该单撇号字符须用两个单撇号来表示。例如:

```
>> ch2 = 'It''s a book.'
ch2 =
    'It's a book.'
```

2) 生成字符数组

二维字符数组由若干字符向量构成,数组中的每行对应一个字符向量。例如:

```
>> ch = ['abcdef'; '123456'];
```

用字符向量生成字符数组时,各个字符向量的大小必须相同。如果各个字符向量长度

不等,可以使用 char 函数将长度不同的字符向量合成字符数组,例如:

```
>> language = char('Fortran','C++','MATLAB')
language =
  3×7 char 数组
    'Fortran'
    'C++    '
    'MATLAB '
```

这 4 个字符串的长度分别为 7、3、6,用 char 函数生成字符数组时,每行长度都按照字符向量的最大长度 7 进行了扩充,扩充的方法是在原字符串后添加空格。

2. 字符串数组

MATLAB 字符串数组是文本片段的集合,字符串数组中的每个元素存储一个字符串,字符串长度可以不同。只有 1 个元素的字符串数组称为字符串标量。

1) 生成字符串

生成字符串是通过双引号括起字符序列来实现的。例如:

```
>> str1 = "Hello, world";
```

如果字符序列包含双引号,则在定义中使用两个双引号。例如:

```
>> str = "They said, ""Welcome!"" and waved."
str =
"They said, "Welcome!" and waved."
```

2) 生成字符串数组

字符串数组适合存储多段文本。字符串数组中的每个元素各存储一段文本,各段文本的长度可以不同。例如:

```
A = ["a","bb","ccc"; "dddd","eeeeee","This is a test."]
A =
  2×3 string array
    "a"        "bb"          "ccc"
    "dddd"     "eeeeee"      "This is a test."
```

3) 连接字符串

在 MATLAB 中,可以通过加号运算符连接两个字符串。例如:

```
>> name = "Andy";
>> str = "Hello," + name
str =
    "Hello,Andy"
```

这种运算也可以应用于两个大小相等的字符串数组,将两个数组中对应位置的字符串两两相连。例如:

```
>> s1 = ["Red" "Blue" "Green"];
>> s2 = ["Truck" "Sky" "Tree"];
>> s = s1 + s2
s =
  1×3 string 数组
    "RedTruck"    "BlueSky"    "GreenTree"
```

3. 文本数据与其他类型数据的转换

在做文本分析时,常常需要将文字数据转换为数值,或者在给图表添加标注时,需要将数值转换为文字后输出。表3.4列出了MATLAB文本数据与其他类型数据的转换函数。

表3.4 文本数据与其他类型数据的转换函数

函数	功能	示例

char	将数值数组转换为字符数组,字符数组的每个元素为数值数组中对应元素的ASCII字符	>> C = char([65 66; 67 68])
		C =
		  2×2 char 数组
		    'AB'
		    'CD'

string	将数值数组转换为字符串数组	>> S = string([65 66; 67 68])
		S =
		  2×2 string 数组
		    "65" "66"
		    "67" "68"

num2str	按指定精度将数值数组转换为字符数组	>> S1=num2str([12345, 789; 6.568, 0.0523], 3)
		S1 =
		  2×18 char 数组
		    '1.23e+04 789'
		    ' 6.57 0.0523'

mat2str	按指定精度将数值矩阵转换为字符向量	>> S2=mat2str([12345, 789; 6.568, 0.0523], 3) S2 = '[1.23e+04 789;6.57 0.0523]'

str2num	将字符串或字符向量转换为数值数组	>> C = str2num('[3.85,2.91; 7.74,8.99]')
		C =
		    3.8500 2.9100
		    7.7400 8.9900

feval	将字符向量转换为函数,代入参数进行计算	>> feval('mod', 10, 3) ans = 1

eval	将字符串转换为数值数组	>> C = eval("[3.8/2,2.91; 7.74,8.99]")
		C =
		    1.9000 2.9100
		    7.7400 8.9900

注:65、66、67、68分别是字母A、B、C、D的ASCII码。

3.2 MATLAB变量

MATLAB变量用于存储数值和字符、符号对象、图形对象等，变量的大小、类型根据所存储的数据自动确定，也可以调用MATLAB函数（如zeros、uint8、reshape函数）指定和改变变量的大小和类型。

3.2.1 建立变量

1. 赋值

在MATLAB中，通过赋值命令来建立变量。MATLAB赋值命令的基本格式如下。

```
变量 = 表达式;
```

在执行赋值命令时，先对赋值号右端表达式进行计算，再将结果赋给左边的变量。赋值号左边变量的类型、大小根据右端表达式的计算结果自动确定。当仅有表达式时，将表达式的值赋给预定义变量ans。

如果赋值命令后没有分号，命令行窗口会输出变量的值。如果赋值命令后有分号，则仅执行赋值操作，命令行窗口不输出变量的值。例如：

```
>> x1 = 2.58; x2=int8(-16.3), x3=single(16.3)
x2 =
  int8
   -16
x3 =
  single
   16.3000
```

执行以上命令，因为x1＝2.58后有分号，不输出x1的值；int8函数、single函数分别将其输入参数转换为int8类型、single类型，生成的变量x2、x3不是默认的double型，因此输出变量x2、x3的类型和值。

2. 赋句柄

在MATLAB中，还可以将函数句柄赋给变量，此时变量的类型为function_handle。构造函数句柄的方法如下。

```
f = @myfunction;
```

其中，符号@是函数句柄的定义符，myfunction可以是MATLAB内置函数（如sqrt），也可以是自定义函数。通过函数句柄调用原函数，与直接调用函数的结果一致。例如：

```
>> f1 = @sqrt;
>> f1(9)     %等效于 sqrt(9)
ans =
     3
```

在MATLAB程序中,通常将单行表达式用匿名函数形式来定义,然后将匿名函数句柄赋给变量。匿名函数的定义方法如下。

```
h = @(arglist)anonymous_function;
```

其中,arglist是匿名函数的自变量,如果有多个自变量,变量之间用逗号分隔;anonymous_function是含有自变量的表达式。例如:

```
>> h1 = @(x)3*x+x*x;
>> h2 = @(x, y)sin(x)+cos(y);
>> h3 = @(a,b,c)a*b+c;
```

定义匿名函数后,可以用存储函数句柄的变量作为函数名,代入参数,计算对应表达式的值。例如:

```
>> h3(2, 10, 6)     %计算 2*10+6
ans =
    26
```

3.2.2 MATLAB矩阵

线性代数中,把由 $m\times n$ 个数排列成的数表称为大小为 $m\times n$ 的矩阵。若矩阵的行数 m 等于列数 n,称为方阵;若矩阵只有一列(即 n 为1),称为列向量;若矩阵只有一行(即 m 为1),称为行向量。

在MATLAB中,数据均以数组的形式进行存储和处理,矩阵是二维数组,标量视为 1×1 数组,有 n 个元素的行向量视为 $1\times n$ 数组,有 m 个元素的列向量视为 $m\times1$ 数组。

1. 构造矩阵和向量

1) 构造矩阵

MATLAB使用一对方括号"[ ]"(称为数组构造符)构造矩阵,同一行的各元素之间用空格或逗号分隔,行与行之间用分号分隔。例如:

```
>> A = [1,2,3; 4,5,6; 7,8,9]
A =
    1     2     3
    4     5     6
    7     8     9
```

执行以上命令,变量A存储了一个大小为 3×3 的数值矩阵。

MATLAB数值矩阵的元素也可以是复数。例如,建立复数矩阵:

```
>> B = [1, 2+7i, 5*sqrt(-2); 3, 2.5i, 3.5+6i]
B =
   1.0000 + 0.0000i   2.0000 + 7.0000i   0.0000 + 7.0711i
   3.0000 + 0.0000i   0.0000 + 2.5000i   3.5000 + 6.0000i
```

MATLAB 还提供了 repelem、repmat 函数来构造有大量相同元素的矩阵。

(1) repelem 函数。

用于在构造数组时重复使用给定向量/矩阵中的元素,基本调用格式如下。

```
u = repelem(v, n)
```

输入参数 v 通常是标量或向量,指定构造矩阵的元素;输入参数 n 指定重复使用 v 中各元素的次数。例如:

```
>> a = [1 2 3 4];
>> t = repelem(a,3)
t =
     1     1     1     2     2     2     3     3     3     4     4     4
```

参数 n 也可以是向量,此时,变量 n 应与变量 v 的长度相同,变量 n 的元素逐一指定变量 v 中对应元素的重复次数。例如:

```
>> a = [1 2 3 4];
>> t = repelem(a,[3,2,2,1])
t =
     1     1     1     2     2     3     3     4
```

repelem 函数的另一种调用格式如下。

```
B = repelem(A, r1, r2, … , rN)
```

输入参数 A 是数组,每个元素依次按参数 r1, r2, …, rN 进行重复,r1, r2, …, rN 依次对应各个维度。例如:

```
>> a = [1 2 3 4];
>> t = repelem(a,3,2)
t =
     1     1     2     2     3     3     4     4
     1     1     2     2     3     3     4     4
     1     1     2     2     3     3     4     4
```

(2) repmat 函数。

用于在构造数组时重复使用给定的数组,有以下两种调用格式。

```
B = repmat(A, n)
B = repmat(A, r1, r2, … , rN)
```

第 1 种格式中的输入参数 n 若是标量,变量 B 中存储 A 的 n×n 个副本;若参数 n 是一个二元行向量[p,q],则 B 中存储 A 的 p×q 个副本。第 2 种格式中的参数 r1,r2,…,rN 指定从各个维度重复使用数组 A 的次数,B 中存储 A 的 r1 × r2 × … × rN 个副本。例如:

```
>> A = [100 200 300];
>> B = repmat(A,2)
B =
   100   200   300   100   200   300
   100   200   300   100   200   300
>> B = repmat(A,2,3)                                    %与 repmat(A,[2,3])等效
B =
   100   200   300   100   200   300   100   200   300
   100   200   300   100   200   300   100   200   300
```

2）构造等间距行向量

在 MATLAB 中，构造线性等间距的行向量通常采用冒号表达式。冒号表达式格式如下。

```
a : b : c
```

其中，a 为初始值，b 为步长，c 为终止值。冒号表达式可产生一个由 a 开始到 c 结束，以 b 为步长递增/递减的行向量。例如：

```
>> t=0:2:10
t =
     0     2     4     6     8    10
```

冒号表达式中如果省略 b，则步长默认为 1。例如，t = 0∶5 与 t = 0∶1∶5 等价。

生成线性等间距的行向量也可使用 colon 函数，colon(a, c)等效于冒号表达式 a∶c，colon(a, b, c)等效于冒号表达式 a∶b∶c。

linspace 函数也用于生成线性等间距的行向量，其调用格式如下。

```
linspace(a, b, n)
```

其中，输入参数 a 和 b 指定向量的第 1 个和最后 1 个元素，参数 n 指定向量元素个数。当 n 省略时，默认生成 100 个元素。显然，linspace(a, b, n)与 a:(b−a)/(n−1):b 等价。例如：

```
>> x1 = linspace(0,6,4)
x1 =
     0     2     4     6
```

如果输入参数 b<a，则生成的向量是线性递减序列。例如：

```
>> x2 = linspace(0,-8,6)
x2 =
     0   -1.6000   -3.2000   -4.8000   -6.4000   -8.0000
```

如果要在行向量的末尾添加元素，则通过矩阵构造符和矩阵元素分隔符来实现。例如：

```
>> x12 = [x1, 100, 20]
x12 =
     0     2     4     6   100    20
```

MATLAB 还提供了 logspace 函数，用于生成对数等间距的行向量，其调用格式为

```
logspace(a, b, n)
```

函数的用法与 linspace 函数相同。例如：

```
>> x3 = logspace(0,4,5)
x3 =
         1         10         100         1000         10000
```

冒号表达式、linspace 函数也可用于生成 datetime 和 duration 类型值的序列，方法与生成线性等间距的数值向量方法相同。caldays 函数用于设置间隔天数。例如：

```
>> tt = t1:caldays(2):t2
tt =
  1×3 datetime 数组
   2022-11-01 08:00:00   2022-11-03 08:00:00   2022-11-05 08:00:00
```

3）合并矩阵

在 MATLAB 中，可以使用数组构造符和合并函数来合并矩阵。

（1）数组构造符。

可以用逗号或空格连接两个行数相同的矩阵，用分号连接两个列数相同的矩阵，从而拼接成大矩阵。例如：

```
>> A = [1,2,3,4; 5,6,7,8];
>> B = [10; 20];
>> X = [A, B]
X =
     1     2     3     4    10
     5     6     7     8    20
>> C = [100,101,102,103];
>> Y = [A; C]
Y =
     1     2     3     4
     5     6     7     8
   100   101   102   103
```

（2）合并矩阵的函数。

MATLAB 的 cat、horzcat、vertcat 等函数，用于合并矩阵。cat 函数的调用格式如下。

```
C = cat(dim, A1, A2, …, An)
```

其中，输入参数 dim 指定合并的维度，A1，A2，…，An 是要进行合并的矩阵，这些矩阵应大小兼容。例如：

```
>> A = ones(2,3); B=zeros(2,4);
>> X1 = cat(1, A, B)
错误使用 cat
要串联的数组的维度不一致
```

矩阵 A、B 的第 1 维度长度(即行数)相同,第 2 维度长度(即列数)不同,因此,不能沿第 1 维度合并,只能沿第 2 维度进行合并。执行以下命令,合并操作能够完成。

```
>> X1 = cat(2, A, B)
X1 =
     1     1     1     0     0     0     0
     1     1     1     0     0     0     0
```

若两个矩阵的第 1 维度长度相同,可以调用 horzcat 函数进行水平方向的串联;若两个矩阵的第 2 维度长度相同,则可以调用 vertcat 函数进行垂直方向的串联。

2. 构造特殊矩阵

在数据可视化分析中,经常需要用到一些特殊形式的矩阵,如零矩阵、幺矩阵、单位矩阵等。MATLAB 提供了构造这些特殊形式矩阵的函数。

1) 零/幺矩阵和单位矩阵

为了提高程序的运行性能,在使用大矩阵时,通常先利用 zeros、ones 函数构造相应大小的零矩阵或幺矩阵,从而预备工作空间,而不是在程序运行时逐步扩充变量的工作空间。

- zeros 函数:生成零矩阵,即元素值全为 0 的矩阵。
- ones 函数:生成幺矩阵,即元素值全为 1 的矩阵。
- true 函数:生成元素值全为逻辑 1 的矩阵。
- false 函数:生成元素值全为逻辑 0 的矩阵。
- eye 函数:生成单位矩阵,即主对角线上元素值为 1、其他位置元素值为 0 的矩阵。

这几个函数的调用格式相似,下面以生成零矩阵的 zeros 函数为例进行说明。zeros 函数的基本调用格式如下。

```
zeros(m,n, classname)
```

调用该函数,将生成大小为 m×n 的零矩阵。若 n 省略,则生成大小为 m×m 的零矩阵;若 m 和 n 都省略,则生成一个值为 0 的标量。其中,参数 classname 用类型字符串描述(如'double'、'single'、'int8'等),指定矩阵元素的类型,省略时,元素默认为 double 类型。

例如,建立一个 2×3 的零矩阵,命令如下。

```
>> T1 = zeros(2,3);                          %或 T1=zeros([2,3]);
```

建立一个 3×3 的零矩阵,且矩阵中的元素为整型,命令如下。

```
>> T2 = zeros(3,'int16');
```

zeros 函数还有其他用法。

- zeros(m, 'like', p)生成的零矩阵元素的类型与变量 p 一致。
- zeros(sz1,sz2,…,szN)生成大小为 sz1×sz2×… ×szN 的全 0 数组,参数 sz1、sz2、…、szN 依次指定各维的长度。
- zeros(sz)生成一个由向量 sz 中元素依次指定各维大小的全 0 数组。

例如,建立一个 2×3 的零矩阵,且矩阵元素和变量 x 类型相同,命令如下。

```
>> x = 1+2i;
>> T3 = zeros(2,3,'like',x);
```

x 存储的是复数,执行命令后,T3 中的元素都是复数。

2) 随机数

虚拟游戏中的发牌、网络应用的数据加密,都需要使用随机数。在统计分析和控制过程中,在蒙特卡罗类型的数值模拟中,在具有非确定性行为的人工智能算法中,或在遗传算法中模拟神经网络,常常也需要随机数。在计算机程序中,使用的是采用某个算法得到的伪随机数。

MATLAB 提供了以下 4 个构造随机数矩阵的函数。

- rand(m, n)函数:返回一组值在(0,1)区间均匀分布的随机数,构造大小为 m×n 的矩阵。n 省略时,生成 m×m 矩阵;m 和 n 都省略时,则生成一个随机标量。
- randn(m, n)函数:返回一组均值为 0、方差为 1 的标准正态分布随机数,构造大小为 m×n 的矩阵。
- randi(imax, m, n)函数:返回一组值在[1, imax]区间均匀分布的伪随机整数,构造大小为 m×n 的矩阵。
- randperm(imax, k)函数:将[1, imax]区间的整数随机排列成一个数列,提取该数列前 k 个元素构造一个向量。同一个向量中元素的值不会重复。k 省略时,默认 k 的值是 imax。

这些函数都是从预先建立的伪随机数列中依次取出多个数,按函数的输入参数指定的方式构造矩阵。因此,在不同计算机、不同程序中以同样的方式调用同一个函数,得到的随机矩阵是相同的。若需要生成不同的随机数列,则在调用以上函数之前调用 rng 函数。rng 函数的调用格式为

```
rng(seed, generator)
```

其中,输入参数 seed 指定生成随机数的种子,可取值是 0(默认)、正整数、'shuffle'(指定用当前时间作为生成随机数的种子)、结构体;参数 generator 指定生成随机数的算法,可取值是'twister'(即梅森旋转算法,默认值)、'simdTwister'、'combRecursive'、'multFibonacci'、'philox'、'threefry'。

(1) 调用 rand 函数将得到一组在(0, 1)区间均匀分布的随机数 x。若想生成一组在 (a,b)区间上均匀分布的随机数 y,可以用 $y_i=a+(b-a)x_i$ 计算得到。例如,生成在区间(10,30)内均匀分布的随机数,构造大小为 3×4 的矩阵,命令如下。

```
>> rng(0)
>> a = 10; b = 30;
>> A1 = a + (b-a) * rand(3,4)
A1 =
   26.2945   28.2675   15.5700   29.2978
   28.1158   22.6472   20.9376   13.1523
   12.5397   11.9508   29.1501   29.4119
```

由于每调用一次随机函数,MATLAB 都是从预定义的伪随机数列中依次取数,即第 n 次调用,会在第 $n-1$ 次调用取出的数后取数。命令 rng(0)将使得取数指针回退到随机数列的第 1 个位置。

(2) 调用 randn 函数将得到一组均值为 0、方差为 1 的标准正态分布随机数 x。若想生成一组均值为 μ、方差为 σ^2 的随机数 y,可用 $y_i=\mu+\sigma x_i$ 计算得到。例如,生成均值为0.6、方差为 0.1 的正态分布随机数,生成 4 阶矩阵,命令如下。

```
>> A2 = 0.6 + sqrt(0.1) * randn(4);
```

(3) 调用 randi 函数将得到一组在[1, imax]区间随机分布的整数。若想生成一组在$[a,b]$区间的随机数 y,可以用 $y_i=(a-1)+(b-a+1)x_i$ 计算得到。例如,生成在区间[10,30]内随机分布的整数,构造大小为 1×6 的矩阵,命令如下。

```
>> A3 = 9 + randi(21, 1, 6) ;
```

第 1 个参数 21 是 30−10+1,即区间[10,30]有 21 个整数。调用 randi 函数得到的随机数列中,可能出现值相同的元素。

(4) 调用 randperm 函数将得到一组在[1, imax]区间随机排列的整数,且每一元素值不同,用这组数构造向量。例如,生成在区间[10, 30]的随机整数,构造有 6 个元素的向量,命令如下。

```
>> A4 = 9 + randperm(21, 6);
```

3. 矩阵结构变换

在进行数据可视化时,常常需要将数据所组成的矩阵结构做一些变换后,再来分析、评估矩阵的特性。MATLAB 提供了多种变换矩阵结构的函数。

1) 提取矩阵对角线

diag 函数用于提取矩阵对角线元素,构造 1 个向量。其基本调用格式如下。

```
v = diag(A, k);
```

提取矩阵 A 的第 k 条对角线上的元素,生成 1 个列向量。参数 k 为对角线编号,k 省略时,默认为 0。例如:

```
>> A = [1,2,3; 11,12,13; 110,120,130];
>> d = diag(A)
d =
     1
    12
   130
```

由左上至右下的对角线称为主对角线(即0号对角线),由右上至左下的对角线称为副对角线。与主对角线平行,往上对角线编号依次为1、2、3、…,往下对角线编号依次为−1、−2、−3、…。例如,提取矩阵A主对角线两侧对角线的元素,命令如下。

```
>> d1 = diag(A,1)
d1 =
     2
    13
>> d2 = diag(A,-1)
d2 =
    11
   120
```

2)构造对角矩阵

主对角线上的元素是非零值,其余元素都是0的矩阵,称为对角矩阵。对角线上的元素值为1的对角矩阵称为单位矩阵。diag函数也可用于构造对角矩阵,其调用格式如下。

```
D = diag(v, k)
```

其中,输入参数v是向量,参数k指定将向量v放置在第k号对角线。k省略时,默认k为0,即将向量v放置在主对角线。例如:

```
>> diag(10:2:14, -1)
ans =
     0     0     0     0
    10     0     0     0
     0    12     0     0
     0     0    14     0
```

用diag函数来构造5阶单位矩阵,命令如下。

```
>> E = diag([1, 1, 1, 1, 1]);                          %与 eye(5) 等效
```

3)构造三角矩阵

三角矩阵分为上三角矩阵和下三角矩阵。上三角矩阵是位于指定对角线以下的元素值为0的矩阵,下三角矩阵是位于指定对角线以上的元素值为0的矩阵。

triu函数用于构造上三角矩阵。triu函数的基本调用格式为

```
U = triu(A, k)
```

其中，输入参数 k 指定从编号为 k 的对角线往上进行截取，当 k 省略时，默认 k 为 0。生成的矩阵 U 与 A 具有相同的行数和列数。例如，提取矩阵 A 的上三角元素，生成上三角矩阵 B，命令如下。

```
>> A = randi(99,5,5);
>> B = triu(A)
B =
    81    10    16    15    65
     0    28    97    42     4
     0     0    95    91    85
     0     0     0    79    93
     0     0     0     0    68
```

结果显示：triu 函数在构造新矩阵时，提取源矩阵的上三角部分，用其构造新矩阵的上三角部分，而新矩阵的下三角部分元素值全为 0。

在 MATLAB 中，构造下三角矩阵的函数是 tril，其用法与 triu 函数相同。

4）转置矩阵

所谓转置，即把源矩阵的第 1 行变成目标矩阵第 1 列，源矩阵的第 2 行变成目标矩阵第 2 列，以此类推。大小为 $m \times n$ 的矩阵经过转置运算后，形成大小为 $n \times m$ 的矩阵。MATLAB 中，转置运算使用运算符“.'”或“'”，或调用转置运算函数 transpose。例如：

```
>> A = randi(9,2,3)
A =
     3     6     2
     7     2     5
>> B = A.'                                  %或 B = transpose(A)
B =
     3     7
     6     2
     2     5
```

复共轭转置运算是针对含复数元素的矩阵，除了将矩阵转置，还对原矩阵中的复数元素的虚部求反。复共轭转置运算使用运算符“'”，或调用函数 ctranspose。例如：

```
>> A = [3,4-1i,2+2i; 7i,1+1i,6-1i]
A =
   3.0000 + 0.0000i   4.0000 - 1.0000i   2.0000 + 2.0000i
   0.0000 + 7.0000i   1.0000 + 1.0000i   6.0000 - 1.0000i
>> B1 = A'                                  %或 B1 = ctranspose(A)
B1 =
   3.0000 + 0.0000i   0.0000 - 7.0000i
   4.0000 + 1.0000i   1.0000 - 1.0000i
   2.0000 - 2.0000i   6.0000 + 1.0000i
```

矩阵 B1 中的元素与矩阵 A 的对应元素虚部符号相反。如果仅对复数矩阵进行转置，命令如下。

```
>> B2=A.';                                          %或 B2=transpose(A)
```

5）旋转矩阵

在 MATLAB 中，rot90 函数用于以 90°为单位对矩阵 A 进行旋转。函数的调用格式如下。

```
rot90(A, k)
```

其中，输入参数 k 指定 90°的倍数（必须为整数），当 k 省略时，k 默认为 1。旋转矩阵时，以矩阵左上角为支点，若 k 为正整数，则将矩阵 A 按逆时针方向进行旋转；若 k 为负整数，则将矩阵 A 按顺时针方向进行旋转。

例如，将矩阵 A 按顺时针方向旋转 90°，命令如下。

```
>> A = rand(3,2)
A =
    0.5060    0.9593
    0.6991    0.5472
    0.8909    0.1386
>> B = rot90(A,-1)
B =
    0.8909    0.6991    0.5060
    0.1386    0.5472    0.9593
```

若要将矩阵 A 按逆时针方向旋转 90°，则命令如下。

```
>> C=rot90(A);
```

6）翻转矩阵

矩阵的翻转分为左右翻转和上下翻转。fliplr 函数用于对矩阵 A 实施水平方向的翻转，其调用格式如下。

```
B = fliplr(A)
```

对矩阵实施左右翻转是将原矩阵的第 1 列和最后 1 列调换，第 2 列和倒数第 2 列调换，以此类推。例如：

```
>> A = randi(99,2,5)
A =
    78    13    47    34    79
    93    57     2    17    31
>> B = fliplr(A)
B =
    79    34    47    13    78
    31    17     2    57    93
```

flipud函数用于对矩阵A实施垂直方向的翻转,用法与flipud函数相似。矩阵的上下翻转是将原矩阵的第1行与最后1行调换,第2行与倒数第2行调换,以此类推。

MATLAB还提供了flip函数翻转数组,其调用格式如下。

```
B = flip(A, dim)
```

其中,参数dim指定翻转的维度,若A是矩阵,则当dim为1(默认值)时,沿垂直方向翻转;dim为2时,沿水平方向翻转。dim省略时,默认在大小不等于1的首个维度上进行翻转。

3.2.3 MATLAB数组

向量、矩阵是二维数组,多维数组是指具有两个以上维度的数组。例如,将彩色图像数据导入工作区,生成的就是三维数组。

1. 构造数组

多维数组是二维矩阵的扩展。构造多维数组,可以先构造二维矩阵,再进行扩展。

1) 构造三维数组

三维数组使用三个下标,可以看成连续排列的多个矩阵,前两个维度对应于一个矩阵的行、列,第三个维度对应于矩阵的排列次序。

在MATLAB中,通常通过给存储矩阵的变量增加第三维坐标的方式,将矩阵扩展为三维数组。例如,先定义一个大小为3×3的矩阵,存储于变量A,然后将A扩展为3×3×2的三维数组,命令如下。

```
>> A = [1 2 3; 4 5 6; 7 8 9];
>> A(:, :, 2) = [10 11 12; 13 14 15; 16 17 18];
```

第2条命令中的A(:, :, 2)的第1个冒号表示所有行,第2个冒号表示所有列,第3个参数指定赋值号右端的这个矩阵存储为变量A的第2个矩阵,此时A的大小变为3×3×2,前面构造的矩阵此时自动转变为变量A的第1个矩阵。

2) 构造特殊数组

前面介绍的构造特殊矩阵的zeros、ones、rand等函数都可以扩展应用到多维数组。例如,生成大小为3×2×3的随机数组,命令如下。

```
>> X = rand([3,2,3]);
```

3) 重构数组

构造数组后,可以利用reshape函数改变数组结构。reshape函数的调用格式如下。

```
B = reshape(A, sz)
```

其中,输入参数sz是一个向量,向量中的元素依次指定各个维度的大小。例如,将有6个元素的向量重构为大小为2×3的矩阵,命令如下。

```
>> A = reshape(1:6, [2, 3])
A =
     1     3     5
     2     4     6
```

reshape 函数还有另一种调用格式：

```
B = reshape(A, sz1, … , szN)
```

其中，参数 sz1～szN 都是标量，用于依次指定各个维度的大小。例如，将有 12 个元素的行向量重构为大小为 2×3×2 的数组，命令如下。

```
>> A3=reshape(1:12, 2, 3, 2);
```

2. 获取数组属性

将数据导入工作区后，需要了解数据的规模、数据类型等属性，为数据的进一步处理提供依据。MATLAB 提供了 size、length、class 等函数获取数组的大小、类型等属性。

1）查询数据规模

size 函数用于获取数组的大小。size 函数的调用格式如下。

```
szdim = size(A, dim)
```

其中，输入参数 dim 指定维度，dim 省略时，默认返回所有维度的长度。例如，获取前面建立的矩阵 A3 的大小：

```
>> size(A3)
ans =
     2     3     2
>> size(A3, 2)
ans =
     3
```

length 函数用于获取数组最长维度元素的个数。length 函数的调用格式如下。

```
L = length(A)
```

若输入参数 A 是向量，则返回向量中元素的个数。例如：

```
>> length(1:2:10)
ans =
    5
```

若 length 函数的输入参数是数组，则返回数组中最长维度元素的个数。例如：

```
>> length(A3)
```

```
ans =
     3
```

2）查询对象的数据类型

class(obj)函数用于获取对象 obj 的数据类型。例如：

```
>> class(A3)
ans =
    'double'
>> class(num2str(A3))
ans =
    'char'
```

3. 引用数组

引用数组是指获取、修改数组或数组元素的值。在进行数值计算时，有时要引用整个数组，如矩阵运算，有时只需要引用单个或多个数组元素参与非矩阵运算。

1）引用数组元素

在 MATLAB 中，标量视为 1×1 的数组，有 n 个元素的行向量视为 $1\times n$ 的数组，有 m 个元素的列向量视为 $m\times1$ 的数组。矩阵是二维数组，大小为 0×0 的数组称为空矩阵。下面以矩阵为例，说明数组元素的引用方法。

(1) 引用单个矩阵元素。

引用矩阵中的指定元素，使用以下方式。

```
A(row, col)
```

其中，参数 row 和 col 称为矩阵元素的行下标和列下标，分别对应该元素在矩阵中的行号和列号。MATLAB 的下标标号默认从 1 开始。例如：

```
>> A = randi(99,2,5)
A =
    76    39    17     4     5
    74    65    70    28    10
>> A(2,3)=999
A =
    76    39    17     4     5
    74    65   999    28    10
```

执行第 2 条命令，将矩阵 A 的第 2 行第 3 列的元素赋值为 999。执行赋值命令时，如果被赋值变量的行下标或列下标大于原矩阵的行数和列数，则 MATLAB 将自动扩展变量，并将扩展后未赋值的矩阵元素置为 0。例如：

```
>> A(3,7) = 12
A =
    76    39    17     4     5     0     0
```

```
     74   65   999   28   10   0   0
      0    0     0    0    0   0  12
```

执行以上命令后,矩阵 A 的大小变为 3×7。

在 MATLAB 中,也可以采用矩阵元素的索引(也称为序号)来引用矩阵元素,索引是矩阵元素在内存中的排列顺序号。在 MATLAB 工作区中,矩阵元素按列的顺序排列,即位于最前面的是第 1 列的元素,然后是第 2 列,……,直至最后一列。例如,上面扩展后的 A 矩阵中,A(2,1)的索引是 2,A(1,2)的索引是 4,A(1,3)的索引是 7。因此,执行以下命令后,元素 A(1,4)的值变为 200。

```
>> A(10) = 200
     76   39    17   200    5   0   0
     74   65   999    28   10   0   0
      0    0     0     0    0   0  12
```

用矩阵元素的索引来引用矩阵元素时,索引值不能超过矩阵的总长度,例如,变量 A 中元素的个数为 21,以下引用就会出错。

```
>> A(30) = 8
试图沿模糊的维增大数组
```

(2) 引用矩阵片段。

可以从已有矩阵中获得矩阵片段。在 MATLAB 中,用 A(m1:step1:m2, n1:step2:n2)表示变量 A 中位于第 m1～m2 行、间距为 step1 的那些行,第 n1～n2 列、间距为 step2 的那些列中的所有元素。若冒号表达式中的 step1 省略,则表示第 m1～m2 行的所有行;若冒号表达式中的 step2 省略,则表示第 n1～n2 列的所有列。例如,生成大小为 4×5 的矩阵,存于变量 A,输出 A 的第 2 行、第 3～5 列的元素,命令如下。

```
>> A = reshape(1:20, 4, 5);
>> A(2, 3:5)
ans =
    10    14    18
```

若某维度仅有冒号,则表示该维度的所有元素,例如,A(m,:)表示引用 A 第 m 行的所有元素,A(:,n)表示引用 A 第 n 列的所有元素。若引用 A 的第 1 行和第 3 行所有列的元素,命令如下。

```
>> A1 = A([1,3], :);
```

此外,还可利用 end 运算符等来表示矩阵下标,从而获得子矩阵。end 表示某一维度的最后一个元素。例如,引用变量 A 最后一行元素,命令如下。

```
>> A2 = A(end, :);
```

冒号表达式也可以用于按索引引用矩阵元素,例如,引用 A 中索引号为 3、4、5 的元素,命令如下。

```
>> A3 = A(3:5);
```

还可利用 MATLAB 提供的矩阵变换函数引用矩阵特定位置的元素,例如,用 diag 函数提取矩阵的 2 号对角线上的元素,命令如下。

```
>> A4 = diag(A,2);
```

2) 引用数组

在 MATLAB 中,用变量名引用整个数组。例如,将变量 A 的每个元素加 10,赋给变量 B,命令如下。

```
>> B = A+10;
```

3.2.4 符号变量

在科学研究和工程应用中,除了存在大量的数值计算外,还有对符号对象进行的运算,例如,数学公式的推演,在运算时无须先对变量赋值,运算结果也以符号形式来表示。

MATLAB 的符号运算工具箱(Symbolic Math Toolbox)用于实现符号计算。通过对符号对象进行各种计算,获得问题的解析解,再调用 vpa 等函数将结果转换为数值,可以提高运算精度。

1. 建立符号变量

建立符号变量使用运算符 syms,一般格式为

```
syms var1 var2 … varN
```

其中,var1、var2、…、varN 为符号变量,变量间用空格分隔。例如,用 syms 函数定义 4 个符号变量 a、b、c、d,命令如下。

```
>> syms a b c d
```

符号变量和前面介绍的非符号变量不同。非符号变量在参与运算前必须赋值,参与运算时将该变量所存储的值代入表达式,其运算结果是一个值,而符号变量参与运算前无须赋值,其结果是一个由参与运算的符号对象组成的表达式。执行以下命令,观察符号变量和数值变量的差别。

```
>> syms a                                          %定义符号变量 a
>> w = a^3 + 3 * a + 10                            %符号运算
w =
a^3 + 3 * a + 10
>> x = 5;                                          %定义数值变量 x
>> w = x^3 + 3 * x + 10                            %数值运算
w =
   150
```

sym函数用于将数值、字符、字符串和匿名函数等转换为符号，将转换后的结果赋给某个变量，则该变量为符号变量。例如：

```
>> b1 = sym(pi)
b1 =
pi
>> b2 = pi
b2 =
    3.1416
>> b3 = sym(2.8)
b3 =
14/5
```

sym(pi)将MATLAB预定义变量pi(即 π)转换为符号，赋给变量b1，b1是符号变量；将pi直接赋给变量b2，b2是数值变量；sym(2.8)将数2.8转换为对应的分式14/5，赋给变量b3，b3是符号变量。

2. 建立符号表达式

符号表达式是由符号对象和运算符构成的表达式。建立符号表达式可以采用以下方法。

(1) 使用已经定义的符号变量组成符号表达式，例如：

```
>> syms x y;
>> f = 3*x^2-5*y+2*x*y+6;
>> F = cos(x^2)-sin(2*x)==0
F =
cos(x^2) - sin(2*x) == 0
```

(2) 用sym函数将MATLAB的匿名函数转换为符号表达式，例如：

```
>> fexpr = sym(@(x)(sin(x)+cos(x)));
```

(3) 用str2sym函数将字符串转换为符号表达式，例如：

```
>> fx = str2sym('cos(x)+sin(x)');
```

3. 建立符号函数

符号函数是带参数的符号对象，该对象存储了符号表达式。建立符号函数采用以下方法。

(1) 使用已经定义的符号变量定义符号表达式，存储于带参数的符号对象。例如：

```
>> syms x y;
>> f(x, y) = 3*x^2-5*y+2*x*y+6
f(x, y) =
3*x^2 + 2*y*x - 5*y + 6
```

(2) 用 syms 函数定义带参数的符号对象，然后构造符号表达式，存储于该符号对象。例如：

```
>> syms f(t) fxy(x, y)
>> f(t) = t^2 + 1;
>> f(x,y) = 3*x^2-5*y+2*x*y+6;
```

(3) 用 symfun 函数建立符号函数，其调用格式如下。

```
f = symfun(formula, inputs)
```

其中，输入参数 formula 为符号表达式或者由符号表达式构成的向量、矩阵，inputs 指定符号函数 f 的自变量，多个自变量用一对方括号“[ ]”界定，变量间用逗号或空格分隔。例如：

```
>> syms x y
>> f = symfun(3*x^2-5*y+2*x*y+6, [x y])
f(x, y) =
3*x^2 + 2*y*x - 5*y + 6
```

3.3 MATLAB 运算

在 MATLAB 中，不同类型的运算对象，可以参与不同的运算。MATLAB 的算术运算有两种类型：数组运算和矩阵运算。矩阵运算遵循线性代数的法则，数组运算则是执行逐元素运算。

3.3.1 数组运算

数组运算可针对向量、矩阵和多维数组的对应元素执行逐元素运算。如果运算对象的大小相同，则第一个运算对象中的元素逐个与第二个运算对象中同一位置的元素匹配。

1. 基础算术运算

基础算术运算是指加、减、乘、除、乘方等运算，这些运算通常都有两个运算对象。

1) 加减运算

数组加法运算符是+，减法运算符是-，对应的函数是 plus、minus。例如：

```
>> A = reshape(1:10,2,5);
>> B = rand(2,5);
>> C1 = A+B;                                  %C1 = plus(A, B)
```

如果一个运算对象是标量，另一个运算对象是数组，则该标量与数组的每个元素分别执行运算，运算结果是数组。例如：

```
>> C2 = 100+C1;                                        %plus(100, C1)
```

如果一个运算对象是行向量，另一个运算对象是矩阵，且该矩阵的列数与向量元素个数一致，则该向量纵向复制扩展为同样大小的矩阵。设 $\boldsymbol{a}$ 是一个 1×3 向量，$\boldsymbol{B}$ 是一个 2×3 矩阵，若 $\boldsymbol{C}=\boldsymbol{a}+\boldsymbol{B}$，则向量 $\boldsymbol{a}$ 会自动扩展为一个 2×3 矩阵后再计算，结果为

$$\boldsymbol{C}=\begin{bmatrix} a_1+b_{11} & a_2+b_{12} & a_3+b_{13} \\ a_1+b_{21} & a_2+b_{22} & a_3+b_{23} \end{bmatrix}$$

例如：

```
>> x1 = 1 : 5;
>> C3 = C2-x1;                          %C3 = minus(C2, x1) 或 C3 = plus(C2, -x1)
```

如果一个运算对象是列向量，另一个运算对象是矩阵，且该矩阵的行数与向量元素个数一致，则 MATLAB 也会将该向量横向复制扩展为与矩阵同样大小后再计算。例如：

```
>> x2 = [1; 2]
>> C4 = C2-x2;                          %C4 = minus(C2, x2) 或 C4 = plus(C2, -x2)
```

如果一个运算对象是行向量，另一个运算对象是列向量，在 MATLAB 中，这两个向量视作大小兼容，其运算结果是一个矩阵。设 $\boldsymbol{a}$ 是一个 1×3 向量，$\boldsymbol{b}$ 是一个 2×1 向量，若$\boldsymbol{C}=\boldsymbol{a}+\boldsymbol{b}$，则向量 $\boldsymbol{a}$、$\boldsymbol{b}$ 都会自动扩展为一个 2×3 矩阵后再计算，即

$$\boldsymbol{C}=\begin{bmatrix} a_1+b_1 & a_2+b_1 & a_3+b_1 \\ a_1+b_2 & a_2+b_2 & a_3+b_2 \end{bmatrix}$$

例如：

```
>> x = [1 2 3];
>> y = [10; 100];
>> x + y                                %plus(x, y)
ans =
    11   12   13
   101  102  103
```

2）乘除运算

数组的乘除运算、乘方运算使用点运算符，对应的函数是 times、rdivide、ldivide、power。

(1) 数组乘法。

数组乘法运算符是.*，对应的函数是 times，通常两个运算对象是大小相等的数组，结果是数组对应元素相乘。例如：

```
>> A = [1 0 3; 5 3 8; 2 4 6];
>> B = [2 3 7; 9 1 5; 8 8 3];
>> C = A.*B
C =
     2     0    21
    45     3    40
    16    32    18
```

如果一个运算对象是行向量，另一个运算对象是列向量，这两个向量视作大小兼容，其

运算结果是一个矩阵。设 $\boldsymbol{a}$ 是一个 1×3 向量,$\boldsymbol{b}$ 是一个 2×1 向量,若 $\boldsymbol{C}=\boldsymbol{a}.*\boldsymbol{b}$,则向量 $\boldsymbol{a}$、$\boldsymbol{b}$ 都会自动扩展为一个 2×3 矩阵后再计算,即

$$\boldsymbol{C}=\begin{bmatrix} a_1\times b_1 & a_2\times b_1 & a_3\times b_1 \\ a_1\times b_2 & a_2\times b_2 & a_3\times b_2 \end{bmatrix}$$

$\boldsymbol{a}.*\boldsymbol{b}$ 和 $\boldsymbol{b}.*\boldsymbol{a}$ 结果相同。

(2) 数组除法。

数组右除运算符是./,对应的函数是 rdivide;数组左除运算符是.\,对应的函数是 ldivide。运算格式如下。

```
X = A./B     或    X = rdivide(A,B)
X = B.\A     或    X = ldivide(B,A)
```

通常两个运算对象是大小相等的数组,两种运算的结果都是数组 A 中的元素除以 B 中的对应元素,存储结果的变量 X 是与 A、B 同样大小的数组。例如:

```
>> A = [1, 1, 1; 1, 1, 1];
>> B = [1, 2, 3; 4, 5, 6];
>> A./B                                        %与 B.\A 等效
ans =
    1.0000    0.5000    0.3333
    0.2500    0.2000    0.1667
```

如果一个运算对象是行向量,另一个运算对象是列向量,则运算结果是一个矩阵。设 $\boldsymbol{a}$ 是一个 1×3 向量,$\boldsymbol{b}$ 是一个 2×1 向量,若 $\boldsymbol{C}=\boldsymbol{a}./\boldsymbol{b}$,则向量 $\boldsymbol{a}$、$\boldsymbol{b}$ 都会自动扩展为一个 2×3 矩阵后再计算,即

$$\boldsymbol{C}=\begin{bmatrix} a_1\div b_1 & a_2\div b_1 & a_3\div b_1 \\ a_1\div b_2 & a_2\div b_2 & a_3\div b_2 \end{bmatrix}$$

$\boldsymbol{a}./\boldsymbol{b}$ 和 $\boldsymbol{b}.\backslash\boldsymbol{a}$ 结果相同。

(3) 数组幂运算。

数组幂运算符是.^,对应的函数是 power。运算格式如下。

```
C = A.^B
C = power(A,B)
```

通常两个运算对象是大小相等或兼容的数组,数组 A 中的元素为底,B 中的对应元素为幂,逐个元素进行幂运算。存储结果的变量 C 是与 A、B 同样大小的数组。例如:

```
>> A = [1, 2, 3; 4, 5, 6];
>> B = [1,-1, 0; 3, 1, 2];
>> A.^B
ans =
     1.0000  0.5000   1.0000
    64.0000  5.0000  36.0000
```

若 B 是标量,则 A 的每个元素执行同样的幂运算。

如果一个运算对象是行向量，另一个运算对象是列向量，则在 MATLAB 中，这两个向量视作大小兼容，其运算结果是一个矩阵。设 $\boldsymbol{a}$ 是一个 1×3 向量，$\boldsymbol{b}$ 是一个 2×1 向量，若 $\boldsymbol{C}=\boldsymbol{a}.\hat{}\boldsymbol{b}$，则向量 $\boldsymbol{a}$、$\boldsymbol{b}$ 都会自动扩展为一个 2×3 矩阵后再执行幂运算，即

$$\boldsymbol{C}=\begin{bmatrix} {a_1}^{b_1} & {a_2}^{b_1} & {a_3}^{b_1} \\ {a_1}^{b_2} & {a_2}^{b_2} & {a_3}^{b_2} \end{bmatrix}$$

如果一个运算对象是行向量，另一个运算对象是矩阵，且该矩阵的列数与向量元素个数一致，则该向量纵向复制扩展为与矩阵同样大小的矩阵。设 $\boldsymbol{b}$ 是一个 1×3 向量，$\boldsymbol{A}$ 是一个 2×3 矩阵，若 $\boldsymbol{C}=\boldsymbol{A}.\hat{}\boldsymbol{b}$，则向量 $\boldsymbol{b}$ 会自动扩展为一个 2×3 矩阵后再计算，即

$$\boldsymbol{C}=\begin{bmatrix} {a_{11}}^{b_1} & {a_{12}}^{b_2} & {a_{13}}^{b_3} \\ {a_{21}}^{b_1} & {a_{22}}^{b_2} & {a_{23}}^{b_3} \end{bmatrix}$$

如果一个运算对象是列向量，另一个运算对象是矩阵，且该矩阵的行数与向量元素个数一致，则该向量横向复制扩展为与矩阵同样大小的矩阵后再计算。例如：

```
>> y = [2;1]; A = [1, 2, 3; 4, 5, 6];
>> A.^y
ans =
     1     4     9
     4     5     6
```

(4) 求余运算。

一个数除以另一个数，不够整除的部分就是余数。MATLAB 提供了 mod 和 rem 函数求余数。两个函数的调用格式如下。

```
r1 = mod(a,b)
r2 = rem(a,b)
```

两个函数均返回余数，但计算的方法不同。mod 函数的返回值 r1 = a − b.* floor(a./b)，且 mod(a,0)的结果是 a；rem 函数的返回值 r2 = a − b.* fix(a./b)，且 rem(a,0)的结果是 NaN。

例如，求向量[−4 −1 7 9]各元素除以 3 的余数，命令和输出如下。

```
>> a = [-4 -1 7 9];
>> b = 3;
>> r1 = rem(a, b)
r1 =
    -1    -1     1     0
>> r2 = mod(a, b)
r2 =
     2     2     1     0
```

两个函数采用的求解算法不同，因此结果有区别。

2. 数学运算函数

MATLAB 提供了很多数学运算函数，如 sqrt、exp、log 等，默认作用于数组的各元素，

是数组运算函数。

1）三角函数

MATLAB的三角函数库提供了计算以弧度或度为单位的标准三角函数、以弧度为单位的双曲三角函数以及对应的反函数。rad2deg 和 deg2rad 函数用于在弧度和角度之间进行转换，cart2pol 函数用于在坐标系之间进行转换。表3.5列出了常用三角函数。

表3.5　常用三角函数

函　数	功　能	函　数	功　能
sin	正弦（以弧度为单位）	cos	余弦（以弧度为单位）
sind	正弦（以角度为单位）	cosd	余弦（以角度为单位）
asin	反正弦（以弧度为单位）	acos	反余弦（以弧度为单位）
asind	反正弦（以角度为单位）	acosd	反余弦（以角度为单位）
sinh	双曲正弦	cosh	双曲余弦
asinh	反双曲正弦	acosh	反双曲余弦
tan	正切（以弧度为单位）	cot	余切（以弧度为单位）
tand	正切（以角度为单位）	cotd	余切（以角度为单位）
atan	反正切（以弧度为单位）	acot	反余切（以弧度为单位）
atand	反正切（以角度为单位）	acotd	反余切（以角度为单位）
tanh	双曲正切	coth	双曲余切
atanh	反双曲正切	acoth	反双曲余切
sec	正割（以弧度为单位）	csc	余割（以弧度为单位）
secd	正割（以角度为单位）	cscd	余割（以角度为单位）
asec	反正割（以弧度为单位）	acsc	反余割（以弧度为单位）
asecd	反正割（以角度为单位）	acscd	反余割（以角度为单位）
sech	双曲正割	csch	双曲余割
asech	反双曲正割	acsch	反双曲余割

这些函数用法相同，下面以求正弦值为例，说明三角函数的用法。

sin、sind 函数的输入参数可以是标量、向量、矩阵、多维数组，计算可得各元素的正弦值。sind 函数的输入参数以角度为单位，sin 函数的输入参数以弧度为单位。例如：

```
>> T = [0:30:120; 0:45:180];
>> sind(T)                                    %等效于 sin(deg2rad(T))
ans =
         0    0.5000    0.8660    1.0000    0.8660
         0    0.7071    1.0000    0.7071         0
```

sin 函数的输入参数也可以为复数，例如：

```
>> x = [-i, pi+i*pi/2, -1+i*4];
>> y = sin(x)
y =
   0.0000 - 1.1752i   0.0000 - 2.3013i  -22.9791 +14.7448i
```

2）指数和对数函数

MATLAB 提供了计算指数、对数、幂和根的函数，表 3.6 列出了常用指数和对数类计算函数。

表 3.6 指数和对数类计算函数

函　　数	功　　能
exp(x)	计算 e^x
log(x)	自然对数 lnx
log10(x)	常用对数 lgx
log2(x)	以 2 为底的对数 $\log_2 x$
nthroot(X, N)	X 中元素的 N 次实根
pow2(E)	以 2 为底的幂运算 2^E
sqrt(X)	平方根

（1）若 exp(x)的参数 x 中的元素为复数 $a+bi$，则返回值为 $e^a(\cos b+i\sin b)$，例如：

```
>> exp(1+pi/6*1i)
ans =
   2.3541 + 1.3591i
```

（2）nthroot(X,N)的参数 X 和 N 中元素必须是实数，X 中的每个元素与 N 中对应的元素逐个进行求根运算。例如：

```
>> X = [-2 -2 -2; 4 -3 -5];
>> N = [1 -1 3; 1/2 5 3];
>> nthroot(X,N)
ans =
   -2.0000   -0.5000   -1.2599
   16.0000   -1.2457   -1.7100
```

若参数 X、N 中有 1 个是标量，1 个是数组，则数组的每个元素执行同样的运算，例如：

```
>> x = 27;
>> N = [2, 1, -3];
>> nthroot(x,N)                         %求 27 的 2、1、-3 次根
ans =
    5.1962   27.0000    0.3333
```

3. 常规统计分析

在实际应用中，经常需要对数据进行统计处理，以便为科学决策提供依据。这些统计处

理包括求数据序列的最大值与最小值、和与积、平均值与中值、累加和与累乘积、标准方差和与相关系数、对数据排序等,MATLAB 提供了相应的函数来实现。

1) 求最大/最小值

max 函数用于求数组的最大元素,min 函数用于求数组的最小元素,两个函数的用法相同。下面以 max 函数为例说明函数的用法。

max 函数的基本调用格式如下。

```
[M, U] = max(X, [], dim)
```

计算沿参数 dim 指定的维度进行。若 X 是向量,则返回向量 X 的最大值,不需要后面的两个参数;若 X 是二维数组,如图 3.1 所示当 dim 为 1 时,行向量 M 记录 X 每列元素的最大值,向量 U 记录每列最大元素的行号;当 dim 为 2 时,列向量 M 记录 X 每行元素的最大值,向量 U 记录每行最大元素的列号。当第 2、3 个参数省略时,默认 dim 为 1。如果只有一个输出参数 M,则仅返回最大值。

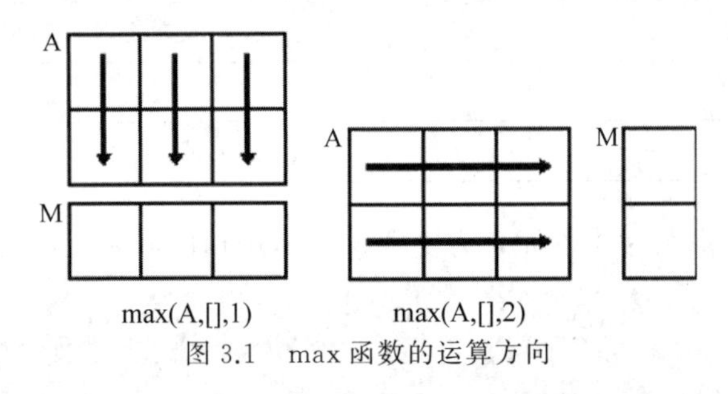

图 3.1　max 函数的运算方向

例如,计算数组 x 各列、各行元素和所有元素的最大值,命令如下。

```
>> x = [54,86,453,45; 90,32,64,54; -23,12,71,18];
>> y1 = max(x)                                    %求数组 x 各列元素的最大值
y1 =
    90    86   453    54
>> [y2, p2] = max(x, [ ],2)                       %求数组 x 各行值最大的元素
y2 =
   453
    90
    71
p2 =
     3
     1
     3
>> y3 = max(x(:))
y3 =
   453
```

x(:)表示引用 x 的所有元素,构成一个列向量,max(x(:))是求这个列向量的最大值,即 x 所有元素的最大值。也可以先求 A 每一列的最大值,生成一个行向量,再求该行向量的最大值,命令如下。

```
>> y3 = max(max(x));
```

如果 x 中包含复数元素，则 max 函数按模取最大值。

max 函数还能用于计算两个同型数组对应元素的最大值，调用格式如下。

```
max(X,Y)
```

其中，X、Y 分别存储两个同型的数组，返回值是与 X、Y 同型的数组，其中的每个元素值是 X、Y 对应元素的较大值。若第 2 个参数是一个标量 n，则返回值是 X 各个元素和标量 n 的较大值。例如：

```
>> x = [443,45,43;67,34,-43];
>> y = [65,73,34;61,84,326];
>> p = max(x,y)
p =
   443    73    43
    67    84   326
>> f = 45;
>> p = max(x,f)
p =
   443    45    45
    67    45    45
```

2）求和与求积

MATLAB 提供了 sum 函数求数组元素的和，prod 函数求数组元素的积，两个函数的用法相同。下面以 sum 函数为例说明此种函数的用法。sum 函数的基本调用格式如下。

```
S = sum(X, dim)
```

将沿维度 dim 返回数组元素之和。若 X 是向量，则返回向量 X 各元素的和，不需要参数 dim。若 X 是二维数组，dim 为 1 时，返回一个行向量，其第 n 个元素是 X 的第 n 列元素之和；dim 为 2 时，返回一个列向量，其第 m 个元素是 X 的第 m 行元素之和。当参数 dim 省略时，默认 dim 为 1。例如：

```
>> A = [9:12; 100:100:400; 50,60,50,60];
>> S1 = sum(A, 2)                                  %求 A 每行元素之和
S1 =
          42
        1000
         220
>> S2 = sum(S1)                                    %求 A 全部元素之和
S2 =
   1262
```

执行以上命令，先求 A 的各行元素之和，存于变量 S1，S1 是一个列向量。再求 S1 的元素之和，得到数组 A 的所有元素之和。求数组 A 的所有元素之和，也可使用以下命令。

```
>> sum(A, 'all');                                    %或 sum(A(:))
```

3）求平均值与中值

MATLAB 提供了 mean 函数求数组元素的平均值，median 函数求数组元素的中值，两个函数的用法相同。下面以 mean 函数为例说明此种函数的用法，mean 函数的基本调用格式如下。

```
M = mean(X, dim)
```

将沿维度 dim 返回数组元素的均值。若 X 是向量，则返回向量 X 各元素的算术平均值，即 $\bar{x}=\frac{1}{n}\sum_{i=1}^{n}x_i$ 。若 X 是二维数组，dim 为 1 时，返回一个行向量，其第 n 个元素是 X 的第 n 列元素的均值；dim 为 2 时，返回一个列向量，其第 m 个元素是 X 的第 m 行元素的均值。当参数 dim 省略时，默认 dim 为 1。

中值，又称中位数，是指处于有序数据序列中间位置的元素。例如，向量[−8,2,4,7,9]有 5 个元素，处于中间位置的元素值是 4，中值是 4；向量[−8,2,4,7,9,15]有 6 个元素，处于中间位置的元素是 4 和 7，中值是这两个数的平均值 5.5。调用 mean 和 median 函数求向量的平均值和中值的命令如下。

```
>> x = [-8,2,4,7,9];                                 %向量有奇数个元素
>> mx = [mean(x), median(x)]
mx =
2.8000    4.0000
>> y = [-8,2,4,7,9,15];                              %向量有偶数个元素
>> my = [mean(y), median(y)]
my =
4.8333    5.5000
```

4）求标准差与方差

标准差，也称为均方差，描述一个样本集的各个样本点到均值的距离平均值，反映一组数据波动的大小。标准差越小，说明数据波动越小。对于具有 n 个元素的数据集 x，标准差的计算公式如下。

$$\sigma_1=\sqrt{\frac{1}{n-1}\sum_{i=1}^{n}(x_i-\bar{x})^2}\quad \text{或}\quad \sigma_2=\sqrt{\frac{1}{n}\sum_{i=1}^{n}(x_i-\bar{x})^2}\text{，其中，}\bar{x}=\frac{1}{n}\sum_{i=1}^{n}x_i$$

方差是标准差的平方。

std 函数用于求数据序列的标准差，var 函数用于求数据序列的方差。两个函数的用法相同，下面以 std 函数为例说明此种函数的用法。std 函数的基本调用格式如下。

```
s = std(X , w, dim)
```

其中，输入参数 w 为 0 时，按 σ_1 所列公式计算标准差；w 为 1 时，按 σ_2 所列公式计算标准差。参数 dim 为 1 时，求数组 X 各列元素的标准差；dim 为 2 时，求数组 X 各行元素的标准差。w 省略时，默认 w 为 0；dim 省略时，默认 dim 为 1。

例 3.1 表 3.7 列出了某次射击选拔比赛中两名选手的 10 次射击成绩(单位：环)，试比较两人的成绩。

表 3.7 选手射击成绩表

选 手	射击轮次									
	1	**2**	**3**	**4**	**5**	**6**	**7**	**8**	**9**	**10**
小明	7	4	9	8	10	7	8	7	8	7
小华	7	6	10	5	9	8	10	9	5	6

命令如下。

```
>> hitmark = [7,4,9,8,10,7,8,7,8,7;7,6,10,5,9,8,10,9,5,6];
>> mean(hitmark,2)
ans =
    7.5000
    7.5000
>> std(hitmark,0,2)
ans =
    1.5811
    1.9579
```

结果显示，两人射击成绩的平均值相同。小明成绩的标准差较小，说明小明成绩波动较小，发挥相对稳定；小华成绩的标准差较大，说明小华成绩波动较大，发挥欠稳定。

5）求相关系数

相关系数用来衡量两组数据之间的线性相关程度。对于两组数据 x、y，可以由下式计算出两组数据的相关系数。

$$r=\frac{\sum(x_i-\bar{x})(y_i-\bar{y})}{\sqrt{\sum(x_i-\bar{x})^2}\sqrt{\sum(y_i-\bar{y})^2}}$$

相关系数的绝对值越接近于 1，说明两组数据相关程度越高。corrcoef 函数用于求数据集的相关系数，其调用格式如下。

```
R = corrcoef(A, B)
```

其中，输入参数 A、B 是两个大小相同的向量，变量 R 存储返回的结果，R 是一个 2×2 的矩阵。

例 3.2 15 名测试者血液的凝血酶浓度及凝血时间数据如表 3.8 所示。分析凝血酶浓度与凝血时间之间的相关性。

表 3.8 凝血酶浓度及凝血时间数据

检测项目	受试者编号														
	1	**2**	**3**	**4**	**5**	**6**	**7**	**8**	**9**	**10**	**11**	**12**	**13**	**14**	**15**
凝血酶浓度/mL	1.1	1.2	1.0	0.9	1.2	1.1	0.9	0.6	1.0	0.9	1.1	0.9	1.1	1	0.7
凝血时间/s	14	13	15	15	13	14	16	17	14	16	15	16	14	15	17

命令如下。

```
>> density = [1.1,1.2,1.0,0.9,1.2,1.1,0.9,0.6,1.0,0.9,1.1,0.9,1.1,1,0.7];
>> cruortime = [14,13,15,15,13,14,16,17,14,16,15,16,14,15,17];
>> R = corrcoef(density, cruortime)
R =
    1.0000   -0.9265
   -0.9265    1.0000
```

变量R的元素R_{11}存储的是corrcoef函数的第1个参数density的自相关系数,R_{22}存储的是第2个参数cruortime的自相关系数,因此这两个元素值为1。元素R_{12}、R_{21}存储的都是第1个参数density和第2个参数cruortime的相关系数,因此这两个元素值相同。R_{12}、R_{21}的绝对值接近1,说明凝血酶浓度与凝血时间之间相关程度较高。

若corrcoef函数的第1个参数是数组,第2个参数省略,则返回数组A的各个列向量两两之间的相关系数。例如,将例3.2的行向量density、cruortime转置为列向量,用两个列向量构造数组A,求A的相关系数:

```
>> A = [density', cruortime'];
>> R = corrcoef(A)
R =
    1.0000   -0.9265
   -0.9265    1.0000
```

6)求协方差

协方差用于衡量两个变量的总体误差,方差是协方差的特例。对于两组数据X、Y,可以由下式计算出两组数据的协方差。

$$\mathrm{cov}(X,Y)=\frac{\sum_{i=1}^{n}(X_i-\overline{X})(Y_i-\overline{Y})}{n-1}$$

如果两个变量的变化趋势一致,两个变量之间的协方差就是正值;如果两个变量的变化趋势相反,则两个变量之间的协方差就是负值。如果两个变量是统计独立的,那么二者之间的协方差就是0。例如,研究多种肥料对苹果产量的影响时,因实验所用苹果树前一年的基础产量不一致,但基础产量对实验结果又有一定的影响。要消除这一因素带来的影响,就需将各棵苹果树前一年年产量这一因素作为协变量进行协方差分析,才能得到正确的实验结果。

cov函数用于计算数据集的协方差,其基本调用格式如下。

```
C = cov(A, B)
```

其中,输入参数A、B是长度相同的向量,输出参数C存储计算结果,是一个2×2的矩阵。若A、B是大小相同的矩阵,则cov(A,B)将A和B视为列向量,等价于cov(A(:),B(:))。例如,计算例3.2中两组数据的协方差,命令如下。

```
>> C = cov(density, cruortime)
C =
    0.0289   -0.2014
   -0.2014    1.6381
>> var(density)
ans =
    0.0289
>> var(cruortime)
ans =
    1.6381
```

变量C的元素C_{11}存储的是cov函数的第1个参数density的方差，即var(density)；C_{22}存储的是第2个参数cruortime的方差，即var(cruortime)。元素C_{12}、C_{21}存储的都是第1个参数density和第2个参数cruortime的协方差，因此这两个元素值相同。C_{12}、C_{21}的值为负数，说明凝血酶浓度与凝血时间是负相关的。

7）排序

sort函数用于对数组元素进行排序，其调用格式为

```
[Y, P] = sort(X, dim, mode)
```

其中，输出参数Y存储排序后的数组，P存储Y中元素在源数组X中的位置，P与dim有关。若输入参数dim为1，则按列排序，P存储Y中元素在源数组X中对应的行号；若dim为2，则按行排序，P存储Y中元素在源数组X中对应的列号。当dim省略时，默认dim为1。输入参数mode指定排序方式，'ascend'表示升序，'descend'表示降序，mode省略时，默认为升序。例如：

```
>> A = randi(99,3,4);
>> Y1 = sort(A,2,'descend')                    %对A的每行按降序排列
Y1 =
    70    68    39     5
    76    65    10     4
    82    74    28    17
>> [Y2, Pos]=sort(A)                           %对A的每列按升序排列
Y2 =
    68    17     4     5
    74    39    28    10
    76    65    70    82
Pos =
     1     3     2     1
     3     1     3     2
     2     2     1     3
```

4. 离散数学函数

离散数学研究不连续(即离散)量的结构及其相互关系，MATLAB提供了离散数学研究和应用中常用的一些工具，如计算阶乘、排列组合、求解最大公约数等。

1）求阶乘

factorial 函数用于求阶乘。例如,求 10 的阶乘,使用以下命令。

```
>> fac = factorial(10)
fac =
     3628800
```

prod 函数用于求向量所有元素之积,求 10 的阶乘也可以使用以下命令。

```
>> fac1 = prod(1:10);
```

阶乘常用于排列和组合的计算。例如,我国福利彩票 32 选 7 的游戏,中一等奖的概率为$\frac{1}{C(32,7)}$,即$\frac{7!\times(32-7)!}{32!}$。使用以下命令计算一等奖的概率。

```
>> format("rational")
>> factorial(7) * factorial(32-7)/factorial(32)
ans =
1/3365856
```

结果显示,中一等奖的概率为$\frac{1}{3365856}$。

2）寻找质数

质数,也称为素数,是指在大于 1 的自然数中,除了 1 和它本身以外没有其他因数的自然数,如 2、11、19 等。质数应用很广泛,例如,在汽车变速箱齿轮的设计上,相邻的两个大小齿轮齿数设计成质数,以增加两齿轮内两个相同的齿相遇啮合次数的最小公倍数,可减少故障。

primes 函数用于寻找质数,其基本调用格式如下。

```
p = primes(n)
```

primes(n)返回所有小于或等于 n 的质数,构成一个行向量,赋给变量 p。例如,求 1～20 中的质数,命令如下。

```
>> primes(20)
ans =
     2     3     5     7    11    13    17    19
```

若要在指定范围$[m,n]$内寻找质数,则先获取小于或等于 n 的质数序列,然后从该序列中删去小于 m 的那些元素。例如,列出 90～120 中的所有质数,命令如下。

```
>> p1 = primes(120);
>> p1(p1<90) = [];
>> disp(p1)
    97   101   103   107   109   113
```

primes(120)返回1～120的质数；p1<90得到一个与p1相同长度的向量，与p1小于90的元素对应的元素值为逻辑1，大于或等于90的元素对应的元素值为逻辑0；命令p1(p1<90)=[]将p1中小于90的那些元素赋为空，即删除小于90的那些元素。

isprime(n)函数用于判断数n是否为质数，若n是质数，则结果为逻辑1，否则为逻辑0。列出90～120中的所有质数，也可以利用isprime函数，命令如下。

```
>> n = 90:120;
>> n(~isprime(n))=[];
```

3）质因数分解

factor(n)返回数n的所有质因数，构成一个行向量。例如：

```
>> fa = factor(11550)
fa =
     2     3     5     5     7    11
```

结果显示，11550可以表示成6个质数之积，即2×3×5×5×7×11。

4）求最大公约数与最小公倍数

gcd函数返回两个运算对象的最大公约数，lcm函数返回两个运算对象的最小公倍数。例如，求数11025和2125的最大公约数和最小公倍数，命令如下。

```
>> g = gcd(11025, 2125)
g =
    25
>> gl = lcm(11025, 2125)
gl =
      937125
```

3.3.2 矩阵运算

矩阵是统计分析、电路学、力学、光学和量子物理等应用中的常见运算对象。计算机科学中，三维动画制作也需要用到矩阵。矩阵的基本运算包括矩阵加减、乘法、乘方和转置运算。

1. 矩阵的加减运算

按照线性代数运算的定义，矩阵加减运算是参与运算的两个矩阵的对应元素相加减，即按元素进行计算。MATLAB矩阵的加减运算与数组的加减运算规则相同。矩阵加减运算要求两个矩阵具有兼容的维度。如果维度不兼容，将会导致错误。例如，分别生成大小为2×4的矩阵，存于变量A、B，生成大小为4×2的矩阵，存于变量C，计算A+B和A+C，命令如下。

```
>> A=reshape(1:8, 2, 4);
>> B=reshape(100:10:170, 2, 4);
>> C=reshape(100:10:170, 4, 2);
```

```
>> A+B
ans =
   101   123   145   167
   112   134   156   178
>> A+C
对于此运算,数组的大小不兼容
```

矩阵也可以与大小兼容的向量进行加减运算。例如,A与B的某个行向量或与B的某个列向量相加,命令如下。

```
>> A+B(1,:)
ans =
   101   123   145   167
   102   124   146   168
>> A+B(:,1)
ans =
   101   103   105   107
   112   114   116   118
```

2. 矩阵的乘法运算

设 **A** 是大小为 $m\times n$ 的矩阵,**B** 是大小为 $n\times p$ 的矩阵,若 $\boldsymbol{C}=\boldsymbol{A}\times\boldsymbol{B}$,则 **C** 是一个大小为 $m\times p$ 的矩阵,**C** 中各个元素的值为

$$C_{ij}=\sum_{k=1}^{n}A_{ik}\cdot B_{kj}$$

只有当矩阵 **A** 的列数与矩阵 **B** 的行数相等时,$\boldsymbol{A}\times\boldsymbol{B}$ 才有意义。MATLAB的矩阵乘法运算使用运算符"*"或调用mtimes函数,格式如下。

```
C = A * B
C = mtimes(A,B)
```

其中,运算对象A、B应满足线性代数运算法则。例如:

```
>> A=reshape(10:10:60, 2, 3);
>> B=reshape(1:12, 3, 4);
>> C=A * B                                %或 C=mtimes(A,B)
C =
        220          490          760          1030
        280          640         1000          1360
>> B1=reshape(1:12, 2, 6);
>> C=A * B1
错误使用  *
用于矩阵乘法的维度不正确。请检查并确保第一个矩阵中的列数与第二个矩阵中的行数匹配。要执行按元素相乘,请使用 '.*'
```

长度相同的行向量$[a_1,a_2,\cdots,a_n]$乘以列向量$[b_1;b_2;\cdots;b_n]$,结果是 $a_1\times b_1+a_2\times b_2+\cdots+a_n\times b_n$,称为内积。例如:

```
>> u = [3; 1; 4];
>> v = [2 0 -1];
>> x = v*u
x =
    2
```

也可以调用 dot 函数计算两个向量的内积，例如：

```
>> x1 = dot(u,v);
```

长度相同的列向量乘以行向量，结果是一个矩阵，称为外积。例如：

```
>> X = u*v
X =
    6    0   -3
    2    0   -1
    8    0   -4
```

3. 矩阵的幂运算

矩阵的幂运算使用运算符“^”或调用 mpower 函数，格式如下。

```
C = A^B
C = mpower(A, B)
```

矩阵幂运算要求底数 A 和指数 B 必须满足以下条件之一。

(1) 底数 A 是方阵，指数 B 是标量。

(2) 底数 A 是标量，指数 B 是方阵。

例如：

```
>> A = [1 2; 3 4];
>> C = A^2;                          %底数 A 是方阵，指数 2 是标量
>> C1 = 2^A;                         %底数 2 是标量，指数 A 是方阵
>> C2 = A^A                          %底数、指数 A 是方阵
错误使用  ^
用于对矩阵求幂的维度不正确。请检查并确保矩阵为方阵并且幂为标量。要执行按元素矩阵求
幂，请使用 '.^'
```

4. 其他矩阵运算

MATLAB 还提供了一些专用矩阵运算函数，包括矩阵平方根函数 sqrtm、矩阵指数函数 expm、矩阵对数函数 logm，这些函数名都在对应的数组运算函数名之后缀以 m，并规定函数的输入参数必须是方阵。例如：

```
A = [4,2;3,6];
B = sqrtm(A)
```

```
B=
      1.9171    0.4652
      0.6978    2.3823
```

若 sqrtm 函数的输入参数为实对称正定矩阵或复埃尔米特(Hermitian)正定阵,则一定能算出它的平方根;否则,不能计算平方根。例如:

```
>> A = [0,1;0,0];
>> sqrtm(A)
警告: 矩阵具有奇异性,可能没有平方根
ans =
     0   Inf
     0     0
```

若矩阵 A 含有负的特征值,则 sqrtm(A)将会得到一个复矩阵,例如:

```
>> A = [4,9;16,25];
>> E = eig(A)
E =
     -1.4452
     30.4452
>> S = sqrtm(A)
S =
   0.9421 + 0.9969i   1.5572 - 0.3393i
   2.7683 - 0.6032i   4.5756 + 0.2053i
```

funm 函数用于将一些数组运算函数作用于方阵。funm 函数的基本调用格式为

```
F = funm(A, fun)
```

其中,输入参数 A 为方阵,fun 用函数句柄表示,可用的数学函数包括 exp、log、sin、cos、sinh、cosh。例如:

```
>> A = [2,-1;1,0];
>> C1 = funm(A,@exp)                                    %等效于 expm(A)
ans =
    5.4366   -2.7183
    2.7183    0.0000
```

5. 矩阵求逆运算

如果矩阵 $\boldsymbol{A}$ 为非奇异方阵,则方程 $\boldsymbol{AX}=\boldsymbol{I}$ 和 $\boldsymbol{XA}=\boldsymbol{I}$ 具有相同的解 $\boldsymbol{X}$,此解称为 $\boldsymbol{A}$ 的逆矩阵,表示为 $\boldsymbol{A}^{-1}$。MATLAB 提供的 inv 函数用于计算逆矩阵,函数的调用格式如下。

```
inv(A)
```

inv(A)等效于 A^(−1)。若 A 为奇异矩阵、接近奇异矩阵或降秩矩阵时,系统将会给

出警告信息。可以用 det、cond、rank 等函数来检验矩阵 A 是否为奇异矩阵、满秩矩阵。

例 3.3 若 $\boldsymbol{A}=\begin{bmatrix}1 & -1 & 1\\5 & -4 & 3\\2 & 1 & 1\end{bmatrix}$，求 $\boldsymbol{A}$ 的逆矩阵并赋值给 $\boldsymbol{B}$，且验证 $\boldsymbol{A}$ 与 $\boldsymbol{B}$ 是互逆的。

命令如下。

```
>> A = [1 -1 1;5 -4 3;2 1 1];
>> B = inv(A);
>> C = A * B;
>> D = B * A;
>> C==D
ans =
  3×3 logical 数组
   0   0   0
   0   0   0
   1   0   0
```

在线性代数里，$\boldsymbol{A}\cdot\boldsymbol{B}=\boldsymbol{B}\cdot\boldsymbol{A}$。但是，由于计算机采用二进制存储和处理数据，影响浮点运算的精度，因此 $\boldsymbol{A}\cdot\boldsymbol{B}$ 和 $\boldsymbol{B}\cdot\boldsymbol{A}$ 的计算结果非常接近，但并不完全相等，因此关系运算 C==D 的结果中部分元素值为逻辑 0(表示假)。执行以下命令，就可以看到变量 C、D 的值是不同的，但差异很小。

```
>> format long
>> C-D
ans =
   1.0e-14 *
  -0.044408920985006  -0.005551115123126   0.016653345369377
  -0.210942374678780   0.044408920985006  -0.005551115123126
   0                  -0.022204460492503   0.022204460492503
```

6. 矩阵属性分析

1) 行列式

行列式是一个有向平行多面体的体积，这个多面体的每条边对应矩阵的某列。行列式用于描述线性变换对有向体积所造成的影响。一个 $n\times n$ 的方阵 $\boldsymbol{A}$ 的行列式记为 det($\boldsymbol{A}$)或者 $|\boldsymbol{A}|$。

将 n 阶矩阵中的元素 a_{ij} 所在的第 i 行和第 j 列划去后，余下的 $n-1$ 阶矩阵行列式称为元素 a_{ij} 的余子式，记作 M_{ij}。令 $A_{ij}=(-1)^{i+j}M_{ij}$，A_{ij} 称为元素 a_{ij} 的代数余子式。例如，4 阶矩阵 $\boldsymbol{A}=\begin{bmatrix}a_{11} & a_{12} & a_{13} & a_{14}\\a_{21} & a_{22} & a_{23} & a_{24}\\a_{31} & a_{32} & a_{33} & a_{34}\\a_{41} & a_{42} & a_{43} & a_{44}\end{bmatrix}$，元素 a_{23} 的余子式 $M_{23}=\begin{vmatrix}a_{11} & a_{12} & a_{14}\\a_{31} & a_{32} & a_{34}\\a_{41} & a_{42} & a_{44}\end{vmatrix}$，代数余子式 $A_{23}=(-1)^{2+3}M_{23}=-M_{23}$。

一个 $n\times n$ 矩阵的行列式等于其任意行(或列)的元素与对应的代数余子式乘积之

和，即

$$\det(\mathbf{A})=a_{i1}A_{i1}+a_{i2}A_{i2}+\cdots+a_{in}A_{in}=\sum_{j=1}^{n}a_{ij}\,(-1)^{i+j}M_{ij}$$

例如，一个 2×2 的矩阵$\left(\begin{bmatrix}a & b\\ c & d\end{bmatrix}\right)$的行列式 $\det\left(\begin{bmatrix}a & b\\ c & d\end{bmatrix}\right)=ad-bc$。

MATLAB的 det 函数用于求矩阵的行列式，例如：

```
>> A = [1,2,3; 2,1,0; 12,5,9];
>> dA = det(A)
dA=
    -33
```

2）秩

矩阵 **A** 的秩用于考查组成矩阵 **A** 的各个向量的相关性。对于一组长度相同的向量 $\boldsymbol{x}_1,\boldsymbol{x}_2,\cdots,\boldsymbol{x}_p$，若存在一组不全为零的数 $k_1,k_2,\cdots,k_p$，使得 $k_1x_1+k_2x_2+\cdots+k_px_p=0$，则称这 p 个向量线性相关，否则称这 p 个向量线性无关。

对于大小为 $m\times n$ 的矩阵 **A**，若 m 个行向量中有 $r(r\leqslant m)$ 个行向量线性无关，而其余行向量线性相关，则称 r 为矩阵 **A** 的行秩；若 n 个列向量中有 $r(r\leqslant n)$ 个列向量线性无关，而其余列向量线性相关，则称 r 为矩阵 **A** 的列秩。矩阵的行秩和列秩总是相等的，因此将行秩和列秩统称为矩阵的秩，也称为该矩阵的奇异值。

rank 函数用于求矩阵秩，例如：

```
>> A = [1,2,3; 2,1,0; 12,5,9];
>> r = rank(A)
r=
      3
>> A1 = [1,2,3; 4,8,12; 12,5,9];
>> r1 = rank(A1)
r1 =
    2
```

计算结果表明，**A** 是一个满秩矩阵，即所有列（行）向量线性无关。矩阵 **A**1 秩亏，列向量两两线性无关，**A**1 又称为奇异矩阵。

3）范数

在求解线性方程组时，由于测量误差以及计算过程中舍入误差的影响，所求得的数值解与精确解之间存在一定的差异。为了了解数值解的精确程度，可以对解的误差进行估计，线性代数中常采用范数进行线性变换的误差分析。范数有多种方法定义，其定义不同，范数值也就不同，因此，讨论向量和矩阵的范数时，一定要弄清是求哪一种范数。

（1）向量的范数。

设向量 **V** 有 n 个元素 $v_1,v_2,\cdots,v_n$，向量 **V** 的三种常用范数定义如下。

1-范数：向量元素的绝对值之和，即 $\|\mathbf{V}\|_1=\sum_{i=1}^{n}|v_i|$，也称为曼哈顿距离。

2-范数：向量元素平方和的平方根，即 $\|\boldsymbol{V}\|_2=\sqrt{\sum_{i=1}^{n} v_i^2}$，也称为欧几里得范数。

∞-范数：向量元素绝对值的最大值，即 $\|\boldsymbol{V}\|_\infty=\max_{1\leqslant i\leqslant n}\{|v_i|\}$。

MATLAB的norm函数用于计算向量的范数，其基本调用格式如下。

```
norm(V, p)
```

其中，输入参数p指定范数类型，可取值为1、2、Inf。p省略时，默认为2，即默认求向量 $\boldsymbol{V}$ 的2-范数。例如：

```
>> va = [16, 18, 3, 18, 13];
>> nva = [norm(va,1), norm(va), norm(va,inf)]
nva =
   68.0000   32.8938   18.0000
```

(2) 矩阵的范数。

设 $\boldsymbol{A}$ 是一个大小为 $m\times n$ 的矩阵，矩阵 $\boldsymbol{A}$ 的4种常用范数定义如下。

1-范数：组成矩阵的各个列向量元素的绝对值之和的最大值，即 $\|\boldsymbol{A}\|_1=\max_{1\leqslant j\leqslant n}\left\{\sum_{i=1}^{m}|a_{ij}|\right\}$。

2-范数：$\boldsymbol{A}'\boldsymbol{A}$ 最大特征值的平方根，即 $\|\boldsymbol{A}\|_2=\sqrt{\lambda_1}$，其中，$\lambda_1$ 为 $\boldsymbol{A}'\boldsymbol{A}$ 最大特征值，该值近似于max(svd($\boldsymbol{A}$))。

∞-范数：组成矩阵的各个行向量元素的绝对值之和的最大值，即 $\|\boldsymbol{A}\|_\infty=\max_{1\leqslant i\leqslant m}\left\{\sum_{j=1}^{n}|a_{ij}|\right\}$。

Frobenius范数：所有元素的平方和的平方根，即 $\|\boldsymbol{A}\|_F=\sqrt{\sum_{i=1}^{m}\sum_{j=1}^{n}a_{ij}^2}$。

norm函数也用于计算矩阵的范数，其基本调用格式如下。

```
norm(A, p)
```

其中，p的可取值为1、2、Inf、'fro'，分别表示求矩阵A的1-范数、2-范数、∞-范数和Frobenius范数。p省略时，默认为2，即求矩阵A的2-范数。例如：

```
>> A = [1,2,3,4; -9,0,2,5];
>> nA = [norm(A,1), norm(A), norm(A,inf), norm(A,'fro')]
nA =
   10.0000   10.6519   16.0000   11.8322
```

4) 条件数

进行数值分析时，条件数用于衡量问题的适定性。一个低条件数的问题称为良态的，而高条件数的问题称为病态(或非良态)的。

矩阵 $\boldsymbol{A}$ 的条件数定义为 cond($\boldsymbol{A}$)$=\|\boldsymbol{A}\|\cdot\|\boldsymbol{A}^{-1}\|$，即 $\boldsymbol{A}$ 的范数乘以 $\boldsymbol{A}$ 逆矩阵的范数。条件数同时描述了矩阵对向量的拉伸能力和压缩能力，即令向量发生形变的能力。条

件数越大，向量在变换后可能的变化越多。对于2-范数，条件数是$\frac{\sigma_{\max}(\boldsymbol{A})}{\sigma_{\min}(\boldsymbol{A})}$，其中，$\sigma_{\max}(\boldsymbol{A})$是矩阵$\boldsymbol{A}$的最大奇异值，$\sigma_{\min}(\boldsymbol{A})$是矩阵$\boldsymbol{A}$的最小奇异值；酉矩阵的条件数为1。

MATLAB的cond函数用于计算矩阵的条件数，其调用格式如下。

```
C = cond(A, p)
```

其中，输入参数p的可取值为1、2、Inf。p省略时，默认为2。例如：

```
>> A = [1,2,3; 3,-4,5; -5,6,7];
>> cA = cond(A)
cA =
    5.4598
>> B = [1,2,5; -2,-7,5; -5,1,-2];
>> cB = cond(B)
cB =
    2.1901
```

矩阵的条件数用于衡量矩阵乘法运算对输入误差的敏感性，结果显示，矩阵$\boldsymbol{B}$的条件数比矩阵$\boldsymbol{A}$的条件数小，说明矩阵$\boldsymbol{B}$的敏感性要好于矩阵$\boldsymbol{A}$。

对于线性方程组$\boldsymbol{A}x=\boldsymbol{b}$，如果系数矩阵$\boldsymbol{A}$的条件数大，常数向量$\boldsymbol{b}$的微小改变就能引起解$x$较大的改变；如果$\boldsymbol{A}$的条件数小，$\boldsymbol{b}$有微小的改变，$x$的改变也很小。如果$\boldsymbol{b}$的微小变动不会使方程的解发生剧烈变化，称该方程是稳定的，也就是说，线性方程的抗噪声能力强。例如：

```
>> A = [4.1, 2.8; 9.7, 6.6];
>> cond(A)
ans =
   1.6230e+03
>> b1 = [4.1; 9.7];
>> x1 = A\b1
x1 =
    1.0000
   -0.0000
>> b2 = [4.11; 9.7];
>> x2 = A\b2
x2 =
    0.3400
    0.9700
```

结果表明，$\boldsymbol{A}$的条件数大，因而$\boldsymbol{b}$的微小变化（$b2_1$比$b1_1$大0.01）导致方程组的解x差异大。

5）特征值与特征向量

矩阵的特征值与特征向量在科学研究和工程计算中应用广泛。例如，机械中的振动问题、电磁振荡中临界值的确定问题等，往往归结成求矩阵的特征值与特征向量的问题。

设$\boldsymbol{A}$是n阶方阵，如果存在数λ和有n个非零元素的向量$\boldsymbol{x}$，使得$\boldsymbol{Ax}=\lambda\boldsymbol{x}$成立，则称$\lambda$

是矩阵 **A** 的一个特征值，称向量 **x** 为矩阵 **A** 对应特征值 λ 的特征向量，简称 **A** 的特征向量。

MATLAB 的 eig 函数用于计算矩阵的特征值和特征向量，基本调用格式如下。

```
e = eig(A)
```

其中，**A** 是 $n\times n$ 矩阵，函数调用返回矩阵 **A** 的 n 个特征值，构成向量，赋给变量 e。例如：

```
>> A = [1,1,0.5; 1,1,0.25; 0.5,0.25,2];
>> e = eig(A)
e =
  -0.0166
   1.4801
   2.5365
```

函数还有另一种调用格式：

```
[V,D,W] = eig(A):
```

函数将返回以特征值为主对角线构成的对角矩阵 **D**，以右特征向量构成的矩阵 **V**，以及以左特征向量构成的矩阵 **W**。其中，满足方程 $Av=\lambda v$ 的解是右特征向量，满足方程 $w'A=\lambda w'$ 的解是左特征向量，矩阵 **V**、**W** 的每一个列向量对应一个特征向量，矩阵 **A** 的特征向量有无穷多个，eig 函数只找出其中的 n 个，**A** 的其他特征向量均可由这 n 个特征向量的线性组合表示。例如，求上述矩阵 **A** 的右特征向量构成的矩阵 **V** 和特征值对角矩阵 **D**，命令如下。

```
>> [V,D]=eig(A);
```

在数学理论中，**A**·**V** = **V**·**D**。但是，由于计算机采用二进制存储和处理数据，影响浮点运算的精度，因此计算所得的 **V**、**D** 有误差，导致 **A**·**V** 与 **V**·**D** 非常接近，但并不相等。

```
>> A*V == V*D                                    %判断 A·V 和 V·D 是否相等
ans =
  3×3 logical 数组
   0   0   0
   0   0   0
   0   0   0
```

以上结果表中全是逻辑 0，表明 **A** * **V** 与 **V**·**D** 不相等，通过以下命令观测 **A** * **V** 与 **V**·**D** 的差异。

```
>> format long
>> A*V-V*D
ans =
   1.0e-15 *
```

```
   0.083266726846887  -0.111022302462516  0.222044604925031
   0.204697370165263   0.222044604925031  0.444089209850063
   0.203396327558281   0.222044604925031  0.222044604925031
```

A * **V** − **V** * **D** 的结果表中的每一个元素值都是一个很小的数(如第 1 行第 1 列的值是 $0.083266726846887\times10^{-15}$)，说明 **A** * **V** 与 **V** * **D** 非常接近。

7. 矩阵分解

矩阵分解是指将一个矩阵分解成若干矩阵的乘积。常见的矩阵分解有 LU 分解、QR 分解、Cholesky 分解、SVD 分解以及 Hessenberg 分解等。通过这些分解方法所得的矩阵，用于求解线性方程组，可以提高运算速度和运算精度。

1) LU 分解

矩阵的 LU 分解又称 Gauss 消去分解或三角分解，就是将一个方阵 **X** 表示为一个下三角矩阵 **L** 和一个上三角矩阵 **U** 的乘积形式，即 **X**=**LU**。LU 分解主要用于简化一个大矩阵行列式的计算过程，用 LU 分解比用求逆算法求解联立方程组更高效。

MATLAB 的 lu 函数用于对矩阵进行 LU 分解，其调用格式如下。

```
[L,U] = lu(X)
```

输入参数 **X** 必须是方阵。函数返回一个上三角矩阵 **U** 和一个变换形式的下三角矩阵 **L**，满足 **X**=**LU**。

例 3.4 对矩阵 $\boldsymbol{A}=\begin{bmatrix}1 & -1 & 1\\5 & -4 & 3\\2 & 1 & 1\end{bmatrix}$进行 LU 分解。

命令如下：

```
>> A = [1,-1,1; 5,-4,3; 2,1,1];
>> [L,U] = lu(A)
L =
    0.2000  -0.0769  1.0000
    1.0000   0        0
    0.4000   1.0000   0
U =
    5.0000  -4.0000   3.0000
    0        2.6000  -0.2000
    0        0        0.3846
>> LU = L * U
LU =
     1    -1     1
     5    -4     3
     2     1     1
```

L * U 的结果与原矩阵 **A** 一致。调用 lu 函数所获得的矩阵 **L** 不是一个标准的下三角矩阵，可以将各行顺序置换，获得一个下三角矩阵，命令如下。

```
>> L1=L([2, 3, 1], : )
L1 =
    1.0000   0        0
    0.4000   1.0000   0
    0.2000  -0.0769   1.0000
```

对线性方程组 $\boldsymbol{Ax}=\boldsymbol{b}$ 的系数矩阵 $\boldsymbol{A}$ 实施 LU 分解后，求解方程组 $\boldsymbol{Ax}=\boldsymbol{b}$ 采用 $\boldsymbol{x}=\boldsymbol{U}\backslash(\boldsymbol{L}\backslash\boldsymbol{b})$。

2）QR 分解

如果实（复）非奇异矩阵 $\boldsymbol{A}$ 能够转换成正交（酉）矩阵 $\boldsymbol{Q}$ 与实（复）非奇异上三角矩阵 $\boldsymbol{R}$ 的乘积，即 $\boldsymbol{A}=\boldsymbol{QR}$，则称其为 $\boldsymbol{A}$ 的 QR 分解。对矩阵 $\boldsymbol{A}$ 进行 QR 分解，就是把 $\boldsymbol{A}$ 分解为一个正交矩阵 $\boldsymbol{Q}$ 和一个上三角矩阵 $\boldsymbol{R}$ 的乘积形式，所以也称为正交三角分解。

MATLAB 的 qr 函数用于对矩阵进行 QR 分解，其调用格式如下。

```
[Q,R] = qr(A)
```

生成一个正交矩阵 $\boldsymbol{Q}$ 和一个上三角矩阵 $\boldsymbol{R}$，满足 $\boldsymbol{A}=\boldsymbol{QR}$。

例 3.5 对矩阵 $\boldsymbol{A}=\begin{bmatrix}2 & 1 & 1 & 4\\1 & 2 & -1 & 2\\1 & -1 & 3 & 3\end{bmatrix}$ 进行 QR 分解。

命令如下。

```
>> A=[2,1,1,4; 1,2,-1,2; 1,-1,3,3];
>> [Q,R]=qr(A);
>> QR=Q * R
QR=
    2.0000    1.0000    1.0000    4.0000
    1.0000    2.0000   -1.0000    2.0000
    1.0000   -1.0000    3.0000    3.0000
```

Q * R 的结果与原矩阵 $\boldsymbol{A}$ 一致。对线性方程组 $\boldsymbol{Ax}=\boldsymbol{b}$ 的系数矩阵 $\boldsymbol{A}$ 实施 QR 分解后，求解方程组 $\boldsymbol{Ax}=\boldsymbol{b}$ 采用 $\boldsymbol{x}=\boldsymbol{R}\backslash(\boldsymbol{Q}\backslash\boldsymbol{b})$。

3）Cholesky 分解

Cholesky 分解是把一个对称正定的矩阵 $\boldsymbol{X}$ 表示成一个下三角矩阵 $\boldsymbol{R}$ 和其转置矩阵 $\boldsymbol{R}'$ 的乘积的分解，即 $\boldsymbol{X}=\boldsymbol{R}'\boldsymbol{R}$。chol 函数用于对矩阵 $\boldsymbol{X}$ 进行 Cholesky 分解，其调用格式如下。

```
[R, flag] = chol(A)
```

基于矩阵 $\boldsymbol{A}$ 的对角线和上三角形生成上三角矩阵 $\boldsymbol{R}$，使 $\boldsymbol{R}'\boldsymbol{R}=\boldsymbol{A}$。若 $\boldsymbol{A}$ 是对称正定矩阵，flag 为 0；若 $\boldsymbol{A}$ 不是对称正定矩阵，则 flag 返回分解失败的主元位置的索引。

例 3.6 对矩阵 $\boldsymbol{A}=\begin{bmatrix}2 & 1 & 1\\1 & 2 & -1\\1 & -1 & 3\end{bmatrix}$ 进行 Cholesky 分解。

命令如下。

```
>> A=[2,1,1;1,2,-1;1,-1,3];
>> [R, p]=chol(A)
R =
    1.4142    0.7071    0.7071
         0    1.2247   -1.2247
         0         0    1.0000
p =
     0
```

p 值为 0，表示矩阵 $\boldsymbol{A}$ 是一个正定矩阵。所以，chol 函数可以用于判定矩阵是否为对称正定矩阵。

对线性方程组 $\boldsymbol{Ax}=\boldsymbol{b}$ 的系数矩阵 $\boldsymbol{A}$ 实施 Cholesky 分解成功后，求解方程组 $\boldsymbol{Ax}=\boldsymbol{b}$ 采用 $\boldsymbol{x}=\boldsymbol{R}\backslash(\boldsymbol{R}'\backslash\boldsymbol{b})$。

4）SVD 分解

矩阵的奇异值分解在图像压缩、数值水印和文本分类、信号重构、数据融合、故障检测以及统计学中的主成分分析等领域有重要应用。MATLAB 的 svd 函数用于对矩阵进行奇异值分解，其调用格式如下。

```
s = svd(A)
[U,S,V] = svd(A)
```

第 1 种格式获取矩阵 $\boldsymbol{A}$ 的奇异值，且呈降序排列构成一个列向量，赋给变量 s。第 2 种格式生成一个与 $\boldsymbol{A}$ 相同大小的对角矩阵 $\boldsymbol{S}$ 和两个酉矩阵 $\boldsymbol{U}$、$\boldsymbol{V}$，使得 $\boldsymbol{A}=\boldsymbol{USV}'$。矩阵 $\boldsymbol{S}$ 的对角线上的元素是 $\boldsymbol{A}$ 的奇异值，且呈降序排列；矩阵 $\boldsymbol{U}$ 的每一个列向量是一个左奇异向量；矩阵 $\boldsymbol{V}$ 的每一个列向量是一个右奇异向量。

例 3.7 对矩阵 $\boldsymbol{A}=\begin{bmatrix}2 & 1 & 1\\ 1 & 2 & -1\\ 1 & -1 & 3\end{bmatrix}$进行奇异值分解。

命令如下。

```
>> A = [2,1,1;1,2,-1;1,-1,3];
>> s = svd(A)
s =
    3.7321
    3.0000
    0.2679
>> [U,S,V] = svd(A);
>> disp(S)
    3.7321         0         0
         0    3.0000         0
         0         0    0.2679
```

结果说明，矩阵 $\boldsymbol{S}$ 的主对角线就是 $\boldsymbol{A}$ 的奇异值向量 $\boldsymbol{s}$。

8. 线性方程组求解

在科学计算和工程应用中，有许多问题都涉及线性代数方程组数值求解。例如，桥梁结构的应力分析、用差分法解偏微分方程、用最小二乘原理对测量数据进行数据拟合等。

线性方程组 $\begin{cases} a_{11}x_1+a_{12}x_2+\cdots+a_{1n}x_n=b_1 \\ a_{21}x_1+a_{22}x_2+\cdots+a_{2n}x_n=b_2 \\ \cdots \\ a_{n1}x_1+a_{n2}x_2+\cdots+a_{nn}x_n=b_n \end{cases}$ 通常表示为 $\boldsymbol{Ax}=\boldsymbol{b}$，

其中，

$$\boldsymbol{A}=\begin{bmatrix} a_{11} & a_{12} & \cdots & a_{1n} \\ a_{21} & a_{22} & \cdots & a_{2n} \\ \vdots & \vdots & \ddots & \vdots \\ a_{n1} & a_{n2} & \cdots & a_{nn} \end{bmatrix},\boldsymbol{x}=\begin{bmatrix} x_1 \\ x_2 \\ \vdots \\ x_n \end{bmatrix},\quad \boldsymbol{b}=\begin{bmatrix} b_1 \\ b_2 \\ \vdots \\ b_n \end{bmatrix}$$

在 MATLAB 中，提供了多种方法求解线性方程组。

1) 用左除和右除运算求解

(1) 对于线性方程组 $\boldsymbol{Ax}=\boldsymbol{B}$，若矩阵 **A** 和 **B** 的第 1 维长度相同(即行数一致，每一组常数项对应矩阵 **B** 的一个列向量)，可以用左除运算符\或 mldivide 函数求解，方法如下。

x=**A****B**　或　**x**=mldivide(**A**,**B**)

运算对象 **A**、**B** 都是矩阵，**B** 的每一个列向量对应一组常数，**A****B** 是方程 $\boldsymbol{Ax}=\boldsymbol{B}$ 的解；若 **A** 是 $m\times n$ 矩阵($m\neq n$)，**B** 是 $m\times p$ 矩阵，则 **A****B** 返回方程组 $\boldsymbol{Ax}=\boldsymbol{B}$ 的最小二乘解。如果矩阵 **A** 是奇异的或接近奇异的，则 **A****B** 运算会给出警告信息。

(2) 对于线性方程组 $\boldsymbol{Ax}=\boldsymbol{B}$，若矩阵 **A** 和 **B** 的第 2 维长度相同(即列数一致，每一组常数项对应矩阵 **B** 的一个行向量)，可以用右除运算符/或 mrdivide 函数求解，方法如下。

x=**B**/**A**　或　**x**=mrdivide(**B**,**A**)

若系数矩阵 **A** 的大小为 $m\times n$，则用左除运算求得的解有以下三种情形。

(1) 当 $m=n$ 时，可得方程组的精确解。

(2) 当 $m>n$ 时，即方程个数多于未知数个数，称为超定方程组，可得方程组的最小二乘解。

(3) 当 $m<n$ 时，即方程个数少于未知数个数，称为欠定方程组，方程组的解为由最多 m 个非零分量构成的基本解。

2) 用求逆运算求解

MATLAB 的 inv 函数用于求逆矩阵，方阵 **X** 的 **X**^(−1) 等效于 inv(**X**)。对于线性方程组 $\boldsymbol{Ax}=\boldsymbol{b}$，方程的解为 **x**=inv(**A**) * **b**。如果 **A** 为奇异矩阵，且 $\boldsymbol{Ax}=\boldsymbol{b}$ 有精确解，则可以通过 pinv(**A**) * **b** 求解，pinv(**A**)是 **A** 的伪逆；如果 $\boldsymbol{Ax}=\boldsymbol{b}$ 没有精确解，则 pinv(**A**)将返回最小二乘解。

3) 用矩阵分解方法求解

求解线性方程组时，可以先对矩阵进行分解，然后将分解后的矩阵运算得到方程组的解，采用这种方法，可以提高求解精度。对于高阶系数矩阵 **A**，这种方法还可以提高求解的速度。

将线性方程组 $\boldsymbol{Ax}=\boldsymbol{b}$ 的系数矩阵进行 LU 分解后，$\boldsymbol{Ax}=\boldsymbol{b}$ 的解可以表示为 **x**=**U**\\(**L**\\

$\boldsymbol{b}$）；进行 QR 分解后，$\boldsymbol{Ax}=\boldsymbol{b}$ 的解可以表示为 $\boldsymbol{x}=\boldsymbol{R}\backslash(\boldsymbol{Q}\backslash\boldsymbol{b})$；进行 Cholesky 分解后，$\boldsymbol{Ax}=\boldsymbol{b}$ 的解可以表示为 $\boldsymbol{x}=\boldsymbol{R}\backslash(\boldsymbol{R}'\backslash\boldsymbol{b})$。

例 3.8 用多种方法求解线性方程组 $\begin{cases}2x_1+x_2-5x_3+x_4=13\\x_1-5x_2+7x_4=-9\\2x_2+x_3-x_4=6\\x_1+6x_2-x_3-4x_4=0\end{cases}$

程序如下。

```
A = [2,1,-5,1; 1,-5,0,7; 0,2,1,-1; 1,6,-1,-4];
b = [13; -9; 6; 0];
x1 = A\b;                                   %用左除运算求解
x2 = (b'/A')';                              %用右除运算求解
x3 = inv(A) * b;                            %用求逆运算求解
[L,U] = lu(A);                              %LU 分解
x4 = U\(L\b);                               %用 LU 分解矩阵求解
[Q,R] = qr(A);                              %QR 分解
x5 = R\(Q\b);                               %用 QR 分解矩阵求解
[Rchol,flag] = chol(A);                     %Cholesky 分解
if flag == 0                                %判断 Rchol 是否为正定矩阵
    x6 = Rchol\(Rchol'\b);                  %若 Rchol 是正定矩阵,则用 Cholesky 法求解
else
    x6 = NaN;
end
```

在编辑器里，inv 函数下有波浪线，将光标移至波浪线上，会弹出如图 3.2 所示信息，提示用求逆方法比左除方法速度更慢且准确度更低。

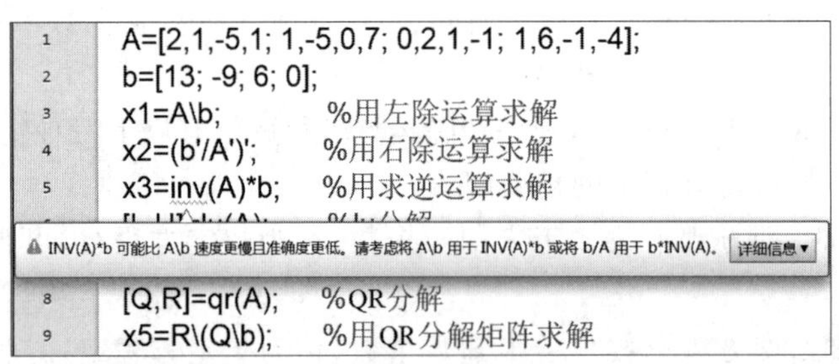

图 3.2 程序编辑器的优化提示信息

运行以上程序，在工作区查看变量 x1～x6 和变量 flag 的值。此时，变量 flag 的值为 2，说明 A 是非正定矩阵，不能用 Cholesky 分解矩阵求解，因此 x6 的值为 NaN。

3.3.3 关系运算

关系运算是指比较两个数组中的元素，并返回逻辑 0（假）或逻辑 1（真）来指示关系是否成立。

1. 关系运算符

MATLAB 提供了 6 种关系运算符：<（小于）、<=（小于或等于）、>（大于）、>=（大

于或等于)、==(等于)、~=(不等于)。对应的运算函数分别是 lt、le、gt、ge、eq、ne。MATLAB 的关系运算法则如下。

(1) 当关系运算的两个运算对象都是标量时,若关系成立,结果为逻辑值 1,否则为逻辑值 0。例如:

```
>> x = 5;
>> x == 10                                              %或 eq(x, 10)
ans =
  logical
   0
```

(2) 当关系运算的两个运算对象是两个大小相同的数组时,逐个比较两个数组相同位置的元素,并给出元素的比较结果。此时,运算结果是一个与原数组相同大小的数组,其元素值是逻辑 0 或 1。例如:

```
>> A = [1,2,3; 4,5,6];
>> B = [3,1,4; 5,2,10];
>> C = A>B
C =
2×3 logical 数组
     0     1     0
     0     1     0
>> A(C)
ans =
     2
     5
```

用逻辑数组 C 作为索引去引用数组 A 中的元素时,得到与 C 中非 0 元素位置对应的数组 A 中的元素。数组 C 的元素 C_{12}、C_{22} 值不为 0,A(C)返回 A_{12}、A_{22} 的值。

(3) 当关系运算的运算对象一个是标量,另一个是数组时,则将标量与数组的每一个元素逐个比较,并给出每个元素的比较结果。此时,运算结果是一个与原数组相同大小的数组,其元素值是逻辑 0 或 1。例如:

```
>> A = [3,1,4; 5,2,10];
>> B = A>=4
B =
2×3 logical 数组
     0     0     1
     1     0     1
```

(4) 若参与关系运算的数组元素为复数,则关系运算仅比较其实部。例如:

```
>> A = [1+i, 2-2i, 1+3i, 1-2i, 5-i];
>> A>2                                                  %A 中各个元素的实部与 2 比较
ans =
  1×5 logical 数组
   0   0   0   0   1
```

2. find 函数

find 函数用于获取数组中非零元素的索引,函数的基本调用格式如下。

```
k = find(X, n)
```

函数将返回数组 X 中前 n 个非零元素的索引,参数 n 为正整数,n 省略时,默认返回所有非零元素的索引。例如:

```
>> A = [28,95,16,95,80,42; 55,96,97,49,15,91];
>> find(A>50, 4)
ans =
     2
     3
     4
     6
```

变量 A 中大于 50 的前 4 个元素依次是 A_{21}、A_{12}、A_{22}、A_{23},对应的索引是 2、3、4、6。

3.3.4 逻辑运算

逻辑运算也称为布尔运算,常用于连接多个关系运算。在逻辑运算中,所有非 0 数(如 2、1.2、字母 A)均视为逻辑 1,所有 0(如 0、0.0)均视为逻辑 0。逻辑运算的结果也是逻辑 1(真)或 0(假)。

1. 逻辑运算符

MATLAB 提供了三种逻辑运算符 &(逻辑与)、|(逻辑或)和~(逻辑非),以及 4 种逻辑运算函数 and(逻辑与)、or(逻辑或)、not(逻辑非)、xor(逻辑异或)。MATLAB 逻辑运算法则如下。

(1) 当逻辑运算的两个运算对象都是标量时,其结果是标量。若参与逻辑与运算的运算对象全为非 0(逻辑 1),则逻辑与运算结果为 1;只要有一个运算对象为 0,逻辑与运算结果为 0。若参与逻辑或运算的运算对象中有一个非 0,则逻辑或运算结果为 1;若运算对象全为 0,则逻辑或运算结果为 0。逻辑非运算只有一个运算对象,若运算对象是 0,则逻辑非运算结果为逻辑 1;若运算对象是非 0,则逻辑非运算结果为逻辑 0。若参与逻辑异或运算的运算对象同为非 0 或同为 1,则逻辑异或运算结果为 0;若运算对象一个为非 0,另一个为 0,则逻辑异或运算结果为 1。例如:

```
>> a=15; b=20; c=12;
>> a>b | a>c
ans =
  logical
   1
>> a+b>c & b+c>a & c+a>b
ans =
  logical
   1
```

```
>> ~a
ans =
  logical
   0
>> xor(a,b)
ans =
  logical
   0
```

MATLAB 还提供了逻辑运算符 && 和||,执行使用逻辑短路行为的逻辑与和逻辑或运算。若使用运算符 &&,则当第 1 个运算对象的值为逻辑 0 时,不再执行表达式后面所定义的运算;若使用运算符 ||,则当第 1 个运算对象的值为逻辑 1 时,不再执行表达式后面所定义的运算。这两个运算符的运算对象只能是标量,因此,这两个运算符主要用于 if 语句和 while 语句的条件表达式中。

(2) 当逻辑运算的两个运算对象是两个大小相同的数组时,将逐个对数组相同位置上的元素执行逻辑运算。运算结果是一个与原数组大小相同的数组,其元素值是逻辑 1 或 0。

```
>> A = [23,-54,12; 2,6,-78];
>> B = [5,324,7; -43,76,15];
>> C1 = A>0 & B<0
C1 =
  2×3 logical 数组
   0   0   0
   1   0   0
```

(3) 当逻辑运算的运算对象一个是标量,另一个是数组时,则将标量与数组中的逐个元素执行运算。运算结果是一个与原数组大小相同的数组,其元素值是逻辑 1 或 0。

例 3.9 生成一个 4×4 的矩阵 **A**,将 **A** 主对角线元素置 0,其余元素不变。命令如下。

```
>> A = [13,14,12,12; 16,5,7,1; 11,11,11,5; 1,13,3,1];
>> m = eye(size(A));                    %生成与 A 大小相同的单位矩阵
>> k =~m
k =
  4×4 logical 数组
   0   1   1   1
   1   0   1   1
   1   1   0   1
   1   1   1   0
>> B=k.*A;                              %数组 k 与数组 A 逐个元素相乘,使 B 的对角线元素为 0
```

若要将数组 A 的副对角线置为 0,则将变量 k 的元素左右交换或上下交换,使副对角线元素为 0,命令如下。

```
>> k1=flipud(k);                                  %或 k1=fliplr(k)
>> B1=k1.*A;
```

2. 判定数组的整体状态

MATLAB提供了用于获取数组整体状态的all函数和any函数。all函数测试是否所有元素均为非0，any函数测试是否有非0元素。函数的调用格式如下。

```
B = all(A, dim)
B = any(A, dim)
```

其中，参数dim指定计算的维度，dim为'all'表示对所有元素进行测试。

若A是数组，当dim为1时，沿数组A的垂直方向进行计算，运算结果是一个行向量。若数组A的某个列向量的所有元素为非0，all运算结果的对应元素值为逻辑1；某个列向量只要有一个元素为0，all运算结果的对应元素值为逻辑0。数组A的某个列向量只要有非0元素，any运算结果的对应元素值对应位置为逻辑1；某个列向量的所有元素为0，any运算结果的对应元素值为逻辑0。例如：

```
>> A = [1,2,0,4,10; 22,3,0,0,11; 3,3,0,3,3];
>> all(A)
ans =
  1×5 logical 数组
   1   1   0   0   1
>> all(A,'all')
ans =
  logical
   0
>> any(A)
ans =
  1×5 logical 数组
   1   1   0   1   1
```

当dim为2时，沿数组A的水平方向进行计算，运算结果是一个列向量。例如：

```
>> any(A,2)
ans =
  3×1 logical 数组
   1
   1
   1
```

在算术运算、关系运算、逻辑运算中，算术运算优先级最高，逻辑运算优先级最低。

3.3.5 符号运算

若运算对象中包含符号对象，如符号变量、符号表达式、符号函数等，则执行符号运算。符号运算的结果也是符号对象。

1. 符号代数运算

1）符号算术运算

符号对象的算术运算用+、-、*、/、^运算符实现，其运算结果是一个符号表达式。

例如：

```
>> syms x
>> f = 2*x^2+3*x-5;
>> g = x^2-x+7;
>> fg1 = f+g
fg1 =
3*x^2 + 2*x + 2
>> fg2 = f^g
fg2 =
(2*x^2 + 3*x - 5)^(x^2 - x + 7)
```

3.3.1 节介绍的数学运算函数也可用于符号对象，运算结果是符号对象。例如：

```
>> t=sym(pi);
>> sin(t/6)
ans =
1/2
>> sqrt(sym(2))
ans =
2^(1/2)
```

在 MATLAB 中，由符号对象构成的矩阵称为符号矩阵。符号矩阵的运算规则与数值矩阵的运算规则相同，运算符+、－、.*、.\、./、.^分别作用于矩阵的每一个元素，而运算符*、\、/、^则作用于整个矩阵。例如：

```
>> syms x y a b c d;
>> A = [x,10*x; y,10*y];
>> B = [a,b; c,d];
>> C2 = A.*B
C2 =
[ a*x, 10*b*x]
[ c*y, 10*d*y]
>> C3 = A*B
C3 =
[ a*x + 10*c*x, b*x + 10*d*x]
[ a*y + 10*c*y, b*y + 10*d*y]
```

2）因式分解

factor 函数用于将符号表达式分解为因式。函数的基本调用格式如下。

```
f = factor(s)
```

返回符号对象 s 的所有因式，构成一个行向量，赋给变量 f。

```
>> syms x y
>> factor(x^3+y^3)
ans =
[x + y, x^2 - x*y + y^2]
```

3）化简符号表达式

simplify 函数用于对符号表达式化简。函数的基本调用格式如下。

```
simplify(s)
```

参数 s 可以是符号变量、符号表达式、符号矩阵。例如：

```
>> syms x;
>> s = [(x^2+5*x+6)/(x+2), sqrt(16)];
>> simplify(s)
ans =
[x + 3, 4]
```

4）级数求和

MATLAB 提供了 symsum 函数对级数求和，其调用格式为

```
symsum(f, v, a, b)
```

其中，f 表示一个级数的通项；选项 v 指定自变量，v 省略时，按默认规则确定自变量；参数 a 和 b 指定级数的下限和上限。

例 3.10 求下列级数之和。

(1) $1-\frac{1}{2}+\frac{1}{3}-\frac{1}{4}+\cdots+\frac{(-1)^{n+1}}{n}+\cdots$

(2) $\frac{x}{1}+\frac{x^2}{2!}+\frac{x^3}{3!}+\cdots+\frac{x^2}{n!}+\cdots$

命令如下。

```
>> syms n k x;
>> s1 = symsum((-1)^(n+1)/n,1,inf)
s1 =
log(2)
>> s2 = symsum(x^k/factorial(k),k,1,inf)      %factorial 函数求阶乘
s2 =
exp(x) - 1
```

5）符号表达式求值

subs 函数用于将符号表达式中的符号用数值替换，进行代数运算。例如，定义符号表达式 x^2y，然后求 x 为 1，y 为 2 时，x^2y 的值，命令如下。

```
>> syms x y
>> fe = x^2*y;
>> fex=subs(fe, x, 2)
fex =
4*y
>> fexy = subs(fex, y, 5)
fexy =
20
```

说明：先将原表达式中的 x 用数 2 替换，得到表达式 4y，再将表达式 4y 中的 y 用数 5 替换，得到原表达式的值 20。

2. 符号对象与数值对象的相互转换

1）sym 函数

sym 函数用于将数值对象转换为符号对象，其调用格式如下。

```
sym(num)
```

其中，参数可以是数、字符向量、字符串或由数、字符向量、字符串组成的矩阵。例如：

```
>> A = sym([0.2, 9/27; sin(pi/2), sqrt(2)])
A =
[1/5,     1/3]
[  1, 2^(1/2)]
```

sym 函数的参数也可以是表达式（如匿名函数），或由表达式组成的矩阵。例如：

```
>> fx = sym(@(x)exp(x)+sin(x))
fx =
exp(x) + sin(x)
```

2）vpa 函数

vpa 函数用于将符号转换为对应的数，函数的调用格式如下。

```
vpa(x ,d)
```

其中，参数 d 指定数值化的精度（有效数字位数），用正整数表示。d 省略时，默认数值化的精度为 32。例如：

```
>> a = sym(pi/4);
>> a_vpa1 = vpa(a)
a_vpa1 =
0.78539816339744830961566084581988
>> a_vpa2 = vpa(a, 7)
a_vpa2 =
0.7853982
```

vpa 函数的参数 d 最大可以是 2^{29}，因此可以用于将运算结果转换为精度很高的数。例如，vpa(pi,1000)输出圆周率，精确到小数点后第 1000 位。

也可使用 double 函数和 eval 函数将符号对象转换为 double 类型的数。例如：

```
>> double(sin(a))       %等效于 eval(sin(a))
ans =
    0.7071
```

3）matlabFunction 函数

matlabFunction 函数用于将符号表达式转换为匿名函数。例如：

```
>> syms x y
>> r = sqrt(x^2 + y^2);
>> ht = matlabFunction(sin(r)/r)
ht =
  包含以下值的 function_handle:
    @(x,y)sin(sqrt(x.^2+y.^2)).*1.0./sqrt(x.^2+y.^2)
```

3.3.6 文本数据处理

MATLAB 用字符数组和字符串数组来存储和处理文本数据，并提供了大量函数来处理文本数据，以及将分析结果可视化。

1. 字符数组处理函数

对字符数不多的文本，可以采用字符数组存储和处理。MATLAB 在工作区存储字符时，采用 ASCII 编码，因此，字符也可以参与数值计算。此外，MATLAB 为处理字符数组提供了专用的函数，表 3.9 列出了常用 MATLAB 字符数组处理函数，并通过示例介绍函数的功能和用法。

例 3.11 设有变量 ch= '1994-2023 The MathWorks, Inc.'，利用字符运算获取子字串和特定字符的个数。

（1）取第 11～13 个字符组成的字符向量。

```
>> subch = ch(11:13)
subch =
    'The'
```

空格也是一个字符，因此，在变量 ch 存储的字符序列中，字母 T 是第 11 个字符。

（2）统计 ch 存储的字符序列中字母的个数。

```
>> letter_in_ch = isletter(ch);
>> sum(letter_in_ch)
ans =
    15
```

变量 letter_in_ch 中与 ch 中字母对应的元素值为 1（逻辑真），与 ch 中非字母对应的元素值为 0（逻辑假）。对变量 letter_in_ch 的元素求和，即得到符合条件元素的个数。

表 3.9 字符数组处理函数

函　数	功　能	示　例
strcat	串联字符向量	>> s=strcat('abcd', '123', '～') s = 'abcd123～'

续表

函数	功能	示例

strcmp	比较字符向量	>> s=strcmp('abcd', 'andy')
		s =
		  logical
		   0

strcmpi	比较字符向量（不区分大小写）	>> s=strcmpi('abcd', 'AbCd')
		s =
		  logical
		   1

strfind	在一个字符向量内查找另一个字符向量出现的位置	>> s=strfind('abcd~acd~abCD', 'cd') s = 3 7
strrep	查找并替换一串字符	>> s=strrep('abcd~acd~abCD','cd','*') s = 'ab*~a*~abCD'
erase	删除字符串内的一串字符	>> s=erase('abcd~acd~abCD','cd') s = 'ab~a~abCD'
reverse	反转字符向量中的字符顺序	>> s=reverse('abcd~acd~abCD') s = 'DCba~dca~dcba'
deblank	移除字符向量尾部空格	>> s=deblank(' abcd ') s = ' abcd'
strtrim	移除字符向量前导和尾部空格	>> s=strtrim(' abcd ') s = 'abcd'

ischar	判断是否为字符数组	>> sf=ischar('1234')
		sf =
		  logical
		   1
		
		>> sf=ischar(1234)
		sf =
		  logical
		   0

isspace	判断字符数组中哪些元素为空格	>> sf=isspace('ab d~a 2')
		sf =
		  1×8 logical 数组
		   0 0 1 0 0 0 1 0

isletter	判断字符数组中哪些元素为字母	>> sf=isletter('ab3d~a12')
		sf =
		  1×8 logical 数组
		   1 1 0 1 0 1 0 0

newline	生成一个换行符	

续表

<table>
<tr><th>函　数</th><th>功　能</th><th colspan="2">示　例</th></tr>
<tr><td>blanks</td><td>生成空格</td><td colspan="2"></td></tr>
<tr><td>lower</td><td>将字符向量中的大写字母转换为小写字母</td><td colspan="2">>> sf=lower('AB3D～A12')
sf =
'ab3d～a12'</td></tr>
<tr><td>upper</td><td>将字符向量中的小写字母转换为大写字母</td><td colspan="2">>> s=upper('ab3d～a12')
s =
'AB3D～A12'</td></tr>
<tr><td>startsWith</td><td>判断字符向量是否以指定字串开头</td><td>>> sf=startsWith('These.','The')
sf =
logical
1</td><td>>> sf=startsWith('That.','The')
sf =
logical
0</td></tr>
<tr><td>endsWith</td><td>判断字符向量是否以指定字串结尾</td><td colspan="2">>> endsWith('Is it a pen? ', '?')
ans =
logical
1</td></tr>
</table>

(3) 统计 ch 存储的字符序列中大写字母的个数。

```
>> Capital_in_ch = ch>='A' & ch<='Z';
>> sum(Capital_in_ch)
ans =
    4
```

也可用 find 函数获取满足条件的元素索引,计算结果向量的长度,命令如下。

```
>> Capital_index = find(ch>='A' & ch<='Z');
>> length(Capital_index)
ans =
    4
```

(4) 删除 ch 存储的字符序列中的空格。

```
>> strrep(ch, ' ', '')
ans =
    '1994-2023TheMathWorks,Inc.'
```

调用 strrep 函数时,第 2 个参数的单引号中的字符是空格,第 3 个参数的单引号中没有任何字符,即空字符。

2. 字符串数组处理函数

在 MATLAB 中,对文本块的处理和分析,可以使用专用于处理字符串的函数。表 3.10 列出了 MATLAB 常用字符串数组处理函数,并通过示例介绍函数的功能和用法。

例如,使用 string 函数将其他类型的数据转换为字符串。

```
>> str1 = string('Hello, world');          %字符向量转换为字符串
>> str2 = string(1.2387e-6)                %浮点数转换为字符串
str2 =
    "1.2387e-06"
```

表 3.10　字符串数组处理函数

函　数	功　　能	示　　例	
string	其他类型数组转换为字符串数组	>> string([137, 3.1e-3, 8.5e-6]) ans = 　1×3 string 数组 　　"137"　　"0.0031"　　"8.5e-06"	
strings	生成指定大小的字符串数组，每一个元素都是空串	>> strings(2,3) ans = 　2×3 string 数组 　　""　　""　　"" 　　""　　""　　""	
isstring	确定是否为字符串数组	>> isstring("hello") ans = 　logical 　1	>> isstring('hello') ans = 　logical 　0
strlength	字符串的长度	>> strlength('hello,world') ans = 　　11	
join	合并字符串	>> join(["hello", ",world"]) ans = 　　"hello ,world"	
split	拆分字符串数组中的字符串	>> split("hello ,world", ',') ans = 　2×1 string 数组 　　"hello " 　　"world"	
splitlines	在换行符处拆分字符串。 注：compose 函数用于将字符串中的转义字符\n 转换为实际的换行符	>> s1=compose("First\nSecond"); >> splitlines(s1) ans = 　2×1 string 数组 　　"First" 　　"Second"	
strsplit	在指定的分隔符处拆分字符串或字符向量	>> strsplit('1.21, 3.125, 3.2e-2', ', ') ans = 　1×3 cell 数组 　　{'1.21'}　　{'3.125'}　　{'3.2e-2'}	
contains	确定字符串数组各个元素是否包含指定的字符串	>> contains(["Hello","OK","Robot"],"o") ans = 　1×3 logical 数组 　1　0　1	

续表

函数	功能	示例
replace	查找并替换字符串数组中指定的子字符串	>> replace(["Hello","OK","Robot"],"o","O") ans = 1×3 string 数组 "HellO" "OK" "RObOt"
match	确定字符串是否与指定模式匹配	>> matches(["Mercy","Vis","Ear","ear"],"Ear") ans = 1×4 logical 数组 0 0 1 0

3.4 结构体、元胞数组与表

MATLAB 使用结构体、元胞、表将不同类型的相关数据集成到一个变量中,使得处理与引用半结构化和非结构化数据变得简单、方便。

3.4.1 结构体

结构体类型把若干组类型不同而逻辑上相关的数据组成一个有机的整体,其作用相当于数据库中的记录。例如,要存储和处理平面上某个数据点的信息(如横坐标、纵坐标以及颜色、大小等),就可采用结构体变量;若要存储一条曲线上的若干数据点信息,则采用结构体数组。

1. 建立结构体变量

一个结构体变量由若干相关数据项组成,这些数据项称为字段,类似于二维表格的列名。

构造结构体变量可以采用给结构体变量的字段赋值的办法。例如,要建立一个结构体变量 data,存储一条曲线的数据,包括各个数据点的坐标、曲线的标题等。

```
>> data.x = linspace(0,2*pi, 100);
>> data.y = sin(data.x);
>> data.title = 'y = sin(x)'
data =
  包含以下字段的 struct:
        x: [0 0.0635 0.1269 0.1904 0.2539 … ]
        y: [0 0.0634 0.1266 0.1893 0.2511 … ]
    title: 'y = sin(x)'
```

建立的结构体变量 data 含有三个字段,字段 x、y 是数值向量,字段 title 是字符向量。

在 MATLAB 中,还可以调用 struct 函数构造结构体,函数的基本调用格式如下。

```
s = struct(field1, value1, field2, value2, …, fieldN, valueN)
```

其中，参数 field1、field2、…、fieldN 为字段名，字段名用字符向量或字符串表示，字段命名规则和变量命名规则一致。参数 value1、value2、…、valueN 为对应字段的值，这些值可以是标量、向量或数组。例如，建立和上面的变量 data 一样的结构体，也可以使用命令：

```
>> x1 = linspace(0, 2 * pi, 100);
>> data=struct('x',x1, 'y',sin(x1), 'title', 'y = sin(x)')
data =
  包含以下字段的 struct:
        x: [0 0.0635 0.1269 0.1904 0.2539 … ]
        y: [0 0.0634 0.1266 0.1893 0.2511 … ]
    title: 'y = sin(x)'
```

2. 建立结构体数组

一个结构体变量只能存储一个对象的信息，如果要存储若干对象的信息，则要使用结构体数组。例如，用变量 sdata 的不同元素分别存储三条曲线的信息，程序如下。

```
x = linspace(0,2 * pi, 100);
sdata(1) = struct('x',x, 'y',sin(x), 'title', 'y = sin(x)');
sdata(2) = struct('x',x, 'y',sin(3 * x), 'title', 'y = sin(3x)');
sdata(3)=struct('x',x, 'y',sin(5 * x), 'title', 'y = sin(5x)');
```

运行以上程序后，在命令行窗口显示变量 sdata，命令如下。

```
>> disp(sdata)
  包含以下字段的 1×3 struct 数组:
    x
    y
    title
```

3. 访问结构体对象中的数据

对于结构体对象，可以引用其字段，也可以引用整个结构体对象。

对结构体对象字段的访问采用圆点表示法，即结构体对象.字段。例如：

```
>> disp(sdata(1).title)                          %引用元素 sdata(1)的字段 title
y = sin(x)
```

整体引用结构体对象的方法和引用数值变量、数值数组元素的方法一致。例如，引用数组元素 sdata(3)，命令如下。

```
>> disp(sdata(3))
        x: [0 0.0635 0.1269 0.1904 0.2539 0.3173 0.3808 0.4443 … ]
        y: [0 0.3120 0.5929 0.8146 0.9549 0.9999 0.9450 0.7958 … ]
    title: 'y = sin(5x)'
```

3.4.2　元胞数组

结构体数组元素的不同字段可以存储不同类型的数据，但不同元素的同一字段存储的数据类型要一致。一个结构体数组相当于一个二维表格，例如，前面建立的数组sdata，一个元素对应一行，每行包含多个数据项，各个数据项可以类型不同；一个字段对应一列，每列的各个数据项类型相同。

若一个数组的各个元素类型都不一样，在MATLAB中就需要采用元胞数组来存储数据。

1. 建立元胞数组

MATLAB使用一对花括号“{ }”构造元胞数组。例如：

```
>> c = {int8(123), rand(5), "abcd"}
c =
  1×3 cell 数组
    {[123]}    {5×5 double}    {["abcd"]}
>> C = {1:3, 'a book', [1,2;3,4]; rand(4), true(2,3), "Object"}
C =
  2×3 cell 数组
    {[   1 2 3]}    {'a book'   }    {2×2 double}
    {4×4 double}    {2×3 logical}    {["Object"]}
```

在MATLAB程序中，对于大型数组，如果以逐个增加元素的方式建立元胞数组，往往会导致内存溢出(Out of Memory)错误。此时，可先调用cell函数建立空元胞数组，对内存空间初始化。cell函数的调用格式如下。

```
C = cell(sz1, sz2, … , szN)
```

其中，输入参数sz1、sz2、…、szN分别指定第1～N维度的大小，也可以将参数sz1,sz2,…,szN组成一个行向量。若只有一个参数，且为标量n，则建立大小为$n \times n$的矩阵。例如：

```
>> C1 = cell(1,3,2);   %或  cell{1,3,2} = []
>> C2 = cell(2)
C2 =
  2×2 cell 数组
    {0×0 double}    {0×0 double}
    {0×0 double}    {0×0 double}
```

2. 访问元胞数组中的数据

引用元胞数组的元素有两种方法：用圆括号( )作为数组元素下标界定或者用花括号{ }作为元胞数组元素下标界定。例如：

```
>> C2(1,2) = {'OK'};
>> C2{2,2} = [1,2,3;4,5,6];
```

应用元胞数组元素时，若使用圆括号引用元胞数组元素，将返回元胞对象；若使用花括号引用元胞数组元素，将返回元胞对象存储的内容。例如，引用前面建立的元胞数组 C 的元素 C_{11}：

```
>> C(1,1)
ans =
  1×1 cell 数组
    {[1 2 3]}
>> C{1,1}
ans =
     1     2     3
```

3.4.3 表

MATLAB 表和结构体数组类似，常用于存储电子表格、以列的形式存放于文本文件中的数据。表由若干列向量组成，表中第 1 行视为表头，存储表变量名(即列名)；表中第 2 行存储表头与数据的分隔线。分隔线以下的每行由多个数据项组成，各个数据项类型可以不同。分隔线以下每列的数据类型相同，对应一个列向量，所有列向量须长度相同。

1. 建立表对象

MATLAB 的 table 函数用于建立表对象，函数的基本调用格式如下。

```
T = table(var1,var2,…,varN)
```

其中，输入参数 var1，var2，…，varN 指定组成表对象的表变量，各个表变量分别存储一个列向量。

例如，建立一个如图 3.3 所示的表对象，该表对象由 6 个表变量组成。

```
 LastName       Age    Smoker    Height    Weight    BloodPressure
___________     ___    ______    ______    ______    _____________

{'Sanchez'}     38     true        71       176       124     93
{'Johnson'}     43     false       69       163       109     77
{'Li'     }     38     true        64       131       125     83
{'Diaz'   }     40     false       67       133       117     75
{'Brown'  }     49     true        64       119       122     80
```

图 3.3　示例表对象结构

程序如下。

```
LastName = {'Sanchez';'Johnson';'Li';'Diaz';'Brown'};
Age = [38;43;38;40;49];
Smoker = logical([1;0;1;0;1]);
Height = [71;69;64;67;64];
Weight = [176;163;131;133;119];
```

```
BloodPressure = [124 93; 109 77; 125 83; 117 75; 122 80];
T = table(LastName,Age,Smoker,Height,Weight,BloodPressure);
```

最后一条命令用于建立变量T,存储如图3.3所示表对象,包含表变量LastName、Age、Smoker、Height、Weight、BloodPressure。

2. 访问表对象中的数据

和结构体对象类似,使用圆点表示法访问表对象的某个表变量。例如,计算上述表对象T的表变量Height的平均值,命令如下。

```
>> meanHeight = mean(T.Height);
```

查看表对象T的表变量Height的第3个数据,命令如下。

```
>> disp(T.Height(3))
```

小　结

在可视化应用中,往往有多个数据源,将不同数据源中的数据导入到工作区时,需要根据数据特性、结构选用合适的类型和处理方式。数据的可视化应用中,选用合适的数据类型和计算方法,可以提高运算精度,加快数据的处理速度,从而提升程序的整体性能。

MATLAB提供了种类丰富的数据类型,例如,处理数值数据的整型(如int8、uint8、int64、uint64等)和浮点型(single和double),以及处理文本数据的字符(character)数组和字符串(string)数组。

变量是MATLAB工作区存储数据的单元。在MATLAB中,通过赋值命令来建立变量。MATLAB变量可以存储标量、向量、矩阵和多维数组,还可以存储句柄(如函数句柄、图形对象句柄等)和符号对象(如符号表达式、符号函数等)。

在MATLAB中,针对不同类型的数据对象和应用场景,提供了多种运算方法和运算工具。MATLAB算术运算有两种类型:数组运算和矩阵运算。数组运算是执行逐元素运算,矩阵运算遵循线性代数的法则。由于运算原理不同,MATLAB为数组运算和矩阵运算分别提供了不同的运算工具。

随着物联网技术、人工智能等技术的发展,可视化应用中需要处理半结构化和非结构化的数据,MATLAB提供了结构体、元胞数组、表等扩展数据类型。

MATLAB流程控制

本章学习目标

(1) 掌握程序执行流程的控制方法。
(2) 掌握MATLAB函数的定义和调用方法。
(3) 熟悉MATLAB异常处理机制。
(4) 了解提升MATLAB程序运行性能的方法。
(5) 了解快速构建MATLAB应用程序的方法。

为了提高程序的设计成效和运行性能,必须采用规范的、科学的表达。本章首先介绍在MATLAB中选择结构、循环结构的实现语句,以及MATLAB函数的定义和调用规则,然后介绍MATLAB程序的异常处理机制,以及提升程序运行性能的方法,最后介绍构建MATLAB应用程序的方法。

4.1 选择结构

选择结构又称为分支结构,它根据给定的条件是否成立,决定程序的运行路线,在满足不同的条件时,执行不同的命令。MATLAB用于实现选择结构的语句有if语句、switch语句和try语句。这些语句不要在命令行窗口逐行输入执行,应当在MATLAB编辑器或实时编辑器中进行编辑、调试和运行。

4.1.1 if语句

如果程序中需要评估或测试一个或多个条件是否满足,根据判定的结果(真或假)决定下一步的操作,可以使用if语句。

1. if语句的基本用法

MATLAB的if语句格式为

```
if  条件1
    语句块1
elseif  条件2
    语句块2
……
elseif  条件n
```

```
    语句块 n
else
    语句块 n+1
end
```

其中，elseif 和 else 部分是可选的。if 语句中的条件可以用关系表达式、逻辑表达式、数值表达式和字符表达式描述。当条件表达式值为非空，且不包含零元素时，判定满足该条件，否则判定不满足该条件。

if 语句的执行过程如图 4.1 所示。程序依次判断 if 及各个 elseif 后列出的条件。当判定某条件成立，则执行这个条件分支下的一组语句；否则继续判断下一条件。如果依次判定 if 及各个 elseif 后的条件都不成立，则执行 else 分支下的一组语句。

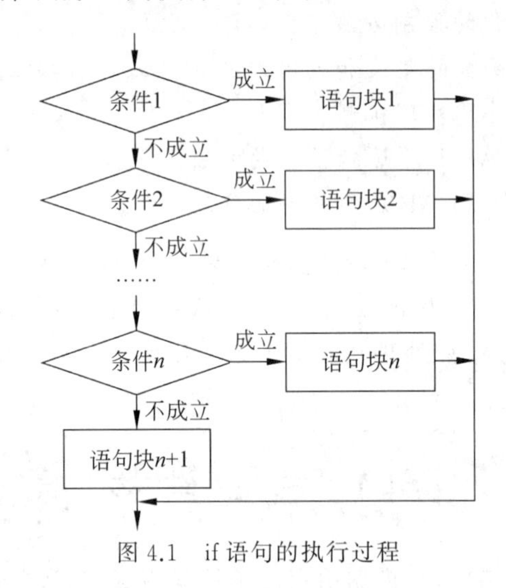

图 4.1　if 语句的执行过程

例 4.1　输入三个数，判断它们能否构成三角形。

分析：若用变量 a、b、c 存放三个数，判定是否构成三角形的条件可以表示为 $\begin{cases} a+b>c \\ b+c>a \\ c+a>b \end{cases}$ 同时成立。

程序如下。

```
a=input("输入第 1 个数 : ");
b=input("输入第 2 个数 : ");
c=input("输入第 3 个数 : ");
if a+b>c && b+c>a && c+a>b
    disp("构成三角形")
else
    disp("不构成三角形")
end
```

运行程序，根据命令行窗口的提示输入数据，命令行窗口的输出如下。

```
输入第 1 个数 : 6
输入第 2 个数 : 7
输入第 3 个数 : 8
构成三角形
```

再次运行程序,根据命令行窗口的提示输入另一组数据,命令行窗口的输出如下。

```
输入第 1 个数 : 11
输入第 2 个数 : 12
输入第 3 个数 : 23
不构成三角形
```

注意:条件表达式中的逻辑运算应使用运算符 &&、||,而不要使用运算符 &、|。并且,逻辑运算符的前后应有空格,或者用圆括号界定运算对象、分隔逻辑运算符与逻辑运算对象,从而避免有歧义的条件判断。

例 4.2 已知 $y=\begin{cases} |x| & x\leqslant 0 \\ \dfrac{1}{x} & 0<x\leqslant 10 \\ x^3 & 10<x\leqslant 20 \\ x^2 & x>20 \end{cases}$,设 x 是标量。

编写程序,实现从命令行窗口输入 x 的值,计算并输出 y 的值。

这可以使用多分支 if 语句实现,程序如下。

```
x=input('请输入 x 的值:  ');
if  x<0
  y=abs(x);
elseif  (x>0) && (x<=10)
  y=1/x;
elseif  (x>10) && (x<=20)
  y=power(x,3);
else
  y=x * x;
end
disp(y)
```

运行程序,根据命令行窗口的提示输入数据,命令行窗口的输出如下。

```
输入 x 的值:-5
    5
```

再次运行程序,输入另一个数,命令行窗口的输出如下。

```
输入 x 的值:  6
    0.1667
```

这个程序只适用于输入的数据为标量,如果输入的是向量、数组,结果就不一定正确了,甚至不能得到结果。例如,运行程序,在命令行窗口的提示信息后输入一个向量,命令行窗口的输出如下。

```
输入x的值:  [-5, 6, 12, 25]
错误使用   *
用于矩阵乘法的维度不正确。请检查并确保第一个矩阵中的列数与第二个矩阵中的行数匹配。要执行按元素相乘,请使用 '.*'
```

程序运行出现错误,运行中断。用第2章介绍的调试方法,单击功能区的“步进”图标,进入程序调试模式,执行第1行命令后,输入[-5,6,12,25]。继续单击“步进”图标4次,可以看到,流程跳过了前三个分支,步入了else分支。再单击“步进”图标,执行赋值语句y=x*x,命令行窗口出现错误信息,程序运行终止。调试过程显示,当输入为向量[-5,6,12,25]时,系统判定不满足前三个条件的任一个,因为条件表达式的运算结果是一个向量,该向量的元素值不全为逻辑1(真),而if语句在进行条件判断时,只有条件表达式运算结果的所有元素非零,才判定为满足条件。

若要得到向量[-5,6,12,25]的正确运算结果,则可以采用数组运算。例如,例4.2也可以用以下程序实现。

```
x=input('输入x的值:  ');
Cond1 = x<=0;
Cond2 = (x>0) & (x<=10);
Cond3 = (x>10) & (x<=20);
Cond4 = x>20;
y = Cond1.*abs(x)+Cond2.*(1./x)+Cond3.*power(x,3)+Cond4.*x.*x;
disp(y)
```

运行程序,在命令行窗口的提示信息后输入一个向量,命令行窗口的输出如下。

```
输入x的值:  [-5, 6, 12, 25]
   1.0e+03 *
    0.0050    0.0002    1.7280    0.6250
```

注意:与乘、除、乘方相关的数组运算应采用点运算符,若用对应的运算函数,则也应使用数组运算函数。数组逻辑与、逻辑或运算应使用运算符&、|,不能使用运算符&&、||。

2. 多重if语句

复杂程序中,有时在做出第1次条件判断和选择后,需要继续进行其他条件的判断,从而决定程序的最终走向。

例4.3 设计一个咖啡售卖机的售卖程序,可以提供两种咖啡(美式和意式)制作流程的定制。如果选择了美式咖啡,则可以选择是否加糖;如果选择了意式咖啡,则可以选择加全奶还是加半奶。程序如下。

```
kafei = input('按数字键选择咖啡品种。1.美式;2.意式  ');
if  kafei == 1
```

```
    suger = input('按数字键选择是否加糖。1.加糖;2.不加糖  ');
    if suger == 1
        disp("美式加糖")
    else
        disp("美式不加糖")
    end
elseif  kafei == 2
    milk = input('按数字键选择加奶量。1.全奶;2.半奶');
    if milk == 1
        disp("意式加全奶")
    else
        disp("意式加半奶")
    end
end
```

运行以上程序,按命令行窗口的提示输入数据,输出如下。

```
按数字键选择咖啡品种。1.美式;2.意式  1
按数字键选择是否加糖。1.加糖;2.不加糖  1
美式加糖
```

4.1.2 switch 语句

如果程序中需要将某个值与若干列表中的数据项逐个进行比对,根据匹配是否成功决定下一步的操作,可以使用 switch 语句。

1. switch 语句的基本用法

MATLAB 的 switch 语句格式为

```
switch  测试表达式
    case  结果表 1
        语句块 1
    case  结果表 2
        语句块 2
        ……
    case  结果表 n
        语句块 n
    otherwise
        语句块 n+1
end
```

switch 语句的执行过程如图 4.2 所示。测试表达式的运算结果依序与结果表 $1\sim n$ 中罗列的值进行比对。当测试表达式的运算结果与结果表 $k(1\leqslant k\leqslant n)$中的某个值一致时,执行语句块 k 后,流程跳出 switch 语句;当测试表达式的运算结果与所有结果表中的值都没有匹配成功时,执行语句块 $n+1$ 后,结束 switch 语句。

(1) 结果表可以是单个的数、字符或字符串。

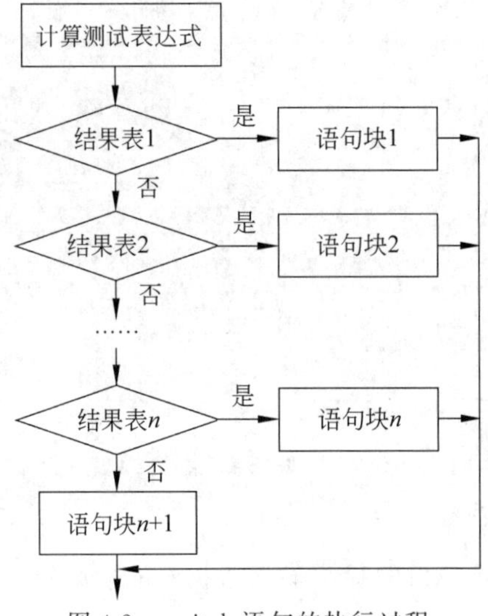

图 4.2　switch 语句的执行过程

(2) 若一个结果表包含多个数、字符或字符串，则结果表应表示为元胞数组。例如，判断变量 x 中存储的字符是否为大写字母，程序如下。

```
x=input('输入一个英文字母： ', 's');
switch(x)
    case num2cell('A':'Z')
        disp('输入的是大写字母')
    otherwise
        disp('输入的不是大写字母')
end
```

字符向量'A'：'Z'有 26 个元素，每个元素在内存中用 ASCII 码表示(如字母'A'用 65 表示)，因此，字符向量'A'：'Z'被视为数值向量，调用 num2cell 函数将数值向量转换成元胞数组。运行以上程序，按提示在命令行窗口输入数据，输出如下。

```
输入一个英文字母： H
输入的是大写字母
```

若用关系运算、逻辑运算表示结果表，则将得到错误的运算结果。例如：

```
x=input('输入一个英文字母： ', 's');
switch(x)
    case 'A'<=x && x<='Z'
        disp('输入的是大写字母')
    otherwise
        disp('输入的不是大写字母')
end
```

运行以上程序，按提示在命令行窗口输入数据，输出如下。

```
输入一个英文字母: H
输入的不是大写字母
```

case 后的结果表是一个逻辑表达式，表达式的运算结果是逻辑 1 或 0，而 switch(x)中的 x 存储的不是逻辑值，因此，与 case 后的值不匹配。

例 4.4 已知 $y=\begin{cases} x^2 & 0.5\leqslant x<1.5 \\ 2x & 1.5\leqslant x<3.5 \\ \dfrac{1}{x} & 3.5\leqslant x<6.5 \\ 1 & x\text{ 为其他值} \end{cases}$，设 x 是标量。

编写程序，实现从命令行窗口输入 x 的值，计算并输出 y 的值。

switch 语句的每个结果表应该用标量或者是元素个数有限的元胞数组表示，而表达式 $0.5\leqslant x<1.5$ 对应的区间内有无穷多个实数，所以要将其映射为一个有限个数的数序列。round(x)函数将 x 四舍五入为最近的整数，例如，round(1.499)的结果为 1，round(1.5)的结果为 2，按此方法处理，round(x)将表达式 $0.5\leqslant x<1.5$ 对应的区间映射为整数 1，$1.5\leqslant x<3.5$ 对应的区间映射为整数 2 和 3，……程序如下。

```
x=input('请输入 x 的值: ');
switch(round(x))
    case 1
        y=x * x;
    case {2,3}
        y=2 * x;
    case {4,5,6}
        y=1/x;
    otherwise
        y=1;
end
disp(y)
```

运行程序，按命令行窗口的提示输入数 1.499，输出如下。

```
请输入 x 的值: 1.499
    2.2470
```

再次运行程序，输入另一个数 1.5，输出如下。

```
请输入 x 的值: 1.5
     3
```

2. 多重选择结构

复杂程序中，可以在一个选择结构语句中嵌套另一个选择结构语句。

例 4.5 输入年份、月份，输出该月对应的天数。输入的数据要求为 6 位数字字符，前四位代表年份，后两位代表月份，例如 200207、202212。

分析：1、3、5、7、8、10、12月有31天，4、6、9、11月有30天。闰年的2月有29天，平年的2月只有28天。闰年的判断规则为“四年一闰，百年不闰，四百年再闰”，即年份满足下列条件之一，则为闰年。

(1) 能被4整除且不能被100整除(如2020年是闰年，2023、2100年不是闰年)。

(2) 能被400整除(如2000年是闰年)。

程序如下。

```
ym=input("要查询的年份和月份是 : ", 's');
switch str2double(ym(5:6))
    case {1,3,5,7,8,10,12}
        days=31;
    case {4,6,9,11}
        days=30;
    case 2
        year=str2double(ym(1:4));
        if mod(year, 4)==0 && mod(year, 100)~=0 || mod(year, 400)==0
            days=29;
        else
            days=28;
        end
end
disp(days)
```

运行程序，在命令行窗口的提示信息后输入2000年2月，命令行窗口的输出如下。

```
要查询的年份和月份是 : 200002
    29
```

再次运行程序，在命令行窗口的提示信息后输入2023年2月，命令行窗口的输出如下。

```
要查询的年份和月份是 : 202302
    28
```

4.2 循环结构

循环是指按照给定的条件，重复执行某些语句。采用循环结构可以实现有规律的重复计算处理。MATLAB提供了两种实现循环结构的语句：for语句和while语句。这些语句不要在命令行窗口逐行输入执行，应当在MATLAB编辑器或实时编辑器中进行编辑、调试和运行。

4.2.1 for语句

for语句适用于实现循环次数确定的循环结构。

1. for语句的基本格式

for语句的基本格式为

```
for 循环控制变量 = 初值 : 步长 : 终值
    循环体
end
```

MATLAB的for语句的执行过程如下：首先按表达式“初值 : 步长 : 终值”生成向量，然后循环变量从向量中依次获取元素值，每取得一个值，执行一次循环体。重复多次，直至循环变量取到向量的最后一个元素，执行循环体后，流程跳转到end后的语句。例如：

```
for x=1:2:6
    disp(x)
end
```

运行以上程序，命令行窗口输出为

```
1
3
5
```

当步长省略时，默认步长为1。如果终值＜初值，则步长应为负数，否则生成一个空的行向量，循环体语句一次都不会执行。例如，将上述for语句表达式的终值改为−6，则没有任何输出。

例4.6 各位数字的立方和等于该数本身的三位整数称为水仙花数。输出全部水仙花数。

分析：设用变量shu存储水仙花数，由于水仙花数的个数未知，故构造一个1×100的零数组赋给变量shu；再构造变量k，用于统计水仙花数，赋值为0。程序运行时，每找到一个水仙花数，k值增1，并将该数存储到shu(k)。在遍历完所有三位数后，清除变量shu中仍为0的元素，保留下来的那些元素的值就是水仙花数。程序如下。

```
shu=zeros(1,100);
k=0;
for n=100:999
    n1=fix(n/100);                              %求n的百位数字
    n2=mod(fix(n/10),10);                       %求n的十位数字
    n3=mod(n,10);                               %求n的个位数字
    if n==n1*n1*n1+n2*n2*n2+n3*n3*n3
        k=k+1;
        shu(k)=n;
    end
end
shu(shu==0)=[];                                 %将值为0的元素置为空
disp(shu)
```

运行程序，命令行窗口输出如下。

```
153   370   371   407
```

2. for 语句的其他用法

(1) 若将一个数值矩阵赋给循环变量，循环变量从数值矩阵中依次获取矩阵的各个列向量，每取得一个列向量，执行一次循环体，直至读取完所有列向量。例如，求一个大小为 3×4 的矩阵各行元素之和，存于变量 s，程序如下。

```
s=zeros(3,1);
A=[1,2,3,4; 31,41,51,61; 101,102,103,104];
for k=A
    s=s+k;
end
disp(s)
```

运行程序，命令行窗口输出如下。

```
s =
    10
   184
   410
```

(2) 若将一个列向量赋给循环变量，循环体只执行一次，例如：

```
s=0;
a=[1; 22; 306; 125];
n=0;
for k=a
    n=n+1;
    disp("第" +num2str(n)+"次执行循环体,k的值是 : ")
    disp(k)
end
```

运行程序，命令行窗口输出如下。

```
第1次执行循环体,k的值是 :
     1
    22
   306
   125
```

输出说明，循环体仅执行了 1 次。

4.2.2 while 语句

对于事先不能确定循环次数，而是根据条件是否满足来决定循环是否继续的应用场景，常使用 while 语句。while 语句的一般格式为

```
while 条件
        循环体语句
end
```

while 语句的执行过程如下：若满足条件，则执行循环体语句，执行循环体语句后，再次判断是否满足条件，若满足，再次执行循环体语句，直至不满足条件，结束循环。当条件表达式的值为非空，且不包含零元素时，判定满足条件，否则判定不满足条件。

例 4.7 计算$\left(\frac{2\times2}{1\times3}\right)\left(\frac{4\times4}{3\times5}\right)\left(\frac{6\times6}{5\times7}\right)\cdots\left(\frac{2n\times2n}{(2n-1)\times(2n+1)}\right)$，直到累乘项$\frac{2n\times2n}{(2n-1)\times(2n+1)}-1<10^{-10}$。

分析：这是一个连续的乘法运算，称为累乘，可以采用计算机的迭代算法求解。若用变量 f 存储累乘项，用 n 存储累乘项的序号，fs 存储积，题目中的累乘表达式演变为 fs=fs * f，即 n 项之积是前 $n-1$ 项之积乘以第 n 项。f 的初值是第 1 项，即$\left(\frac{2\times2}{1\times3}\right)$。当 $f-1\geqslant10^{-10}$时，累乘继续，直到 $f-1<10^{-10}$。程序如下。

```
fs=1;
n=1;
f=4 * n * n/(2 * n-1)/(2 * n+1);
while f-1>=1e-10
    fs=fs * f;
    n=n+1;
    f=4 * n * n/(2 * n-1)/(2 * n+1);
end
disp(fs)
```

迭代是指读取变量原有的值，在原值基础上加以变化，再将变量更新为新的值，如本例中 fs=fs * f。在迭代之前，变量 fs 应初始化为 1，其他值会影响到累乘运算的结果。

如果意外创建了一个无限循环（即永远不会自行结束的循环，也称为死循环），例如，将 while 后的表达式“f－1＞＝1e－10”误写成“f＞＝1e－10”，运行程序，程序会一直运行，此时，可按 Ctrl＋C 组合键终止程序运行。

关键词 while 后的条件表达式结果应是一个逻辑标量，如果是向量或矩阵，只有当条件表达式结果不包含 0 元素时，才判定循环条件为真。例如：

```
x=[55,66,39];
while x>50
    disp(x)
end
```

运行以上程序，没有任何输出，因为 $\boldsymbol{x}>50$ 的结果是[1 1 0]，第 3 个元素的值为 0，因此，判定不满足循环条件，不执行循环体。

若 $\boldsymbol{x}$ 的元素全部大于 50，如“x=[55,66,99];”，运行程序，循环体语句会执行，因为 $\boldsymbol{x}$ 的值没有变化，$\boldsymbol{x}>50$ 的结果一直是[1 1 1]，判定满足循环条件，不断地执行循环体。因此，while 后的条件表达式结果不宜使用向量、矩阵。

4.2.3 循环控制命令

MATLAB 提供了 break、continue 命令控制程序流程。要退出 for 或 while 循环，使用

break 命令。要跳过循环体中的其余命令，并进入下一轮循环，使用 continue 命令。例如：

```
for n=[2,4,6,8,3,5]
    if n>5
        break;
    end
    disp(n)
end
```

运行以上程序，命令行窗口的输出为

```
2
4
```

循环变量 n 从向量[2,4,6,8,3,5]中依次取元素，执行循环体中的语句，若 $n\leqslant5$，输出 n 的值。当 n 取得第 3 个元素时，表达式 $n>5$ 的结果为真，执行 break，终止了循环。因此仅输出了向量的前两个元素。若将以上程序中的“break”改为“continue”，再次运行程序，命令行窗口的输出为

```
2
4
3
5
```

当 n 取到第 3 个元素时，$n>5$ 的结果为真，执行 continue，跳过了后续的 disp(n)命令，进入下一轮循环，取第 4 个元素……直至 n 取到向量的最后一个元素，执行循环体后，终止循环。

例 4.8 设计一个登录验证程序，程序运行时，提示用户输入一串字符，如果与给定的字符串不相同，将再次提示输入。三次输入错误，则结束程序。

```
verification_code="666666";
for n=1:3
    str=input("输入验证码 : ",'s');
    if str== verification_code
        disp("Pass");
        break
    end
end
```

运行以上程序，在命令行窗口按提示输入字符串，输出如下。

```
输入验证码 : 123456
输入验证码 : 666666
Pass
```

4.3 函　　数

在设计程序时，通常将解决通用问题的方法定义成函数。第2章介绍了设计函数的基本方法，本节将在函数的设计中加入选择结构和循环结构，进一步说明应用函数提高设计成效的方法。

4.3.1 定义函数

函数是一组完成某类任务的命令序列。MATLAB函数的结构如下。

```
function  [输出参数表] = 函数名(输入参数表)
    函数体
end
```

函数头指定函数的名称、输入参数（也称为形式参数、虚拟参数）表和输出参数表，函数体中的语句定义完成任务的方法。输入参数用于将计算数据、计算参数等传递给函数，如果有多个输入参数，参数之间用逗号分隔。输出参数用于返回计算结果，如果有多个输出参数，参数之间用逗号分隔，且输出参数表前后用方括号界定。

1. 输出参数

输出参数可以是标量、向量、数组。

例 4.9　设计一个函数 mymac(m,n)，设 $m<n$。函数的功能是计算以下表达式：

$$\left(\frac{2m\times 2m}{(2m-1)\times(2m+1)}\right)\left(\frac{2(m+1)\times 2(m+1)}{(2(m+1)-1)\times(2(m+1)+1)}\right)$$
$$\left(\frac{2(m+2)\times 2(m+2)}{(2(m+2)-1)\times(2(m+2)+1)}\right)\cdots\left(\frac{2n\times 2n}{(2n-1)\times(2n+1)}\right)$$

调用该函数，求 mymac(12,120)。

函数 mymac(m,n)有两个输入参数，一个输出参数。函数文件 mymac.m 的内容如下。

```
function ps=mymac(m,n)
ps=1;
for k=m:n
    f=4 * k * k/(2 * k-1)/(2 * k+1);
    ps=ps * f;
end
end
```

完成函数的编辑后，保存函数文件。在命令行窗口调用该函数，输出如下。

```
>> mymac(12,120)
ans =
    1.0199
```

例 4.10　某营业厅代收水费和燃气费，为该营业厅设计收费程序。水价为3.10元/立方米。

天然气价格收费分为三档,收费标准如下。

第一档　购气量≤$390m^3$　2.65元/立方米。

第二档　$390m^3$<购气量≤$600m^3$　3.18元/立方米。

第三档　购气量>$600m^3$　3.98元/立方米。

编写程序,实现以下功能。

第1步,输入1表示购气,输入2表示购水,输入0表示退出。

第2步,按提示输入购气量、购水量,输出缴费数额。

燃气的计费程序含有选择结构,将其设计为一个函数;水的计费方法简单,不需要设计为函数。再设计一个脚本,用于输入数据,执行计算,输出结果。

(1) 编写函数gasbilling(x),用于计算燃气应收费用。程序如下。

```
function y=gasbilling(x)
if x<=390
    y=2.65*x;
elseif x<=600
    y=2.65*390+3.18*(x-390);
else
    y=2.65*390+3.18*210+3.98*(x-600);
end
```

(2) 编写脚本pay.m,用于输入数据,执行计算,输出结果。程序如下。

```
buytype=input("请输入数字:1.购气;2.购水;0.退出  ");
switch buytype
    case 1
        Qty=input("请输入购气量 : ");
        cost=gasbilling(Qty);
    case 2
        Qty=input("请输入购水量 : ");
        cost=3.10*Qty;
    case 0
        return;
end
disp("应缴费:" + cost)
```

说明:在脚本中使用return命令,将终止运行MATLAB脚本;在被调函数中使用return命令,则终止运行被调函数,返回到调用程序。

如果某客户既要购气,又要购水,就需要两次运行脚本,分别计费。此时,可以通过循环重复第1步,并合计两次计算的费用,最后输出总费用。脚本程序如下。

```
cost=0;
for n=1:2
    buytype=input("请输入数字:1.购气;2.购水;0.退出  ");
    switch buytype
    case 1
        Qty=input("请输入购气量 : ");
```

```
        cost=cost+gasbilling(Qty);
    case 2
        Qty=input("请输入购水量 : ");
        cost=cost+3.10 * Qty;
    case 0
        return;
    end
end
disp("应缴费:" + cost)
```

例 4.11 设计一个函数，计算若干三角形的面积，如果给定的一组数不构成三角形，则输出参数的对应元素值为 NaN。设输入参数是一个 $m\times3$ 的矩阵($m>1$)，矩阵每一行的三个元素分别对应一个三角形的三条边。

分析：函数 TriaArea(***X***)返回的是一个数据序列，所以先生成一个存放结果的列向量，长度与 ***X*** 的行数相同。并且使得这个向量的所有元素为 0。如果判定 ***X*** 的某一行元素构成三角形，则按海伦公式计算三角形的面积；如果判定 ***X*** 的某一行元素不构成三角形，则令返回值为 NaN。

```
function s=TriaArea(X)
s=zeros(size(X,1),1);
for n=1:size(X,1)
    a=X(n,1);    b=X(n,2);    c=X(n,3);
    if a+b>c && b+c>a && c+a>b
        p= (a+b+c)/2;
        s(n,1)= sqrt(p * (p-a) * (p-b) * (p-c));
    else
        s(n,1)=NaN;
    end
end
```

在命令行窗口调用该函数，并输出结算结果。命令行窗口的输出如下。

```
>> s=TriaArea([1,2,3; 5,6,7; 9,12,15; 0,1,2]);
>> disp(s')
      NaN   14.6969   54.0000       NaN
```

结果显示，***X*** 的第 1、4 行数据不构成三角形。

2. 多个输出参数

如果任务需要返回多个数据序列，则可以采用多个输出参数。在定义函数时，如果有多个输出参数，参数之间用逗号分隔，输出参数前后用一对方括号“[ ]”进行界定。

例 4.12 设计一个函数，计算三角形的面积，并返回面积最大的那个三角形的三条边。设输入参数是一个 $m\times3$ 的矩阵($m>1$)，矩阵每一行的三个元素分别对应一个三角形的三条边。

定义一个有两个输出参数的函数，第 1 个输出参数返回各个三角形的面积，第 2 个输出参数返回面积最大的那个三角形的三条边。

```
function [s,vsides]=TriaArea2(X)
s=zeros(size(X,1),1);
for n=1:size(X,1)
    a=X(n,1);    b=X(n,2);    c=X(n,3);
    if a+b>c && b+c>a && c+a>b
        p= (a+b+c)/2;
        s(n,1)= sqrt(p*(p-a)*(p-b)*(p-c));
    else
        s(n,1)=NaN;
    end
end
[~,No]=max(s);
vsides=X(No,:);
```

说明：MATLAB 的一些内置函数(如 max)有多个输出参数，当使用该函数求解问题时，若只需要返回第 2 个参数，不需要返回第 1 个参数，则在第 1 个输出参数的位置使用占位符“～”，如本程序中的命令“[～,No]＝max(s)；”。

在命令行窗口调用函数 TriaArea2，命令和输出如下。

```
>> T=[9,12,15; 10,13,14; 10,12,15; 11,12,14];
>> [s, vsides]=TriaArea2(T)
s =
   54.0000
   62.3854
   59.8117
   63.7059
vsides =
    11    12    14
```

如果只需要获取面积最大的三角形的三条边，则按如下方法调用函数。

```
>> [~, vsides]=TriaArea2(T)
vsides =
    11    12    14
```

4.3.2 检验输入参数

输入参数的数目、类型、大小决定函数可接收数据的数量、范围、有效值等，程序中往往采用一些方法，对输入数据进行检验，以确保程序的正常运行。MATLAB 提供了多种方法检查函数输入参数的有效性。

1. 获取函数的输入参数数目

预定义变量 nargin 用于获取函数调用时实际接收到的输入参数的数目。nargin 仅可在函数体内使用，通过设计与不同 nargin 匹配的代码段，使得调用函数时，运行过程具有更好的灵活性,可以适应不同的应用场合。

例4.13 定义一个函数 fnargin(x,y,z),依据调用时参数个数进行不同计算。如果调用时没有参数,则返回0;如果调用时有一个参数 x,则计算 $x*x$;如果调用时有两个参数 x、y,则计算 x/y;如果调用时有三个参数 x、y、z,则计算参数 $x+y+z$。

程序如下。

```
function f = fnargin(x,y,z)
switch nargin
    case 0                                              %调用时不带参数
        f = 0;
    case 1                                              %调用时有一个参数
        f = x*x;
    case 2                                              %调用时有两个参数
        f = x/y;
    case 3                                              %调用时有三个参数
        f = x+y+z;
end
```

在命令行窗口调用以上函数,命令行窗口的输出如下。

```
>> fnargin(5,6)
ans =
    0.8333
>> fnargin(5,6,5,6)
错误使用 fnargin
输入参数太多
```

最后一次调用时,有4个参数,数目比函数定义的输入参数数目要多,函数调用不成功,输出对应错误信息。

2. 检验输入参数是否符合计算需求

若函数体中的语句在运行时对函数参数有特定要求,则可以通过 arguments 语句块进行验证,参数代入数据的值、类型、大小与要求相符,才继续运算,否则停止程序运行。参数验证段的基本格式如下。

```
arguments
    argName1 (dimensions) class {validators} = defaultValue
    …
    argNameN …
end
```

其中,argName1 是函数的第1个输入参数,dimensions 指定这个参数的大小,如(4,5)、(3,5,2)或(1,:),(1,:)表示第2维长度不限;class 指定数据类型,如 double、char、cell,此项省略时,不限制数据类型;validators 是验证的条件描述;defaultValue 是给变量 argName1 的默认值,省略时,无默认值。

例如,设计函数 fvalidarg,若输入参数的大小限制为任意长度的行向量,且元素限制为数值类型，求向量的均值和均方差，若函数的输入参数不符合要求，则终止计算过程，返回相应的错误信息。程序如下。

```
function [m,s] = fvalidarg(x)
    arguments
        x (1,:) {mustBeNumeric}
    end
    m = mean(x,"all");
    s = std(x,1,"all");
end
```

调用 fvalidarg 函数，如果因输入参数与限定的类型不匹配，将终止程序运行，并输出提示，例如：

```
>> [x,y] = fvalidarg('ABCDE')
错误使用 fvalidarg (第 3 行)
[x,y] = fvalidarg('ABCDE')
                  ↑
位置 1 处的参数无效。值必须为数值
```

在 validators 中常用的检验方法包括数值验证（如 mustBeNonNan、mustBeNonzero、mustBeFinite）、比较验证（如 mustBeGreaterThan）、数据类型验证（如 mustBeNumeric、mustBeReal、mustBeText）、大小验证（如 mustBeVector）和集合关系验证等。

4.4 异常处理

异常是指在程序运行时发生的特殊情况。在不同条件下运行程序时，程序不一定能如期运行。所以，在程序中嵌入错误检查机制，以确保程序能可靠地运行。

当 MATLAB 程序运行时，若 MATLAB 系统检测到严重缺陷，会收集错误发生时的相关信息，显示消息以帮助用户了解出现的问题，并终止所运行的命令或程序。这称为引发异常。

4.4.1 try…catch 语句

MATLAB 提供了 try…catch 语句捕获异常，发生异常时，获取系统的错误警示信息，程序根据警示信息执行 catch 分支下的命令，进行后续处理。try…catch 语句的基本格式如下。

```
try
   语句块 1
catch  Info_error
   语句块 2
end
```

设计程序时，将有可能发生运行错误的代码放在 try 的语句块 1 位置，将针对错误的后续处理语句放在语句块2位置。执行语句块1中的语句时,若发生错误,系统将检测到的错误信息存储到变量Info_error,程序执行流程切换到包含错误处理方法的语句块2。

例4.14 设计一个程序,捕获调用例4.9定义的函数mymac过程的异常。若捕获到运行异常,输出相关警示信息,并返回不同的结果。如果事先未定义函数mymac,将结果赋为NaN;如果调用时输入参数不够,将结果赋为0。如果是其他原因而引发错误,按MATLAB预先设定的异常处理方法进行处理。程序如下。

```
try
    a = mymac(5);
catch ME
    switch ME.identifier
        case 'MATLAB:UndefinedFunction'
            warning('没有对应的函数文件');
            a = NaN;
        case 'MATLAB:minrhs'
            warning(['输入参数的数目不足']);
            a = 0;
        otherwise
            rethrow(ME)
    end
end
```

保存程序,命名文件为example0414.m。运行程序,工作区出现MException类型的变量ME,命令行窗口的输出如下。

```
警告: 输入参数的数目不足
>位置: example0414 (第 9 行)
```

例4.9定义的函数mymac(m,n)有两个输入参数,在这个脚本中调用时,只有一个参数,此时与变量ME的identifier属性值匹配的是switch语句的第2个分支。

若将脚本第2行语句改为"a = MYmac(5,10);"后,再次运行程序,命令行窗口的输出如下。

```
警告: 没有对应的函数文件
>位置: example0414 (第 6 行)
```

在MATLAB中,大小写字母是不同符号,因此MYmac和mymac视为不同函数,此时与变量ME的identifier属性值匹配的是switch语句的第1个分支。

若将例4.14程序的第2行语句改为"a = mymac('5','g');"后,再次运行脚本,命令行窗口没有输出。

4.4.2 MException对象

MException对象用于存储异常检测中的错误信息,基本属性有4个。

1. identifier 属性

identifier 属性是一个字符向量,存储错误的标识。

2. message 属性

message 属性是一个字符向量,存储错误消息。

3. cause 属性

cause 属性是一个元胞数组,存储发生异常的原因。

4. Correction 属性

Correction 属性存储系统对异常代码的修复建议。当引发异常但未将其捕获时,MATLAB 使用 Correction 属性来提供该异常的修复建议。

在调试复杂程序时,可以利用这些属性,快速定位引发异常的代码,根据提示信息修复程序缺陷。

4.5 提升性能

用 MATLAB 实现数据可视化的程序中,可以采用一些方法提升程序的性能。例如,使用函数代替脚本,因为 MATLAB 函数的运行速度通常更快;优先使用局部函数,而不是嵌套函数;使用模块化设计模式,将大程序拆分成若干函数等。

4.5.1 探查代码性能

在调试可视化应用程序时,可以通过多种手段考查程序性能。本节介绍 MATLAB 中常用的检测手段。

1. 性能计时函数

timeit 函数、tic 函数和 toc 函数用于获取代码运行所需的时间。

1) timeit 函数

timeit 函数用于测试函数的运行耗时,考查函数的整体运行性能。timeit 函数会自动多次调用指定的函数,返回测得的函数执行时间的中位数(以 s 为单位)。timeit 函数的调用格式如下。

```
t = timeit(f, numOutputs)
```

其中,输入参数 f 是待测函数的句柄,待测函数不需要指定函数的自变量。例如,生成一个由 100×100 个随机数组成的矩阵,测试调用 eig 函数求该矩阵特征向量的耗时,命令如下。

```
>> X = rand(100);
```

```
>> f = @() eig(X);
>> t1 = timeit(f)
t1 =
    0.0039
```

timeit 函数的输入参数 numOutputs 指定调用函数 f 时输出参数的个数。numOutputs 省略时,默认视为只有一个输出参数。若要测试有三个输出参数的 eig 函数的耗时,命令如下。

```
>> t2 = timeit(f, 3)
t2 =
    0.0065
```

2) tic 和 toc 函数

配对使用的 tic 和 toc 函数用于获取程序中部分代码的耗时,考查这部分代码的运行性能。tic 放在待测代码的前一行,用于启动计时器;toc 放在待测代码的后一行,用于关闭计时器,并返回计量的时间。

例 4.15 生成一个由随机数组成的矩阵 **A**,分别用乘法运算和乘方运算求矩阵各元素的三次方,对比两种计算方法所花的时间。

因为计算机的运算速度很快,因此用 rand(12000,4400)生成一个较大的矩阵,来比较两种算法的运行性能。程序如下。

```
A = rand(12000,4400);
tic
C1 = A.*A.*A;
t1 = toc;
disp(strcat('A.*A.*A 耗时:',num2str(t1),'秒'))
tic
C2 = A.^3;
t2 = toc;
disp(strcat('  A.^3  耗时:',num2str(t2),'秒'))
```

运行以上程序,某次运行结果如下。

```
A.*A.*A 耗时:0.068576秒
  A.^3  耗时:1.8055秒
```

多次运行以上程序,结果均显示:数组的连乘运算比乘方运算快。

有的命令运行速度太快,导致 tic 和 toc 无法提供有用的数据。如果待测的代码运行时间少于 0.1s,可以测试连续多次运行这部分代码的总耗时,再计算单次运行的平均时间。

2. MATLAB 探查器

MATLAB 探查器能全面分析程序各环节的运行性能,提供的分析报告能帮助用户探寻影响程序运行速度的瓶颈所在,以便于进行代码优化。

1）探查器

探查器用数据和图表展示程序执行过程中各函数及函数中的每条语句所耗费的时间。

在编辑器中打开某个脚本后，单击 MATLAB 桌面"主页"工具条或"编辑器"工具条中的"运行并计时"图标，将打开探查器窗口。

2）探查结果

假定当前文件夹下有脚本文件 profilertest.m，文件中包含如下程序。

```
A = rand(1000,1000);
b = rand(1000,1);
x1 = A\b;                                   %用左除运算求解
x2 = (b'/A')';                              %用右除运算求解
x3 = inv(A) * b;                            %用求逆运算求解
```

上述程序用 rand 函数生成有 1000 个变量的一次方程组的系数矩阵和常数项向量，分别使用左除、右除和求逆的方法求解方程组的解。下面通过 MATLAB 探查器分析三种算法的运行性能。单击"运行并计时"图标，打开探查器。"探查摘要"页面显示了该脚本的总体运行过程的统计信息。在列表中"函数名称"列单击链接 profilertest，将展开一个"占用时间最长的行"列表，如图 4.3 所示，程序中的各行命令运行情况按耗时排序，排在最上方的是耗时最长的命令行。对上述程序多次运行并计时，时间图均显示用求逆运算最慢。

行号	代码	调用次数	总时间（秒）	% 时间	时间图
5	x3=inv(A)*b; %用求逆运算求解	1	0.076	55.0%	▬▬▬
4	x2=(b'/A')'; %用右除运算求解	1	0.029	21.2%	▬
3	x1=A\b; %用左除运算求解	1	0.022	16.3%	▬
1	A = rand(1000,1000);	1	0.010	7.4%	▪
2	b=rand(1000,1);	1	0.000	0.1%	
所有其他行			0.000	0.1%	
总计			0.138	100%	

图 4.3 脚本每行代码的耗时情况

4.5.2 代码优化

在数据可视化应用程序中，可以采取一些方法优化代码，改进程序的运行性能。

1. 空间预分配

在循环结构中，若反复调整数组大小，会对程序运行性能和内存的使用产生不利影响。因为对已有数组进行扩充，往往需要花费额外的时间来寻找更大的连续内存块，然后将原数组移入这些内存块后，再添加新数据。因此，在使用数组时，考虑数组所需的最大空间量，先预定义数组的大小（即用 zeros、ones 等函数申请分配一个大的内存块，块中的每个元素赋值为 0 或 1），而不是在后续代码中逐步扩充数组。例如，以下程序分别用扩充数组和空间预分配两种方法建立有 1 000 000 个元素的向量，探查两段程序的耗时情况。

```
clear
tic
x1 = 0;
```

```
for k = 2:1000000
   x1(k) = x1(k-1) + 5;
end
toc

tic
x2 = zeros(1,1000000);
for k = 2:1000000
   x2(k) = x2(k-1) + 5;
end
toc
```

为了避开工作区中的已有变量对程序性能可能产生的影响，每次运行程序前，先用clear命令清空工作区。以下是某次运行结果。

```
历时 0.106815 秒
历时 0.007110 秒
```

第一段代码是先创建标量变量x1，然后在for循环中逐步增加x1的元素。第二段代码先调用zeros函数创建向量x2，预分配一个1×1 000 000的内存块并将其元素初始化为零。结果显示，第二段代码的运行速度更快。

对不同类型的数据集，应采用不同的方法申请预分配空间，zeros函数适用于数值数组，strings函数适用于字符串数组，cell函数适用于元胞数组，table函数适用于表。

2. 向量化

在MATLAB中，向量化程序的运行速度通常比包含循环的程序更快。例如，生成一个有10 000个元素的向量，从第1个元素开始，每5个元素进行累计求和，程序如下。

```
clear
tic
x1 = 1:10000;
ylength = (length(x1) - mod(length(x1),5))/5;
y1(1:ylength) = 0;
for n = 5:5:length(x1)
    y1(n/5) = sum(x1(1:n));
end
toc

tic
x2 = 1:10000;
xsums = cumsum(x2);
y2 = xsums(5:5:length(x2));
toc
```

以下是某次运行结果。

```
历时 0.013072 秒
历时 0.000151 秒
```

第一段程序是利用循环结构,逐个求向量前 5、10、15…的元素之和;第二段程序是调用数组累计求和函数 cumsum 对向量所有元素累计求和,再提取结果向量 xsums 中的第 5、10、15…号元素赋给 y2。结果显示,第二段程序的运行更快。

因此,MATLAB 程序应优先考虑数组运算,减少基于循环的代码,并且将独立运算放在循环外,避免冗余计算。

3. 计算过程优化

MATLAB 还提出了其他提升程序性能的方法,常用方法如下。

(1) 尽量不使用全局变量,全局变量可能会导致内存泄露,影响程序的运行过程,甚至导致错误的结果。

(2) 减少和避免使用查询 MATLAB 状态的函数,例如,inputname、which、whos、exist(var)、dbstack 函数,运行时自检会耗费大量计算资源。

(3) 减少和避免使用字符串定义 eval、evalc、evalin 和 feval 等函数的输入参数,尽可能使用函数句柄、图形句柄等,因为将文本转换为 MATLAB 表达式会耗费大量计算资源。

(4) 不要将与变量中原有数据类型不同的数据赋给该变量,因为更改现有变量的类型或形状需要额外的时间进行处理。

4.6 设计 App

脚本、函数能够实现一个简单的可视化应用,但在大数据背景下,数据来源众多,数据格式繁杂,要能充分挖掘数据的价值,需要友好的人机交互界面,通过简单的操作来输入、处理数据,并通过交互将分析结果用合适的可视化方式呈现。在 MATLAB 中,使用 App 设计工具,能快速构建人机交互界面,开发出独立的 App 或在 Web 浏览器中运行的 Web App。

在 MATLAB 中设计 App,可以利用 App 设计工具进行可视化应用的设计。本节介绍用 App 设计工具来建立可视化应用 App。

4.6.1 App 设计工具

App 设计工具是一个可视化集成设计环境。其工具箱中除了包括实现常规用户交互的标准组件(如按钮、滑块等)以外,还提供了很多在实验中常见的功能组件(如仪表盘、旋钮、开关、指示灯等)。

单击 MATLAB 桌面“主页”工具条“新建”图标下拉列表中的 App,或单击 MATLAB 桌面 App 工具条中的“设计 App”图标,将打开 App 设计工具。

接下来,从弹出的“App 设计工具首页”对话框选择一种 App 模板,将打开“App 设计工具”窗口,如图 4.4 所示,“App 设计工具”窗口由快速访问工具栏、功能区和 App 编辑器组成。

App 设计工具用于设计应用程序的交互界面,交互界面的布局和任务的实现代码都存

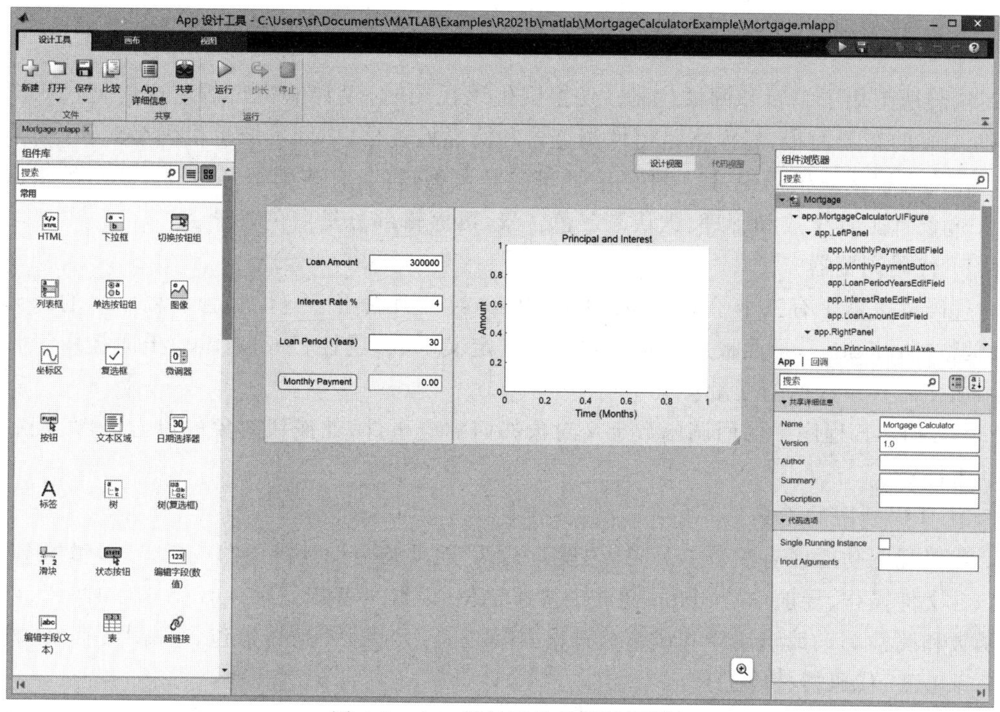

图 4.4 App 设计工具的设计视图

放在同一个.mlapp 文件中。

App 编辑器包括设计视图和代码视图,选择不同的视图,编辑区域呈现的内容不同,左窗格提供的工具也不一样。

1. 设计视图

设计视图用于编辑交互界面。切换到设计视图时,设计器窗口的左窗格是“组件库”,提供构建应用程序交互界面的组件模板,如坐标区、按钮、仪表等。中间区域是交互界面设计区,称为“画布”。右窗格是“组件浏览器”,用于查看界面的组织架构。

1) 组件浏览器

在画布中单击某个组件对象,组件浏览器中该组件对象被选中,并在属性面板中显示该组件对象的属性。组件浏览器按层次列出了交互界面的组件对象,如图 4.4 所示,最上层对象是 App,其下是图窗对象,图窗对象的下一层是交互界面中的各个组件对象。组件浏览器面板下端有两个子面板,“属性”子面板用于查看或修改所选组件对象的属性值,“回调”子面板用于快速定位回调程序。

2) 设计视图的工具

设计视图功能区有三个工具条。“设计工具”工具条包含操作文件、共享 App、运行 App 的工具。“画布”工具条包含调整交互界面布局的工具,如对齐、排列、调整间距等。“视图”工具条包含改变设计视图显示模式的工具,如显示网格、缩放视图等。

在组件库中选中某个组件,拖放到画布上,就可以建立一个组件对象,然后修改该组件对象的属性,可以调整组件对象的外观、默认值、值域等。

2. 代码视图

代码视图用于编辑和调试代码。切换到代码视图时,设计器窗口的左窗格是代码浏览器和App的布局面板,右窗格是组件浏览器和属性检查器,中间区域是代码编辑区。

在代码视图编辑器中,代码中的有些部分是可编辑的,有些则不可编辑。不可编辑部分由App设计工具生成和管理,默认是灰色背景,可编辑部分是白色背景。

1) 代码浏览器

代码浏览器中有三个子面板,回调(Callbacks)子面板用于定位和管理程序中的回调函数,函数(Functions)子面板用于定位和管理自定义函数,属性(Properties)子面板用于管理和添加存储共享数据的变量。

MATLAB程序中的回调函数定义对象如何响应事件,如按钮对象的单击事件、App的启动事件等。

2) 代码视图的工具

代码视图功能区有三个工具条。"设计工具"工具条与设计视图的一样。"编辑器"工具条包含文件操作、导航(在.mlapp文件中快速定位、设置书签等)、插入代码段(如回调、自定义函数和属性等)、编辑注释和调整缩进格式等工具。"视图"工具条包含分割文档、调整代码显示模式、代码折叠等工具。

单击"设计工具"工具条中的"运行"图标▷,或快速访问工具栏中的"运行"图标,将启动运行所设计的应用程序。

4.6.2 生成组件对象

App交互界面的构成要素是组件(Component),组件是用于交互(如输入数据、输出结果、调整控制参数等)的对象,封装了一个或多个功能模块。

1. 组件类型

组件对象是构成App交互界面的基本元素,App设计工具将组件按功能分成以下6类。

(1) 常用组件。包括响应交互的组件和可视化呈现结果的组件,例如,Button(按钮)、CheckBox(复选框)、RadioButton(单选按钮)、ToggleButton(切换按钮)、NumericEditField(数值编辑字段,用于输入数值)、EditField(编辑字段,用于输入字符串)、TextArea(文本区,用于输入和显示大段文本)、Image(图像)、Label(标签)、ListBox(列表框)、Slider(滑块)、UIAxes(坐标区)、Spinner(微调器)等。

(2) 容器类组件。用于将界面上的元素按功能进行分组,包括网格布局、面板、工具条组等组件。GridLayout(网格布局)对象用于生成一个网格布局管理器,定位其他组件;Panel(面板)对象可作为一组功能相关的组件的容器;TabGroup(工具条组)对象用于对Tab(工具条)进行分组和管理。

(3) 图窗工具。用于建立交互界面的菜单,包括上下文菜单、工具栏、菜单栏等组件。Menu(菜单)对象是App窗口顶部显示选项的下拉列表;ContextMenu(上下文菜单)对象是右击图形对象或组件对象时弹出的(快捷)菜单;Toolbar(工具栏)对象是图形窗口顶部的图标列表的容器，工具栏中可以放置 PushTool（按钮）、ToggleTool（切换图标）等类型的对象。

（4）仪器类组件。用于指示数据可视化分析结果的仪表和信号灯，以及用于调整可视化过程参数的旋钮和开关等。Gauge（仪表）、NinetyDegreeGauge（90°仪表）、LinearGauge（线性仪表）、SemicircularGauge（半圆形仪表）等组件用于模拟实验仪器的测量部件；Knob（旋钮）、DiscreteKnob（分档旋钮）、Switch（开关）、RockerSwitch（跷板开关）、ToggleSwitch（拨动开关）等组件用于模拟实验仪器的控制部件；Lamp（信号灯）用于模拟指示工作状态的部件。

（5）工具箱组件。如 AEROSPACE 类组件、SIMULINK REAL-TIME 类组件。

（6）可扩展组件。用于与第三方库对接的组件。

组件对象可以在设计视图中用组件库中的组件来生成，也可以在代码中调用 App 组件函数（如 uiaxes 函数、uibutton 函数等）来创建。容纳组件对象的图形窗口用 uifigure 函数来创建。

2. 组件属性

组件对象的属性用于控制组件对象的外观、可操作性和状态、值域等，常见属性如下。

（1）Enable 属性。用于控制组件对象是否可用，可取值是'On'（默认值）或'Off'。

（2）Value 属性。用于获取和设置组件对象的当前值。对于不同类型的组件对象，其意义和可取值是不同的。

对于数值编辑字段、滑块、微调器、仪表、旋钮对象，Value 属性值是数；对于文本编辑字段、分段旋钮对象，Value 属性值是字符串。

对于下拉框、列表框对象，Value 属性值是选中的列表项的值。

对于复选框、单选按钮、状态图标对象，当对象处于选中状态时，Value 属性值是 True；当对象处于未选中状态时，Value 属性值是 False。

对于开关对象，当对象位于 On 档位时，Value 属性值是字符串'On'；当对象位于 Off 档位时，Value 属性值是字符串'Off'。

（3）Limits 属性。用于获取和设置滑块、微调器、仪表、旋钮等组件对象的值域。属性值是一个二元向量[Lmin，Lmax]，Lmin 用于指定组件对象的最小值，Lmax 用于指定组件对象的最大值。

（4）Position 属性。用于定义组件对象在界面中的位置和大小，属性值是一个四元向量$[n_1, n_2, n_3, n_4]$。n_1 和 n_2 分别指定组件对象左下角相对于父对象的横坐标和纵坐标，n_3 和 n_4 分别为组件对象的宽和高。

4.6.3 App 布局与行为定义

用 App 设计工具设计的应用程序，采用面向对象设计模式，声明对象、定义函数、设置属性和共享数据都封装在一个类中，一个.mlapp 文件就是一个类的定义。数据映射为对象的属性，对数据的操作定义为对象的方法。

1. 设计布局

设计视图提供了丰富的布局工具，在设计视图中所做的任何更改都会自动反映在代码视图中。利用设计视图提供的工具，可以快速构建交互界面，不需要编写任何代码。用App 设计工具创建交互界面的基本流程如下。

1）添加组件对象

在图窗中添加组件对象，可以使用以下方法。

(1) 从组件库中拖动一个组件，并将其放到画布上，画布上出现一个组件对象。

(2) 单击组件库中的一个组件，然后将光标移动到画布上。此时光标变为十字准线，在某处单击鼠标，将组件对象以默认大小添加到画布中。

在画布上创建组件对象后，组件对象的名称会出现在组件浏览器中。可以在画布或组件浏览器中选中组件对象，设置对象属性，画布和组件浏览器的数据同步更新。

2）编辑组件对象属性

选中一个组件对象，在组件浏览器的属性子面板中编辑组件的属性。例如，选中一个按钮对象，修改按钮上显示的文本及文本对齐方式。

某些属性可控制组件对象的行为。例如，通过修改数值编辑字段对象的 Limits 属性来定义数值编辑字段输入框内可接受的值的范围。

双击组件对象，可以直接在画布中编辑该对象的某些属性。例如，双击按钮的标签，输入要在按钮上显示的文字。若要添加一行文本，按 Shift＋Enter 组合键，另起一行，再继续输入。

3）排列组件

在 App 设计工具的画布上放置多个组件对象后，可以利用设计视图提供的布局工具，编排组件对象的自身位置和相对位置。

App 设计工具提供了对齐提示，穿过多个组件对象中心的橙色点线表示组件对象的中心对齐，边上的橙色实线表示边对齐，垂直线表示一个组件对象位于其容器的中心。

工具条的对齐工具用于对齐组件对象。当使用对齐工具时，所选组件将与定位点组件(最后选中的组件)对齐。

工具条的间距工具用于设置组件对象的间距。选中三个或更多个组件对象后，若从工具条的间距部分的下拉列表中选择“均匀”，可以使组件对象的间隔均匀。若选择“20”，则使组件对象之间间隔 20px，也可以将 20 改为其他整数。设置间距模式后，再单击“水平应用”按钮或“垂直应用”按钮。

4）设置组件对象容器

将一个组件对象拖到容器(如面板)中时，容器会变为蓝色，表示该组件对象是容器的子级。这种将组件对象放入容器中的过程称为建立父子关系。

2. 定义行为

MATLAB 程序运行时，用户与 App 中的组件对象交互的响应方法被定义为回调函数。大多数组件有至少一个回调，每个回调与该组件的一个特定交互事件(如单击按钮、修改编辑字段中的内容)绑定。在组件浏览器切换到回调子面板，可以查看该 App 定义的回调函数。

为交互界面的组件对象创建回调有多种方法。

(1) 在画布或组件浏览器右击组件对象，然后从上下文菜单中选择“回调”→“添加……

回调”，不同组件支持不同的事件响应，这里用省略号表示。

(2) 在画布或组件浏览器中单击组件对象，组件浏览器切换到“回调”子面板。从回调名右端的下拉列表中选择添加尖括号<>中的默认回调函数。

(3) 编辑区切换到代码视图，单击“编辑器”工具条中的“回调”图标，或单击代码浏览器窗格的“回调”子面板中的“添加”图标，此时，将弹出“添加回调函数”对话框，在“组件”下拉列表中选择组件对象，在“回调”下拉列表中选择需要定义的回调函数，在“名称”栏中输入回调函数名。

为组件对象添加回调函数后，代码视图中将自动生成函数框架。例如，按钮对象的回调函数框架如下。

```
function ButtonPushed(app, event)

end
```

App 设计工具创建的回调函数通常有两个输入参数，app 存储该 App 的所有组件对象，event 存储事件的相关信息(如在哪个组件对象上单击)。

4.6.4 App 设计示例

本节将通过示例介绍用 App 设计工具设计可视化 App 的流程。

例 4.16 设计如图 4.5 所示的交互界面，求方程 $200\sin(x)=x^3-1$ 的解。

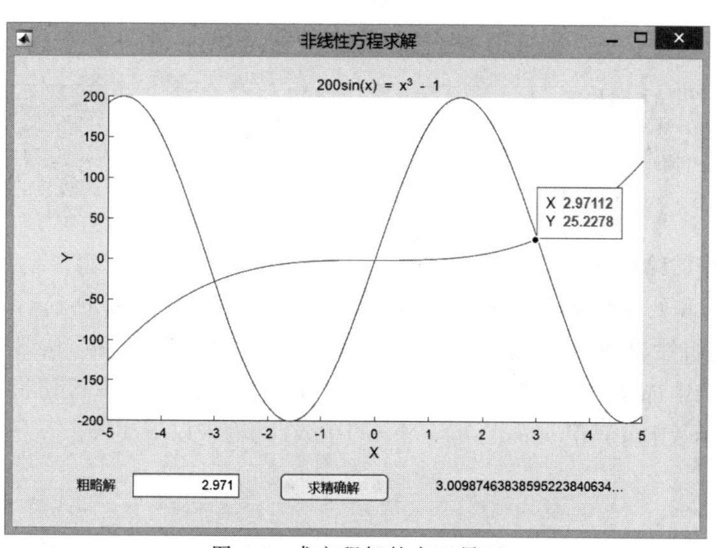

图 4.5 求方程解的交互界面

$200\sin(x)=x^3-1$ 是一个非线性方程，调用 MATLAB 提供的 vpasolve 函数求解，可以得到精度较高的解。vpasolve 函数采用迭代方法求解非线性方程，需要指定求解的迭代初值，此时，可利用可视化方法探寻迭代初值，即绘制方程左、右两端表达式所对应的曲线，查看两条曲线的交点，交点就是方程的解。单击其中的一个交点，可以从弹出的提示信息框看到该点的坐标。在界面的“粗略解”编辑框内输入这个交点的 x 坐标，单击“求精确解”按钮，执行回调函数。在回调函数的响应代码中，用获取的 x 坐标作为 vpasolve 函数的输入参数，计算这个交点附近的精确解。

1. 界面设计

新建一个“空白 App”，存储为 app0416.mlapp 文件。在设计视图的编辑区放置一个坐标区对象、一个编辑字段(数值)对象、一个按钮对象和一个标签对象。

在组件浏览器中选中 app.UIFigure，在 UI Fifure 子面板展开“标识符”组，将 Name 属性值改为“非线性方程求解”。在设计视图选中坐标区对象 app.UIAxes，通过拖动坐标区对象的控制点，调整坐标区对象的大小；在设计视图选中编辑字段(数值)对象 app.EditField，将其标签属性值改为“粗略解”；在设计视图选中按钮对象 app.Button，将其 Text 属性值改为“求精确解”；在设计视图选中标签对象 app.Label，删除 Text 属性框内的文字，并通过拖动标签对象的右框线，拉宽标签。

选中编辑字段、按钮、标签对象，使用对齐工具使三个对象“顶端对齐”，选择“均匀”间距后，单击“水平应用”。

2. 功能实现

(1) 启动这个 App 时，交互界面的坐标区显示两条曲线，因此将绘制曲线的代码放在 App 的 StartupFcn 回调函数中。在组件浏览器中选中 app0416，切换到“回调”子面板，从 StartupFcn 右端的下拉列表中选择“＜添加 StartupFcn 回调＞”。这时，编辑区切换到代码视图，并且光标定位在函数 StartupFcn(app)中，在此输入以下代码。

```
syms x
eqnLeft = 200 * sin(x);                                  %定义方程左端表达式
eqnRight = x^3 - 1;                                      %定义方程右端表达式
fplot(app.UIAxes,[eqnLeft ; eqnRight])                   %绘制两条曲线
title(app.UIAxes,[char(eqnLeft), ' = ', char(eqnRight)]) %添加坐标区标题
```

以上程序中的绘图函数 fplot、title 的用法将在第 5 章介绍。

(2) 将读取和处理数据以及输出计算结果的代码放在按钮对象的 ButtonPushedFcn 回调函数中。在“组件浏览器”中选中 app.Button，切换到“回调”子面板，从 ButtonPushedFcn 右端的下拉列表中选择“＜添加 ButtonPushed 回调＞”。这时，编辑区切换到代码视图，并且光标定位在函数 ButtonPushed(app, event)中，在此输入以下代码。

```
syms x
eqnLeft = 200 * sin(x);
eqnRight = x^3 - 1;
x0 = app.EditField.Value;
S1 = vpasolve(eqnLeft == eqnRight, x, x0);
app.Label.Text = char(S1);
```

单击“画布”工具条中的“运行”图标▷，启动应用程序。单击图形最右端的交点，按照弹出的提示，在“粗略解”编辑框中输入这个 x 的值，然后单击“求精确解”按钮，结果显示在标签上，如图 4.5 所示。

利用 App 设计器,可以构造数据可视化的关联视图、仪表盘等,给用户提供一个多维度分析数据、解释数据的交互界面。

小 结

利用 MATLAB 内置函数和工具可以解决可视化过程中的常规计算问题,但现实世界中的很多问题求解涉及复杂的模型,数据的采集、融合、分析过程通常不可能一蹴而就,这时就需要设计满足特定需求的程序,让计算机自动执行。

程序的控制结构有三种:顺序结构、选择结构和循环结构。任何复杂的程序都可以由这三种基本结构构成。MATLAB 用于实现选择结构的语句有 if 语句和 switch 语句,用于实现循环结构的语句有 for 语句和 while 语句。

将一些实现特定功能的代码定义为函数,可以提高程序设计的效率。在 MATLAB 中,自定义函数通常保存在与函数同名的文件中,函数体定义了输出参数和输入参数的对应关系。

MATLAB 程序运行期间,可以通过 try…catch 语句捕获运行的错误信息,方便设计人员发现程序的漏洞,并根据提示进行修复。

MATLAB 提供了检测、评估程序运行性能的工具,开发者依据评估结果,可以采取空间预分配、向量化等优化手段,提升程序运行性能。

利用 MATLAB 的 App 设计工具,可以快速建立易于交互、操作简单的应用程序。

第5章 MATLAB数据可视化的基础方法

本章学习目标

(1) 掌握二维图形的绘制方法。

(2) 掌握给图形添加标注的方法。

(3) 掌握三维图形的绘制方法。

(4) 熟悉 MATLAB 探查数据特性的其他方法。

数据可视化的基础方法是在二维/三维空间用点、线、面等展示数据的特性。本章首先介绍 MATLAB 绘制二维图形的基本方法,以及在二维图形上添加标注和调整图形颜色的方法,然后讲解绘制三维曲线和三维曲面的方法。最后介绍利用 MATLAB 提供的工具探查数据的基本属性。

5.1 绘制二维图形

二维图形是绘制在平面上的图形,构成二维图形的主要元素是点和线。绘制二维图形,通常采用笛卡儿坐标系,还可采用对数坐标系、极坐标系。

5.1.1 绘制曲线

MATLAB 绘制二维曲线的基本方法是将平面上的数据点用线段连接起来。

1. plot 函数

plot 函数用于绘制基于笛卡儿坐标系的曲线,基本调用格式为

```
plot(X, Y)
```

其中,参数 X 和 Y 分别存储要绘制的数据点的横坐标和纵坐标。

1) 输入参数是向量

plot 函数的输入参数 $\boldsymbol{X}$ 和 $\boldsymbol{Y}$ 通常是长度相同的向量,绘制曲线时,用 $\boldsymbol{X}$、$\boldsymbol{Y}$ 的元素值作为数据点的横、纵坐标,用线段将各数据点连接起来,形成一条曲线。

例 5.1 绘制曲线 $\begin{cases} x=\sin t+\sin 2t \\ y=\cos t-\cos 2t \end{cases}$,其中,$t\in[0,2\pi]$。

先构造向量 $\boldsymbol{t}$,将 $\boldsymbol{t}$ 代入表达式计算,得到向量 $\boldsymbol{x}$、$\boldsymbol{y}$,然后使用 $\boldsymbol{x}$、$\boldsymbol{y}$ 作为参数,调用 plot

函数绘制曲线。程序如下。

```
t=linspace(0, 2*pi, 200);
plot(sin(t)+sin(2*t), cos(t)-cos(2*t));
```

运行程序,将打开一个图形窗口,在其中绘制出二维曲线,如图 5.1(a)所示。

如果单位长度内的数据点太少,绘制的图形不能反映数据的变化特性,例如,将例 5.1 程序的第一条语句改为“t=linspace(0,2*pi,10);”,即只定义 10 个数据点,绘制的图形如图 5.1(b)所示。

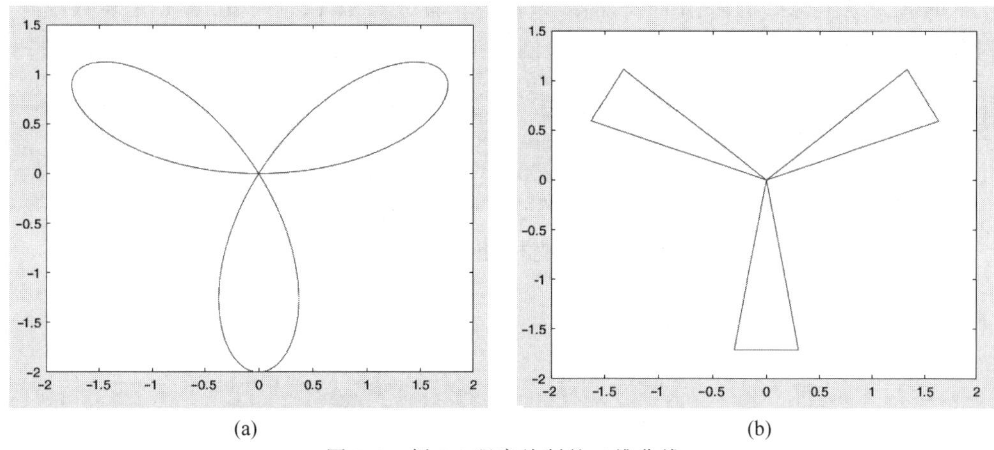

(a) (b)

图 5.1 例 5.1 程序绘制的二维曲线

单位长度的数据点越多,曲线越光滑;但数据点过多,又会影响运算速度,浪费存储和计算资源。在实际应用中,可在调试程序时,观察图形随数据点个数的变化,选取合适的数据点个数。

2) 输入参数是矩阵

若 plot 函数的输入参数 $\boldsymbol{X}$、$\boldsymbol{Y}$ 是大小为 $m\times n$ 的矩阵,则依次用 $\boldsymbol{X}$、$\boldsymbol{Y}$ 对应列的元素值为横、纵坐标绘制曲线,每列元素定义一条曲线数据点的坐标,曲线条数等于矩阵的列数。例如,在同一坐标区中绘制三条幅值不同的正弦曲线,程序如下。

```
x = linspace(0,2*pi,100);  y = sin(x);
plot([x; x; x]',[y; y*2; y*3]')          %或 plot([x', x', x'],[y', y'*2, y'*3])
```

输入参数[x; x; x]'、[y; y*2; y*3]'都是大小为 100×3 的矩阵。如果不转置,即用[x; x; x]、[y; y*2; y*3]作为输入参数,将输出 100 条折线,每条折线上有 3 个数据点。

如果输入参数 $\boldsymbol{X}$、$\boldsymbol{Y}$ 一个是向量,一个是矩阵,则矩阵第 1 维度或第 2 维度的大小应与向量的长度相同。当矩阵的行数与向量长度一致时,绘图时默认用矩阵的每列元素作为数据点的坐标;当矩阵的列数与向量长度一致时,绘图时默认用矩阵的每行元素作为数据点的坐标。例如,在同一坐标区中绘制三条幅值不同的正弦曲线,也可以使用以下程序。

```
x = linspace(0,2*pi,100);  y = sin(x);
plot(x, [y; y*2; y*3]) %或 plot(x, [y; y*2; y*3]')  或 plot(x', [y; y*2; y*3])
```

3) 输入参数只有一个

若输入参数 $\boldsymbol{Y}$ 是实型向量,则以该向量元素的索引为横坐标、元素值为纵坐标绘制出一条曲线;若输入参数 $\boldsymbol{Y}$ 的元素是复数,则分别以元素实部为横坐标、虚部为纵坐标绘制一条曲线。例如,绘制 0°~360°的正弦曲线,可以使用以下命令。

```
x = 0:1:360;
plot(sind(x))                                          %或 plot(x+1i * sind(x))
```

若输入参数 $\boldsymbol{Y}$ 是矩阵,且 $\boldsymbol{Y}$ 的所有元素是实数,则以每列元素的行下标为横坐标、以每列元素的值为纵坐标绘制多条曲线,曲线条数等于输入参数 $\boldsymbol{Y}$ 的列数;若 $\boldsymbol{Y}$ 是复数矩阵,则按列分别以元素实部、虚部为横、纵坐标绘制多条曲线。例如,绘制三个同心圆,程序如下。

```
t = linspace(0,2 * pi,100);
x = cos(t)+1i * sin(t);
plot([x.', 2 * x.', 3 * x.'])
```

圆是一条闭合曲线,曲线起点与终点坐标相同。

4) 多对输入参数

当 plot 函数有多对输入参数,且都为向量时,即

```
plot(x1, y1, x2, y2, … , xn, yn)
```

其中,x1 和 y1、x2 和 y2、…、xn 和 yn 组成 n 组向量对,分别以每一组向量对的元素为横、纵坐标绘制出一条曲线。采用这种格式时,同组的向量长度必须一致,不同向量对的长度可以不同。例如,在同一坐标区中绘制曲线 $x=\cos t+t\sin t, t\in[0,3\pi]$ 和 $y=\sin t+t\cos t, t\in[0,2\pi]$,程序如下。

```
t1 = linspace(0,3 * pi, 90);   x = cos(t1)+t1. * sin(t1);
t2 = linspace(0,2 * pi, 50);   y = sin(t2)-t2. * cos(t2);
plot(t1,x, t2,y);
```

2. fplot 函数

使用 plot 函数绘图时,先要取得横、纵坐标,然后再绘制曲线,横坐标往往采取等间距。在实际应用中,表达两个变量关系的表达式随着自变量的变化趋势未知,或者在不同区段频率特性差别大,此时使用 plot 函数绘制图形,如果数据点的间距设置不合理,则无法完整反映表达式的原有特性。例如,绘制曲线 $\sin\frac{1}{x}, x\in[0,0.1]$,程序如下。

```
x = eps:0.005:0.1;
plot(x, sin(1./x))
```

因为 x 为 0 时,运算 $\frac{1}{x}$ 无数学意义,因此 x 的最小值设为 eps(eps 表示极小值 2^{-52})。

图 5.2(a)是步长为 0.005 时绘制的图形,图 5.2(b)是步长为 0.001 时绘制的图形。图 5.2(b)显示,在 0~0.1 范围有多个振荡周期,因变量的值变化大,而 0.04 以后变化较平缓。当自变量的间距设置为 0.005 时,绘制的曲线(图 5.2(a))没有反映出 0.01~0.04 区段的变化规律。

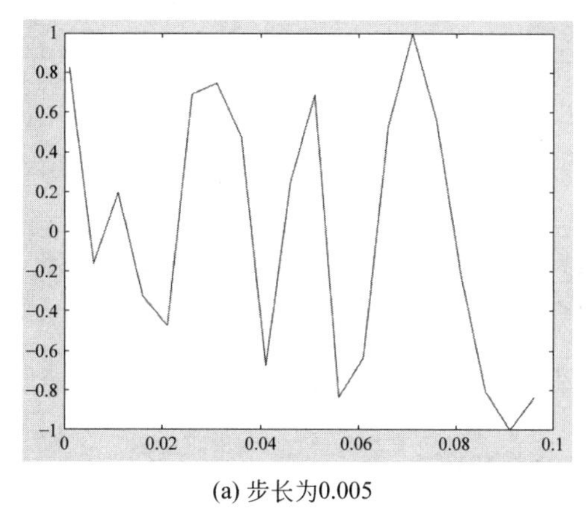

(a) 步长为0.005

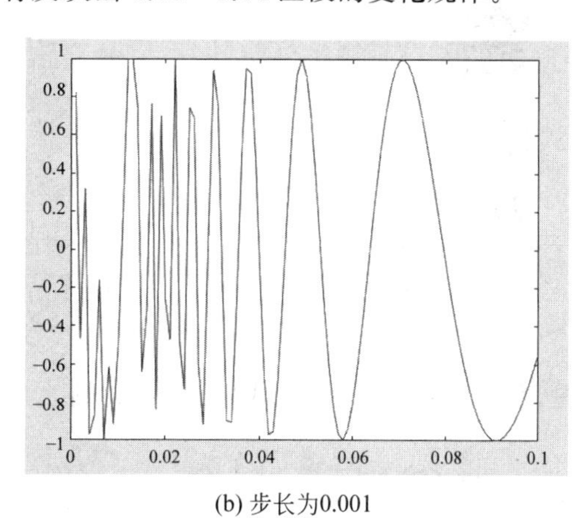

(b) 步长为0.001

图 5.2　用不同步长绘制的曲线 $\sin(1/x)$

MATLAB 的 fplot 函数可以很好地解决此类问题。fplot 函数根据输入参数表达式的变化特性自适应地调整自变量元素的间距。因变量的值变化缓慢的区段,自变量元素间距较大;因变量的值变化剧烈的区段,自变量元素间距较小。

1) 基本调用格式

fplot 函数的输入参数是表达式,表达式描述数据点纵坐标与横坐标的关系。fplot 函数的调用格式如下。

```
fplot(fun, lims)
```

其中,输入参数 fun 是定义数据点纵坐标的表达式,通常采用函数句柄的形式。lims 为 fun 的自变量的取值范围,用二元行向量[xmin,xmax]描述,省略时,lims 默认为[−5, 5]。例如,绘制图形 $\sin\dfrac{1}{x}$,$x\in[0,\ 0.1]$,可以使用以下命令。

```
>> fplot(@(x)sin(1./x),[0,0.1])
```

执行命令,绘制的图形如图 5.3 所示。图形显示,在 0~0.01 区间,函数对应的图形剧烈振荡变化,这是上面调用 plot 函数绘制的图形完全没有表现出来的情形。对于某些数学上无意义的数据点,fplot 函数绘制图形时,会根据前后数据点的变化趋势拟合一个符合实际情况的数据点,例如,此例中 x 为 0 的点。

2) 其他调用格式

如果数据点的横、纵坐标都是与某个变量相关的表达式,则 fplot 函数的调用格式如下。

```
fplot(funx, funy, lims)
```

其中,输入参数 funx、funy 是仅有一个自变量的表达式,通常采用函数句柄的形式。lims 指定这个变量的取值范围,用二元向量[tmin,tmax]表示,默认为[−5,5]。例如,例 5.1 中 $\boldsymbol{x}$、

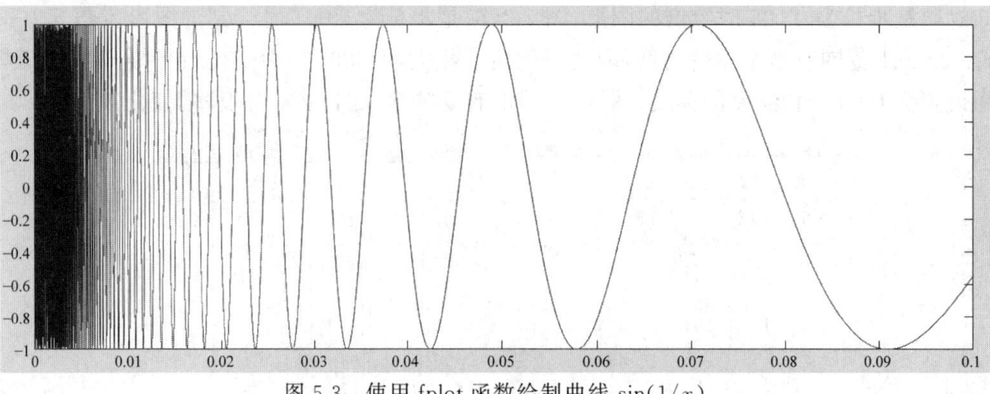

图 5.3　使用 fplot 函数绘制曲线 $\sin(1/x)$

y 是用关于变量 ***t*** 的表达式描述,绘制例 5.1 的图形也可以使用以下命令。

```
>> fplot(@(t)sin(t)+sin(2*t), @(t)cos(t)-cos(2*t), [0,2*pi])
```

plot 函数的输入参数是数据点的坐标值,fplot 函数的输入参数是描述数据点坐标的表达式。使用 plot 函数和 fplot 函数求解同一个问题,方法有区别。

例 5.2　已知 $f(x)=\begin{cases}1-\mathrm{e}^{-1(1-x)^2}, & x<1\\ \ln x, & x\geqslant 1\end{cases}, x\in[0,5]$。

分别调用 plot 函数、fplot 函数绘制曲线。

(1) 调用 plot 函数绘制图形,先计算出数据点的横、纵坐标。定义一个匿名函数 fun,存储题目中的表达式。将表示横坐标的变量 x 作为参数代入函数 fun,计算纵坐标。由于运算对象是变量 x 的各个元素,因此,表达式中要使用数组运算符(.* 和./)。程序如下。

```
fun = @(x)(1-exp(-(1-x).^2)).*(x<1)+log(eps+x).*(x>=1);
x = 0:0.1:5;
plot(x, fun(x))
```

说明:log0 无数学意义,为了避开计算 log0,程序中将 x 加上 eps。运行以上程序,绘制的图形如图 5.4 所示。

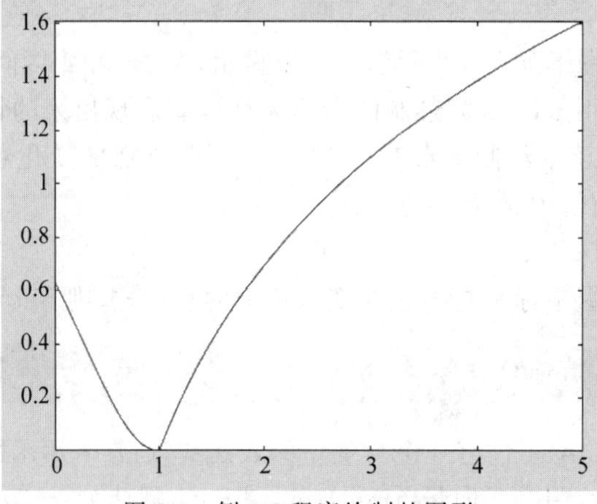

图 5.4　例 5.2 程序绘制的图形

(2) 调用 fplot 函数绘制图形，不需要计算出数据点的横、纵坐标，而需要指定绘图区间。程序如下。

```
fun = @(x)(1-exp(-(1-x).^2)).*(x<1)+log(x).*(x >= 1);
fplot(fun, [0,5])
```

或者使用符号函数形式，程序如下。

```
syms x;
fplot(1-exp(-(1-x)^2), [0,1-eps])
hold on
fplot(log(x), [1,5])
```

使用符号函数形式时，分两次绘制图形，两段曲线各使用一种颜色。调用 fplot 函数绘制第二个图形时，系统会先清除前面的图形，通过 hold on 命令保持前一个图形，再继续绘制第二个图形。

3. fimplicit 函数

如果给定了定义曲线的显式表达式，可以根据表达式计算出所有数据点坐标，调用 plot 函数绘制图形；或者用函数句柄作为参数，调用 fplot 函数绘制图形。但如果曲线用隐函数形式定义，如 $x^3+y^3-5xy+\frac{1}{5}=0$，$y$ 没有直接表示为自变量 x 的表达式，则不适合用 plot 函数和 fplot 函数绘制图形。MATLAB 提供了 fimplicit 函数绘制隐函数图形，其调用格式如下。

```
fimplicit(f, [xmin, xmax, ymin, ymax])
```

其中，输入参数 f 存储表达式，可以用匿名函数、函数句柄、符号函数表示；第 2 个输入参数中，xmin 和 xmax 指定绘图区水平方向的最小值和最大值，ymin 和 ymax 指定竖直方向的最小值和最大值。当 ymin 和 ymax 省略时，默认水平方向和竖直方向的绘图区间均为[xmin, xmax]。当省略第 2 个输入参数时，水平和竖直方向的绘图区间默认为[−5, 5]。

例 5.3 绘制曲线 $x^3+y^3-5xy+\frac{1}{5}=0$，其中，$x\in[-5,5]$，$y\in[-5,5]$。

使用匿名函数形式定义 fimplicit 函数的输入参数，命令如下。

```
>> fimplicit(@(x,y)x.*x.*x+y.*y.*y-5*x.*y+1/5)
```

执行命令，输出的图形如图 5.5 所示。

也可以使用符号函数形式定义 fimplicit 函数的输入参数，命令如下。

```
>> syms x y
>> fimplicit(x*x*x+y*y*y-5*x*y+1/5)
```

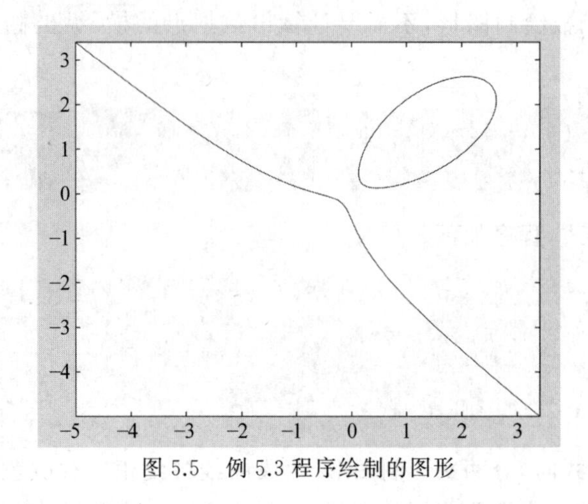

图 5.5　例 5.3 程序绘制的图形

4. 曲线样式

在一个坐标区绘制多条曲线时，为了加强对比效果，可设置不同线型和数据点标记区分曲线。

1）线型

线型用字符串或字符向量描述，表 5.1 列出了 MATLAB 线条的线型可取值，未指定时，默认线型为实线。下面以 plot 函数为例，说明线条线型的设置方法。

通常在调用 plot 函数、fplot 函数、fimplicit 函数绘制曲线时，用参数形式指定线型，例如：

```
x = linspace(0,2 * pi,100);
plot(x,sin(x),':', x,sin(2 * x) ,'--', x,sin(3 * x),'-.')
```

表 5.1　MATLAB 线条的线型

线型取值	描　　述	表示的线条
"-"	实线	————————
"--"	虚线	- — — — —
":"	点线	…………………
"-."	点画线	—·—·—·—·-
"none"	无线条	

也可以在绘制图形后，通过图形对象的 LineStyle 属性设置线型。例如：

```
phs = plot(x,[sin(x); sin(2 * x); sin(3 * x)]);
phs(1).LineStyle=":";
phs(2).LineStyle="--";
phs(3).LineStyle="-.";
```

除了设置线型，还可以通过 LineWidth 属性设置线条宽度，其值为正，以磅（1 磅＝1/72

英寸,1英寸=2.54厘米)为单位,省略时,默认为0.5。例如,设置第2条曲线的线宽为2,命令如下。

```
phs(2).LineWidth = 2;
```

2）数据点标记

数据点标记用字符串或字符向量描述,表5.2列出了MATLAB数据点的标记可取值,未指定时,不显示数据点标记。

表5.2 MATLAB数据点的标记

标识符	标记样式	标识符	标记样式
'+'	加号	's'	正方形
'o'	空心圆	'd'	菱形
'*'	星号	'^'	上三角形
'.'	点	'v'	下三角形
'x'	叉号	'>'	右三角形
'-'	水平线条	'<'	左三角形
'|'	垂直线条	'p'	五角形
		'h'	六角形

通常在调用plot函数、fplot函数、fimplicit函数绘制曲线时,用参数形式指定数据点标记。例如,用五角形标记数据点,命令如下。

```
ph1 = plot([71, 69, 64, 67.5, 64], 'p');
```

若仅指定数据点标记,则只呈现数据点,不显示线条;若同时指定数据点标记和线型,才会既显示数据点标记,又显示曲线。也可以在绘制图形后,通过图形的Marker属性添加数据点的标记。例如:

```
ph = fplot(@(x)sin(x),[0,2*pi]);
ph.Marker = "p";
```

除了设置数据点的标记样式,还可以通过MarkerSize属性设置标记大小,其值以磅为单位,省略时,默认为6。例如:

```
ph.MarkerSize = 8;
```

5.1.2 管理坐标区

数据可视化的第一步是指定一个绘图区,然后相对这个区域内的原点绘制图形。在MATLAB中,坐标区视为图形的容器,绘制图形都是在某个坐标区内。MATLAB绘制图形的函数大多会在绘图时自动创建坐标区对象,然后在这个坐标区内绘制图形。

坐标系是能够使数据在指定维度空间内找到映射关系的定位系统,在数据可视化中,常用的平面坐标系包括笛卡儿坐标系、对数坐标系和极坐标系。笛卡儿坐标系和对数坐标系中的数据点用与原点的相对距离表示,笛卡儿坐标系坐标轴上的刻度是线性渐变的,对数坐标系坐标轴上的刻度按对数规律变化。极坐标系中的数据点用极径和极角表示。

1. 设置坐标区刻度

绘制图形时,MATLAB 根据绘制数据的值域自动创建坐标区,并确定合适的坐标刻度,使得曲线尽可能完整、清晰地显示出来。

1) axis 函数

若绘图时需要自己定义坐标区的坐标范围,可以调用 axis 函数来实现。axis 函数的基本调用格式如下。

```
axis([xmin, xmax, ymin, ymax, zmin, zmax, cmin, cmax])
```

系统按照给出的三个维度的最小值(xmin, ymin, zmin)和最大值(xmax, ymax, zmax)设置坐标区范围,并按指定的颜色最小值 cmin 和最大值 cmax 建立数据与颜色的映射关系。绘制二维图形时通常只给出横、纵坐标范围。例如,在绘制了二维曲线后,指定当前坐标区的坐标范围,命令如下。

```
axis([-6, 5, -5.5, 4])
```

axis 函数的其他用法如下。

(1) axis style。

style 设置坐标区坐标呈现模式,可取值包括 tight、padded、equal、square、fill 和 vis3d 等。tight 样式指定坐标范围与数据值域相同,坐标区外轮廓与图形呈现区域无间距;padded 样式指定坐标区外轮廓临近图形呈现区域,两者之间存在间距;equal 样式指定坐标区的每个轴使用相同的单位长度;square 样式指定坐标区为正方形;fill 样式启用"伸展填充"(默认值),每个维度轴线的长度等于坐标区的 Position 属性所定义的矩形边长;vis3d 样式锁定纵横比。

例如,绘制一个边长为 1 的正方形,可以使用以下程序。

```
x = [0, 1, 1, 0, 0];  y = [0, 0, 1, 1, 0];
plot(x,y)
axis padded                                      %使曲线与坐标区轮廓不重合
axis square;                                     %使图形呈现为正方形
```

运行以上程序,将绘制出如图 5.6(a)所示图形。

(2) axis mode。

mode 用于设置坐标范围的调整模式。manual 模式指定将所有坐标区范围锁定在当前值;auto 模式根据数据值域自动确定坐标区范围;'auto x'模式根据表示水平位置的数据值域自动确定 x 轴范围;'auto y'模式根据表示竖直位置的数据值域自动确定 y 轴范围;'auto z'模式根据表示高度的数据值域自动确定 z 轴范围;'auto xy'、'auto xz'、'auto yz'分别表示自动

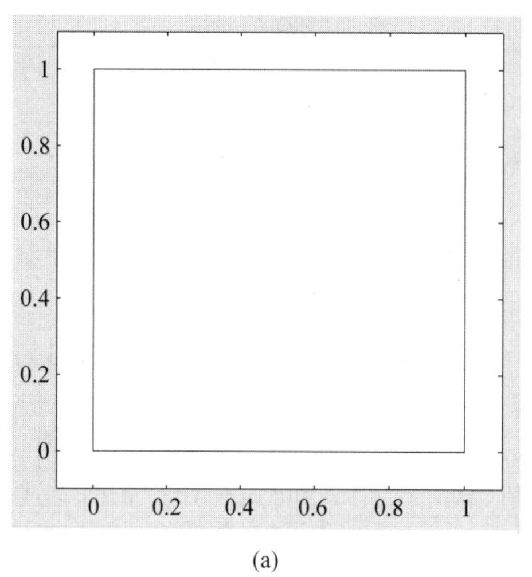

(a)

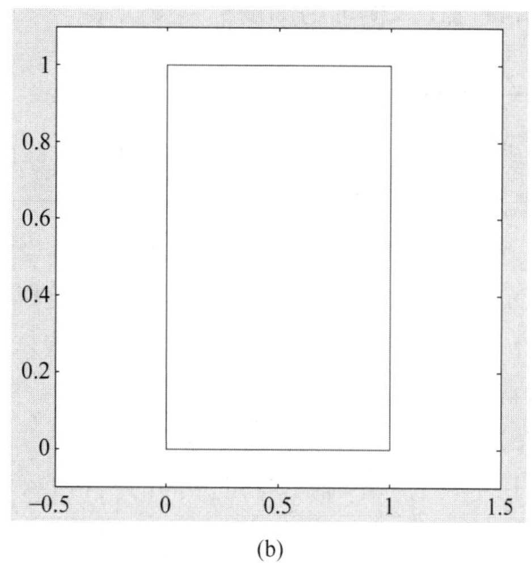

(b)

图 5.6 边长为 1 的正方形

确定 x-y 轴、x-z 轴、y-z 轴的范围。

(3) axis visibility。

visibility 用于设置坐标轴的可见性。on 指定显示坐标轴,off 指定不显示坐标轴。

2) 坐标区对象的属性

建立坐标区后,可以通过坐标区对象的属性调整坐标区的外观。

(1) XLim, YLim, ZLim 属性。

XLim、YLim、ZLim 属性用于获取和设置坐标区的坐标范围,其值是一个二元向量,分别对应坐标的最小值和最大值。例如,绘制上述正方形后,修改坐标区横轴的坐标范围,命令如下。

```
>> ax = gca;
>> ax.XLim = [-0.5 1.5];
```

第 1 行命令通过预定义变量 gca 获取当前坐标区对象的句柄,存于变量 ax。执行以上命令,显示如图 5.6(b)所示图形,横轴的坐标范围变为−0.5～1.5。

(2) XTick,YTick,ZTick 属性。

坐标区坐标轴的刻度值默认是线性递增的。XTick、YTick、ZTick 属性用于获取和设置坐标区坐标轴的刻度。例如:

```
>> ax.XTick = [-0.5 0.3 0.6 1.0 1.2];
```

执行命令,横轴的刻度变为−0.5、0.3、0.6、1.0、1.2。

(3) XTickLabel,YTickLabel,ZTickLabel 属性。

坐标区坐标轴的刻度标签默认采用刻度值。XTickLabel、YTickLabel、ZTickLabel 属性用于获取和设置坐标轴的刻度标签。例如:

```
>> ax.XTickLabel = {"周一","周二","周三","周四","周五"};
```

执行命令，横轴的刻度标签变为周一～周五。

2. 设置网格

坐标区设定好以后，还可以通过给坐标区加网格、边框等方法改变坐标区的显示效果。

1）grid 命令

grid 命令用于控制坐标区的网格线。grid on 命令指定显示网格线，grid off 命令指定不显示网格线，不带参数的 grid 命令用于在两种状态之间进行切换。

box 命令用于控制坐标区是否显示边框。box 命令的使用方法与 grid 命令相同。坐标区默认是显示边框的。

2）XGrid，YGrid，ZGrid 属性

用于设置是否显示特定方向的网格线，可取值为'on'或'off'，也可以使用逻辑值 1 或逻辑值 0。例如，取消显示当前坐标区的水平方向网格线，命令如下。

```
>> ax = gca;
>> ax.XGrid = 'off';
```

3. 绘制多个图形

可视化数据时，有时需要将多个图形同时呈现，采用不同指标分析数据的特性。MATLAB 提供了多种方法来同时呈现多个图形。

1）同一坐标区

当 plot 函数的输入参数是矩阵时，可以在一个坐标区同时绘制长度相同的多条曲线；当输入参数是多个向量对时，则可以绘制长度不同的多条曲线。例如，绘制三条频率不同的正弦曲线，程序如下。

```
x = linspace(0,2 * pi,100);
plot([x', x', x'],[sin(x'), sin(3 * x'), sin(5 * x')]) %或 plot(x,sin(x), x,sin(3
* x), x,sin(5 * x))
```

plot 函数绘制图形时，先清空绘图区，再绘制图形。若要在已有图形上叠加新的图形，则利用 hold on 命令。"hold on"命令指定保持原有图形，在同一绘图区继续绘制新的图形，直到执行"hold off"命令后，取消保持原有图形的模式。例如，绘制三条频率不同的正弦曲线，也可以使用以下程序。

```
x = linspace(0,2 * pi,100);
plot(x,sin(x))
hold on
plot(x,sin(3 * x))
plot(x,sin(5 * x))
```

要获取和设置坐标区中各个图形的属性，可通过坐标区对象的 Children 属性。Children 属性是一个数组，元素是坐标区中的图形对象。例如，包含上述三条曲线的坐标区对象，Children 属性是一个 3×1 的 Line 数组，元素的索引号与绘制的顺序有关，后绘制的

图形元素索引号靠前。若要设置第二条曲线的线型为点画线,可以使用以下命令。

```
>> ah = gca;
>> ah.Children(2).LineStyle = "-.";
```

如果需要绘制在同一坐标区的两个图形的纵坐标值域差别很大,可以调用 MATLAB 的 yyaxis 命令,将建立左、右两个参照坐标系,并在坐标区的左右两端添加对应标尺。例如:

```
x = linspace(0,10);
y = sin(3 * x);
yyaxis left
plot(x,y)
z = sin(3 * x) .* exp(0.5 * x);
yyaxis right
plot(x,z)
ylim([-150 150])
```

运行以上程序,绘制出如图 5.7 所示图形。yyaxis left 建立左侧坐标系,并使后续绘图命令 plot(x,y)参照左侧坐标系绘制图形。yyaxis right 建立右侧坐标系,并使后续绘图命令 plot(x,z)参照右侧坐标系绘制图形。图形的颜色与所参照坐标系的标尺颜色一致。

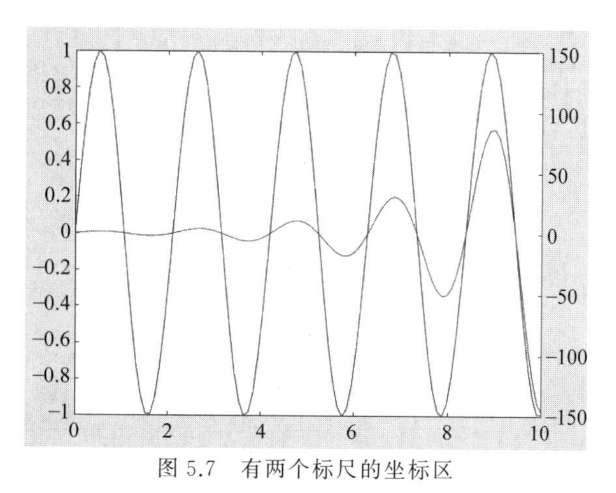

图 5.7 有两个标尺的坐标区

2) 同一图形窗口的多个坐标区

在数据可视化应用中,常常需要在一个图形窗口内绘制若干独立的图形,这就需要对图形窗口进行分割。MATLAB 的 subplot 函数用于分割图形窗口,一个图形窗口可以划分为多个绘图区,一个绘图区称为一个子图。每一个绘图区自动生成一个坐标区,作为图形、标注等对象的容器。subplot 函数的调用格式如下。

```
subplot(m, n, p)
```

其中,输入参数 m 和 n 用于指定将图形窗口分成 m×n 子图,子图按行优先编号,即子图按从左至右、从上至下的顺序编号。subplot 函数的第 3 个参数指定编号为 p 的子图为当前子图,后续的绘图命令、坐标区控制命令等都是作用于当前子图,即默认在当前子图绘制图形。若 p 是向量,则表示将向量元素值对应的子图合并成一个绘图区,然后在这个合成的绘图区中绘制图形。

例 5.4 将图形窗口划分成 2×2 绘图区,如图 5.8 所示,子图 2 绘制曲线 $f(x)=\sin 2x^2$,子图 4 绘制曲线 $f(x)=\cos x^3$,子图 1 和子图 3 合并为一个绘图区,绘制曲线 $f(x)=x-\cos x^3-\sin 2x^2$。

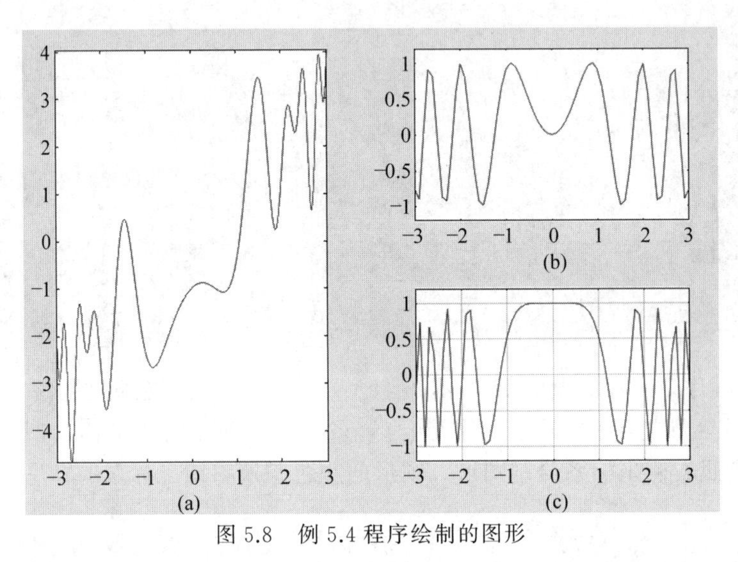

图 5.8 例 5.4 程序绘制的图形

调用 subplot 函数生成子图时,会自动生成坐标区对象,其坐标轴将根据后续绘制图形自动调整。程序如下。

```
x = -3:0.1:3;
subplot(2,2,2);
y2 = sin(2*x.^2);
plot(x,y2);
xlabel('(b)');
axis([-3 3 -1.2 1.2])
subplot(2,2,4);
y3 = cos(x.^3);
plot(x,y3);
xlabel('(c)');
axis([-3 3 -1.2 1.2]); grid on;
subplot(2,2,[1 3]);                                 %合成编号为 1 和 3 的绘图区
fplot(@(x)(x-cos(x.^3)-sin(2*x.^2)),[-3 3]);
xlabel('(a)');
```

要获取图形窗口各个子图的属性,可通过图形窗口对象的 Children 属性。图形窗口对象的 Children 属性是一个 Axes 类型的数组,其元素是图形窗口中的坐标区对象。例如,例 5.4 有三个子图,Children 属性是一个 3×1 的 Axes 数组。在以上程序中,调用 xlabel 函数为每个子图的横轴设置了标签,分别是'a'、'b'、'c'。若要输出横轴标签为 b 的子图的纵轴坐标范围,程序如下。

```
fh = gcf;
for k = 1:length(fh.Children)
    if strfind(fh.Children(k).XLabel.String,'b')>0
        disp(fh.Children(k).YLim)
    end
end
```

第1行命令通过预定义变量gcf获取当前图形窗口的句柄,存于变量fh。程序中通过length(fh.Children)得到坐标区对象的个数,通过strfind函数定位符合条件的坐标区对象。运行以上程序,命令行窗口输出如下。

```
-1.2000    1.2000
```

MATLAB还提供了tiledlayout函数创建分块图布局。tiledlayout函数的基本调用方法如下。

```
tiledlayout(m,n)
```

其中,输入参数指定分块图布局为m×n。创建布局后,调用nexttile命令依序将各个分块图设为当前绘图区,在该分块图建立坐标区,后续绘图命令基于此坐标区生成图形。例如:

```
tiledlayout(2,2);                                    %创建一个2×2分块图布局
%分块图1
nexttile
fplot(@(x)sin(x), [0, 2*pi])
%分块图2
nexttile
fplot(@(x)sin(3*x), [0, 2*pi])
%分块图3
nexttile
fplot(@(x)cos(x.^3), [-pi, pi])
%分块图4
nexttile
fplot(@(x)cos(x), [0, 2*pi])
```

运行以上程序,图形窗口如图5.9所示。

3)多个图形窗口

如果要在不同图形窗口呈现多个图形,可以使用figure命令。figure命令用于构造图形窗口对象。图形窗口是坐标区、控件(如按钮)等的容器,而坐标区是图形的容器。

图形窗口对象的属性影响图形窗口的外观和所容纳对象的呈现效果。表5.3列出了figure对象的常用属性。例如,创建一个大小为1280×960的图形窗口,并将其放置在距离屏幕的左下角[100,50]的位置,不显示菜单栏,程序如下。

```
fh = figure;
fh.Position = [100, 50, 1280, 960];
fh.MenuBar = 'none';
```

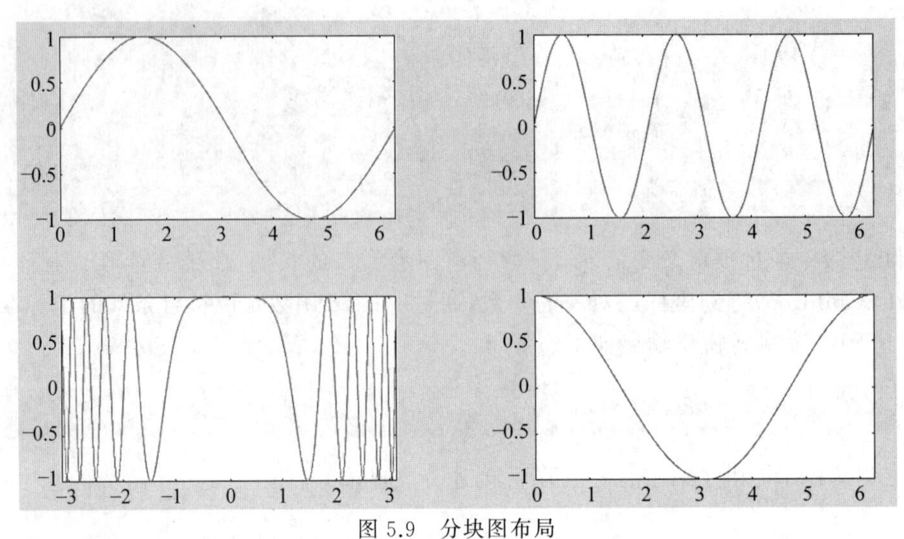

图 5.9　分块图布局

表 5.3　figure 对象的常用属性

属　　性	功　　能	可　取　值
MenuBar	菜单栏显示方式	'figure'(默认值)、'none'
ToorBar	工具栏显示方式	'auto'(默认值)、'figure'、'none'
WindowState	窗口状态	'normal'(默认值)、'minimized'、'maximized'、'fullscreen'
Position	指定位置和大小	用向量[left, bottom, width, height]表示，元素为数值
Units	度量单位	'pixels'(默认值)、'normalized'、'inches'、'centimeters'、'points'、'characters'
Pointer	光标样式	'arrow'(,默认值)、'ibeam'( )、'crosshair'( )、'fleur'( )、'hand'( ) …

MATLAB 的 gcf 命令用于获取当前图形窗口的句柄，shg 命令用于使当前图形窗口置于 MATLAB 其他子窗口的前面。

4. 其他坐标图

在一些可视化应用中，需要使用基于其他坐标系的图形，MATLAB 提供了基于对数坐标系的绘图函数、基于极坐标系的绘图函数和绘制等高线的函数等。

1) 对数坐标图

对数据进行对数转换后，可以更清晰地呈现数据的某些特征。例如，自动控制理论中的 Bode 图，采用对数坐标反映信号的幅频特性和相频特性。MATLAB 提供了绘制半对数和全对数坐标曲线的函数。这些函数的调用格式如下。

```
semilogx(x1, y1, x2, y2, …)
semilogy(x1, y1, x2, y2, …)
loglog(x1, y1, x2, y2, …)
```

其中，输入参数的意义、用法与 plot 函数一致，所不同的是坐标系的选取。semilogx 函数绘制图形时，横坐标采用数据的常用对数值。semilogy 函数绘制图形时，纵坐标采用数据的常用对数值。loglog 函数绘制图形时，横坐标和纵坐标均采用数据的常用对数值。

例 5.5 如图 5.10 所示，将图形窗口划分为 2×2 绘图区，在各子图中分别绘制 $y=e^{-x}$ 的半对数和全对数坐标图，并与笛卡儿坐标图进行比较。程序如下。

```
x = 0:0.1:10;
y = exp(-x);
subplot(2,2,1);
plot(x,y);
title('plot(x,y)');
subplot(2,2,2);
semilogx(x,y);
title('semilogx(x,y)');
subplot(2,2,3);
semilogy(x,y);
title('semilogy(x,y)');
subplot(2,2,4);
loglog(x,y);
title('loglog(x,y)');
```

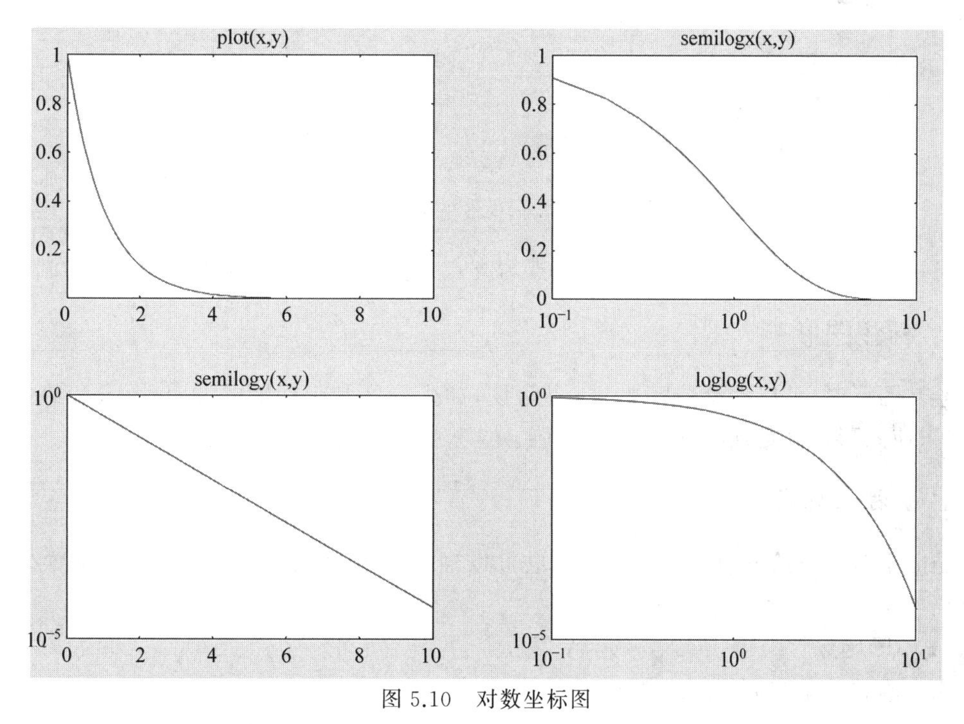

图 5.10 对数坐标图

2）极坐标图

极坐标图的角度轴是圆形的，数据在图中表示为极径和极角。MATLAB 的 polarplot 函数用于绘制极坐标图，其调用格式为

```
polarplot(theta, rho)
```

其中,输入参数 theta 定义极角,rho 定义极径。

例 5.6 如图 5.11 所示,图 5.11(a)为 $\rho=1-\sin\theta$ 对应的极坐标图,图 5.11(b)为 $\rho=1-\sin\left(\theta-\frac{\pi}{2}\right)$ 对应的极坐标图。设 $\theta\in[0,2\pi]$。程序如下。

```
t = 0:pi/100:2 * pi;
r = 1-sin(t);
subplot(1,2,1)
polarplot(t,r)
subplot(1,2,2)
r1 = 1-sin(t-pi/2);
polarplot(t,r1)
```

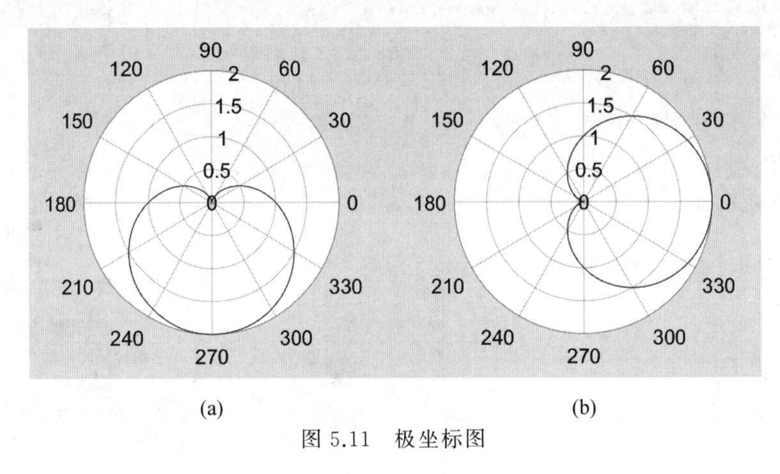

(a) (b)

图 5.11 极坐标图

可视化结果显示,图 5.11(b)是以原点为支点,将图 5.11(a)逆时针方向旋转 90°。

5.1.3 标注图形

绘制图形时,可以在绘图区加上一些说明,如坐标区和坐标轴的说明、图形和数据点的注解等,使图形意义更加明确、可读性更强。这些操作称为添加图形标注。

1. 坐标区标题

title 函数用于给坐标区添加标题,也可以通过坐标区对象的 Title 属性设置坐标区标题。

1) title 函数

title 函数的基本调用格式如下。

```
title(ah, titletext)
```

其中,输入参数 ah 指定坐标区对象,省略时,默认为当前坐标区;titletext 指定标题文本,可以是字符向量、元胞数组、字符串数组、分类数组、数值,默认为空字符向量(即无标题)。例如,给当前坐标区添加标题,命令如下。

```
>> title('This is an example.')
```

如果要输出多行文本,则采用元胞数组或字符串数组。例如:

```
>> title( {'First line','Second line'})
                                   %或 title( ["First line","Second line"])
```

如果图形窗口中有多个坐标区对象,则需要指定在哪一个坐标区添加标题。例如:

```
h1 = subplot(2,3,1);
h2 = subplot(2,3,5);
title(h1, 'First')
title(h2, 'Fifth')
```

坐标区对象的 Title 属性是 Text 类型对象,Text 类型对象的 String 属性存储要显示的文本。因此,也可以通过坐标区对象的 Title 属性设置坐标区标题,例如:

```
>> ah=gca;                              %gca 返回当前坐标区对象
>> ah.Title.String="This is an example.";
```

调用 title 函数,将生成一个标题对象。标题对象的常用属性包括 FontSize(字大小)、FontWeight(字形)、FontName(字体)、Color(文本颜色)、Interpreter(文本解释器)。FontSize 的可取值是大于 0 的标量,以磅为单位;FontWeight 的可取值为'normal'、'bold'(粗体);FontName 的可取值是本机操作系统支持的字体名称或'FixedWidth'(等宽字体);Color 的可取值是 RGB 三元组、十六进制颜色代码或颜色名称,默认值是[0 0 0](即黑色);Interpreter 的可取值是'tex'(默认)、'latex'或'none'。

2) 输出特殊字符

标题中除输出常规字符外,还可输出特殊字符(如希腊字母、数学符号等)。这些特殊字符的输出,采用 TeX 标记。表 5.4 列出了 MATLAB 支持的 TeX 标记,这些标记前缀是转义字符“\”,表示其后的单词是某个特殊字符的标记。

表 5.4 MATLAB 支持的 TeX 标记

标　记	输出字符	标　记	输出字符	标　记	输出字符
\alpha	α	\phi	φ	\leq	≤
\beta	β	\psi	ψ	\geq	≥
\gamma	γ	\omega	ω	\div	÷
\delta	δ	\Gamma	Γ	\times	×
\epsilon	ε	\Delta	Δ	\neq	≠
\zeta	ζ	\Theta	Θ	\infty	∞
\eta	η	\Lambda	Λ	\partial	∂
\theta	θ	\Pi	Π	\leftarrow	←

续表

标　记	输出字符	标　记	输出字符	标　记	输出字符
\pi	π	\Sigma	Σ	\uparrow	↑
\rho	ρ	\Phi	Φ	\rightarrow	→
\sigma	σ	\Psi	ψ	\downarrow	↓
\tau	τ	\Omega	Ω	\leftrightarrow	↔
\angle	∠	\otimes	⊗	\int	∫
\sim	~	\pm	±	\in	∈
\cap	∩	\wedge	∧	\subseteq	⊆
\cup	∪	\vee	∨	\subset	⊂

此外，MATLAB 还支持特定格式文本的输出，例如，用“^{ }”输出上标，用“_{ }”输出下标，用“\bf”设置输出的文本采用粗体，用“\it”设置输出的文本采用斜体。例如：

```
>> title('a^{2}+b_{32}')
```

执行以上命令，将建立标题，标题输出的文本是 a^2+b_{32}。

为了清晰地区分 TeX 标记与输出文本的其他字符，常使用一对花括号“{}”界定一组相关的标记字符串。例如：

```
>> title('sin({\omega}t+{\beta})')
```

执行以上命令，将建立标题，标题输出的文本是 sin(ωt +β)。

标题输出的文本还可采用 LaTeX 标记。若要使用 LaTeX 标记，标题对象的 Interpreter 属性值设置为 'latex'。对于行内模式，如 $\int_1^{20} x^2\mathrm{d}x$，用符号“$”界定标记字符串；对于非行内模式，如 $\displaystyle\int_1^{20} x^2\mathrm{d}x$，用符号“$$”界定标记字符串。例如，在当前坐标区建立标题，输出表达式 $\int_1^{20} x^2\mathrm{d}x$，命令如下。

```
>> th = title('$\int_1^{20} x^2 dx$');
>> th.Interpreter='latex';
```

2. 坐标轴标签

xlabel、ylabel 和 zlabel 函数用于给基于笛卡儿坐标系的坐标区的横轴、纵轴和高度轴添加标签。这三个函数的用法与 title 类似，输入参数可以是字符串、字符向量、元胞数组、分类数组或数值。例如，建立横轴标签，标签输出的文本是 $-2\pi\leqslant x\leqslant 2\pi$，命令如下。

```
>> xlabel('-2\pi \leq x \leq 2\pi')
```

调用 xlabel、ylabel 和 zlabel 函数，生成标签对象。标签对象的属性及可取值与标题对

象基本一致，Color 属性值默认是[0.15 0.15 0.15]。

也可以通过坐标区对象的 XLabel、YLabel 和 ZLabel 属性设置坐标轴标签。例如：

```
>> ah = gca;
>> ah.XLabel.String = '-2\pi \leq x \leq 2\pi';
```

3. 图形标注

text 函数用于在坐标区的指定位置输出文本，对图形、数据点进行标注。text 函数的调用格式如下。

```
text(x, y, z, Annotationtext)
```

其中，输入参数 x、y、z 指定文本输出的位置，z 省略时，默认为 0。参数 Annotationtext 指定输出的文本，可以是字符向量、字符串标量、字符数组、字符串数组、元胞数组、分类数组，也可以使用 TeX 标记。调用 text 函数，将生成文本对象。文本对象具有标签对象的基本属性，如 String（输出的文本）、FontSize（字大小）、FontName（字体）、Color（颜色）、HorizontalAlignment（水平对齐模式）等，此外，其常用属性还包括 Position（位置）。例如：

```
x = 0:pi/20:2 * pi;
y = sin(x);
plot(x,y)
th = text(pi,0,'\leftarrow sin(\pi)');
th.FontSize = 16;
```

第 4 行命令将建立的文本对象存储于变量 th，第 5 行命令“th.FontSize=16;”将文本对象的字体大小设置为 16。运行以上程序，将绘制出如图 5.12 所示的图形。

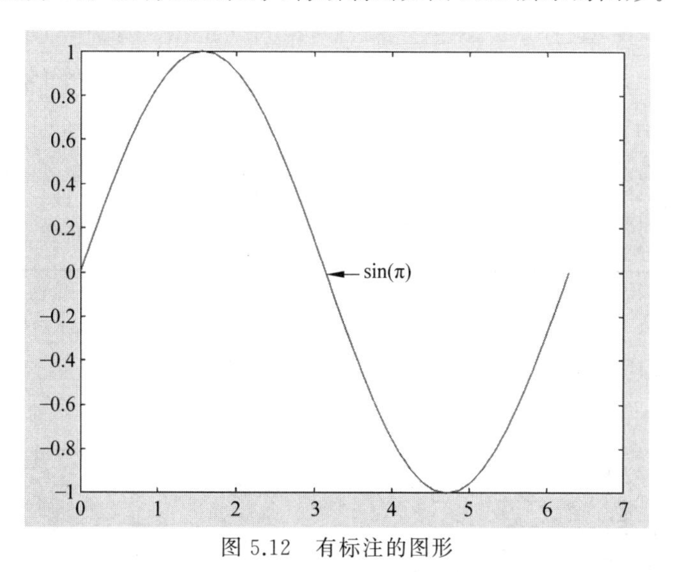

图 5.12　有标注的图形

4. 图例

legend函数用于给坐标区对象添加图例，说明绘制曲线所用线型、颜色或数据点标记等与数据序列的对应关系。legend函数的基本调用格式如下。

```
legend(图例1, 图例2, …)
```

其中，输入参数可以使用字符向量、元胞数组、字符串数组。例如：

```
legend('sin(\gamma)','cos(\sigma)')
legend({'sin(\gamma)','cos(\sigma)'})
```

图例对象的常用属性包括String(图例中的文本)、Location(图例位置)、Orientation(图例方向)、TextColor(文本颜色)、FontSize(字体大小)、NumColumns(列数，默认为1)。Location属性指定图例相对于坐标区的位置，表5.5列出了Location属性的可取值，对于二维坐标区，默认值是'northeast'；对于三维坐标区，默认值是'northeastoutside'。Orientation属性指定图例项的排列方式，可取值是'vertical'(垂直排列图例项，默认)、'horizontal'(横向排列图例项)。

表5.5　MATLAB图例的Location属性的可取值

可　取　值	描　　述	可　取　值	描　　述
'north'	坐标区的顶部	'northoutside'	坐标区的上方
'south'	坐标区的底部	'southoutside'	坐标区的下方
'east'	坐标区的右部	'eastoutside'	坐标区的右侧
'west'	坐标区的左部	'westoutside'	坐标区的左侧
'northeast'	坐标区的右上角	'northeastoutside'	坐标区外的右上方
'northwest'	坐标区的左上角	'northwestoutside'	坐标区外的左上方
'southeast'	坐标区的右下角	'southeastoutside'	坐标区外的右下方
'southwest'	坐标区的左下角	'southwestoutside'	坐标区外的左下方
'best'	自动确定坐标区内与绘图数据冲突最小的位置	'bestoutside'	自动确定坐标区外的最佳位置

例5.7　如图5.13所示，绘制曲线 $y_1=e^{-0.5x}$ 和 $y_2=e^{-0.5x}\cos(4\pi x)$，$x\in[0,2\pi]$，并在坐标区的左侧添加图例。

程序如下。

```
x=0:pi/100:2*pi;
y1=exp(-0.5*x);   y2=exp(-0.5*x).*cos(4*pi*x);
ph=plot(x,y1,x,y2);
title('An example','Line Plot');
xlh=xlabel('x from 0 to 2{\pi}');
```

```
xlh.FontSize=16;
th1=text(1.5,0.55,'y_1=e^{-0.5x}');                  %添加第 1 条曲线的标注
th2=text(3,-0.2,'y_2=cos(4{\pi}x)e^{-0.5x}');       %添加第 2 条曲线的标注
th1.FontSize=16;
th1.Color=ph(1).Color;                               %使标注字体颜色和第 1 条曲线颜色一致
th2.FontSize=14;
th2.Color=ph(2).Color;                               %使标注字体颜色和第 2 条曲线颜色一致
lh=legend('y_1','y_2');
lh.Location='westoutside';                           %图例位于坐标区的左侧
```

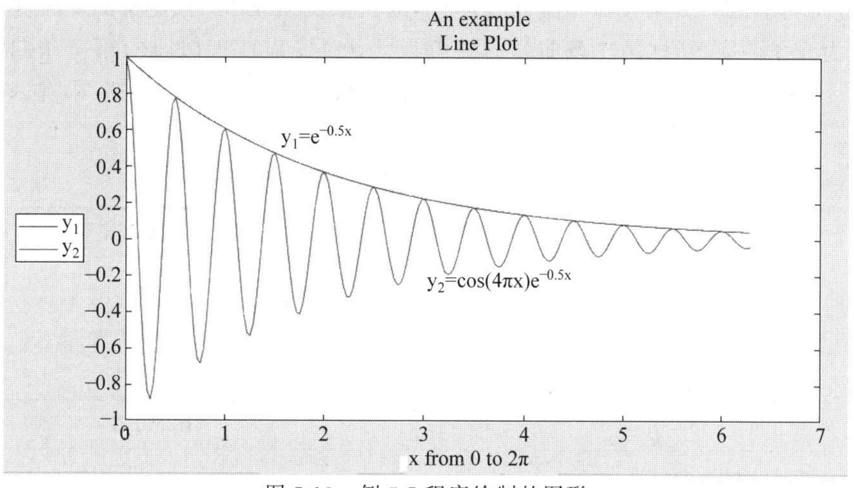

图 5.13 例 5.7 程序绘制的图形

5.1.4 配置颜色

对于多数据序列,一个简单的二维或三维图形不能展现数据的全部含义。在可视化应用中,常通过颜色的强度、透明度等变化,呈现更多的信息。例 5.7 中,通过指定标注颜色与图形一致来增强图形与标注的联系效果。

1. 颜色属性

坐标区的曲线、数据点标记可以设置颜色,标题、标签和标注等输出的文本也可以设置颜色。颜色可以用颜色名称、短名称、RGB 三元组、十六进制颜色代码表示。表 5.6 列出了 MATLAB 常用颜色的表示。

表 5.6 MATLAB 常用颜色的表示

颜色名称	短名称	RGB 三元组	颜色名称	短名称	RGB 三元组
"red"	"r"	[1 0 0]	"cyan"	"c"	[0 1 1]
"green"	"g"	[0 1 0]	"magenta"	"m"	[1 0 1]
"blue"	"b"	[0 0 1]	"yellow"	"y"	[1 1 0]
"black"	"k"	[0 0 0]	"white"	"w"	[1 1 1]

MATLAB 可描述的颜色有 2^{24} 种，但用颜色名称、短名称描述的颜色只有十几种，更多的颜色采用 RGB 三元组或十六进制颜色代码表示。RGB 三元组是包含三个元素的行向量，其元素分别代表红、绿、蓝三个颜色分量的强度，可取值是 0～1 的实数，例如，[0,0.4470,0.7410]。十六进制颜色代码是字符向量或字符串标量，以井号(#)开头，后跟 6 个十六进制数字，每两位十六进制数字对应一个颜色分量的强度，可取值为 00～FF，例如，"#FF0000"（代表红色）、"#00FF00"（代表绿色）、"#0000FF"（代表蓝色），前述 RGB 三元组[0,0.4470,0.7410]对应的十六进制颜色代码为"#0072BD"。

线条颜色可以在调用绘图函数时通过参数指定，也可以在绘制图形后，通过线条对象的 Color 属性进行修改。如果没有指定线条颜色，默认依次从表 5.7 预定义的 7 种颜色中取一种颜色作为线条的颜色，即第 1 条曲线的颜色为[0,0.4470,0.7410]，…，第 7 条曲线的颜色为[0.6350,0.0780,0.1840]。若 7 种颜色都已使用，则依次重复取色，例如，第 8 条曲线默认使用的颜色与第 1 条曲线的颜色相同。

表 5.7　MATLAB 预定义的线条颜色

RGB 三元组	十六进制颜色代码
[0 0.4470 0.7410]	"#0072BD"
[0.8500 0.3250 0.0980]	"#D95319"
[0.9290 0.6940 0.1250]	"#EDB120"
[0.4940 0.1840 0.5560]	"#7E2F8E"
[0.4660 0.6740 0.1880]	"#77AC30"
[0.3010 0.7450 0.9330]	"#4DBEEE"
[0.6350 0.0780 0.1840]	"#A2142F"

标题、标注、标签等输出文本的颜色通过文本对象的 Color 属性进行设置。例如：

```
th=title('An example');
th.Color='b';                                %设置标题文本为蓝色
```

数据点标记可以通过 MarkerEdgeColor 属性设置标记轮廓的颜色，通过 MarkerFaceColor 属性设置标记内填充的颜色。若没有设置，默认数据点标记是空心的，轮廓颜色与线条颜色一致。例如：

```
Y=randi(100,5,2);
ph=plot(Y);
ph(1).Marker='^';                            %第 1 条曲线添加数据点标记
ph(1).MarkerEdgeColor='r';                   %第 1 条曲线的数据点标记轮廓为红色
ph(2).Marker='d';                            %第 2 条曲线添加数据点标记
ph(2).MarkerFaceColor="y";                   %第 2 条曲线的数据点标记内填充黄色
```

2. 颜色图

颜色图(Colormap)是 MATLAB 定义图形对象（如曲面、图像、补片等）的颜色方案。

颜色图用一个 $m \times 3$ 的数值矩阵定义，其每一行是一个 RGB 三元组。颜色图定义了一个包含 m 种颜色的颜色列表，调用 mesh、surf等函数绘制曲面时，依次使用颜色列表中的颜色给网格线和网格面着色，所用颜色与网格的高度对应。

1）构造颜色图

MATLAB 的 colormap 函数用于设置当前图形所使用的颜色图，函数的调用格式为

```
colormap cmapname
colormap(cmap)
```

其中，参数 cmapname 是 MATLAB 预定义的颜色图，cmap 是颜色图矩阵。colormap 函数也可用于获取当前颜色图，调用格式为

```
cmap = colormap
```

颜色图矩阵 cmap 的每一行是一个 RGB 三元组，对应一种颜色。例如，创建一个由 6 种强度的灰色(红、绿、蓝分量的强度相同)组成的颜色图，命令如下。

```
c = [0,0.2,0.4,0.6,0.8,1]';
cmap = [c,c,c];
```

MATLAB 提供了若干预定义颜色图，MATLAB 2021b 绘图时默认使用 parula 颜色图。可以调用 MATLAB 的颜色图函数(函数名与预定义的颜色图同名)来构造颜色图矩阵。颜色图函数的调用方法相同，只有一个输入参数，用于指定生成的颜色图矩阵的行数，省略时，默认值是 256。例如，使用 gray 函数生成灰度图的颜色图矩阵：

```
M = gray;                    %生成有 256 种级别的灰度颜色图
P = gray(6);                 %生成有 6 种级别的灰度颜色图
Q = gray(2);                 %生成有 2 种级别的灰度颜色图，即只有黑、白两种颜色
```

要显示坐标区数据与颜色的映射关系，使用 colorbar 命令，则会在当前坐标区的右侧外显示颜色栏，纵向排列色阶。如果是二维图，色阶与纵轴的值域对应；如果是三维图，色阶与高度轴的值域对应。右击颜色栏，在弹出的快捷菜单中，可以选用其他预定义颜色图，或设置颜色栏的位置等。

2）颜色图编辑器

colormapeditor 命令用于打开颜色图编辑器。颜色图编辑器如图 5.14 所示。颜色图的下拉列表列出了 MATLAB 的预定义颜色图，也可以单击“导入”按钮，从工作区选择颜色图矩阵，添加自定义颜色图。颜色空间是指在定义的颜色中，从一种颜色过渡到另一种颜色的插值计算方法，包括 RGB 和 HSV 两种方案，RGB 是按红、绿、蓝分量的强度进行插值，HSV 是按色调、饱和度和明度进行插值。

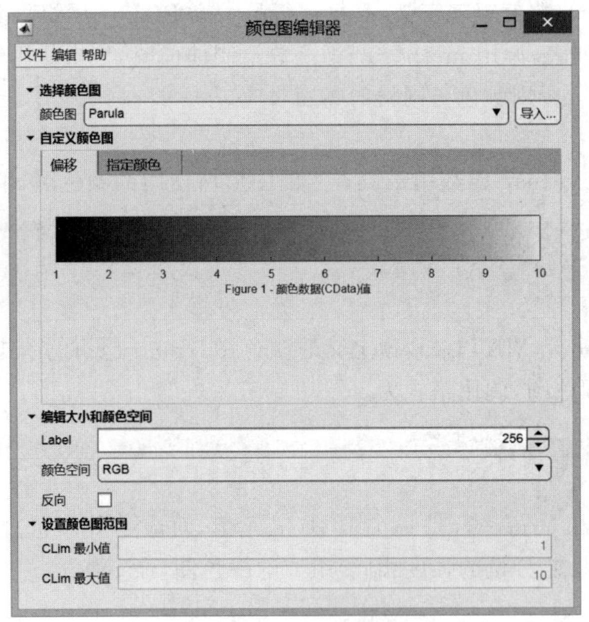

图 5.14　颜色图编辑器

5.2　绘制三维图形

三维图形有三个维度,它具有更强的数据表现能力。MATLAB 绘制三维图形的方法与绘制二维图形类似,很多是在二维绘图的方法上扩展而来的。

5.2.1　绘制三维曲线

MATLAB 绘制三维曲线的基本方法是用线段将空间中的数据点连接起来。

1. plot3 函数

plot3 函数用于绘制三维曲线,它将绘制二维曲线的 plot 函数的有关功能扩展到三维空间。plot3 函数的基本调用格式如下。

```
plot3(x, y, z)
```

其中,输入参数 x、y、z 指定曲线上各个数据点的空间坐标。通常,x、y 和 z 为长度相同的向量。

例 5.8　绘制三维曲线 $\begin{cases} x=\sin t+t\cos t \\ y=\cos t-t\sin t, \\ z=t \end{cases}$　$0\leqslant t\leqslant 10\pi$。

先构造变量 t,再根据表达式计算曲线上数据点的 x、y、z 坐标,然后调用 plot3 函数绘制曲线,并且给坐标区添加标题和坐标轴标签。程序如下。

```
t=0:pi/20:10*pi;
```

```
x=sin(t)+t.*cos(t); y=cos(t)-t.*sin(t); z=t;
plot3(x, y, z);
title({'x=sin(t)+tcos(t)', 'y=cos(t)-tsin(t)', 'z=t'});
xlabel('X'); ylabel('Y'); zlabel('Z');
grid on;
```

使用plot3绘制图形时，默认不显示网格线，为了观察各个数据点的坐标，最后一行命令“grid on”显示网格线。运行程序，绘制出如图5.15所示的图形。

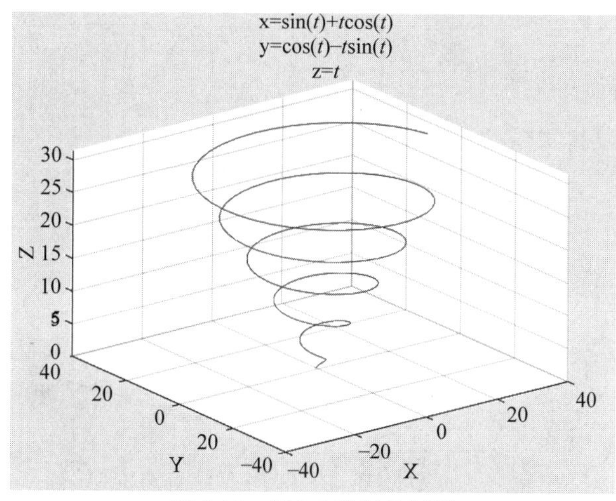

图5.15　例5.8绘制的图形

若要查看曲线上某一点的数据，可移动光标至曲线上的这一点，将会弹出提示框，显示该点的数据。在坐标区的任意位置拖动，将使坐标区按光标移动方向进行旋转，从而可以从不同角度观察曲线。

当plot3函数的输入参数x、y、z是同样大小的矩阵时，则以矩阵x、y、z对应列元素作为数据点坐标，曲线条数等于矩阵列数。例如：

```
t=linspace(0,2*pi,100);
X=[t', t', t'];  Y=[sin(t'), sin(3*t'), sin(5*t')];
Z=zeros(size(Y));
Z(:,2)=2;  Z(:,3)=5;
plot3(X, Y, Z)
```

运行以上程序，将绘制三条曲线。第1条曲线的数据点的z坐标都为0，第2条曲线的数据点的z坐标都为2，第3条曲线的数据点的z坐标都为5。

当plot3函数的输入参数x、y、z中有向量也有矩阵时，向量的长度应与矩阵的行数相同。绘制上述曲线，也可以使用以下命令。

```
plot3(t, Y, Z);                                  %或 plot3(t', Y, Z);
```

当需要绘制不同长度的多条曲线时，则输入参数采用若干组向量对的格式，即

```
plot3(x1, y1, z1, x2, y2, z2, … , xn, yn, zn)
```

此时,同一组向量对的长度必须相同,不同组向量对的长度可以不同。

例 5.9 如图 5.16 所示,在同一坐标区绘制曲线 $\begin{cases}x=\sin t\times\cos 8t\\y=\sin t\times\sin 8t\\z=\cos(t)\end{cases}$,$t\in[0,\pi]$和曲线 $\begin{cases}x=\sin t\times\cos 12t\\y=\sin t\times\sin 12t\\z=\cos(t)\end{cases}$,设 $t\in[0,\pi/2]$。

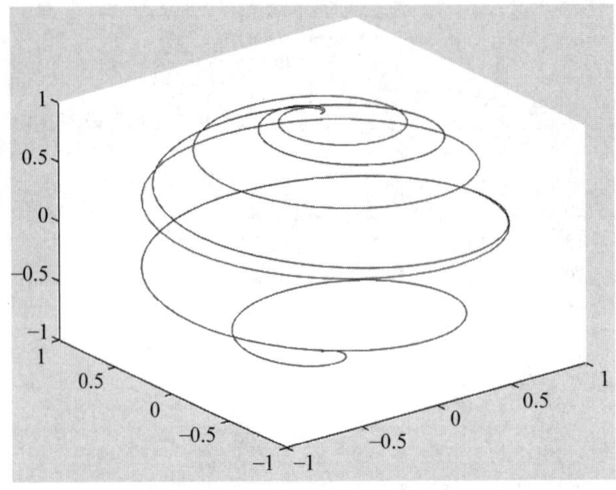

图 5.16 例 5.9 绘制的图形

先分别构造两条曲线上数据点的 x、y、z 坐标,再调用 plot3 函数绘制图形,程序如下。

```
t1 = linspace(0,pi,200);
xt1 = sin(t1).* cos(8 * t1);
yt1 = sin(t1).* sin(8 * t1);
zt1 = cos(t1);
t2 = linspace(0,pi/2,120);
xt2 = sin(t2).* cos(12 * t2);
yt2 = sin(t2).* sin(12 * t2);
zt2 = cos(t2);
plot3(xt1,yt1,zt1, xt2,yt2,zt2)
```

调用 plot3 函数绘制曲线,可以使用和 plot 函数一样的方法,设置线条的线型、线宽、颜色、数据点标记等。

2. fplot3 函数

使用 plot3 函数绘图时,需要先取得曲线上各点的 x、y、z 坐标,然后绘制曲线。如果数据点设置不合理,则绘制的曲线不能反映原函数的特性。MATLAB 提供了 fplot3 函数,可根据输入参数的变化特性自适应地调整数据点间距。fplot3 函数的基本调用格式如下。

```
fplot3(funx, funy, funz, lims)
```

其中，输入参数 funx、funy、funz 是有一个自变量函数的表达式，用于定义曲线 x、y、z 坐标，可以使用函数句柄、匿名函数、符号表达式。lims 为参数 funx、funy、funz 自变量的取值范围，用二元向量[tmin, tmax]描述，省略时，默认为[−5,5]。

例如，用 fplot3 函数绘制例 5.8 的曲线。先定义三个匿名函数，存于变量 fx、fy、fz，用这三个变量作为 fplot3 函数的输入参数，程序如下。

```
fx = @(t)sin(t)+t.*cos(t);
fy = @(t)cos(t)-t.*sin(t);
fz = @(t)t;
fplot3(fx, fy, fz, [0,10*pi]);
```

也可定义为符号表达式，用符号对象作为 fplot3 函数的输入参数，程序如下。

```
syms t
fx = sin(t)+t*cos(t); fy=cos(t)-t*sin(t);fz=t;
fplot3(fx, fy, fz, [0,10*pi]);
```

调用 fplot3 函数绘制曲线，可以使用和 plot 函数一样的方法，设置线条的线型、线宽、颜色等。

例 5.10 分别调用 plot3、fplot3 函数绘制曲线 $\begin{cases} x=\mathrm{e}^{-\frac{t}{10}}\cdot\sin 5t \\ y=\mathrm{e}^{-\frac{t}{10}}\cdot\cos 5t \\ z=t \end{cases}$，$t\in[-10, 10]$。

为了对比两个绘图函数的绘图效果，采用水平排列的两个子图，左右子图中分别调用 fplot3 和 plot3 函数绘制图形。程序如下。

```
xt = @(t) exp(-t/10).*sin(5*t);
yt = @(t) exp(-t/10).*cos(5*t);
zt = @(t) t;
subplot(1,2,1)
ph1 = fplot3(xt, yt, zt, [-10 10]);
title("fplot3")
subplot(1,2,2)
t = linspace(-10,10, 120);
ph2 = plot3(xt(t), yt(t), zt(t));
title("plot3")
```

运行程序，绘制出如图 5.17 所示的图形。图 5.17(a)曲线光滑，而图 5.17(b)曲线不光滑。图 5.17(b)曲线定义了 120 个数据点，呈现为一条折线，可以推断出是数据点太少导致的，于是分别定义 200、300、400、500 个数据点，观察图 5.17(b)，曲线光滑程度逐步改善。

例 5.10 说明，在不了解所分析的函数特性的情形下，适合采用 fplot3 函数绘制图形。

5.2.2 绘制三维曲面

如果三组数据序列是大小相同的矩阵，可以使用曲面图描述三组数据之间的关系。曲面的各个网格面(称为补片)用颜色或图案区分不同数值，同一值域内的数用同一颜色表示。

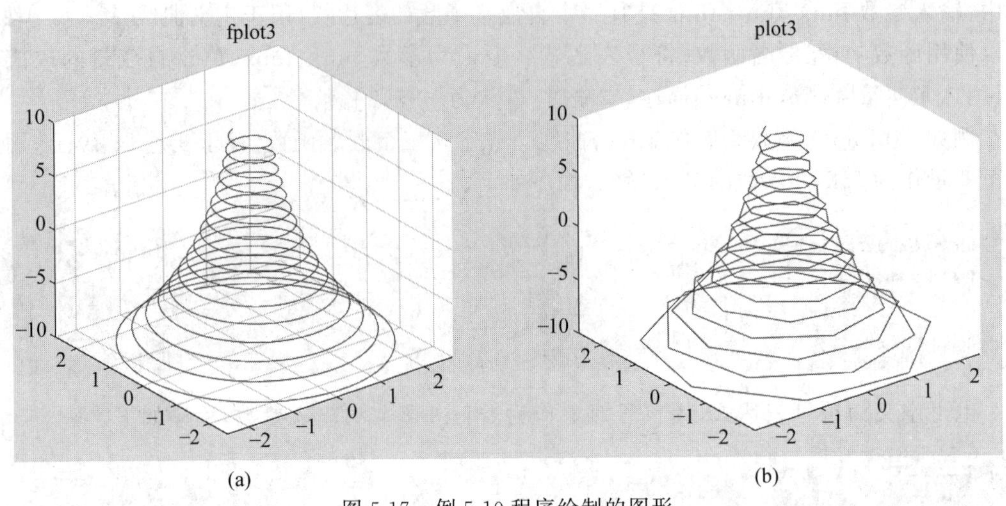

图 5.17　例 5.10 程序绘制的图形

MATLAB 提供了大量绘制三维曲面的函数。

MATLAB 图形通过 xy 平面中的矩形网格顶点的高度来定义曲面,用直线连接相邻点形成曲面的网格。例如,如图 5.18(a)所示曲面,若从正上方拍摄曲面,则得到的图形为如图 5.18(b)所示矩形,矩形划分成若干网格,每个网格面填充颜色的强度与高度有关。

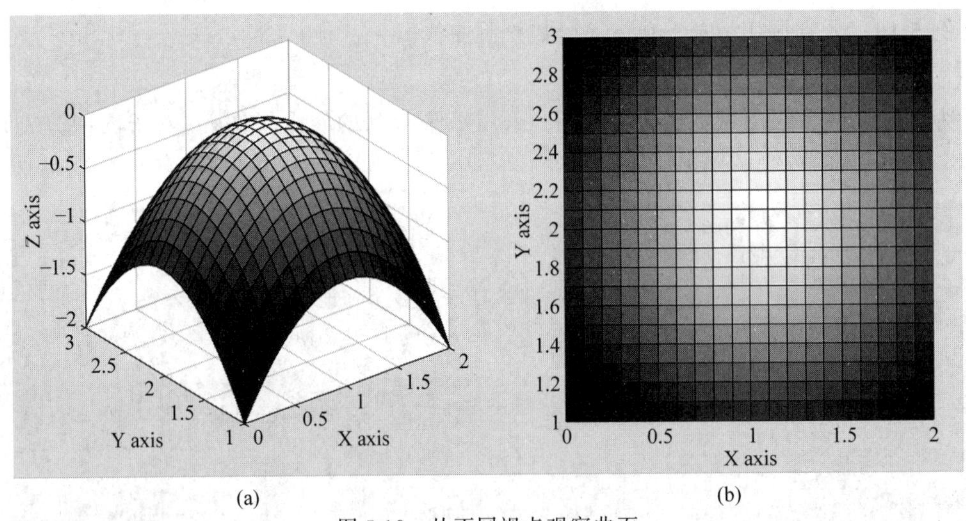

图 5.18　从不同视点观察曲面

绘制三维曲面图,先要构造如图 5.18(b)所示 xy 平面所有网格顶点的横坐标和纵坐标,再计算网格顶点的高度,然后调用 mesh 函数或 surf 函数绘制三维曲面。若曲面用含两个自变量的参数方程定义,则可以调用 fmesh 或 fsurf 函数绘图。若曲面用隐函数定义,则可以调用 fimplicit3 函数绘图。

1. 网格坐标矩阵

在 MATLAB 中产生二维网格顶点坐标矩阵的方法是：将水平方向区间[xmin,xmax]分成 m 份,将垂直方向区间[ymin,ymax]分成 n 份,由各划分点分别作平行于两坐标轴的直线，将该区域划分成 $m \times n$ 个小网格，存储这些网格顶点坐标的矩阵称为网格坐标矩阵。例如，在 xy 平面选定一个矩形区域，如图 5.19 所示，其左下角顶点坐标为(2, 3)，右上角顶点坐标为(6, 8)。然后在水平方向(即[2,6]区间)分成 4 份，在垂直方向(即[3,8]区间)分成 5 份，由各划分点分别作平行于两坐标轴的直线，将区域分成 5×4 个小矩形，该区域总共有 6×5 个顶点。用矩阵 $\boldsymbol{X}$、$\boldsymbol{Y}$ 分别存储所有网格顶点的横坐标、纵坐标，矩阵 $\boldsymbol{X}$、$\boldsymbol{Y}$ 就是该矩形区域的 xy 平面网格坐标矩阵。

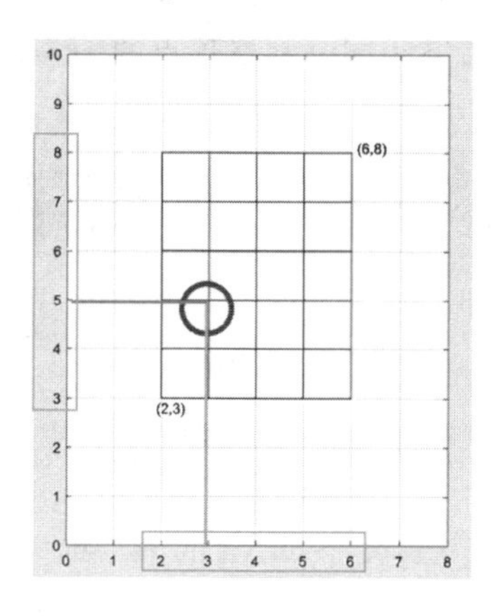

X

6x5 double

	1	2	3	4	5
1	2	3	4	5	6
2	2	3	4	5	6
3	2	3	4	5	6
4	2	3	4	5	6
5	2	3	4	5	6
6	2	3	4	5	6

Y

6x5 double

	1	2	3	4	5
1	3	3	3	3	3
2	4	4	4	4	4
3	5	5	5	5	5
4	6	6	6	6	6
5	7	7	7	7	7
6	8	8	8	8	8

图 5.19 网格坐标示例

在 MATLAB 中，生产 xy 平面的网格坐标矩阵有两种方法。

(1) 利用矩阵运算生成网格坐标矩阵。

例如，生成如图 5.19 所示的网格顶点坐标矩阵，可以使用以下命令。

```
a = 2:6;  b = (3:8)';
X = [a; a; a; a; a; a];                          %X 由 6 个行向量 a 组成
Y = [b, b, b, b, b];                             %Y 由 5 个列向量 b 组成
```

(2) 调用 meshgrid 函数生成网格坐标矩阵。

meshgrid 函数的调用方法如下。

```
[X,Y] = meshgrid(x,y)
```

其中，输入参数 x、y 为向量，长度可不同；输出参数 X、Y 为矩阵，大小相同。生成的矩阵 X 的每一行都是向量 x，行数等于向量 y 的长度；矩阵 Y 的每一列都是向量 y，列数等于向量 x 的长度。矩阵 X 和 Y 相同位置上的元素 X_{ij}、Y_{ij} 存储该区域第 i 行第 j 列顶点的横坐标、纵坐标。例如，生成图 5.19 中的网格顶点坐标矩阵，也可以使用以下命令。

```
>> [X,Y]=meshgrid(2:6, 3:8);
```

若 meshgrid 函数的输入参数只有一个，则生成的两个网格坐标矩阵是方阵，例如：

```
>> [X,Y]=meshgrid([10, 20,100]);
```

执行以上命令，生成的变量 X 的每一行都是向量[10, 20,100]，变量 Y 的每一列都是

向量[10;20;100]。

meshgrid 函数也可以用于生成三维网格坐标数组，调用格式如下。

```
[X, Y, Z] = meshgrid(x, y, z)
```

其中，输入参数 x、y、z 为向量，输出参数 X、Y、Z 是三维数组。生成的数组 X、Y 和 Z 的第 1 维大小和向量 y 的长度相同，第 2 维大小和向量 x 的长度相同，第 3 维大小和向量 z 的长度相同。数组 X、Y 和 Z 相同位置上的元素 X_{ijk}，Y_{ijk}，Z_{ijk} 存储空间同一网格顶点的 x、y、z 坐标。例如：

```
>> [X,Y,Z] = meshgrid(1:3, 22:25, [11,12]);
```

执行命令后，工作区出现了三个变量 X、Y、Z，大小都是 4×3×2。

MATLAB 的 ndgrid 函数用于生成 n 维网格坐标数组，调用格式如下。

```
[X1, X2, …, Xn] = ndgrid(x1, x2, …, xn)
```

其中，输入参数为向量，输出参数为 n 维数组。生成的数组 X1、X2、…、Xn 的第 1 维大小和向量 x1 的长度相同，第 2 维大小和向量 x2 的长度相同，……，第 n 维大小和向量 xn 的长度相同。例如：

```
>> [X1, Y1, Z1]=ndgrid(1:3, 22:25, [11,12]);
```

执行命令后，工作区出现了三个变量 X1、Y1、Z1，大小都是 3×4×2。

2. surf 函数与 mesh 函数

MATLAB 提供了 mesh 函数和 surf 函数来绘制三维曲面图。mesh 函数用于绘制三维网格图，默认网格轮廓线有颜色，网格面不填充颜色；surf 函数用于绘制三维曲面图，默认显示网格轮廓线，网格面用颜色填充。surf 函数和 mesh 函数的调用格式如下。

```
mesh(x, y, z, c)
surf(x, y, z, c)
```

通常，输入参数 x、y、z 是同型矩阵，x、y 定义 xy 平面网格顶点的横、纵坐标，z 定义网格顶点的高度。选项 c 用于指定不同高度所对应的颜色。c 省略时，默认 c=z，即颜色值正比于网格顶点的高度，这样就可以呈现出层次分明的三维图形。当 x，y 是向量时，要求 x 的长度等于矩阵 z 的列数，y 的长度等于矩阵 z 的行数。

例 5.11 将图形窗口划分为 1×2 绘图区，在各子图中分别绘制 $z=\sin x^2+\cos y^2$ 的三维网格图和曲面图，设 $x\in[0,\pi]$，$y\in[0,\pi/2]$。

先构造向量 $\boldsymbol{x}$、$\boldsymbol{y}$，用向量 $\boldsymbol{x}$、$\boldsymbol{y}$ 生成 xy 平面网格坐标矩阵，再根据表达式计算网格顶点的 z 坐标。程序如下。

```
[X,Y]=meshgrid(0:pi/50:pi, 0:pi/50:pi/2);
```

```
Z = sin(X.^2)+cos(Y.^2);
subplot(1,2,1)
mesh(X, Y, Z);
subplot(1,2,2)
surf(X, Y, Z);
```

运行程序，绘制出如图 5.20 所示的图形。图 5.20(a)是调用 mesh 函数绘制的，只有网格轮廓线，线条颜色与 z 坐标有关；图 5.20(b)是调用 surf 函数绘制的，网格轮廓线是黑色的，网格面填充了颜色，填充的颜色与 z 坐标有关。

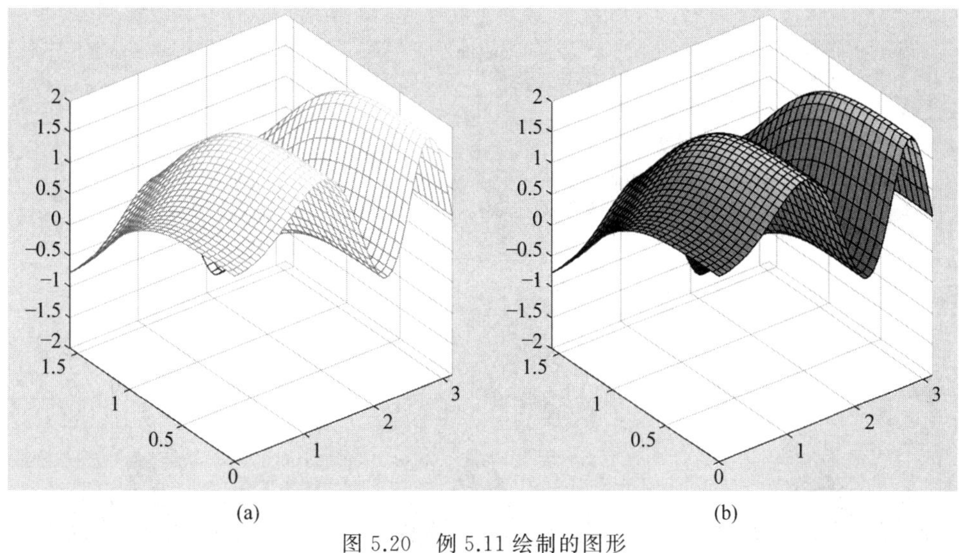

图 5.20　例 5.11 绘制的图形

若调用 mesh 函数和 surf 函数，只有一个输入参数 z，则绘制图形时将用变量 z 的第 2 维下标定义横坐标，用变量 z 的第 1 维下标定义纵坐标，用变量 z 的元素值定义网格顶点的高度。例如：

```
t = 1:5;
z = [0.5*t; 2*t; 3*t];
mesh(z);
```

第 2 行命令生成的变量 z 是一个大小为 3×5 的矩阵，执行 mesh(z)命令绘制图形，网格各个顶点的横坐标是 z 对应元素的列下标，纵坐标是 z 对应元素的行下标，高度坐标是 z 对应元素的值。

此外，还有两个和 mesh 函数功能相似的函数，即 meshc 函数和 meshz 函数，其用法与 mesh 函数类似，区别在于 meshc 函数还会绘制等高线，meshz 函数基于水平面绘制曲面的底座。surf 函数也有两个类似的函数，即具有等高线的曲面函数 surfc 和具有光照效果的曲面函数 surfl。

例 5.12　分别用 mesh、meshc、meshz、surf、surfc、surfl 函数绘制曲面。

$z=\cos x\cdot\cos y\cdot \mathrm{e}^{-\frac{\sqrt{x^2+y^2}}{4}}$，$x\in[-5,5]$，$y\in[-3,3]$。

为了同时比较 6 个绘图函数的绘图效果，将图形窗口划分成 2×3 子图，如图 5.21 所示,各子图分别使用不同绘图函数,并且用绘图函数作为对应子图的标题。程序如下。

```
x = linspace(-5,5,60);  y = linspace(-3,3,50);
[X,Y] = meshgrid(x, y);
Z = cos(X).*cos(Y).*exp(-sqrt(X.*X+Y.*Y)/4);
subplot(2,3,1); mesh(X, Y, Z);   title("mesh")
subplot(2,3,2); meshc(X, Y, Z);  title("meshc")
subplot(2,3,3); meshz(X, Y, Z);  title("meshz")
subplot(2,3,4); surf(X, Y, Z);    title("surf")
subplot(2,3,5); surfc(X, Y, Z);  title("surfc")
subplot(2,3,6); surfl(X, Y, Z);   title("surfl")
```

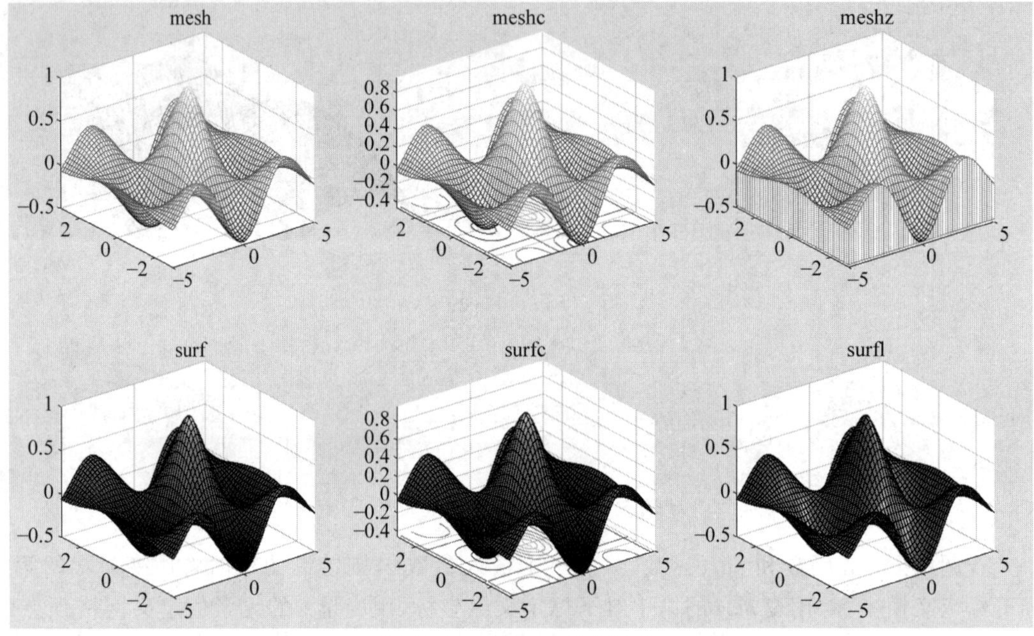

图 5.21　对比 6 个绘图函数

3. fsurf 函数与 fmesh 函数

使用 mesh 函数和 surf 函数绘图时,先要取得网格各顶点的 x、y、z 坐标,然后再绘制图形。网格轮廓的光滑程度与定义曲面的原函数、单位面积内的数据点个数有关。有些原函数在绘图区域内波动较大,若单位面积内数据点少,则绘制出的曲面不能反映原函数的特性;如果数据点过多,则运行时占用的存储空间大,而且过多的网格线还会遮挡网格内的填充效果。例如,例 5.12 中有 50×60 个网格顶点,若改为 30×40 个网格顶点,则曲面网格线有多个拐点;若改为 100×120 个数据点,则用 surf 函数绘制的曲面呈现为黑色。

MATLAB 提供了 fmesh 函数和 fsurf 函数,可根据原函数的变化特性自适应地设置网格顶点间距,波动大的区域的数据点个数多于波动小的区域。fmesh 函数和 fsurf 函数的基本调用格式如下。

```
fmesh(fun, lims)
fsurf(fun, lims)
```

其中,fun 是有两个自变量的表达式,通常采用函数句柄、匿名函数、符号表达式。参数 lims 指定自变量的取值范围,用四元向量[xmin, xmax, ymin, ymax]描述,xmin、ymin 表示自变量的下限,xmax、ymax 表示自变量的上限,默认为[-5,5,-5,5]。若 lims 是一个二元向量,则表示两个自变量的取值范围相同。

例 5.13 用 fmesh 函数和 fsurf 函数绘制例 5.12 的曲面。

先定义函数句柄,然后在水平排列的两个子图中分别用 fmesh、fsurf 函数绘制图形,如图 5.22 所示。程序如下。

```
fZ = @(X, Y)cos(X).*cos(Y).*exp(-sqrt(X.*X+Y.*Y)/4);
subplot(1,2,1)
fmesh(fZ, [-5,5,-3,3]);  title("fmesh")
subplot(1,2,2)
fsurf(fZ, [-5,5,-3,3]);    title("fsurf")
```

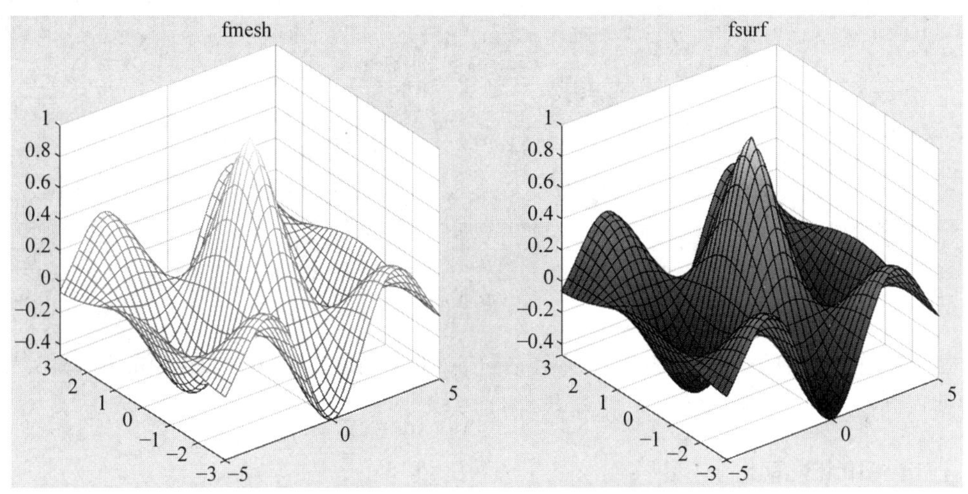

图 5.22 例 5.13 程序绘制的图形

图 5.22 显示,用 fmesh、fsurf 函数绘制的曲面网格线不是等间距的。对比图 5.22 与图 5.21,可以看出,曲面光滑程度近似时,用 fmesh、fsurf 函数绘制的曲面网格数少于用 mesh、surf 函数绘制的曲面网格数,而且色差更明显,可视化效果更好。

fmesh 函数和 fsurf 函数的输入参数也可以是三个表达式,即

```
fmesh(funx, funy, funz, lims)
fsurf(funx, funy, funz, lims)
```

其中,输入参数 funx、funy、funz 是定义曲面网格顶点坐标的表达式,有相同的两个自变量,通常采用函数句柄、匿名函数、符号表达式表示。设参数 funx、funy、funz 的自变量是 u、v,即 x=funx(u,v),y=funy(u,v),z=funz(u,v),则 lims 指定自变量 u、v 的取值范围,用四元向量[umin, umax, vmin, vmax]描述,umin、vmin 指定自变量 u、v 的下限,umax、vmax 指定自变量 u、v 的上限,默认为[-5,5,-5,5]。若 lims 是一个二元向量,则表示自变量 u、v 的取值范围相同。

例 5.14 分别用 fmesh、mesh 函数绘制曲面$\begin{cases}x=r\cos s\cdot\sin t\\y=r\sin s\cdot\sin t\\z=r\cos t\end{cases}$，且 $r=2+\sin(7s+5t)$，$s\in[0,2\pi]$，$t\in[0,\pi]$。

用 mesh 函数绘制图形时，分别设置变量 s 的步长为 0.1、0.3，变量 t 的步长为 0.1。程序如下。

```
fr = @(s,t) 2 + sin(7*s + 5*t);
fx = @(s,t) fr(s,t).*cos(s).*sin(t);
fy = @(s,t) fr(s,t).*sin(s).*sin(t);
fz = @(s,t) fr(s,t).*cos(t);
subplot(3,1,1)
fmesh(fx,fy,fz,[0, 2*pi, 0, pi])
title("fmesh")
subplot(3,1,2)
[S1,T1] = meshgrid(0: 0.1: 2*pi, 0: 0.1: pi);
X1 = fx(S1,T1);  Y1 = fy(S1,T1);  Z1=fz(S1,T1);
mesh(X1, Y1, Z1)
title(["mesh","step of s is 0.1"])
subplot(3,1,3)
[S2,T2] = meshgrid(0: 0.3: 2*pi, 0: 0.1: pi);
X2 = fx(S2,T2);  Y2 = fy(S2,T2);  Z2 = fz(S2,T2);
mesh(X2, Y2, Z2)
title(["mesh","step of s is 0.3"])
```

运行程序，绘制的图形如图 5.23 所示。图 5.23(a)、图 5.23(b)的曲面光滑，图 5.23(c)因数据点间距偏大，绘制的图形呈花瓣状，图形失真。

4. fimplicit3 函数

如果曲面用显式表达式定义，可以根据表达式计算出所有数据点坐标，用 mesh、surf 函数绘制图形，或者用函数句柄、符号对象作为参数，调用 fmesh、fsurf 函数绘制图形。但如果曲面用隐函数形式定义，如 $x^2+y^2-\frac{z^2}{4}=1$，则很难用 plot3、fplot3 函数绘制图形。MATLAB 提供了 fimplicit3 函数绘制隐函数定义的曲面，fimplicit3 函数调用格式如下。

```
fimplicit3(f, [xmin, xmax, ymin, ymax, zmin, zmax])
```

其中，输入参数 f 是隐函数形式的表达式，可以用匿名函数、函数句柄、符号函数表示。输入参数 xmin 和 xmax 指定表示横坐标的变量的取值范围，ymin 和 ymax 指定表示纵坐标的变量的取值范围，zmin 和 zmax 指定表示高度的变量的取值范围。若这个输入参数是二元向量[min, max]，则默认三个变量的取值范围均为[min, max]。当此参数省略时，默认为[−5, 5]。

例 5.15 绘制由表达式 $x^2+y^2-\frac{z^2}{4}=1$ 定义的曲面，设 $x\in[-2, 2]$，$y\in[-2, 2]$，

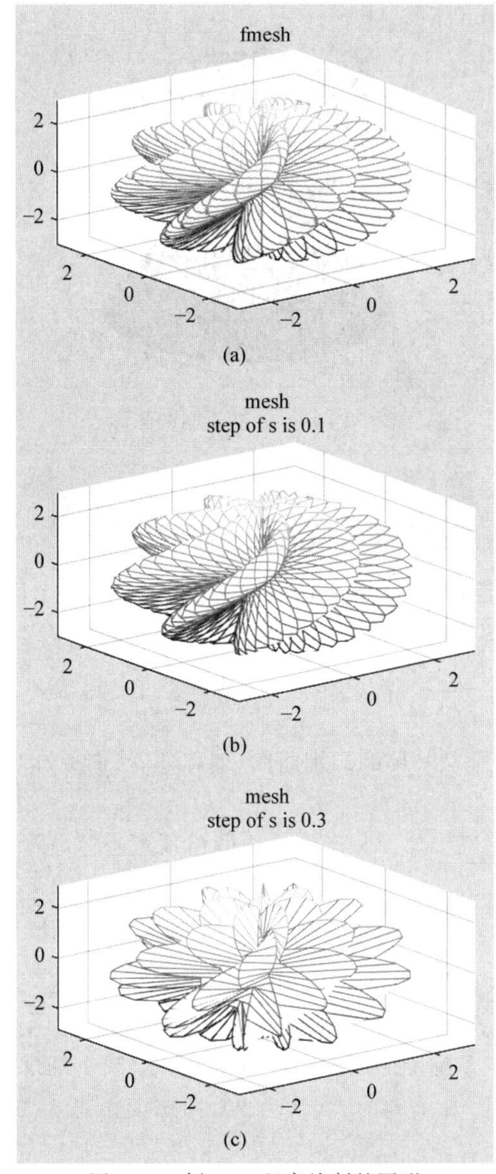

图 5.23 例 5.14 程序绘制的图形

$z\in[-3, 3]$。

在将隐函数表示为 MATLAB 表达式时，通常将隐函数转换为等号右端为 0 的形式，MATLAB 表达式中只包含等号左端的非 0 部分。

(1) 使用匿名函数形式。命令如下。

```
>> fimplicit3(@(x,y,z)x.^2+y.^2-z.^2/4-1, …
[-2,2, -2,2, -3,3])
```

执行以上命令，绘制出如图 5.24 所示的图形。

(2) 使用符号函数形式。命令如下。

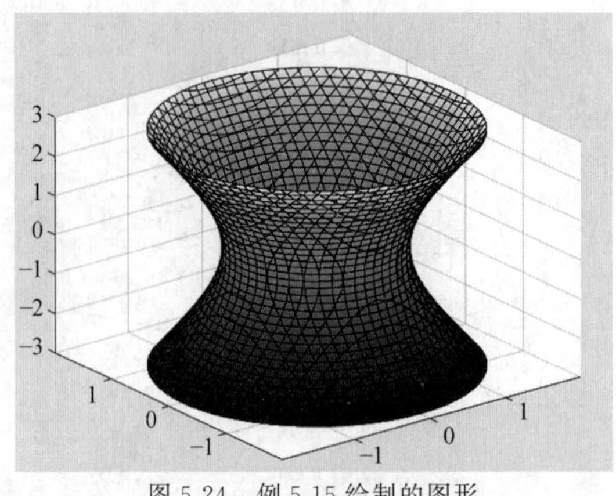

图 5.24　例 5.15 绘制的图形

```
>> syms x y z
>> fimplicit3(x^2+y^2-z^2/4-1, [-2,2, -2,2, -3,3])
```

调用 fimplicit3 函数绘制的曲面,默认网格线是黑色的,每个网格内按高度填充不同颜色,与 surf、fsurf 函数绘图方法相同。

5. 标准曲面

MATLAB 提供了用于绘制标准三维曲面(如球面、柱面等)的函数。

1) sphere 函数

sphere 函数用于绘制三维球面和产生球面网格顶点坐标矩阵,其调用格式如下。

```
[X, Y, Z] = sphere(n)
```

该函数将产生三个大小为$(n+1)\times(n+1)$的矩阵,采用这三个矩阵定义网格顶点,可以绘制出圆心位于原点、半径为 1 的单位球面。若调用 sphere 函数时,不返回值,则直接绘制球面。输入参数 n 决定了球面的圆滑程度,n 越大,绘制出的球面越光滑。若 n 值较小,则将绘制出多面体表面图。n 省略时,默认为 20,即球面由 20×20 个网格面组成,有 21×21 个网格顶点。例如:

```
subplot(1,2,1)
sphere                                    %绘制一个球面
subplot(1,2,2)
[X,Y,Z] = sphere(4);                      %生成 16 面体网格顶点坐标矩阵
surf(X,Y,Z)
```

2) cylinder 函数

cylinder 函数用于绘制柱面和产生柱面网格顶点坐标矩阵,其基本调用格式如下。

```
[X, Y, Z] = cylinder(r)
```

若输入参数 r 是标量,指定圆柱的半径。cylinder(r)将产生三个大小为 2×21 的矩阵,

采用这三个矩阵定义网格顶点，可以绘制底面在 xy 平面、高度为1、圆周上有20个数据点的圆柱面。输出参数X、Y分别由两个相同的行向量组成，定义圆柱上下底的圆周上点的横、纵坐标，Z的第1行元素的值全为0(即圆柱下底的高度)，Z的第2行元素的值全为1(即圆柱上底的高度)。

若输入参数r是有 m 个元素的向量，cylinder(r)将产生三个大小为 $m\times 21$ 的矩阵，Z的第一个行元素的值全为0，Z的最后一行元素的值全为1，采用这三个矩阵定义网格顶点，可以绘制下底在 xy 平面、高度为1的曲面，曲面由 $m-1$ 个子曲面堆叠而成。

cylinder函数还有另外一种调用格式：

```
[X, Y, Z] = cylinder(r, n)
```

其中，第二个输入参数指定柱面圆周上有n个数据点，n越大，绘制出的柱面表面越光滑。n省略时，默认为20，即柱面圆周上有20个等间距的点(第1点和第21点重合)。例如：

```
subplot(1,3,1)
cylinder(3)
subplot(1,3,2)
cylinder(0:3)
subplot(1,3,3)
x=0:pi/20:2*pi;
R=2+sin(x);
cylinder(R,30)
```

运行程序，得到如图5.25所示的图形。图5.25(a)中的圆柱面，上下底的圆周半径都为3。图5.25(b)的图形由三个曲面组成，圆周半径从0到3，所以呈现为圆锥面。绘制图5.25(c)时，x有41个元素，图形由40个曲面组成，从下至上各个曲面上下底的圆半径依次与R的元素值对应，呈现为类似花瓶的表面。

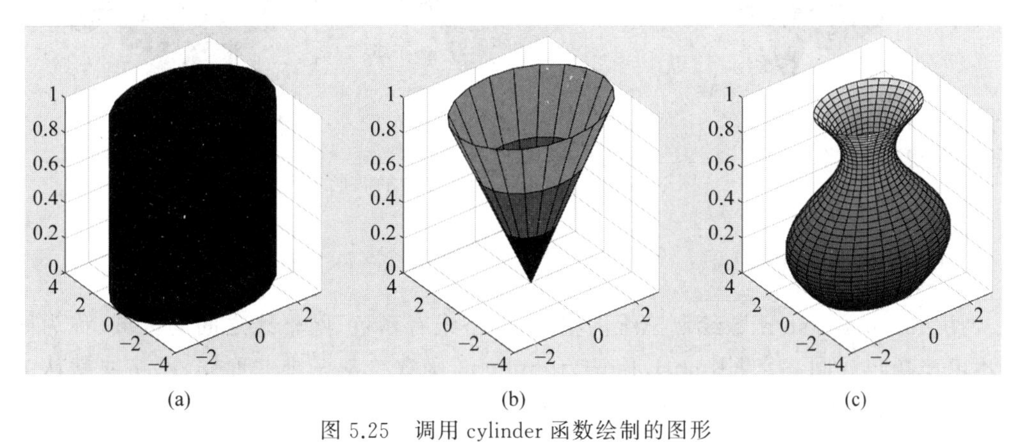

图5.25 调用cylinder函数绘制的图形

3) peaks函数

peaks函数也称为多峰函数，曲面高度的计算公式为

$$f(x,y)=3(1-x^2)\mathrm{e}^{-x^2-(y+1)^2}-10\left(\frac{x}{5}-x^3-y^5\right)\mathrm{e}^{-x^2-y^2}-\frac{1}{3}\mathrm{e}^{-(x+1)^2-y^2}$$

调用 peaks 函数生成的矩阵是按上述公式计算得到网格顶点的高度坐标，其基本调用格式为

```
Z = peaks(n)
Z = peaks(X,Y)
```

第一种格式的输入参数 n 是一个标量，指定将 xy 平面$[-3,3]\times[-3,3]$区间均匀划分成$(n-1)\times(n-1)$个网格，生成大小为 $n\times n$ 的网格顶点坐标矩阵，输出参数 Z 是网格顶点的高度矩阵。n 省略时，默认为 49。若调用 peaks 函数时不返回值，则直接绘制多峰曲面。第二种格式的输入参数 X、Y 是预先获取的 xy 平面网格顶点坐标矩阵（两个矩阵须大小相同）。例如：

```
subplot(1,3,1)
peaks;
subplot(1,3,2)
peaks(11)
subplot(1,3,3)
[X,Y]=meshgrid(-4:0.2:4, 0:0.2:3);
Z=peaks(X, Y);
surf(X, Y, Z)
```

运行程序，绘制出如图 5.26 所示的图形。

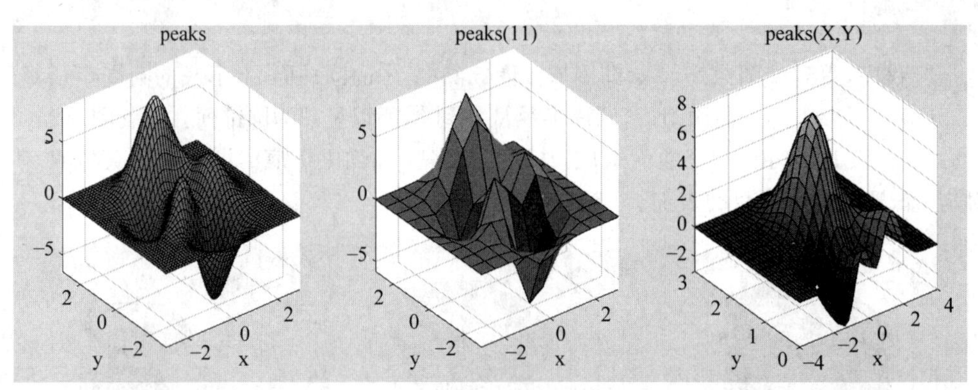

图 5.26　调用 peaks 函数绘制的图形

5.2.3　配置曲面颜色

调用 mesh、fmesh 函数绘制三维网格图，网格线有颜色，网格线之间的区域（称为网格面）不填充颜色或图案；调用 surf、fsurf、fimplicit3 函数绘制三维曲面图，网格线默认为黑色，网格面用颜色或图案填充。网格线和网格面的颜色影响曲面的整体呈现效果。

1. 数据和颜色图的映射关系

MATLAB 中绘制的曲面，默认将高度值（即 z 方向的数据）的值域映射到所采用的颜色图，数据的最小值映射到颜色图矩阵的第一个行向量，最大值映射到颜色图矩阵的最后一个行向量，其他值线性映射到颜色图矩阵的其他行向量。

MATLAB的颜色栏工具用于展示 z 方向数据和颜色图的映射关系。颜色栏的色阶反映颜色图颜色值，颜色栏的刻度对应高度的值域。例如：

```
[X,Y] = meshgrid(-2:2);
subplot(1,2,1)
Z = X + Y;  surf(X,Y,Z);  title("Z = X + Y")
xlabel('X'); ylabel('Y'); zlabel('Z');
colorbar
subplot(1,2,2)
Z = 50 * X + 10 * Y;  surf(X,Y,Z);  title("Z = 50X + 10Y")
xlabel('X'); ylabel('Y'); zlabel('Z');
colorbar
```

运行以上程序，绘制的图形如图 5.27 所示。

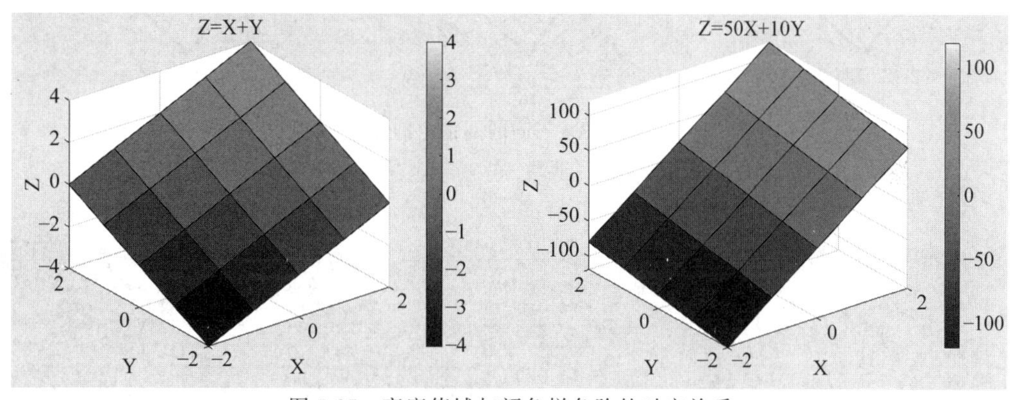

图 5.27　高度值域与颜色栏色阶的对应关系

可以看出，两个子图 Z 轴的坐标范围与各自颜色栏的刻度范围一致。位于曲面最下端（即网格顶点高度值最小）的网格面用颜色刻度值最小的颜色（深蓝色）填充，曲面最上端（即网格顶点高度值最大）的网格面用颜色刻度值较大的颜色（黄色）填充，中间的网格面按高度值的大小依次用颜色栏中间的颜色填充。

颜色栏的 Direction 属性用于指定颜色刻度的变化方向，可取值是'normal'（默认值）和'reverse'，若 Direction 属性值是'normal'，对于垂直颜色栏，颜色刻度值自下而上递增；对于水平颜色栏，颜色刻度值自左向右递增；若 Direction 属性值是'reverse'，对于垂直颜色栏，颜色刻度值自下而上递减；对于水平颜色栏，颜色刻度值自左向右递减。

2. 网格轮廓线

调用 mesh、fmesh 函数绘制的曲面，默认只有网格轮廓线，网格轮廓线的颜色与高度值对应。网格轮廓线的颜色可通过 EdgeColor 属性重新设置。

EdgeColor 属性可取值有'flat'（默认值）、'interp'、'none'、RGB 三元组、十六进制颜色代码或颜色字符。若 EdgeColor 属性值为'flat'，表示每个网格的 4 条轮廓线各使用单一颜色，网格左下角顶点的高度值决定了这个网格与左下角顶点相邻的两条轮廓线的颜色；若 EdgeColor 属性值为'interp'，表示每条轮廓线用渐变色填充，渐变色系列值通过对轮廓线两端顶点高度值对应的颜色进行插值计算得到；若 EdgeColor 属性值为'none'，表示不绘制网格轮廓线。

例 5.16 使用默认颜色图,用不同样式的网格轮廓线绘制网格图。

建立三个并列的子图,如图 5.28 所示。图 5.28(a)所示轮廓线采用默认样式,图 5.28(b)所示轮廓线采用渐变样式,图 5.28(c)所示轮廓线为蓝色。为了更清楚地呈现边线的颜色差异,轮廓线的线条宽度设为 3。

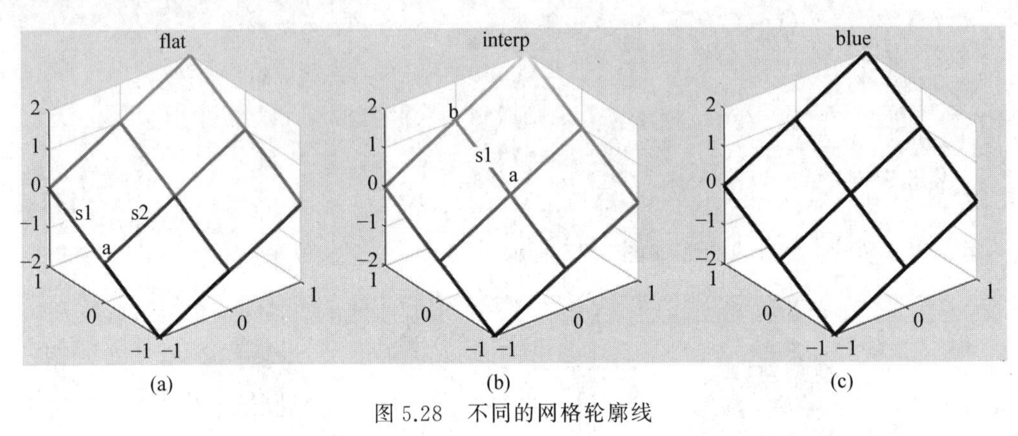

图 5.28 不同的网格轮廓线

程序如下。

```
[X,Y] = meshgrid(-1:1);  Z = X + Y;
subplot(1,3,1)
h1 = mesh(X,Y,Z);  h1.LineWidth = 3;  title("flat")
subplot(1,3,2);
h2 = mesh(X,Y,Z);  h2.LineWidth = 3;  h2.EdgeColor = 'interp';  title("interp")
subplot(1,3,3);
h3 = mesh(X,Y,Z);  h3.LineWidth = 3;  h3.EdgeColor = 'b';  title("blue")
```

图 5.28(a)所示网格的每条边线采用单一颜色,以点 a 为例,点 a 的高度值决定了边 s1 和边 s2 的颜色;图 5.28(b)所示的每条边线为渐变色,以边 s1 为例,边 s1 的渐变颜色值序列由这条边线两端顶点 a、b 的高度对应的颜色值,通过插值运算得到,颜色从下到上由深变浅;图 5.28(c)所示所有边线都为蓝色。

3. 网格面

调用 surf、fsurf、fimplicit3 函数绘制的曲面由网格轮廓线和网格面组成,网格轮廓线的颜色默认为黑色,网格面的填充颜色默认与高度值对应。网格面的填充模式可通过 FaceColor 属性重新定义。

FaceColor 属性可取值有'flat'(默认值)、'interp'、'none'、'texturemap'、RGB 三元组、十六进制颜色代码或颜色字符。若 FaceColor 属性值为'flat',表示每个网格面内用单一颜色填充,使用网格面左下角顶点的高度所对应的颜色填充;若 FaceColor 属性值为'interp',表示每个网格面内用渐变色填充,渐变色通过对网格面 4 个顶点的高度值对应的颜色进行插值计算得到;若 FaceColor 属性值为'none',表示每个网格面内不填充颜色。若 FaceColor 属性值为'texturemap',指定每个网格面用纹理填充。若 FaceColor 属性值为 RGB 三元组、十六进制颜色代码或颜色字符,则每个网格面内用RGB三元组、十六进制颜色代码、颜色字符指定的颜色填充。

例 5.17 使用默认颜色图,以不同网格面填充模式绘制曲面图。

建立三个并列的子图,左子图采用默认的填充模式,中间的子图采用渐变填充模式,右子图用单一颜色填充所有网格面。程序如下。

```
[X,Y] = meshgrid(0:3);  Z = X + Y;
subplot(1,3,1);
h1 = surf(X,Y,Z);  title("flat")
subplot(1,3,2);
h2 = surf(X,Y,Z);  h2.FaceColor = 'interp';  title("interp")
subplot(1,3,3);
h3 = surf(X,Y,Z);  h3.FaceColor = [0,0.8,0.8];  title("a single color")
```

网格面的填充模式不同,影响曲面的整体呈现效果。在数据可视化时,若要强调数据的区域差异,采用flat模式;若要强调数据的整体变化趋势,弱化数据的区域差异,采用interp模式。

还可以通过曲面对象的FaceAlpha属性设置网格面的透明度,网格面颜色与透明度相结合,可以使色彩层次效果更丰富。

5.2.4 修饰三维图形

视点和光源的设置,可以渲染和烘托可视化作品的关键要素,进一步突出重点信息。

1. 设置视点

从不同的视点观察物体,所看到的物体形状是不一样的,就像用照相机在不同方位、从不同角度拍摄同一物体,拍摄得到的影像是不同的。在MATLAB中可以设置观察图形的视点,视点用方位角和仰角表示。方位角又称旋转角,它是视点和原点的连线在 xy 平面上的投影与 y 轴负方向形成的角度,如图5.29中的Az,正值表示从 y 轴负方向逆时针旋转指定角度,负值表示顺时针旋转指定角度。仰角又称视角,它是视点和原点的连线与 xy 平面的夹角,如图5.29中的El,正值表示视点在 xy 平面上方,负值表示视点在 xy 平面下方。MATLAB默认将观察三维图形的视点设置在方位角为$-37.5°$、仰角为$30°$的位置。

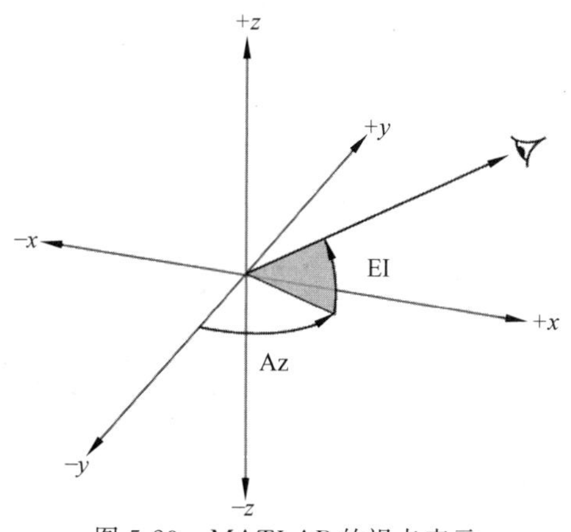

图5.29 MATLAB的视点表示

MATLAB的view函数用于设置视点,view函数调用格式如下。

```
view(az, el)
view(x, y, z)
view(2)
view(3)
```

第一种格式的输入参数az指定方位角,el指定仰角,均以度(°)为单位。第二种格式的输入参数x、y、z为视点相对于原点的距离。第三种格式设置从二维平面观察图形,即az=0°,el=90°。第四种格式设置从三维空间观察图形,视点使用默认方位角(即az=-37.5°)和仰角(即el=30°)。

例5.18 绘制曲面 $z=2(x-1)^2+(y-2)^2$,并从不同视点展示曲面,如图5.30所示。

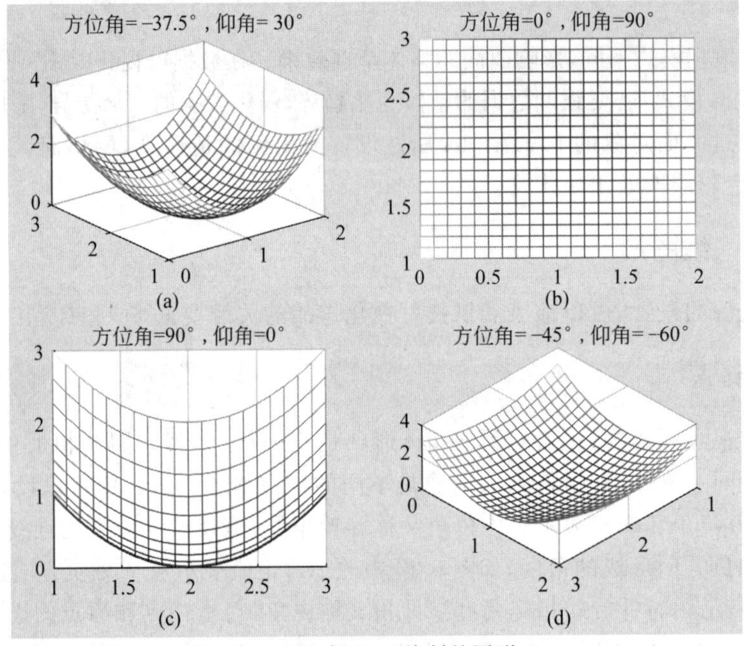

图5.30 例5.18绘制的图形

先构造网格顶点的 xy 平面坐标矩阵,再根据表达式计算网格顶点的高度。将图形窗口划分为2×2绘图区,在各子图中分别从不同视点查看同一曲面。

程序如下。

```
[x,y]=meshgrid(0:0.1:2,1:0.1:3);
z=2*(x-1).^2+(y-2).^2;
subplot(2,2,1)
mesh(x,y,z);  title('方位角=-37.5{\circ},仰角=30{\circ}')
subplot(2,2,2)
mesh(x,y,z);  view(2);  title('方位角=0{\circ},仰角=90{\circ}')
subplot(2,2,3)
mesh(x,y,z);  view(90,0);  title('方位角=90{\circ},仰角=0{\circ}')
subplot(2,2,4)
mesh(x,y,z);  view(-45,-60);  title('方位角=-45{\circ},仰角=-60{\circ}')
```

图5.30(a)没有指定视点，采用默认设置，方位角为−37.5°，仰角为30°，呈现的图形影像是从图形斜上方拍摄的。图5.30(b)呈现的图形影像是从曲面正上方拍摄的。图5.30(c)呈现的图形影像是从图形侧面拍摄的。图5.30(d)呈现的图形影像是从图形斜下方拍摄的。

2. 场景灯光

摄影时，为了增强镜头的趣味性和纵深感，会采用一些物理方式对光线做出调整，例如，会根据物体表面的吸光性和反光性，在拍摄的物体旁放置补光灯，或调整反光板的角度。MATLAB提供了一些工具，模拟摄影时调整光线的方法。

摄影中，光源决定着被摄体的明暗程度，同时也影响着被摄体的质感和形态。MATLAB的light函数用于创建光源对象，模拟将光源对象发出的光照射到用surf、fsurf函数生成的曲面对象上。光源对象的常用属性如下。

(1) Color属性。指定灯光的颜色。

(2) Position属性。指定光源位置。

(3) Style属性。指定光源类型。取值是"infinite"(默认)时，表示将光源放置于无穷远处，可以用Position属性指定光源发射出平行光的方向；取值是"local"时，表示将光源放置于用Position属性指定的位置。

曲面对象的FaceLighting属性用于设置光源对象对网格面的影响，可取值有三种。当FaceLighting属性值是flat(默认值)时，将光源均匀地应用于每个网格面；当FaceLighting属性值是gouraud时，取得网格顶点的光照值后，网格面中光照值通过插值计算获得；当FaceLighting属性值是none时，关闭光源。

例5.19 用sphere函数绘制球面，设置不同光源，比较光源对图形呈现效果的影响。

将图形窗口划分成2×2绘图区，各子图分别采用不同光源。程序如下。

```
subplot(2,2,1)
sphere;
title(["lighting none"])
subplot(2,2,2)
sphere;
lt1 = light;  lt1.Position = [-1.5,-1.5, 2];
title(["infinite","lighting flat"])
subplot(2,2,3)
sphere;
lt2 = light;  lt2.Style = "local";  lt2.Position = [-1.5,-1.5, 2];
title(["Local","lighting flat"])
subplot(2,2,4)
sphere;
lt3 = light;  lt3.Style = "local";  lt3.Position = [-1.5,-1.5, 2];
sh = findobj(gca,'Type','Surface');
sh.FaceLighting = 'gouraud';
title(["Local","lighting gouraud"])
```

运行程序，观察图形呈现效果。子图1采用默认光源设置，即没有增设光源；子图2增设一个远离球面的光源,透光孔位于[-1.5,-1.5, 2],正对着透光孔的网格面较其他网格面明亮;子图3、子图4增设一个靠近球面的光源,光源位于[-1.5,-1.5, 2],子图3光照模式为flat,曲面有光泽;子图4光照模式为gouraud,曲面较暗。子图2是远光源,曲面能够受到照射的网格面比子图3更多,因此整体更明亮。

3. 图形裁剪

MATLAB的预定义变量NaN用于表示不可使用的数据,在绘制图形时,可以将图形中不需要显示部分对应的数据点值设置成NaN,相当于对图形进行裁剪的效果。若将曲面的某些数据点的高度值设为0(或其他标量),则这些数据点高度一致,相当于将部分曲面按压成平面的效果。

例 5.20 绘制圆心在[0,0,0]、半径为1的球面,将z>0.55的部分做裁剪、压平处理。

如图5.31所示,将图形窗口划分为3×1绘图区,在各子图分别绘制未裁剪的球面、裁剪掉指定部分的球面和部分压平的球面。程序如下。

```
figure('Position', [100,100,320,960])
[x,y,z]=sphere(29);
subplot(3,1,1)
surf(x,y,z);
title("未裁剪的曲面")
subplot(3,1,2)
z1=z;
z1(z>0.55)=NaN;
surf(x,y,z1);
title("裁剪后的曲面")
subplot(3,1,3)
z2=z;
z2(z>0.55)=0.55;
surf(x,y,z2);
title("压平后的曲面")
```

在图5.31(b)中,将原球面z>0.55的网格顶点的高度值赋为NaN,没有绘制这部分球面。在图5.31(c)中,将原球面z>0.55的网格顶点的高度值赋为0.55,这部分球面成为平面(若干同心圆相互连接构成的网格,平行于xy平面)。

5.2.5 生成三维动画

动画可以增强数据可视化的趣味性,展示数据的变化过程。相比于静态图表,人们更容易被动画和交互式的图表所吸引。在MATLAB中创建动态的可视化有多种方法。

1. 更新图形对象的属性

若在观察的时段内,数据大部分保持不变,只有少量数据发生变化,可以采用逐步更新图形对象属性并刷新图形窗口的方法,动态展示数据的变化。

1) XData、YData、ZData属性

XData、YData、ZData属性用于指定线条、曲面数据点的位置。对于线条对象,XData、

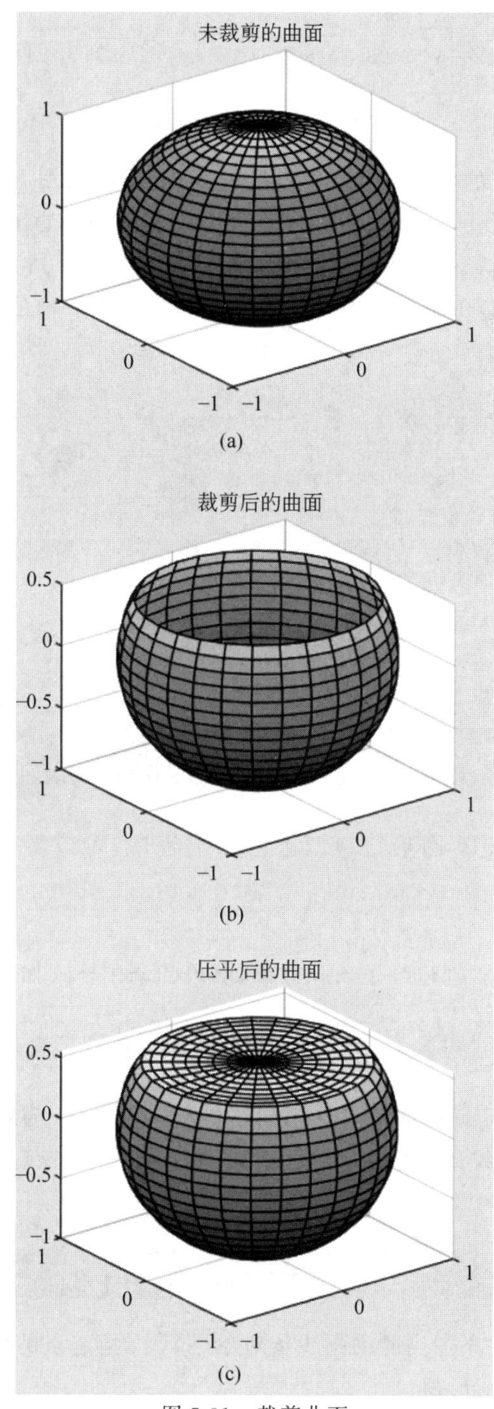

图 5.31　裁剪曲面

YData、ZData 属性值通常为向量，分别存储线条上各个数据点的 x、y、z 坐标，默认为[0，1]，即线段的两个端点的坐标；对于曲面对象，XData、YData、ZData 属性值可以是向量或矩阵，分别存储网格顶点的 x、y、z 坐标。通过循环多次修改某个数据点的 XData、YData、ZData 属性值后，每改变一次，刷新一次坐标区，就可以产生数据点移动的动画效果。

例 5.21 绘制三维曲线$\begin{cases}x=\sin t+t\cos t\\y=\cos t-t\sin t\\z=t\end{cases}$ $(0\leqslant t\leqslant 10\pi)$，并创建一个红色圆点沿曲线移动的动画。

先构造线条上数据点的坐标，存储于变量 x、y、z，调用 plot3 函数绘制曲线。再构造一个红色圆点标记，将变量 x、y、z 第 1 个元素的值作为标记的 XData、YData、ZData 属性值。在循环中，逐步用变量 x、y、z 其他元素的值更新标记的 XData、YData、ZData 属性，使得标记沿着线条移动。为了避免在循环中反复计算坐标区各个轴的范围，将坐标区设置为 manual 模式。程序如下。

```
t = linspace(0,10 * pi,300);
x = sin(t)+t.* cos(t);  y = cos(t)-t.* sin(t);  z = t;
plot3(x,y,z)
hold on
p = plot3(x(1),y(1),z(1),'o');
p.MarkerFaceColor='red';
hold off
axis manual
for k = 2:length(x)
    p.XData = x(k);  p.YData = y(k);  p.ZData = z(k);
    drawnow
end
```

drawnow 命令用于更新图形窗口。运行以上程序，可以看到红色圆点沿曲线快速移动。

2）线条动画

animatedline 函数用于创建线条动画对象，函数的调用格式如下。

```
an = animatedline(x,y,z)
```

其中，输入参数 x、y、z 指定动画线条对象的初始坐标，当 x、y、z 省略时，只生成动画线条对象，不初始化。创建动画线条对象后，调用 addpoints 函数添加点，addpoints 函数的调用格式如下。

```
addpoints(an, x, y, z)
```

其中，输入参数 an 指定将添加点的动画线条对象，x、y、z 指定点的位置。每添加一个点后，执行 drawnow 命令更新图形窗口。

例 5.22 利用动画线条对象绘制三维曲线$\begin{cases}x=\sin t+t\cos t\\y=\cos t-t\sin t\\z=t\end{cases}$ $(0\leqslant t\leqslant 10\pi)$。

先创建动画线条对象，构造线条上数据点的坐标。然后，通过循环向动画线条对象依次添加点 1～200。每添加一个新点后，使用 drawnow 函数刷新显示。程序如下。

```
clf
h = animatedline;
axis([-10 * pi,10 * pi, -10 * pi,10 * pi, 0,10 * pi])
view (3)
t = linspace(0,10 * pi,200);
x = sin(t)+t. * cos(t);   y = cos(t)-t. * sin(t);   z = t;
for k = 1:length(t)
    addpoints(h,x(k),y(k),z(k));
    drawnow
end
```

为了避免图形窗口中原有图形对当前绘图过程的影响,先调用 clf 命令清空图形窗口。因为动画线条默认在二维空间呈现,程序先设置三维空间视点,用于观察动画线条对象。

可以通过改变动画线条对象的 Color、LineStyle、LineWidth、Marker 属性值,调整线条的颜色、线型、粗细、标记等。

3) 彗星图

彗星图是由彗头和彗尾线条构成的动画,通常用于可视化数据变化趋势的演变过程。comet 函数用于生成二维彗星图,comet3 函数用于生成三维彗星图,函数的调用格式如下。

```
comet(ax ,x, y, p)
comet3(ax, x, y, z, p)
```

其中,输入参数 ax 指定坐标区;x、y、z 是向量,存储彗星图上所有数据点的坐标。p 称为主体长度缩放因子,是值在[0,1)范围内的一个标量,用于指定彗头(彗星主体)的长度,彗头长度为 p * length(y)。p 省略时,默认为 0.1。

例 5.23 用彗星图绘制三维曲线 $\begin{cases} x=\sin t+t\cos t \\ y=\cos t-t\sin t \\ z=t \end{cases} \quad (0\leqslant t\leqslant 10\pi)$。

先构造线条上数据点的坐标,然后调用 comet3 函数绘制彗星图。程序如下。

```
t = linspace(0,10 * pi,200);
x = sin(t)+t. * cos(t);   y = cos(t)-t. * sin(t);   z = t;
comet3(x,y,z,0.2)
```

若数据集是矩阵,需要将矩阵转换为向量,然后绘制彗星图。例如,调用 peaks 函数生成网格坐标矩阵,用该矩阵绘制彗星图,程序如下。

```
[xmat, ymat, zmat] = peaks(59);
xvec = xmat(:);   yvec = ymat(:);   zvec = zmat(:);
comet3(xvec, yvec, zvec)
```

2. 变换对象

若要使一组对象同时产生某种变换(如位置、大小等),可以采用 hgtransform 函数创建一个 Transform 类型的对象,并通过 Transform 对象的 Matrix 属性,修改其所有子对象的属性值。Matrix 属性存储了一个大小为 4×4 的矩阵,其元素是 Transform 对象的旋转、平移、缩放参数。旋转变换遵守右手定则,正值表示将对象绕 x、y 或 z 轴逆时针旋转,负值表示将对象绕 x、y 或 z 轴顺时针旋转,0 表示不旋转;平移变换指将对象相对于当前位置沿 x、y 或 z 轴方向进行移动;缩放变换指改变对象的大小。

例 5.24 生成由 6 个圆锥面(每个圆锥面用不同颜色填充)构成的图形,通过变换对象,水平旋转该图形,并同时逐步增大图形尺寸。

创建一个变换对象,并将 6 个圆锥面的父对象设置为该对象。将旋转和缩放矩阵都初始化为单位矩阵。程序如下。

```
%生成高度为 1、下底圆半径为 0.2 的圆锥面的网格点坐标
[x,y,z] = cylinder([.2 0]);
h(1) = surf(x,y,z);  h(1).FaceColor = 'red';    %第 1 个图形为红色的圆锥面
hold on
h(2) = surf(x,y,-z);  h(2).FaceColor = 'green';
h(3) = surf(z,x,y);  h(3).FaceColor = 'blue';
h(4) = surf(-z,x,y);  h(4).FaceColor = 'cyan';
h(5) = surf(y,z,x);  h(5).FaceColor = 'magenta';
h(6) = surf(y,-z,x);  h(6).FaceColor = 'yellow';
axis([-1.5,1.5, -1.5,1.5, -1.5,1.5]);             %建立坐标区
ax = gca;
grid on
t = hgtransform('Parent', ax);                     %在坐标区建立变换对象 t
set(h,'Parent',t)                                  %设置图形对象的父对象为变换对象 t
Rz = eye(4);                                       %初始化旋转因子
Sxy = eye(4);                                      %初始化缩放因子
for r = 1:0.1:2*pi
    Rz = makehgtform('zrotate',r);                 %绕 z 轴旋转
    Sxy = makehgtform('scale',r/4);                %缩放因子
    t.Matrix=Rz*Sxy;                               %计算变换矩阵(旋转+缩放)
    pause(0.5)
    drawnow
end
```

调用 surf 函数绘制曲面,会自动清除坐标区中已有图形对象,因此,执行 hold on 命令,保持坐标区中原有图形,使得 6 个圆锥面绘制在同一个坐标区。向量 $\boldsymbol{h}$ 的 6 个元素分别存储 6 个圆锥面(图形对象)。为了观察图形的变化过程,每次刷新前,暂停 0.5s。

运行以上程序,图 5.32(a)和图 5.32(b)分别是两个时间点呈现的图形。

3. 录制动画

在可视化过程中,有时需要反复查看数据的变化过程,而重复加载数据和计算绘图,会浪费系统的计算资源。这时,可以将数据的变化过程录制下来,后续通过命令重复播放这个录制影片。

MATLAB 的 getframe 命令用于将每次绘制的图形捕获为一帧图像,将连续捕获的多帧图像存储到变量中,该变量是一个结构体数组。若捕获了 n 帧图像,该结构体数组就有 n

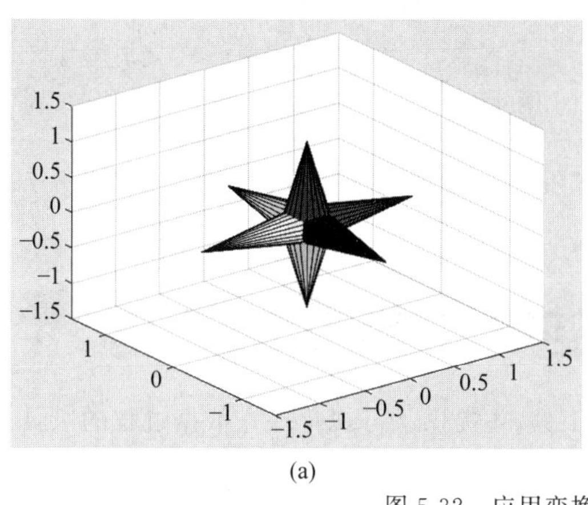

(a)

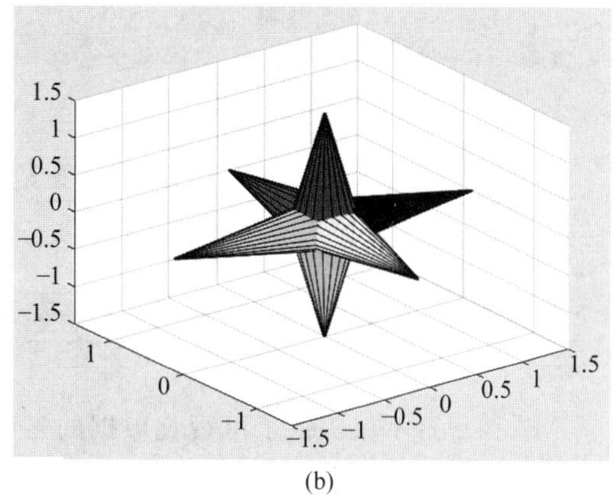

(b)

图 5.32　应用变换对象调整一组图形

个元素，每个元素存储一帧图像。用这个变量作为输入参数调用 movie 函数，将连续播放存储的图像。movie 函数的调用格式如下。

```
movie(h, M, n, fps, loc)
```

其中，输入参数 h 指定播放影片的坐标区或图形窗口，省略时，默认为当前坐标区；M 是存放影片图像的变量；n 指定影片播放的次数，省略时，默认为 1；fps 指定每秒播放的帧数，省略时，默认为 12；loc 是一个有 4 个元素的向量[x, y, 0, 0]，x、y 指定相对于句柄 h 指定的容器（图形窗口或坐标区）的左下角的距离，省略时，默认影片图像的中心与容器的中心一致。

例 5.25　构造一个球面，放置一个远光源，将光源绕球面旋转，观察光源移动时球面的变化。

三维图形的绘制过程中，坐标区范围会随着图形的变化自动调整。为了避免坐标区的轴刻度、网格对动画效果的影响，隐藏坐标区轴线和网格线。程序如下。

```
sphere;
lt1 = light;
axis([-1.5,1.5,-1.5,1.5,-1.5,1.5])
axis off %不显示坐标轴
for k = 1:20
    y = 1-k/10;
    lt1.Position = [-1,y,0];
    M(k) = getframe;
end
for k = 1:20
    x = k/10-1;
    lt1.Position = [k,-1,0];
    M(k+20) = getframe;
end
figure
```

```
axis([-1.5,1.5,-1.5,1.5,-1.5,1.5])
axis off
movie(M,2)
```

运行以上程序，可以在工作区看到变量 M 是 1×40 的结构体数组，占用 17 778 768 字节。

5.3 交互式探查数据

MATLAB 不仅提供了可视化数据的多种工具，还提供了可视化探查数据过程的工具。

5.3.1 应用图形窗口

图形窗口和坐标区都可以作为图形的容器。图形窗口提供了很多工具，例如，控制坐标区、调整图形的显示模式、修改颜色图等，方便用户从多方面、多视角探查数据的特性和变化，通过交互进一步挖掘数据的价值。这些工具还可以帮助用户找到数据可视化最合适的方法及最佳的参数，提升数据可视化的效果。

1. 管理图形窗口

在 MATLAB 中调用绘图函数绘制图形，会自动创建图形窗口，并在图形窗口中创建坐标区，图形绘制在坐标区中。例如，例 5.25 第 1 行命令 sphere，自动创建图形窗口和坐标区，绘制球面。也可以通过 figure 命令创建图形窗口。例如，例 5.25 倒数第 4 行命令，创建了一个图形窗口，后续代码在新建的图形窗口中播放影片。

可以通过图形窗口的属性，改变图形窗口的外观。图形窗口的常用属性如下。

1）Name 属性

Name 属性用于指定图形窗口的命名，可取值是字符向量或字符串标量，省略时，默认为空字符向量。图形窗口打开时，标题的形式默认为“Figure n”，n 是系统对图形窗口的编号。若指定了 Name 属性，“Figure n：”后显示 Name 属性值。若图形窗口标题栏不要显示“Figure n”，可将图形窗口的 NumberTitle 属性值设为 0。

2）Color 属性

Color 属性用于设置图形窗口的背景色，可取值是 RGB 三元组、十六进制颜色代码、颜色名称、短名称或'none'，默认值为[0.9400，0.9400，0.9400]。

3）Position 属性

Position 属性用于指定图形窗口可绘制区域（不包括图形窗口边框、标题栏、菜单栏和工具栏）的位置和大小，是一个四元向量[left，bottom，width，height]。left、bottom 指定可绘制区域相对屏幕左下角的位置，width、height 指定可绘制区域的宽、高。

4）Units 属性

Units 属性用于指定度量单位，可取值为'pixels'（像素）、'normalized'（百分比）、'inches'（英寸）、'centimeters'（厘米）、'points'（磅）、'characters'（字符），默认值为'pixels'。

2. 交互式探查

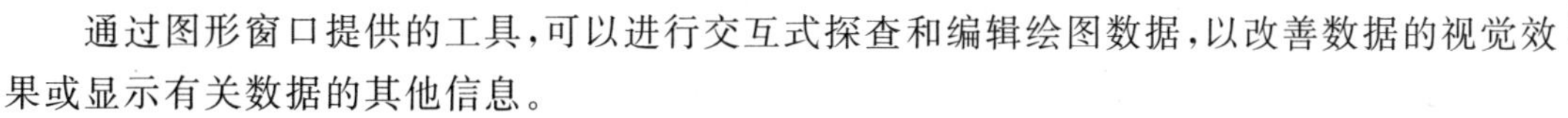

通过图形窗口提供的工具，可以进行交互式探查和编辑绘图数据，以改善数据的视觉效果或显示有关数据的其他信息。

图形窗口的交互操作包括缩放、平移、旋转、数据提示、数据刷亮及还原原始视图等。将光标悬停在坐标区时，坐标区的右上角会弹出一个如图 5.33 所示的工具栏。

图 5.33　坐标区的工具栏

1）缩放、平移和旋转

通过缩放、平移和旋转坐标区，可以从不同的角度探查数据。当窗口的工具栏中的图标没有被选中时，通过滚动鼠标中间滑轮可以放大和缩小光标所在区域，拖动操作可以平移二维视图或旋转三维视图。当坐标区工具栏中的“放大”图标或“缩小”图标被选中时，在图形上的某处单击，将以所点区域为中心放大、缩小图形；当坐标区工具栏中的“平移”图标或“旋转”图标被选中时，在图形上的拖动操作，可以平移、旋转图形。

2）查看数据点

将光标悬停在图形的数据点上时，会弹出数据提示框，显示数据点的 X、Y、Z 值。要使某个数据点的数据提示框驻留，可以单击该数据点。右击提示框，可以从弹出的快捷菜单中选择删除数据提示、导出数据、修改提示样式等。

3）刷亮数据

数据刷亮功能用于选择、删除或替换单个数据值。在坐标区的工具栏上选中“数据刷亮”图标后，单击图形上某个数据点后，若按 Delete 键，可以删除与所选数据点相邻的线段或与所选数据点相邻的网格。右击选中的网格，从弹出的快捷菜单中选择“替换为”→Nan，可以删除与所选网格相邻的网格；还可以选择“替换为”→“定义常量”，改变这个网格的 4 个顶点的高度。

4）设置属性

在命令行窗口中执行 inspect 命令或单击图形窗口工具栏中的“属性检查器”图标，将打开“属性检查器”面板，该面板中的栏目与所选对象有关。如图 5.34(a)所示是图形窗口的属性检查器，图 5.34(b)所示是曲面的属性检查器，标题栏的下方显示所选对象。

通过属性检查器编辑属性值，可以即时看到图形对象修改后的效果。例如，将曲面对象的 FaceAlpha 属性值从 1 更改为 0.5，曲面图呈现为半透明状态。

3. 交互式拟合

图形窗口提供了“基本拟合”工具，可以进行二维图形的拟合及回归分析。例如，MATLAB 提供的样例数据文件 census.mat，存储了 1790—1990 年的美国人口数据，以 10 年为间隔。加载该文件中的数据，工作区出现变量 cdate 和 pop，用这两个变量作为输入参数，调用 plot 函数可视化人口随时间增长的趋势，数据点使用红色圆圈标记，命令如下。

```
>> load census
>> plot(cdate, pop, 'ro')
```

单击图形窗口“工具”菜单中的“基本拟合”选项，将打开“基本拟合”窗口。在“拟合的类

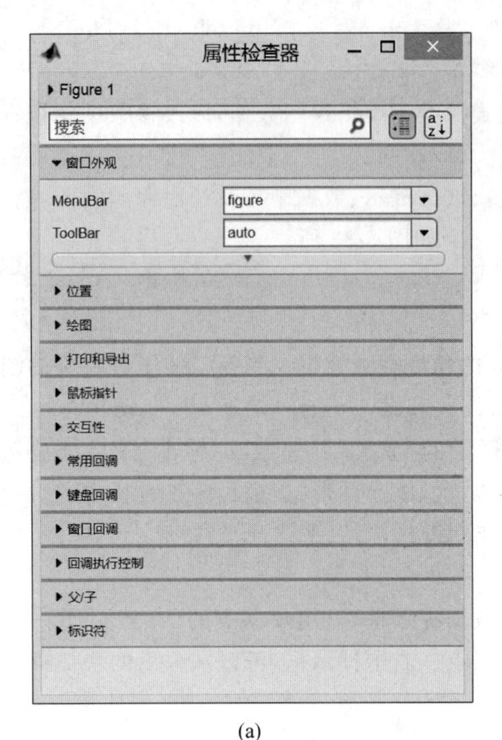

(a)

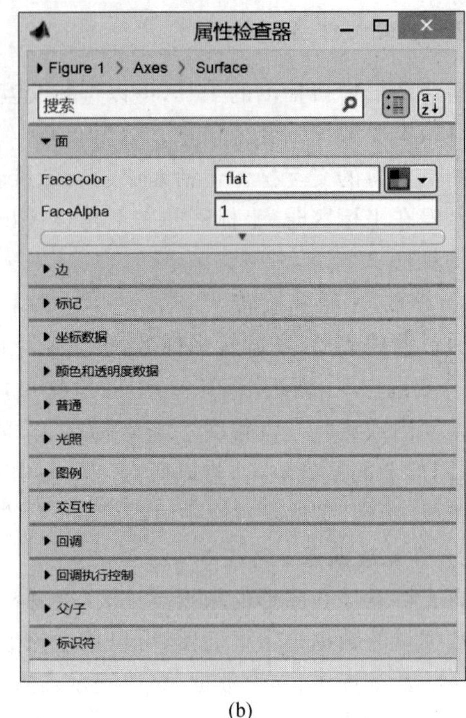

(b)

图 5.34　属性检查器

型"列表中勾选"样条插值""保形插值""三次""五次多项式"复选框,坐标区中将添加通过插值、拟合方法得到的模型曲线;"拟合结果"子面板显示拟合方程、残差范数等,如图 5.35 所示。

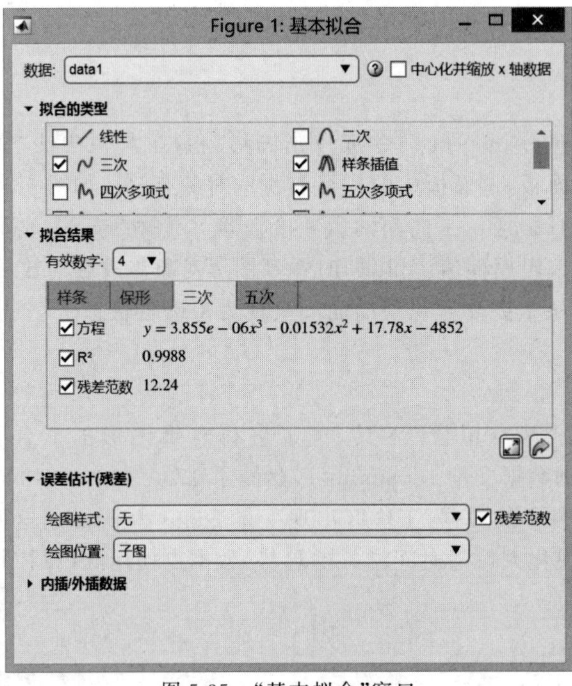

图 5.35　"基本拟合"窗口

若在“误差估计(残差)”子面板的“绘图样式”栏选择“条形图”,绘图位置选择“子图”,图形窗口将划分为两个子图,如图5.36所示,下部的子图显示残差。在上子图中,图例默认放置在上子图的右上角,遮挡了部分图形,因此,拖动至右下角。此外,为了观测模型预测效度,将 x 轴的XLim属性的上限修改为2020。

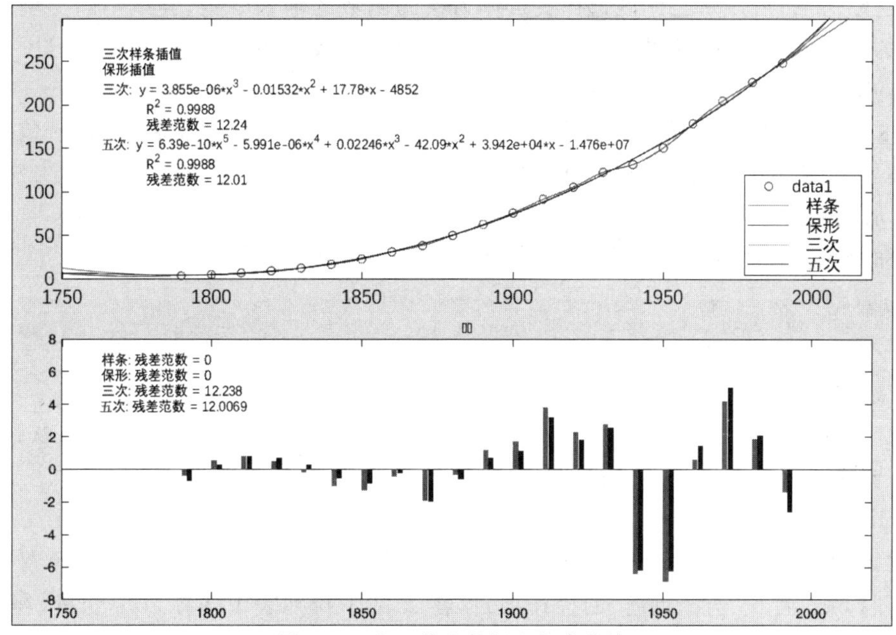

图5.36 人口普查数据和拟合曲线

观察4种模型曲线,并对比拟合方法的残差,确定最合适的模型。

探查结束,可以利用图形窗口的“生成代码”功能,导出模型和参数。例如,综合考虑此样例的模型残差、计算量、预测效度等,确定选用三次多项式拟合模型,“拟合的类型”列表取消选择其他模型,只勾选“三次”复选框,然后单击图形窗口“文件”菜单中的“生成代码”选项,将生成一个函数文件,其中的程序包含用已有数据集绘制图形的方法、参数及拟合模型参数等。

5.3.2 应用实时编辑器绘图任务

实时编辑器的“任务”工具集的工具提供一个交互界面,通过简单操作,快速达成可视化流程各环节(如绘制图形、数据预处理等)的目标,并可以自动生成完成这些功能的代码。利用“任务”工具集探查数据可视化方法和模型参数,可提高开发效率。

1. 创建绘图

要将“创建绘图”任务添加到已打开的实时脚本中,可以采用以下方法。

(1) 单击“实时编辑器”工具条中“任务”图标的展开图标,展开任务列表,单击“创建绘图”图标。

(2) 在实时脚本的代码块中,输入viz(或visualize、create、hold),从弹出的提示框中选择Create Plot。

(3) 在实时脚本的代码块中，输入绘图函数的名称，如 plot、plot3，从弹出的提示框中选择 Create Plot。

2. 创建可视化

创建绘图后，可以从工作区选择变量作为绘图函数的输入参数，尝试不同类型的图，探索数据的最佳表现形式；还可以叠加、组合多个图形，修改坐标区、图形的参数，进一步提升可视化的效果。

例 5.26 MATLAB 的样例数据文件 patients.mat 存储了若干患者的信息，包括姓名、年龄、体重、是否吸烟等 10 列数据，使用"创建绘图"任务探索该数据集的可视化方法。

1）加载数据。

在命令行窗口中执行以下命令，加载文件 patients.mat 中的数据。

```
>> load patients
```

2）添加任务

新建实时脚本，命名为 myDraw.mlx。然后在实时脚本编辑区中输入"viz"，从弹出的提示框中选择 Create Plot，将创建绘图任务添加到实时脚本中。

3）用散点图可视化变量 Age 和 Diastolic 的关系

在"选择可视化"列表中单击 scatter 图标，选用散点图。然后单击"选择数据"左端的展开图标，展开"选择数据"的操作项目，在 X 的下拉列表中选择 Age 变量，在 Y 的下拉列表中选择 Diastolic 变量。这时，在实时编辑器的输出区出现了与所选数据对应的散点图，如图 5.37 所示。

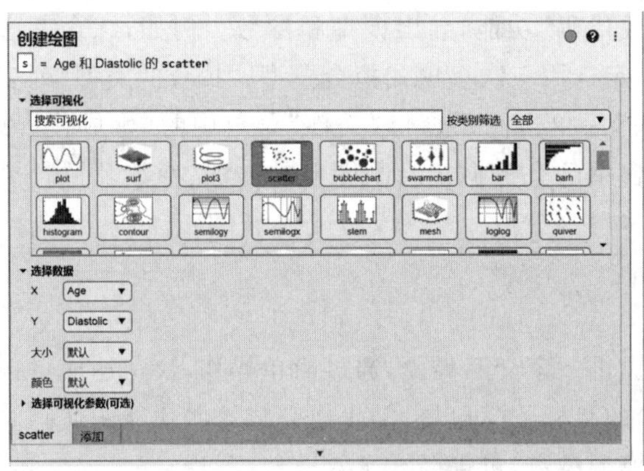

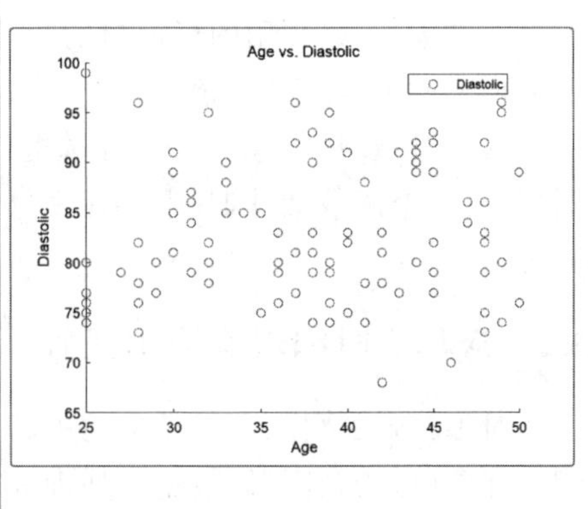

图 5.37 可视化两个变量的关系

若需要修改可视化的其他参数，例如，将默认的标记符号○改为符号＋，可以展开"选择可视化参数(可选)"子面板，从下拉列表中选择"标记符号"，然后在右端弹出的下拉列表中选择"＋"。

若要查看利用此任务工具自动生成的代码，单击面板底部中央的展开图标 ▼ 。自动生成的代码如下。

```
%创建 Age 和 Diastolic 的散点图
s = scatter(Age,Diastolic,'Marker','+','DisplayName','Diastolic');
%添加 xlabel, ylabel, title 和 legend
xlabel('Age')
ylabel('Diastolic')
title('Age vs. Diastolic')
legend
```

针对不同类型的数据和面向不同场景的应用,利用实时编辑器的任务工具集,可以快速找到合适的数据可视化方法和过程参数,提高工作效率。

小　　结

图形可以帮助人们直观感受数据的内在规律和联系,便于加深和强化对于数据的理解和记忆,可视化分析成果使复杂的数据更易于理解和应用。

MATLAB 具有非常强大的图形功能,使用 MATLAB 的绘图函数和绘图工具,既可以绘制二维图形,也可以绘制三维图形,还可以通过添加标注、搭配颜色等操作修饰图形。

plot 和 fplot 函数用于绘制二维曲线,plot 函数的参数是向量或矩阵,fplot 函数的参数是表达式句柄或符号表达式。

plot3 和 fplot3 函数用于绘制三维曲线,mesh 和 fmesh 函数用于绘制仅显示网格轮廓线的曲面,surf 和 fsurf 函数用于绘制由填充了颜色的网格面构成的曲面。

MATLAB 提供了 implicit 和 implicit3 函数,绘制用隐函数表示的图形。

利用 MATLAB 的基础绘图函数,可以绘制各个领域通用的曲线、曲面,以常见形式传达数据蕴含的信息,再通过灯光处理、动画等手段,加强可视化作品的表现力。

利用 MATLAB 图形窗口的工具和实时编辑器任务工具集,通过简单操作,可以快速探查数据的基本属性,以及生成数据可视化的常见表达形式。

MATLAB 还提供了专用数据可视化工具,如绘制统计图表(如柱状图、条形图、面积图、饼图、散点图、走势图等)的函数,以及绘制信息图形(如金字塔、漏斗图、K 线图、关系图、网络图、玫瑰图、帕累托图、轨迹图等)的函数和工具等,第 7～10 章将通过案例详细介绍专用数据可视化工具。

数据导入和预处理

本章学习目标

(1) 掌握本地数据的导入方法。

(2) 熟悉数据库源数据的导入方法。

(3) 熟悉网页数据的爬取机制。

(4) 掌握多媒体数据的导入方法。

(5) 熟悉数据预处理的技术路线和方法。

本章首先介绍将存储于文件和数据库中的数据导入MATLAB工作区的方法,然后介绍从网页爬取数据的技术路线和从多媒体文件读取数据的方法,最后介绍MATLAB的数据预处理工具。

6.1 导入本地源数据

导入本地源数据是指将存储在磁盘文件中的数据导入工作区。MATLAB提供了读取各种格式数据文件的函数和交互式导入数据的工具,可以读取的文件包括文本文件、MATLAB数据文件、电子表格、音频文件、图像文件等。

6.1.1 数据导入工具

使用MATLAB数据导入工具,通过简单操作可以快速读取Excel电子表格、有分隔符或数据项等宽的文本等标准格式的数据文件。

1. 打开数据导入工具

数据导入工具常用于导入文本文件、电子表格文件中的数据。有以下方法打开数据“导入”工具。

(1) 单击MATLAB桌面“主页”工具条中的“导入数据”图标,将打开“导入数据”对话框。在“导入数据”对话框中选中文件后,单击“打开”图标,将打开“导入”子窗口。

也可以先在“当前文件夹”面板中选中某个数据文件后,单击MATLAB桌面的“导入数据”图标,在导入子窗口打开该文件。或者在“当前文件夹”面板选中某个数据文件后,从右键菜单中选择“导入数据”选项,打开“导入”子窗口。

(2) 调用函数uiimport,用数据文件名作为输入参数,打开“导入”子窗口。例如:

```
>> uiimport('四重奏数据.txt')
```

“导入”子窗口的“导入”工具条包含分隔数据、选择数据、存储数据、处理异常值等工具，“视图”工具条包含布局交互界面的工具。

2. 交互式导入数据

打开“导入”子窗口后，按提示选取数据和设置导入数据的过程参数。

1）识别数据分隔符

文本文件通常使用分隔符分隔数据项，标准分隔符包括逗号、空格、Tab符（也称为制表位）和分号等，有些数据文件中使用非标准分隔符分隔数据项。“导入”工具条的“列分隔符”下拉列表中列出了常用的标准分隔符，若文件采用其他分隔数据项的方式，可根据文件的数据格式输入“自定义分隔符”。

2）选取数据

若文件中的数据按表格模式排列，则数据的位置用地址表示，如B3，B是列名，3是行号。连续范围的数据，用“首单元格：尾单元格”表示，如B1：B10。

若需要选取某一列/行的数据，先单击这一列/行的第1个单元格（或数据项），用Shift+单击这一列/行的最后一个单元格；若需要选取不连续范围的数据，用Ctrl+单击各单元格逐个选取，如图6.1所示，先单击B列列名，选取B列（即B1：B11），然后按住Ctrl键，单击D、F、H列名。选取数据后，“导入”工具条的“范围”框内更新为当前所选区域的地址。单击“范围”右端的向下箭头，可以查看所选内容的历史记录。

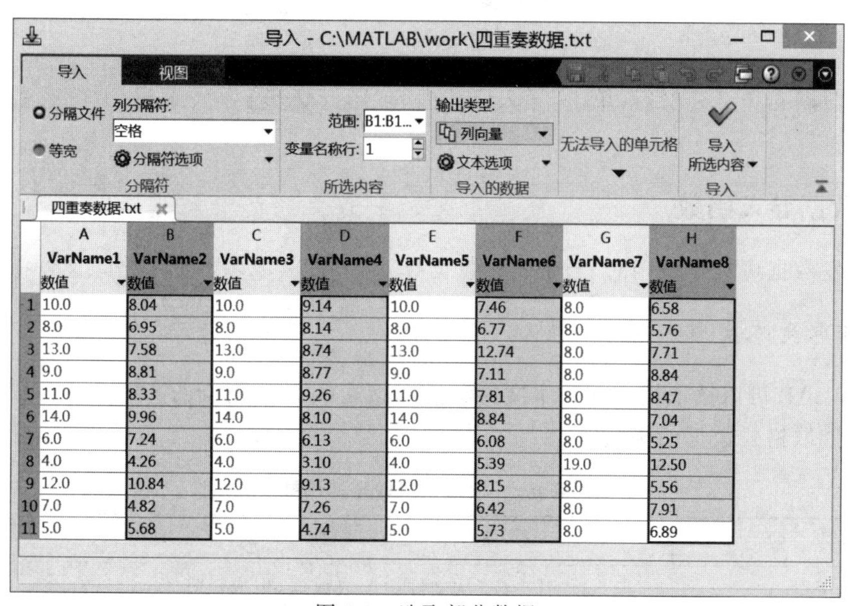

图6.1 选取部分数据

3）数据导入方式

将文件中的数据导入MATLAB工作区时，可以采用不同“输出类型”存储到变量中，常用“输出类型”包括列向量、数值矩阵、字符串数组、元胞数组、表等。

若“输出类型”选择“列向量”,如图 6.1 所示,则所选内容的每列分别存储到一个变量,从左到右变量默认命名为 VarName1,VarName2,…。若选择“数值矩阵”“字符串数组”“元胞数组”,则所选内容全部存储到一个变量。若选择“表”,则所选内容存储到一个表对象,各列分别对应一个表变量。单击变量名和表对象名,可以重新定义变量名;单击变量名下的数据类型列表,可以指定变量的数据类型。

4) 无法导入数据的处理

若导入数据包含无法导入的值,默认用 NaN 替换无法导入的单元格中的数据。可以根据可视化的需要,将默认的 NaN 修改为某个特定数,如−99,如图 6.2 所示。也可以指定导入时排除具有无法导入单元格或空单元格的所在行/列。

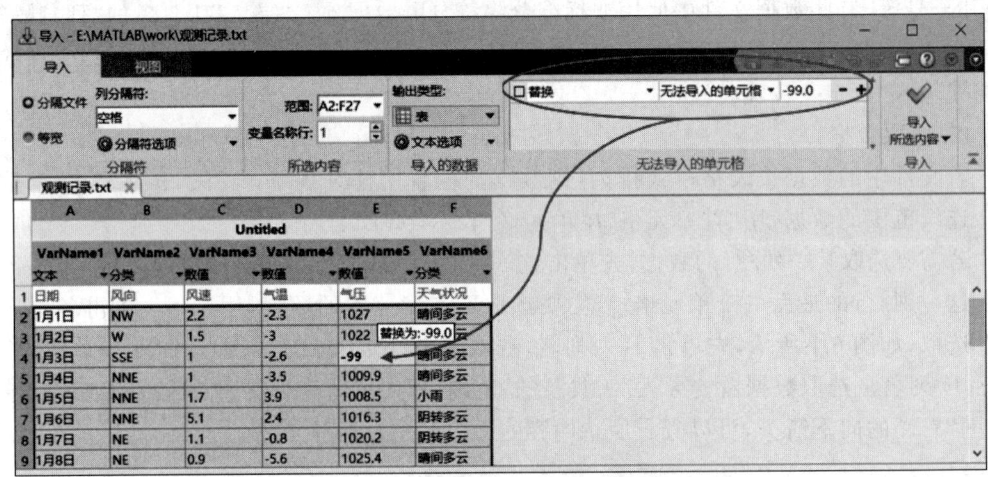

图 6.2　无法导入的单元格数据处理

选择数据和定义变量后,单击“导入所选内容”图标,若导入成功,工作区将出现存储数据的变量。

6.1.2　数据导入函数

在开发数据可视化应用时,通常调用数据导入函数,读取多种标准格式文件中的数据。

1. 读取文本文件

MATLAB 可以读取格式化文本文件和数据项之间有分隔符的文本文件。表 6.1 列出了常用的读取格式数据的函数。

表 6.1　读取格式数据的函数

函　　数	功　　能
readmatrix	从文件中读取数据,生成矩阵
readcell	从文件中读取数据,生成元胞数组
readvars	从文件中读取变量
textscan	从文本文件或字符串读取格式化数据

续表

函　数	功　能
type	显示文件内容
fileread	以文本格式读取文件内容
readlines	以字符串数组形式读取文件行

1）readmatrix、readcell、readvars 函数

这些函数基于文件的扩展名确定文件格式，例如，.txt、.dat、.csv 被识别为带分隔符的文本文件，.xls、.xlsb、.xlsm、.xlsx、.xltm、.xltx、.ods 被识别为电子表格文件等。读取数据时，系统按文件格式使用默认设置确定读取过程的参数。

（1）readmatrix 函数。

readmatrix 函数读取文件中的数据，生成一个数值数组。调用 readmatrix 函数读取样例数据文件“四重奏数据.txt”的数据，命令如下。

```
>> M = readmatrix('四重奏数据.txt');
```

执行命令后，工作区生成变量 M，M 的大小为 11×8，元素的类型为 double。readmatrix 函数逐列读入数据。对于包含数值和文本混合数据的文件，readmatrix 将数据默认作为数值数组导入。

（2）readcell 函数。

readcell 函数读取文件中的数据，生成一个元胞(cell)数组。例如，调用 readcell 函数读取文件“四重奏数据.txt”的数据，命令如下。

```
>> Mc = readcell('四重奏数据.txt');
```

执行命令后，工作区生成变量 Mc，Mc 是大小为 11×8 的元胞数组。在工作区双击变量 Mc，可以看到变量 Mc 的每个元素仅存储一个数，此时，可调用 cell2mat 函数将元胞数组转换成数值数组，命令如下。

```
>> M = cell2mat(Mc);
```

（3）readvars 函数。

readvars 函数读取文件中的数据，生成若干列向量。例如，调用 readvars 函数读取文件“四重奏数据.txt”的数据，命令如下。

```
>> Mv = readvars('四重奏数据.txt');
```

执行命令后，工作区生成变量 Mv，Mv 的大小为 11×1，元素的类型为 double。在工作区双击变量 Mv，可以看到变量 Mv 仅存储了文件的第 1 列数据。这是因为 readvars 函数逐列读入数据，依次存储到对应的输出参数。本次调用只有一个输出参数 Mv，因此 Mv 存储第 1 列数据。若要生成两个变量 Mv1、Mv2，分别存储第 2、4 列的数据，命令如下。

```
>> [~, Mv1, ~, Mv2] = readvars('四重奏数据.txt');
```

以上函数也可用于读取电子表格文件、XML 文件。

2) textscan 函数

textscan 函数用于从已打开的文本文件中读取数据。在进行读取操作前,需要先调用 fopen 函数打开文件,函数的基本调用格式如下。

```
fileID = fopen(filename)
```

其中,输入参数 filename 指定要访问的文件。输出参数 fileID 存储文件标识符,文件标识符是调用 fopen 函数打开文件时系统自动生成的一个数值标量,用于标识所打开的文件。若无法打开指定文件,则 fileID 为-1。

文件打开成功后,调用 textscan 函数读取文件,函数的调用格式如下。

```
C = textscan(fileID, formatSpec, N)
```

其中,输入参数 fileID 是文件标识符。用 textscan 函数读取文件时,将文件中的数据识别为若干数据块,每个数据块存储为元胞数组的一个元素。元胞数组的各个元素按输入参数 formatSpec(用字符向量、字符串表示)指定的转换格式划分数据项,表 6.2 列出了常用格式转换符。输入参数 N 指定重复使用格式 formatSpec 的次数,当 N 省略时,默认为 Inf。

表 6.2 常用格式转换符

转换符	功 能	转换符	功 能
%d	读取为 int32 类型的数	%u64	读取为 uint64 类型的数
%u	读取为 uint32 类型的数	%d64	读取为 int64 类型的数
%f	读取为 double 类型的数	%s	读取为字符向量元胞数组
%c	读取单个字符	%T	读取为持续时间值
%D	读取为日期时间值		

例如,调用 textscan 函数读入文件"四重奏数据.txt"的数据,转换为 double 类型存入变量 M,命令如下。

```
>> fid = fopen('四重奏数据.txt');
>> Mt = textscan(fid,'%f %f %f %f %f %f %f %f');
>> M = cell2mat(Mt);
```

第 1 行命令打开文件"四重奏数据.txt",将系统为该文件分配的标识符存储于变量 fid。第 2 行命令的第 1 个输入参数是文件标识符,第 2 个输入参数是格式字符向量。因为文件的每一行有 8 个浮点数,数据项之间用默认分隔符(空格)分隔,因此格式字符向量由 8 个转换符"%f"组成。执行第 2 行命令后,变量 Mt 是一个大小为 1×8 的元胞数组,Mt 的每一个元素存储一个数值列向量(列向量有 11 个元素)。第 3 行命令调用 cell2mat 函数将元胞数组 Mt 转换为数值数组,存储于变量 M,M 的大小为 11×8,M 的每一个元素存储一个

double类型的数。

3）fileread函数

fileread函数用于读取文本文件的数据，基本调用格式如下。

```
text = fileread(filename, Encoding = encoding)
```

其中，输入参数filename指定文件，用字符向量或字符串表示。第2个输入参数的Encoding存储文件的字符编码方案，encoding的常用值包括"UTF-8"、"ISO-8859-1"、"GB2312"、"Big5"等，省略时，默认使用MATLAB预设编码方案来读取文件。函数调用成功，返回一个字符向量。例如，调用fileread函数读取文件“四重奏数据.txt”的数据，命令如下。

```
>> Mf = fileread('四重奏数据.txt');
>> M = str2num(Mf);
```

第1行命令生成变量Mf，存储了一个字符向量。第2行命令调用str2num函数将字符向量转换为数值数组。

4）readlines函数

readlines函数用于读取文件中的数据，生成一个字符串数组，每行对应一个字符串。若文件有N行，生成的字符串数组大小为$N \times 1$。readlines函数的基本调用格式如下。

```
S = readlines(filename)
```

其中，输入参数filename指定文件，用字符向量或字符串表示。例如，调用readlines函数读取文件“四重奏数据.txt”的内容，程序如下。

```
Mr = readlines('四重奏数据.txt');
M = zeros(11,8);
for row = 1:11
      M(row,:) = str2num(Mr(row));
end
```

第1行语句读取文件，存储于变量Mr，工作区显示，Mr是大小为11×1的字符串数组。循环语句依次将Mr的每一个元素转换为一个有8个元素的数值行向量，存储于变量M的对应行。

readlines函数也可用于读取可以用URL标准定位的网络资源。

2. 读取电子表格

电子表格通常包含数值、文本数据及列（字段）名称、行（记录）名称等。在MATLAB中，用于存储电子表格数据的变量是表对象，因为表对象可以存储数据和描述数据结构的字符串（如表头和行名称）通常将每列数据存为表对象的一个分量，称为表变量，表头的列名自动转换为表变量名。

readtable函数可读取电子表格文件、数据项间使用分隔符的文本文件、数据项等宽的文本文件、XML 文档、Word 文档、HTML 文件等,这些文件的第 1 行或前若干行是表头(含表名、字段名称等),每行的第 1 列有行号或行名称。readtable 函数读取文件中表格形式的数据,生成表对象,其基本调用格式如下。

```
T = readtable(filename, opts)
```

其中,输入参数 filename 指定文件,用字符向量或字符串表示。输入参数 opts 指定数据导入模式。对于文本文件和电子表格文件,readtable 函数为该文件中的每列在表对象 T 中创建一个表变量,并从文件的标题行中对应列读取字符串作为表变量名。对于 XML 文档,readtable 函数在表对象 T 中为每个元素或属性结点创建一个表变量,变量名称对应于元素和属性名称。对于 Word 文档,readtable 函数默认从文档的第一个表导入数据;对于 HTML 文档,readtable 函数默认从第一个<TABLE>元素导入数据。

readtable 会根据文件每列检测到的数据值来创建与该列数据类型匹配的表变量。

例如,MATLAB 的样例文件 airlinesmall_subset.xlsx 中有 13 个工作表,分别存储了 1996—2008 年的飞机航班信息,工作表用年份命名。若读取 2008 年的工作表数据,命令如下。

```
>> T = readtable('airlinesmall_subset.xlsx','Sheet','2008');
```

执行命令,生成 table 类型变量 T,其大小为 1753×29。表对象 T 中存储日期的表变量 Year、Month 和 DayofMonth 是 double 类型,存储出发地、目的地的表变量 Origin、Dest 是元胞类型。

当数据中包含非标准的日期、持续时间或重复的标签时,若将这些变量转换为 MATLAB 的基础数据类型,可以提高计算效率。例如,表对象 T 的日期数据分别按年、月、日存储于三个表变量(Year、Month 和 DayofMonth),为了提高计算效率,可以将这三个表变量合成为一个 datetime 类型的变量,命令如下。

```
>> data = T(:,{'Year','Month','DayofMonth'});
>> data.Date = datetime(data.Year,data.Month,data.DayofMonth);
```

大多数数据读写函数支持对远程存储文件的操作,例如,采用 Amazon S3 和 Windows Azure Blob 模式存储的文件。

6.2 导入数据库源数据

MATLAB 的 Database Toolbox 提供了读取数据库中数据的工具和函数。MATLAB 支持通过 ODBC、JDBC 访问关系数据库,也支持通过 NoSQL 访问 Apache Cassandra、MongoDB、Neo4j 数据库。

6.2.1 Database Explorer

MATLAB 的 Database Explorer 用于交互式设置、浏览、导入数据库中的数据。

Database Explorer 可以连接 ODBC 数据源(如 Access 数据库)、JDBC 数据源和本机数据源。本节以连接 Microsoft Access 数据库为例,说明如何使用 Database Explorer 创建数据源,并通过数据源的连接读取数据库中的数据。

1. 启动 Database Explorer

启动 Database Explorer 有以下方法。

(1) 单击 MATLAB 桌面的 App 工具条 App 模块右端的展开图标,单击列表“数据库连接和报告”分组中的 Database Explorer 图标。

(2) 在命令行窗口执行以下命令。

```
>> databaseExplorer
```

2. 访问数据库

MATLAB 的样例文件 tutorial.accdb 是一个 Microsoft Access 数据库文件,下面以这个文件为例,说明如何读取数据库中的数据。

1) 创建数据源

单击工具条中的 Configure Data Source 图标,从列表中选择 Configure ODBC data source 项,将弹出“ODBC 数据源管理程序(64 位)”对话框。在对话框中单击“添加”按钮,将弹出“创建新数据源”对话框,在这个对话框的列表框中选择 Microsoft Access Driver (*.mdb, *.accdb),然后单击“完成”按钮,如图 6.3 所示。

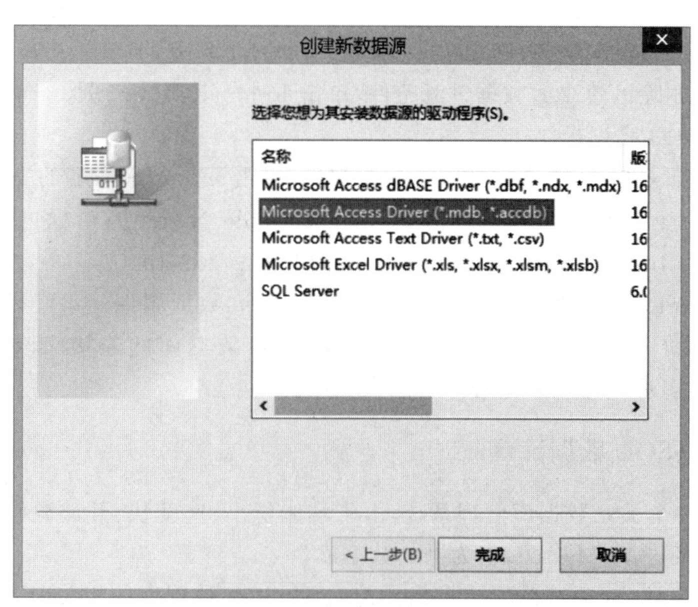

图 6.3 创建新数据源

单击“完成”按钮后,将打开“ODBC Microsoft Access 安装”对话框。在“数据源名”编辑框内输入数据源的名称(如 dbdemo),然后单击“选择”按钮,将弹出“选择数据库”对话框。通过此对话框选中样例数据文件 tutorial.accdb 后,单击“确定”按钮。

"选择数据库"对话框被关闭,返回到"ODBC Microsoft Access 安装"对话框,"数据库"框内显示所选数据文件的名称(包含路径)。此时,单击"确定"按钮。

"ODBC Microsoft Access 安装"对话框被关闭,返回到"ODBC 数据源管理程序(64位)"对话框,"用户 DSN"选项卡的"用户数据源"列表框出现了刚刚定义的数据源 dbdemo。单击"确定"按钮,返回 Database Explorer 窗口。

2) 连接数据源

单击 Database Explorer 窗口工具条中的 Connect 图标,从列表中选择 dbdemo,将弹出 Connect to dbdemo 对话框。在此对话框的 Username、Password 编辑框内不要输入任何字符,直接单击 Connect 按钮,将弹出 Catalog and Schema 对话框,在 Catalog 下拉列表中选择 tutorial.accdb 后,单击 OK 按钮确认操作。

3) 访问数据库

数据源连接成功,Database Explorer 窗口左窗格的 Database Browser 面板将列出该数据库中的所有数据表。单击某个表左端的三角形,可以查看该表的结构。

要浏览某个表中的数据,单击该表左端的复选框,这时 Database Explorer 窗口的 SQL Query 面板中将出现对应的查询语句,Data Preview 面板中列出查询结果。

3. 导入数据

在 Database Explorer 中操纵数据的方法与数据管理系统的方法相似。例如,查询数据表 producttable 的字段 unicost 值大于 20 的记录,单击工具条中的 Where 图标,界面切换到 Where 面板,在 Column 下拉列表中选择 unicost,在 Operator 下拉列表中选择">",在 Value 编辑框内输入 20,单击 Add Filter 图标后,Database Explorer 窗口的 SQL Query 面板中将更新查询语句,Data Preview 面板即时更新查询结果,只显示满足条件的两条记录。如果要删除已建立的数据过滤条件,单击 Remove Filter 图标。单击 Close Where 图标,可关闭 WHERE 面板。

在 Database Explorer 中查询到需要的数据后,单击工具条最右端的 Import Data 图标,将弹出 Import Data 对话框,在对话框的 Variable Name 编辑框内输入变量名,如 productdata,单击 Import 按钮后,生成 table 类型变量 productdata。

Database Explorer 提供了可视化探索数据库结构和数据属性的手段,为正确导入数据库中的数据提供了保障。也可在 Import Data 时,将数据库的连接、查询等操作生成为 MATLAB 的脚本,后续可以通过程序访问数据库。

6.2.2 读取 MySQL 数据库

MySQL 是一个关系数据库管理系统,由于其体积小、速度快、开放源码等特点,通常中小型网站的开发都选择 MySQL 作为网站数据库。

MATLAB 2022a 及后续的版本推出了访问 MySQL 数据库的相关函数,若所使用的计算机系统安装的 MATLAB 是 2022a 之前的版本,可通过 MATLAB Online 在线(https://matlab.mathworks.com/)运行本节的代码。

在 MATLAB 中访问 MySQL 数据库,需要先建立与 MySQL 数据库的连接,然后从数据库导入数据到工作区。

1. 连接 MySQL 数据库

sqlite 函数用于建立与 MySQL 数据库的连接，其基本调用格式如下。

```
conn = sqlite(dbfile, mode)
```

其中，输入参数 dbfile 指定要访问的数据库，用字符向量或字符串表示；参数 mode 指定访问数据库的模式，可取值是"connect"（连接）、"readonly"（只读）、"create"（创建），省略时，默认为"connect"。输出参数 conn 是 sqlite 类型的变量。

2. 读取数据

1）sqlread 函数

sqlread 函数用于读取数据库中的数据，其基本调用格式如下。

```
data = sqlread(conn, tablename, Name = Value)
```

其中，输入参数 conn 指定数据库的连接，tablename 是要读取的表的名称。输入参数 Name 指定读取数据的过程参数，常用参数包括 MaxRows 和 VariableNamingRule。MaxRows 指定读取数据的行数，省略时，默认读取所有行；VariableNamingRule 指定变量命名规则，省略时，默认用表中的字段名作为表变量名。读取成功，返回一个表对象。

2）fetch 函数

fetch 函数用于按 SQL 命令定义的模式读取数据表。fetch 函数的基本调用格式如下。

```
data = fetch(conn, sqlquery, Name = Value)
```

其中，输入参数 conn 指定数据库的连接，sqlquery 存储要执行的 SQL 命令，用字符向量或字符串表示。第 3 个输入参数的意义与 sqlread 函数的相同。

例 6.1 读取 MATLAB 的样例数据库 tutorial.db 中的数据。tutorial.db 是一个 MySQL 数据库文件，数据库结构和 Access 数据库 tutorial.accdb 一致。

先建立连接，再读取数据库中的数据表 productTable 的前三行记录，命令如下。

```
>> conn = sqlite("tutorial.db");
>> data1 = sqlread(conn, "productTable", MaxRows = 3);
```

若要在当前数据库中获取数据表 productTable 的所有数据，使用以下 SQL 语句。

```
SELECT * FROM productTable
```

在 MATLAB 中调用 fetch 函数获取数据表 productTable 的前三行记录，命令如下。

```
>> data2 = fetch(conn, "SELECT * FROM productTable", MaxRows = 3);
```

6.3 爬取数据

MATLAB中的大多数数据读写函数支持对远程存储(如 Amazon S3 和 Windows Azure Blob)文件的操作。此外,MATLAB还支持通过Web服务或FTP操作访问数据,并且可以连接到ThingSpeak通道。如果安装了流数据框架,则可以读取物联网数据。

6.3.1 访问Web

互联网上有各种资源,读写互联网资源的过程被称为访问Web。有效、合法、合理地获取、应用互联网的资源,将帮助人们更加高效地工作、学习和生活。

1. RESTful Web服务

Web服务(Web Service)是一种Web应用模式,通过服务器端,响应客户端(如浏览器)所提交的请求,把资源以服务的形式提供给客户端。Web服务采用标准的Web协议(如HTTP、FTP、SMTP等)进行描述、传输和交换。

RESTful是一种被广泛使用的Web服务交互方案,基于HTTP,可以使用XML格式定义或JSON格式定义。RESTful是通过URI(Universal Resource Identifier,统一资源标识符)实现对资源的管理和访问,具有扩展性强、结构清晰的特点。在REST样式的Web服务中,每一个URI都代表一种资源,客户机向服务器请求的任何实体都是资源。

客户端使用标准的HTTP方法(如GET、PUT、POST和DELETE等)对服务端资源进行操作。通过不同方法来获取资源,导致了以不同的形式(JSON、XML、HTML)获得响应。

表6.3列出了MATLAB提供的RESTful Web服务函数,这些函数使用HTTP GET和POST方法访问Web服务。

表6.3 MATLAB的RESTful Web服务函数

函　数	功　能
webread	从RESTful Web服务读取内容
webwrite	将数据写入RESTful Web服务
websave	将RESTful Web服务中的内容保存到文件
weboptions	指定RESTful Web服务的参数
web	在MATLAB Web浏览器中打开网页或文件
sendmail	向地址列表发送电子邮件

2. webread函数

MATLAB的webread函数用于从RESTful Web服务读取内容,可以读取具有Internet媒体类型格式(如JSON、XML、图像或文本)的数据。webread函数的调用格式如下。

```
data = webread(url)
```

其中,输入参数 url 指定资源地址,用字符向量或字符串表示,采用统一资源定位符(Uniform Resource Location,URL)地址格式。输出参数 data 存储返回的数据,数据的返回形式根据服务端的内容类型自动确定。

URL 地址由资源类型、存放资源的主机域名、资源文件名三部分组成,通用格式如下。

```
协议://主机[:端口] /路径 /[:参数][?查询]#信息片段
```

例如,要访问百度百科上的词条"URL 格式",则在浏览器地址栏中输入如下字符串。

```
https://baike.baidu.com/item/URL 格式
```

其中,https 是协议,baike.baidu.com 是主机,"/item"是路径(即资源所在的文件夹),"URL 格式"是资源名。例如,要获取该网页的内容,存储于变量 data1,命令如下。

```
>> data1 = webread("https://baike.baidu.com/item/URL 格式");
```

命令执行后,生成变量 data1,存储了一个字符向量。

通过 webread 函数也可以获取网络数据库中的数据。例如,获取 MATLAB 样例数据表 employee 中字段 firstName 为"Sarah"的记录,命令如下。

```
>> employeeUrl = "https://requestserver.mathworks.com/employee";
>> employeeinfo = webread(employeeUrl, "firstName", "Sarah");
```

命令执行后,生成变量 employeeinfo,存储了一个结构体,包含 6 个字段。

若要指定返回数据的形式,需要创建一个 weboptions 对象,并将其 ContentType 属性设置为相应类型。ContentType 属性的可取值包括'auto'(默认值,根据服务端的数据类型自动确定数据返回形式)、'text'、'image'、'audio'、'binary'、'table'、'json'、'xmldom'、'raw'等。例如,以字符数组形式返回 employee 中字段 firstName 为"Sarah"的记录,命令如下。

```
>> employeeUrl = "https://requestserver.mathworks.com/employee";
>> options = weboptions("ContentType", "text");
>> employeeinfo = webread(employeeUrl, "firstName", "Sarah",options);
```

因为仅返回一条记录,命令执行后,工作区变量 employeeinfo 存储的是字符向量。

6.3.2 爬取网页数据

爬取数据是指获取网页内容并按规则提取数据。在 MATLAB 中,先通过 RESTful Web 服务函数下载数据,然后通过 strfind 等函数检索数据,通过 regexp 函数进行正则匹配,提取所需要的数据。

1. 静态网页

静态网页指不包含脚本的 HTML 格式的网页,资源扩展名是.htm、.html、.shtml 或

.xml。例如，MATLAB的在线帮助文档“数据导入和分析”就是静态网页。静态网页的内容相对稳定，使用超文本标记语言编写。在MATLAB中，可以使用第3章列出的字符、字符串处理函数来检索、替换或提取静态网页的特定文本。

获取网页的文本数据前，需要了解网页的字符编码方案，常用编码有'UTF-8'、'US-ASCII'、'latin1'、'Shift_JIS'和'ISO-8859-1'。如果使用与所访问的网页不一致的编码方案，webread函数返回的结果会出现乱码。网页的预定义变量charset存储该网页所采用的编码，如图6.4方框内所示。

```
1 <!DOCTYPE HTML>
2 <html lang="zh">
3 <head>
4 <title>数据导入和分析
5 - MATLAB &amp; Simulink
6 - MathWorks 中国</title>
7 <meta charset="utf-8">
8 <meta name="viewport" content="width=device-width, initial-scale=1.0">
```

图6.4　HTML文档的编码

例6.2　获取MATLAB的在线帮助文档“数据导入和分析”页面所采用的编码方案。

先按默认参数获取网页内容，得到一个字符向量。从该字符向量检索字符串'charset='出现的位置，再提取字符串'charset='后两个双引号之间的字符串。程序如下。

```
data1 = webread("https://ww2.mathworks.cn/help/matlab/" + …
    "data-import-and-analysis.html");
start1 = strfind(data1,'charset=');
pos = strfind(data1(start1 : start1+30),'"');
charset1 = data1(start1+pos(1) : start1+pos(2)-2);
disp(charset1)
```

运行程序，命令行窗口输出如下。

```
utf-8
```

输出结果说明，网页所采用的字符编码方案为UTF-8。通过weboptions函数将RESTful Web服务参数CharacterEncoding设置为变量charset1的值，再调用webread函数获取网页中的文本，命令如下。

```
>> options = weboptions("CharacterEncoding", charset1);
>> data2 = webread("https://ww2.mathworks.cn/help/matlab/" + …
    "data-import-and-analysis.html", options);
```

若要获取该文档中关键词“数据”出现的次数，可以调用strfind函数检索，命令如下。

```
>> sjpos = strfind(data1,'数据') ;
>> length(sjpos)
ans =
    17
```

2. 动态网页

包含在服务器端运行的程序、组件等内容的网页，属于动态网页，它们会根据不同客户端、不同时间等，返回不同的网页。解析动态网页的内容，特别是数据量大的动态网页，如果用第 3 章列出的字符、字符串处理函数，效率低，且有可能不能实现。提取动态网页中的数据通常使用正则表达式。

1）正则表达式

正则表达式(Regular Expression，又称规则表达式)描述了一种文本匹配的模式，用于检查文本中是否含有某种模式的字符串，也可以用于提取、替换匹配的子串。正则表达式作为一个模板，将某个字符串的构成模式与所检索的文本进行匹配。正则表达式是由普通字符(如字母、数字字符、下画线等)和元字符组成的规则字符串，描述在搜索文本时的过滤逻辑。

(1) 元字符。

元字符用于构造广义的字符匹配模式。元字符用方括号界定，表示匹配方括号内的任一字符。例如，[aeiou]表示在待检索文本中匹配所有的 a、e、i、o、u。若方括号内的第一个字符是^，则表示匹配除方括号中列出字符外的其他字符，例如，[^aeiou] 匹配待检索文本中除了 a、e、i、o、u 的其他字符。若方括号内两个字母间有符号"-"，则表示匹配一个区间，例如，[A-Z] 匹配待检索文本中所有的大写字母。点(.)匹配除换行符和回车符之外的任意单个字符，\w 匹配字母、数字、下画线，\W 匹配除了字母、数字、下画线外的其他字符，\s 匹配空白符(包括空格、制表符、换行符、换页符等)，\S 匹配非空白符，\d 匹配数字字符，\D 匹配非数字字符。

(2) 格式控制字符。

格式控制字符用于匹配控制输出格式的字符。例如，\b 匹配退格符，\n 匹配换行符，\r 匹配回车符，\t 匹配水平制表符，\v 匹配垂直制表符，\f 匹配换页符。

(3) 限定符。

限定符指定某个模式必须出现在匹配文本中的次数。星号(*)表示星号前的模式可以连续出现 0 次或多次，问号(?)表示问号前的模式最多出现 1 次，加号(+)表示加号前的模式至少出现 1 次。{*m*,*n*}表示花括号前的模式至少连续出现 *m* 次，最多连续出现 *n* 次；{*m*,}表示花括号前的模式至少连续出现 *m* 次；{*n*}表示花括号前的模式最多连续出现 *n* 次。

例如，正则表达式'c[aeiou]+t'匹配所有以字母 c 开头，并以字母 t 结尾，且中间包含一个或多个元音字母(aeiou)的单词，因此，对于字符串"bat cat can coat court CUT ct"，该正则表达式可以匹配到单词 cat、coat。正则表达式'[Ss]h\S*'匹配所有以字母 S 或 s 开头，第二个字符是字母 h，且后面有若干非空白字符的单词，对于字符向量'She sells sea shells by the seashore.'，该正则表达式可以匹配到单词 She、shells、shore。

2）文本查找和替换函数

MATLAB 提供了用正则表达式在文本中查找、替换特定数据的函数，表 6.4 列出了这些函数。前 4 个函数的第 1 个输入参数是待检索的文本，可以用字符向量、字符向量元胞数组或字符串数组描述。regexp、regexpi、regexprep 函数的第二个参数是用字符向量(或字符向量元胞数组、字符串数组)表示的正则表达式。regexp、regexpi 函数默认返回与该正则表达式指定模式匹配的每个子字符串的起始索引,若没有匹配项,则返回空数组。当函数的第三个输入参数是'match'时,则 regexp、regexpi 函数返回与该模式匹配的所有子字符串。

表 6.4 MATLAB 的文本搜索函数

函数	功能	示例
regexp	用正则表达式匹配文本,匹配时区分大小写	>> str = 'bat cat can coat court CUT ct'; >> expr = 'c[aeiou]+t'; >> matchwords = regexp(str, expr, 'match'); >> disp(matchwords) {'cat'} {'coat'}
regexpi	用正则表达式匹配文本,匹配时不区分大小写	>> matchwords = regexpi(str, expr, 'match'); >> disp(matchwords) {'cat'} {'coat'} {'CUT'}
regexprep	替换与正则表达式匹配的文本	>> strnew=regexprep(str, '\s', ',') ; %空格替换为逗号 >> disp(strnew) 'bat,cat,can,coat,court,CUT,ct'
regexptranslate	将文本转换为正则表达式	>> str1 = 'Firsr \n Second \n Third'; >> pattern = regexptranslate('escape','\n'); >> disp(pattern) \\n
regexpPattern	用正则表达式指定匹配模式	>> expr = 'c[aeiou]+t'; >> pat = regexpPattern(expr); >> disp(pat) 匹配: regexpPattern("c[aeiou]+t")
extract	提取与指定模式匹配的文本	>> str = 'bat cat can coat court CUT ct'; >>words = extract(str, pat); >> disp(words) {'cat' } {'coat'}

例 6.3 从天气网(http://www.weather.com.cn/)爬取某地当日的空气质量指数。

以长沙市为例,对应网页的 URL 是 http://www.weather.com.cn/weather1d/101250101.shtml。

网页的扩展名是.shtml,这是一个包含服务器端指令的文件。天气数据来源于与服务器关联的数据库,服务器按指令从数据库获取即时数据嵌入.shtml 文件,返回给客户端。

(1) 查询网页的字符编码方式。用网页编辑器(如 Google 浏览器右键菜单的"查看网页源代码")查看网页的源码。该文档的第 5 行显示网页采用了 UTF-8 编码方案。也可采用例 6.2 的方法获取网页的字符编码方案。通过 weboptions 函数设置使用 RESTful Web 服务获取网页数据时的参数 CharacterEncoding,再调用 webread 函数读取.shtml 文件的数据。

(2) 定位描述天气状况的代码段,了解数据在网页中嵌入的方法。在网页编辑器查看网页的源码，该网页文档的第 733 行显示：每日天气数据保存在变量 observe24h_data 中，分量 od28 存储空气质量指数，如图 6.5 所示。

```
733 var observe24h_data = {"od":{"od0":"202301311400","od1":"长沙","od2":
[{"od21":"14","od22":"20","od23":"166","od24":"南风","od25":"3","od26":"0","od27":"26","od28":"49"},
{"od21":"13","od22":"19","od23":"175","od24":"南风","od25":"3","od26":"0","od27":"26","od28":"48"},
{"od21":"12","od22":"17","od23":"174","od24":"南风","od25":"2","od26":"0","od27":"27","od28":"51"},
{"od21":"11","od22":"15","od23":"186","od24":"南风","od25":"3","od26":"0","od27":"31","od28":"56"},
{"od21":"10","od22":"12","od23":"180","od24":"南风","od25":"3","od26":"0","od27":"33","od28":""},
{"od21":"09","od22":"10","od23":"168","od24":"南风","od25":"2","od26":"0","od27":"37","od28":"55"},
{"od21":"08","od22":"8","od23":"173","od24":"南风","od25":"2","od26":"0","od27":"42","od28":"54"},
{"od21":"07","od22":"8","od23":"176","od24":"南风","od25":"2","od26":"0","od27":"47","od28":"54"},
{"od21":"06","od22":"8","od23":"183","od24":"南风","od25":"2","od26":"0","od27":"47","od28":"53"},
{"od21":"05","od22":"8","od23":"183","od24":"南风","od25":"3","od26":"0","od27":"42","od28":"53"},
{"od21":"04","od22":"8","od23":"185","od24":"南风","od25":"3","od26":"0","od27":"43","od28":"55"},
{"od21":"03","od22":"9","od23":"185","od24":"南风","od25":"3","od26":"0","od27":"40","od28":"59"},
{"od21":"02","od22":"9","od23":"190","od24":"南风","od25":"2","od26":"0","od27":"42","od28":"62"},
{"od21":"01","od22":"6","od23":"169","od24":"南风","od25":"1","od26":"0","od27":"56","od28":"65"},
{"od21":"00","od22":"6","od23":"181","od24":"南风","od25":"1","od26":"0","od27":"50","od28":"67"},
{"od21":"23","od22":"9","od23":"315","od24":"西北风","od25":"0","od26":"0","od27":"43","od28":"72"},
{"od21":"22","od22":"9","od23":"246","od24":"西南风","od25":"1","od26":"0","od27":"40","od28":"75"},
{"od21":"21","od22":"8","od23":"270","od24":"西风","od25":"1","od26":"0","od27":"46","od28":"72"},
{"od21":"20","od22":"10","od23":"201","od24":"南风","od25":"1","od26":"0","od27":"43","od28":"62"},
{"od21":"19","od22":"12","od23":"203","od24":"西南风","od25":"1","od26":"0","od27":"36","od28":"57"},
{"od21":"18","od22":"15","od23":"152","od24":"东南风","od25":"1","od26":"0","od27":"24","od28":""},
{"od21":"17","od22":"17","od23":"171","od24":"南风","od25":"2","od26":"0","od27":"18","od28":"60"},
{"od21":"16","od22":"17","od23":"184","od24":"南风","od25":"2","od26":"0","od27":"19","od28":"59"},
{"od21":"15","od22":"17","od23":"169","od24":"南风","od25":"2","od26":"0","od27":"21","od28":"61"},
{"od21":"14","od22":"16","od23":"196","od24":"南风","od25":"2","od26":"0","od27":"23","od28":""}]}};
```

图 6.5 网页中描述天气状况的代码段

(3) 提取数据。利用正则表达式，提取.shtml 文件中“od28”后的字符串，并转换为数值。

程序如下。

```
tqurl = "http://www.weather.com.cn/weather1d/101250101.shtml";
options = weboptions("CharacterEncoding", "UTF-8");
typemeta = webread(tqurl, options);
datat = regexp(typemeta,'(od28":"+\d+")','match');
datad = regexp(datat,'("+\d+")','match');
aqi = zeros(1,length(datad));
for k = 1:length(datad)
    aqistr = replace(cell2mat(datad{1,k}),'"','');
    aqi(1,k) = str2double(aqistr);
end
plot(aqi)
```

第 3 行命令返回一个字符向量，存储于变量 typemeta。第 4 行命令获取所有与模式'(od28":"+\d+")'匹配的字符串，存储于变量 datat，该变量是一个元胞数组。第 5 行命令从变量 datat 提取含有数值的文本，存储于变量 datad，该变量是一个元胞数组，其每一个元素是一个大小为 1×1 的元胞数组。第 6 行命令建立一个和 datad 大小相同的零向量，为后续读取的数据预分配存储空间。for 语句对变量 datad 中的元素逐个进行处理，循环体的第 1 条命令将元胞数组转换为基础类型的数组，再删去数值字符前后的双引号，存储于变量 aqistr；循环体的第 2 条命令调用 str2double 函数将变量 aqistr 中存储的数字字符串转换为对应的数值，并将数值依次存储于数组 aqi 的元素。程序的最后一条命令调用 plot 函数将获得的当日空气质量指数可视化。

6.4 导入多媒体数据

多媒体数据是指图像、音频和视频数据。在 MATLAB 中，除了使用前面介绍的 readmatrix、webread 等函数读取多媒体数据文件，还可使用专门的读取图像、音频和视频文件的函数。

6.4.1 导入图像数据

图像数据(Image Data)文件存储各像素颜色值或灰度值。在 MATLAB 中进行图像处理，首先要将图像数据导入工作区。

1. 图像的相关概念

1）数字图像种类

根据采样方法不同，数字图像分为以下类型。

(1) 二值图像。二值图像的每个像素的可取值为 0 或 1，0 代表黑色，1 代表白色。二值图像通常用于文字、线条图的扫描识别(OCR)和掩膜图像的存储。

(2) 灰度图像。灰度图像的每个像素的可取值是整数，值域为[0, 255]。0 表示纯黑色，255 表示纯白色，中间的数值表示介于黑和白的灰度等级(也称为色阶)。

(3) RGB 图像。RGB 图像用于表示彩色图像，用红(R)、绿(G)、蓝(B)三原色的组合来表示每个像素的颜色。在 MATLAB 中，用三维数组存放 RGB 彩色图像数据，数组的第 1、2 维度分别表示像素的位置，第 3 维度的大小为 3，分别记录各个像素的 R、G、B 三个颜色分量值，值域为[0, 255]。

2）图像的基本属性

图像的属性反映了数字化图像色彩的鲜艳度、图像的清晰度，也决定了图像文件的大小，如图 6.6 所示，图 6.6(a)是样例文件“灰度图.jpg”的图像属性，图 6.6(b)是样例文件 MathWorks_logo.jpg 的图像属性。

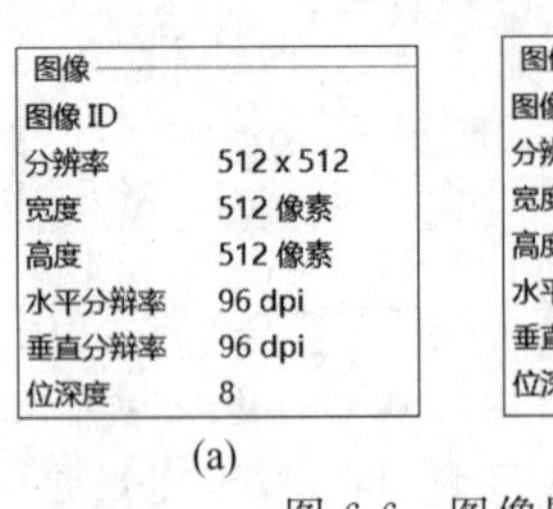

(a)

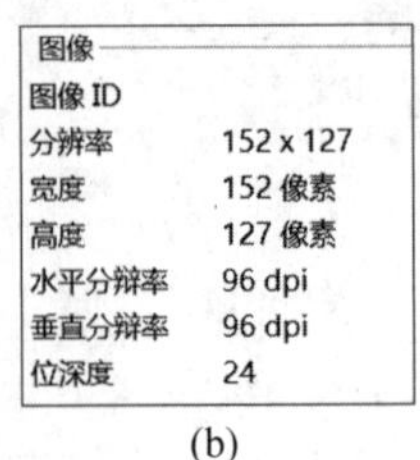

(b)

图 6.6 图像属性

(1) 像素。对物理图像采样时，将一幅图像划分成 $m\times n$ 的网格，每个网格称为一个像素。像素是构成位图(Bitmap)图像的基本单元，是能独立地赋予色度和亮度的最小单位。当位图图像放大到一定程度时，所看到的一个一个的马赛克色块就是像素。图像分辨率通常表示为水平像素数×垂直像素数。

(2) 水平/垂直分辨率。水平/垂直分辨率描述每个像素的大小，常用单位有 dpi(dots

per inch,每英寸点数)、ppi(pixels per inch,每英寸像素数)。水平和垂直分辨率越大,即像素越小,用计算机存储的数字图像数据还原的图像越接近真实图像。

(3) 位深度。每个像素由不同的颜色构成,位深度(也称为颜色深度、色深)指存储一个像素的颜色值所用的二进制位数,它决定一幅图像中最多可以表示的颜色数。8 位色深采用 8 位二进制存储像素的颜色值,值域为$[0,2^8-1]$,可以表示 2^8(256)种颜色。24 位色深分别采用 8 位二进制存储像素的 R、G、B 三个颜色分量的饱和度,值域为$[0,2^{24}-1]$,可以表示 2^{24} 种颜色。

(4) α 通道。α 通道(Alpha Channel)描述图像的透明程度。如果用 1 位二进制表示,则 0 表示不透明,1 表示透明;如果用 8 位二进制描述,则 0～255 表示 256 个级别的透明度。

3) 图像存储格式

图像存储格式指图像数据存储到磁盘所采用的编码方案,文件的扩展名反映图像存储格式。MATLAB 支持大部分图像存储格式,可视化应用中常见图像格式如下。

(1) BMP 格式。采用位映射存储格式,不进行压缩,占用存储空间较大。BMP 文件存储数据时,图像的扫描方式是按从左到右、从下到上的顺序。

(2) JPEG 格式。采用 JPEG 有损压缩算法,压缩比可达 40∶1,占用存储空间较小。

(3) PNG 格式。可移植性网络图像(Portable Network Graphics),采用无损压缩算法,存储灰度图像时,色深可达 16 位;存储彩色图像时,色深可达 48 位,且还可存储多达 16 位的 α 通道数据。

(4) GIF 格式。采用隔行扫描方式,色深 1～8 位,即最多支持 256 种颜色。在一个 GIF 文件中可以存多幅彩色图像,如果把存于一个文件中的多幅图像数据逐幅读出并显示到屏幕上,就可构成一种最简单的动画。

(5) TIFF 格式。标签图像文件格式。

2. 读取图像文件

imread 函数用于从图像文件读取图像数据,其基本调用格式如下。

```
[A,map,transparency] = imread(filename,fmt)
```

其中,输入参数 filename 指定要读取的文件,文件名可用字符向量或字符串描述。fmt 指定图像格式,可用字符向量或字符串描述,省略时,默认按文件扩展名推断其格式。

imread 函数的输出参数 A 存储读取的数据,map 存储关联的颜色图,transparency 存储透明度信息。后两个输出参数可以省略。

在用 imread 函数读取图像前,先调用 imfinfo 查询图像的信息,包括图像的编码方案、色深等参数,从而更有针对性地读取图像。

例如,查询本书样例文件"灰度图.jpg"的图像信息,命令如下。

```
>> pic1_info = imfinfo("灰度图.jpg");
```

在变量编辑器中查看变量 pic1_info,可以看到:图像宽(Width)512,高(Height)512,位深度（BitDepth）为 8，颜色样式（ColorType）采用灰度图（grayscale），编码方案(CodingMethod)采用 Huffman 压缩编码。

读取样例文件“灰度图.jpg”中的数据，存于变量 graymap，命令如下。

```
>> graymap = imread("灰度图.jpg");
```

执行命令，生成的变量 graymap 是一个大小为 512×512 的二维数组，元素是 uint8 类型。

本书样例文件 MathWorks_logo.jpg 存储的图像是 MathWorks 的 Logo。先查询该文件的图像信息，命令如下。

```
>> pic2_info = imfinfo("MathWorks_logo.jpg");
```

在变量编辑器中查看变量 pic2_info，可以看到：图像宽 152，高 127，位深度为 24，颜色样式采用真彩色(truecolor)，编码方案采用 Huffman 压缩编码。

读取图像文件 MathWorks_logo.jpg 中的数据，存于变量 rgbmap，命令如下。

```
>> rgbmap = imread("MathWorks_logo.jpg ");
```

执行命令，生成的变量 rgbmap 是一个大小为 127×152×3 的三维数组，第 1 个维度的大小与图片的高一致，第 2 个维度的大小与图片的宽一致，第 3 个维度的大小是 3，元素是 uint8 类型。

也可利用 MATLAB 桌面的“导入数据”功能将图像文件导入工作区，导入时，默认用图像文件名作为变量名。由于图像数据量相对较大，通常在导入的交互界面无法预览数据。

3. 获取网络图像资源

1）imread 函数

imread 函数可用于读取 URL 定位的网络图像文件，也可用于读取一些云存储平台(如 Amazon S3、Windows Azure Blob Storage 和 HDFS)上的图像文件。

例如，获取中国气象科普网(www.qxkp.net)主页底部的“科普基地”图片(图片存储在该网站的文件夹\material\img\home 下，文件名为 kpjd.png)，命令如下。

```
>> kpng1 = imread('http://www.qxkp.net/material/img/home/kpjd.png');
```

读取云存储平台上的远程数据，需要拥有访问权限(如账户)，在此不详细介绍读取方法。

2）webread 函数

webread 函数用于从 Web 服务中获取图像资源。webread 函数读取网络图像数据的调用格式如下。

```
[data,colormap,alpha] = webread(url)
```

其中，输出参数 data 存储读取到的图像，colormap 存储与该图像关联的颜色图，alpha 存储与该图像关联的 alpha 通道。输入参数 url 是图像资源的 URL 地址。例如,获取中国气象科普网主页底部的"科普基地"图片,命令如下。

```
>> [kpng,kcmap,kalpha]=webread('http://www.qxkp.net/material/img/home/kpjd.
png');
```

命令执行后,生成三个变量。变量 kpng 是一个大小为 135×1159×3(图片高 135px,宽 1159px)的三维数组,元素是 uint8 类型,记录每个像素的颜色值;变量 kcmap 为[],说明该图片文件没有记录颜色图;变量 kalpha 是一个 135×1159 的二维数组,元素是 uint8 类型,记录每个像素的 Alpha 通道值。

4. 查看图像

MATLAB 提供了多种方法查看图像数据。

1) 图像查看器

图像查看器(Image Viewer)是一个显示图像和执行常见图像处理任务的集成环境。打开图像查看器有以下两种方法。

(1) 单击 MATLAB 桌面 APP 工具条的 APP 工具组右端的展开图标,从列表中找到"图像处理和计算机视觉"模块组,单击其中的"图像查看器"图标。

(2) 在命令行窗口执行以下命令。

```
>> imtool
```

图像查看器的"文件"菜单中包含"打开"图像文件和"从工作区导入"图像数据的命令。例如,"从工作区导入"前面生成的变量 graymap,图像查看器中显示 graymap 存储的图像。也可以执行以下命令,打开图像查看器并显示图像。

```
>> imtool(graymap)
```

或者直接读取图像文件"灰度图.jpg",并在图像查看器中显示图像,命令如下。

```
>> imtool('灰度图.jpg')
```

图像浏览器提供了图像查看工具(如图像缩放、平移等)、裁剪工具、测距工具,以及调整对比度、颜色图的工具。利用图像浏览器的"另存为"功能,可以将图像数据存储为指定类型的图像文件。

2) imshow 函数

imshow 函数用于在图形窗口显示图像。imshow 函数的基本调用格式如下。

```
imshow(imagedata, [low high])
```

其中,输入参数 imagedata 可以是工作区中存放图像数据的变量,也可以是图像文件名。二元向量[low high]指定显示范围,将图像中值小于或等于 low 的像素显示为黑色,值大于或等于 high 的像素显示为白色。

在图形窗口显示前面生成的变量 graymap 中存储的图像,命令如下。

```
>> imshow(graymap)
```

读取图像文件“灰度图.jpg”并在图形窗口中显示图像,命令如下。

```
>> imshow('灰度图.jpg')
```

若用变量 graymap 的均值作为阈值,使图像呈现为黑白图像(也称为二值图像),命令如下。

```
>> ave=mean(graymap(:));
>> imshow(graymap, [ave, ave+1]);
```

6.4.2 导入音频数据

数字化的声音数据就是音频数据。音频数据记录了声音信息和数字化过程的参数,如采样频率、量化位数、编码方式等。在 MATLAB 中处理音频,首先要将音频数据导入工作区。

1. 音频的相关概念

1) 音频的基本属性

(1) 采样频率。

采样是指每隔一定时间在声波上采集一个幅度值。每秒采集的样本数称为采样频率,单位为 Hz。音频常用采样频率包括 11kHz(如电话机的信号采样频率)、22kHz(如 FM 无线电的采样频率)、44.1kHz(CD 的采样频率)、48kHz(HD 高清音频的采样频率)、96kHz(Full HD 音频的采样频率)、192kHz(Super HD 音频的采样频率)。

(2) 量化位数。

量化位数(也称为量化精度)是存放一个样本值的二进制位数,单位为 bps(bit per sample)。常用量化位数有 8bps、16bps、32bps 等。量化位数越多,声音效果越好。

(3) 声道数。

声道数指声音通道的个数,有单声道、双声道(也称为立体声)、四声道等。对于音响设备,声道数是指能支持不同发声的音响个数。

2) 音频文件格式

MATLAB 支持的音频文件格式包括.wav、.flac、.mp3、.m4a、.mp4 等。.wav 和.flac 格式支持不同的量化位数(8、16、32、64),对应的数据类型是 uint8、int16、int32、double 等。.mp3、.m4a、.mp4 格式的数据类型是 single。

2. 读取音频文件

audioread 函数用于读取音频文件,其基本调用格式如下。

```
[y, Fs] = audioread(filename, samples)
```

其中,输入参数 filename 指定要读取的文件,文件名可用字符向量或字符串描述。samples 是一个二元向量[start, finish],start 指定读取音频区段的起始位置,finish 指定终端位置,位置用样本的索引号表示。当 samples 省略时,默认读取音频的所有样本。

输出参数 y 存储读取的数据,是一个大小为 $m \times n$ 的矩阵,m 是读取的音频样本数,n 是文件中的音频通道数,元素默认为 double 类型,值域为[-1,1]。Fs 存储音频的采样率。

在用 audioread 函数获取音频数据前,可以先调用 audioinfo 函数查询音频信息。例如,查询样例文件 monodemo.wav 的音频信息,命令如下。

```
>> au1_info = audioinfo("monodemo.wav");
```

在变量编辑器中查看变量 au1_info,可以看到:声道数(NumChannels)为 1(即单声道),采样率(SampleRate)为 8192Hz,时长(Duration)8.9249s,记录了 73 113 个样本,样本量化位数(BitsPerSample)为 16。

读取文件 monodemo.wav 中的数据,存于变量 wav1,命令如下。

```
>> wav1 = audioread("monodemo.wav");
```

执行命令,生成变量 wav1,存储了一个大小为 73 113×1 的列向量,元素是 double 类型。变量的长度 73 113 与样本数一致。

样例文件 stereodemo.wav 记录了一段立体声,查询该文件的音频信息,命令如下。

```
>> au2_info = audioinfo("stereodemo.wav");
```

在变量编辑器中查看变量 au2_info,可以看到:声道数为 2,采样频率为 44 100Hz,时长 72.4695s,记录了 3 195 904 个样本,样本量化位数为 16。

读取文件 stereodemo.wav 中的全部数据,存于变量 wav2,命令如下。

```
>> wav2 = audioread("stereodemo.wav");
```

执行命令,生成变量 wav2,存储了一个大小为 3 195 904×2 的二维数组,元素是 double 类型。变量第 1 个维度的长度与样本数一致,第 2 个维度的长度与声道数一致。

可以指定只读取音频片段。例如,读取文件 stereodemo.wav 中索引号为 100～2000 的样本点数据,命令如下。

```
>> wav3 = audioread("stereodemo.wav",[100,2000]);
```

执行命令,生成变量 wav3,存储了一个大小为 1901×2 的二维数组。

可以利用 MATLAB 桌面的"导入数据"工具,在交互界面选择要导入的样本点,将音频文件中的数据导入工作区。

3. 获取网络音频资源

1) audioread 函数

audioread 函数可用于读取 URL 定位的网络音频文件,也可用于读取一些云存储平台

(如 Amazon S3、Windows Azure Blob Storage 和 HDFS)上的音频文件。读取云存储平台上的远程数据,需要拥有访问权限(如账户)。

2) webread 函数

webread 函数用于从 Web 服务中获取音频资源。webread 函数读取网络音频数据的方法如下。

```
[data,Fs] = webread(url)
```

其中,输入参数 url 指定要访问的 URL 资源,输出参数 data 存储读取到的音频数据,Fs 存储音频数据的采样率。

4. 播放音频

MATLAB 提供了多种方法播放音频。

1) sound 函数

sound 函数用于将音频数据转换为声音,其基本调用格式如下。

```
sound(y, Fs, nBits)
```

其中,输入参数 y 是存储音频数据的变量,Fs 指定采样频率,nBits 指定量化位数。Fs 省略时,默认以 8192Hz 为采样频率向扬声器发送音频信号。nBits 省略时,默认量化位数为 16。

例如,播放前面生成的变量 wav1 存储的音频数据,命令如下。

```
>> sound(wav1)
```

2) audioplayer 对象

使用 audioplayer 对象播放音频数据,在播放过程中可以进行控制(如暂停、继续等)。

(1) 构造 audioplayer 对象。

用 audioplayer 函数构造 audioplayer 对象的基本方法如下。

```
playerObj = audioplayer(Y, Fs, nBits, ID)
```

其中,输入参数 Y 是存储音频数据的变量,Fs 指定采样频率,nBits 指定量化位数,ID 指定所使用的播放设备。nBits 省略时,默认量化位数为 16。ID 省略时,默认为−1,即使用本机默认播放设备。

(2) 播放 audioplayer 对象中存储的音频。

用 play 函数播放 audioplayer 对象中存储的音频,其基本调用格式如下。

```
play(playerObj, [start, stop])
```

其中,输入参数 playerObj 是已建立的 audioplayer 对象,[start, stop]指定从 start 所指示的样本开始播放,直至 stop 所指示的样本。

例如,播放样例文件 monodemo.wav 中存储的全部数据,命令如下。

```
>> [wav1,Fs1]=audioread("monodemo.wav");
>> player1=audioplayer(wav1, Fs1);
>> play(player1)
```

audioplayer 对象的 SampleRate 属性存储该音频对象的采样频率(即每秒的样本数)。故时长为 t 的样本数 $=t\times$SampleRate 属性值。例如,播放前 3s 的音频,命令如下。

```
>> start1=1;
>> stop1=player1.SampleRate * 3;
>> play(player1, [start1, stop1]);
```

6.5 数据预处理

数据预处理是数据可视化的关键环节,处理方法包括:从源数据中移除不正确或者有问题的数据,从数据中消除噪声,集成多源数据,转换数据格式等,以实现高效、有意义的数据可视化和分析。本节介绍数据预处理机制和 MATLAB 的数据预处理工具。

6.5.1 清理离群数据

离群值(Outlier)是指在数据中有一个或几个数值与其他数值相比差异较大。离群值的产生原因包括总体固有变异的极端表现,或由于实验条件和实验方法的偶然性,或观测和记录过程的失误所产生的结果。

1. 清理方法

数据集中混杂离群值,影响到均值和标准差等统计指标的计算,也会影响到重复性和不确定度,最终影响到可视化结果。因此,在进行数据探索前,往往需要先处理离群值。离群值处理方法包括剔除离群值和替换离群值(用平均值、中位数或根据模型估算结果替换离群值)。

2. 检测离群值

检测离群值的常用方法如下。

1) MAD 法

先求出数据集元素的中位数,当元素值与中位数的偏差处于合理的范围外,判定该元素为离群值。

2) 3σ 法

又称为标准差法,用数据集元素的 3 倍标准差作为数据波动阈值,当元素值超过阈值时,判定该元素为离群值。

3) 百分位数法

先将数据集的元素按值的大小排序,当元素的排位百分比值高于某百分比或低于某百分比时,判定该元素为离群值。

在使用 MATLAB 的工具检测离群值时,可选用中位数、均值、四分位数、Grubbs、

GESD、移动中位数、移动均值、百分位数等方法。

3. 交互式清理离群数据

MATLAB实时编辑器的“清理离群数据”任务,用于以交互方式识别和处理数据中的离群值。

MATLAB样例数据文件patients.mat中记录了100个患者的健康状况信息,包括姓名、年龄(Age)、是否抽烟(Smoker)、身高(Height)、体重(Weight)等。下面以这个文件中的数据为例,说明如何使用实时编辑器的“清理离群数据”任务清理数据集的离群值。

首先加载文件patients.mat,将数据从文件导入工作区,命令如下。

```
>> load("patients.mat")
```

也可以在当前文件夹双击该文件,加载数据。或者利用MATLAB桌面“主页”工具条中的“导入数据”工具,将数据导入工作区。

1)清理单变量的离群值

例6.4 清理变量Height的离群值,假定离群值定义为百分位数小于10%和大于90%的值。

单击MATLAB桌面的“主页”工具条中的“新建实时脚本”图标,编辑区将切换到实时脚本界面。在“实时编辑器”工具条中单击“任务”图标,再单击“数据预处理”模块组中“清理离群数据”图标后,编辑区中弹出“清理离群数据”面板。

在“清理离群数据”面板左上角的第1个编辑框内输入变量newHeight,用于保存清理离群值后的数据;第2个编辑框内输入变量Hindex,用于记录哪些数据点被识别为离群值,0表示非离群值,1表示离群值。在“选择数据”栏的“输入数据”下拉列表中选择Height,然后在“清理方法”下拉列表中选择“删除离群值”,在“检测方法”下拉列表中选择“百分位数”,“下阈值”框内输入10,“上阈值”框内输入90,如图6.7所示。

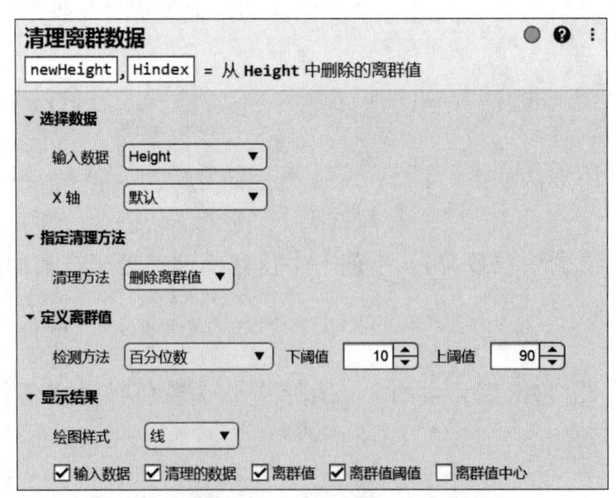

图6.7 清理变量Height离群值的交互界面

面板右上角的圆形图标是绿色的,则表示自动运行实时脚本当前节。按上述方法更改参数后,实时脚本自动运行,输出如图6.8所示。也可在修改参数后,单击“实时编辑器”工具条中的“运行”图标，更新输出。

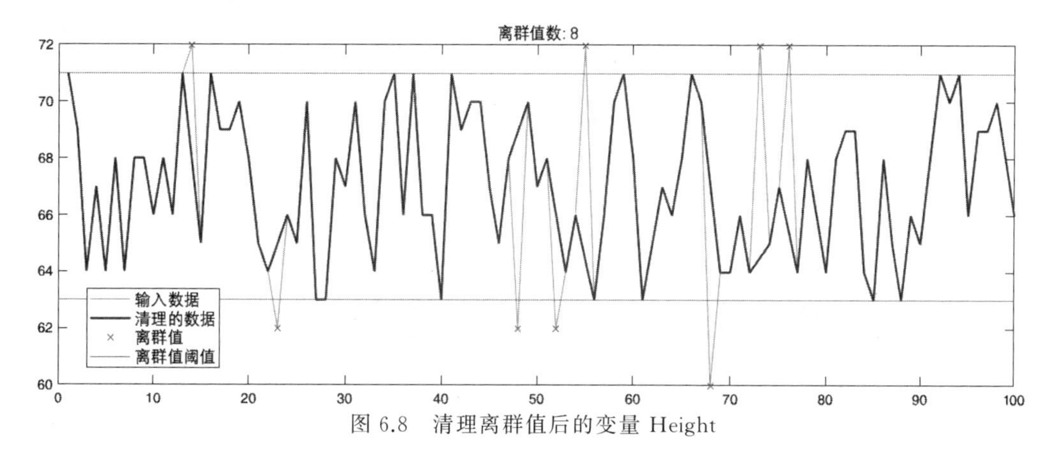

图 6.8 清理离群值后的变量 Height

图 6.8 中，浅色折线是用原数据绘制的图形，深色折线是用清理离群值后的数据绘制的图形，×号标注的数据点是离群值。上下两条横线标注离群值阈值。

要保存清理离群值后的数据集，从工作区选中变量 newHeight，从右键快捷菜单中选择“另存为”，将其存储到.mat 文件中。

2）清理相关变量的离群记录

要对多个变量的相互关系进行可视化，在清理某一个变量离群值的同时，应相应清理同一记录中其他变量的值，以保证每条记录的完整性。

例 6.5 加载 MATLAB 样例数据文件 patients.mat，清理由变量 Height 和 Weight 合成的数据集的离群值，假定离群值定义为小于 10%或大于 90%的值。

首先将两个变量合并为一个 Table 类型的变量，命令如下。

```
>> T = table(Height,Weight);
```

在“清理离群数据”面板左上角的第 1 个编辑框内输入变量 newT，用于保存清理离群值后的数据集；第 2 个编辑框内输入变量 Tindex，用于记录哪些数据点被识别为离群值。“选择数据”栏的“输入数据”下拉列表中选择 T，在其右端的下拉列表中选择“所有支持变量”。然后在“清理方法”下拉列表中选择“删除离群值”，在“检测方法”下拉列表中选择“百分位数”，“下阈值”框内输入 10，“上阈值”框内输入 90。在面板的最后一行选中“被其他变量删除”复选框，如图 6.9 所示。

设置参数后，实时脚本自动运行，输出如图 6.10 所示。

与图 6.8 对比，图 6.10 中不仅清除了与图 6.8 相同的那些离群数据点，还删除了被识别为与另一个变量 Weight 离群值相关的数据点，如圆圈内的那个数据点。

若要保存清理离群值后的数据集，从工作区选中变量 newT，从右键快捷菜单中选择“另存为”，将其存储到.mat 文件中。

若要保存清理离群值的方法，单击“实时编辑器”工具条中的“保存”图标，将脚本保存为.mlx 文件。

清理离群数据

newT, Tindex = 从 T 中删除的离群值

▼ 选择数据

输入数据 T ▼ 所有支持变量 ▼

输出格式 复制包含清理后的所选变量的 T ▼

X 轴 默认 ▼

▼ 指定清理方法

清理方法 删除离群值 ▼

▼ 定义离群值

检测方法 百分位数 ▼ 下阈值 10 上阈值 90

▼ 显示结果

绘图样式 线 ▼ 要显示的变量 Height ▼

☑输入数据 ☑清理的数据 ☑离群值 ☑被其他变量删除 ☑离群值阈值 ☐离群值中心

图 6.9 清理表变量 T 离群值的交互界面

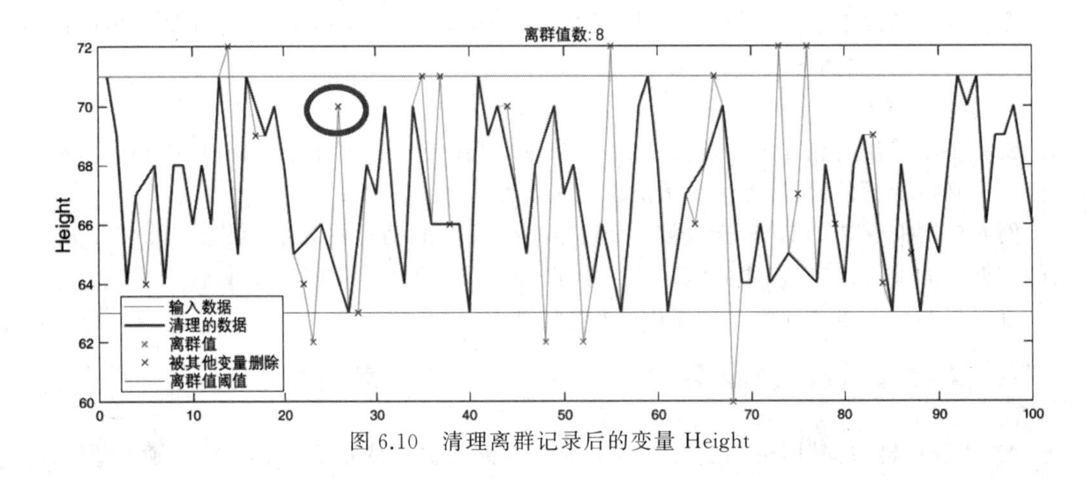

图 6.10 清理离群记录后的变量 Height

6.5.2 清理缺失数据

缺失数据是指原始数据集某个或某些属性的值不完全。缺失值不仅包括 NULL 值,也包括用于表示缺失值的特殊数值。缺失值是最常见的数据问题,例如,图 6.5 中描述天气状况的代码段的最后一行,空气质量指数是空串。

1. 清理方法

采集数据的过程中,会由于各种原因导致数据丢失或空缺。缺失值的存在会使数据可视化结果出现偏差,因此,在进行数据分析前,需要先处理缺失值。处理缺失值的方法,主要是基于变量的分布特性和变量的重要性(信息量和预测能力)。

1) 删除缺失值

对于规模很大的数据集,若一个变量的缺失率小,且与其他变量相关性小,可以删除变量中的缺失值;若变量的缺失率较高,覆盖率较低,且重要性较低,可以直接将变量删除。此方法以减少历史数据来换取数据的完备,可能会丢弃隐藏在被删除变量中的信息。当数据

记录较少时，若删除包含若干数据项的记录，可能严重影响分析结果的客观性和正确性。

2）填补缺失值

填补缺失值常采用定值（如工程实践中常用-9999、-99）填充、统计量填充、插值法填充、模型填充（如使用回归、贝叶斯、随机森林、决策树等模型对缺失数据进行预测）、哑变量填充等。

2. 填充缺失值

直接删除缺失值，简单高效，适合于数据记录多且缺失数据项不多的应用场合。当数据缺失率较大时，尤其是缺失数据项非随机分布，直接删除含缺失值的记录，可能导致数据分布发生偏离，模型出现偏差。

在数据可视化、数据挖掘过程中，为了不放弃任何有效数据而采用填充缺失值的手段。在对不完备记录进行填充处理时，可能改变了原始数据的特殊结构，影响后续的分析，所以对缺失值的处理一定要慎重。

对于文本数据集，MATLAB 提供了三种填充缺失值的方法：上一个值、下一个值、最邻近值。对于数值数据集，除了可以使用前述三种方法，还可以指定某个常数作为缺失值，以及采用线性插值、样条插值、PCHIP、修正 Akima 三次插值、移动中位数、移动均值等方法生成缺失值。

3. 交互式清理缺失数据

MATLAB 实时编辑器的“清理缺失数据”任务，用于以交互方式处理数据中的缺失值。

1）清理缺失值

样例数据文件 missdata1.mat 中存储了一个变量 aqi，其第 4、8 号元素的值为 NaN，即变量 aqi 有两个缺失值。下面以这个文件为例，说明如何使用实时编辑器的“清理缺失数据”任务清理缺失值。

例 6.6 用线性插值方法填充变量 aqi 的缺失值。

（1）加载数据。

首先加载文件 missdata1.mat，将数据从文件导入工作区，命令如下。

```
>> load("missdata1.mat")
```

也可以在当前文件夹双击该文件，加载数据。或者利用 MATLAB 桌面“主页”工具条中的“导入数据”工具，将数据导入工作区。

（2）交互清理。

单击 MATLAB 桌面“主页”工具条中的“新建实时脚本”图标，编辑区将切换到实时脚本编辑界面。单击“实时编辑器”工具条中的“任务”图标后，单击“数据预处理”模块组中的“清理缺失数据”图标，编辑区中弹出“清理缺失数据”面板。

在“清理缺失数据”面板的“选择数据”栏中的“输入数据”下拉列表中选择 aqi，然后在“指定方法”下拉列表中选择“填充缺失”，然后在其右端的下拉列表中选择“线性插值”。再在面板左上角的编辑框中输入变量 newaqi，指定用 newaqi 保存填充缺失值后的数据集，如图 6.11 所示。

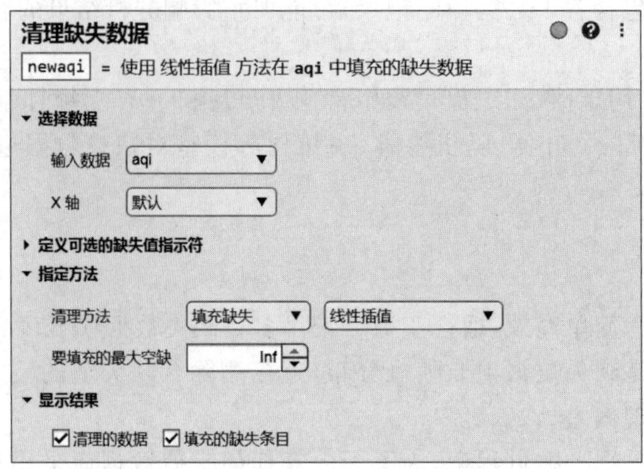

图 6.11　清理变量 aqi 缺失值的交互界面

面板右上角的圆形图标是绿色的，表示自动运行实时脚本当前节。按上述方法更改参数后，实时脚本自动运行，输出如图 6.12 所示。也可在修改参数后，单击“实时编辑器”工具条中的“运行”图标，更新输出。

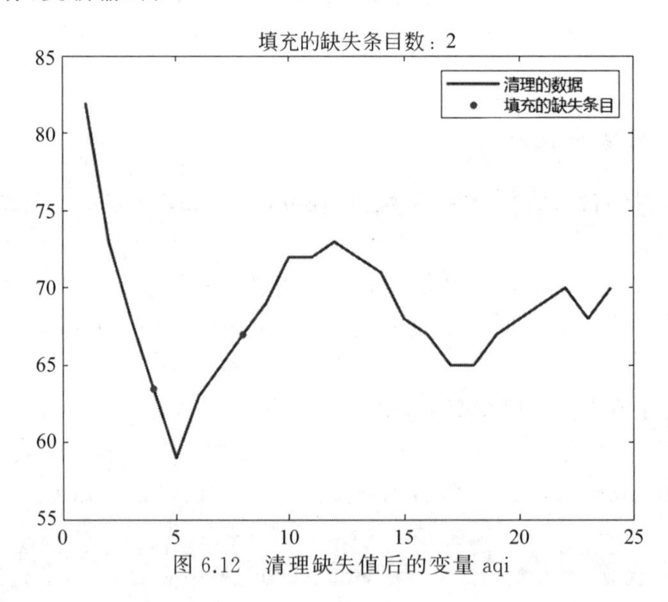

图 6.12　清理缺失值后的变量 aqi

图 6.12 中，折线是用原始数据绘制的图形，折线上的圆点是用线性插值法填充的缺失数据点。

若要保存清理缺失值后的数据集，从工作区选中变量 newaqi，从右键快捷菜单中选择“另存为”，将其存储到.mat 文件中。

若要保存清理缺失值的方法，单击“实时编辑器”工具条中的“保存”图标，将脚本保存为.mlx 文件。

2）清理含缺失值的记录

用 Excel 打开样例数据文件 missdata2.csv，文件内容如图 6.13(a)所示。其中有 5 列数据，21 行记录。文件中包含多种缺失值标识，如空字符、句点(.)、NA、NaN、-99 等。

例 6.7　加载文件 missdata2.csv 的数据，清理这个数据集中的缺失值，将缺失值的数据项用同一列上一行的值填充。

1	A	B	C	D	E
2	afe1	3	yes	3	3
3	egh3	.	no	7	7
4	wth4	3	yes	3	3
5	atn2	23	no	23	23
6	arg1	5	yes	5	5
7	jre3	34.6	yes	34.6	34.6
8	wen9	234	yes	234	234
9	ple2	2	no	2	2
10	dbo8	5	no	5	5
11	oii4	5	yes	5	5
12	wnk3	245	yes	245	245
13	abk6	563		563	563
14	pnj5	463	no	463	463
15	wnn3	6	no	6	6
16	oks9	23	yes	23	23
17	wba3		yes	NaN	14
18	pkn4	2	no	2	2
19	adw3	22	no	22	22
20	poj2	-99	yes	-99	-99
21	bas8	23	no	23	23
22	gry5	NA	yes	NaN	21

(a)

	1 A	2 B	3 C	4 D	5 E
1	'afe1'	3	'yes'	3	3
2	'egh3'	NaN	'no'	7	7
3	'wth4'	3	'yes'	3	3
4	'atn2'	23	'no'	23	23
5	'arg1'	5	'yes'	5	5
6	'jre3'	34.6000	'yes'	34.6000	34.6000
7	'wen9'	234	'yes'	234	234
8	'ple2'	2	'no'	2	2
9	'dbo8'	5	'no'	5	5
10	'oii4'	5	'yes'	5	5
11	'wnk3'	245	'yes'	245	245
12	'abk6'	563	''	563	563
13	'pnj5'	463	'no'	463	463
14	'wnn3'	6	'no'	6	6
15	'oks9'	23	'yes'	23	23
16	'wba3'	NaN	'yes'	NaN	14
17	'pkn4'	2	'no'	2	2
18	'adw3'	22	'no'	22	22
19	'poj2'	-99	'yes'	-99	-99
20	'bas8'	23	'no'	23	23
21	'gry5'	NaN	'yes'	NaN	21

(b)

图 6.13　文件 missdata2.csv 的结构和表对象 T 的结构

（1）加载数据。

用 readtable 函数读取数据，并将数据存储于 table 类型的变量 T，命令如下。

```
>> T = readtable('missdata2.csv');
```

执行命令后，工作区生成变量 T。双击变量 T，变量编辑器窗口的显示如图 6.13(b)所示。对比图 6.13(a)和图 6.13(b)可以看到，有些缺失的数据项已自动填入了 MATLAB 的预定义变量 NaN。例如，图 6.13(a)中 B3 单元格内是句点，图 6.13(b)对应单元格中填入了 NaN；图 6.13(a)中 B17 为空单元格，图 6.13(b)对应单元格中填入了 NaN。

（2）清理标准指示符表示的缺失值。

缺失值的标准指示符包括 NaN、空字符向量。在“清理缺失数据”面板“选择数据”栏的“输入数据”下拉列表中选择 T，在其右端的下拉列表中选择“所有支持变量”后，面板左上角弹出一个编辑框，在编辑框内输入变量名 newT，指定用变量 newT 存储清理后的数据集。在“指定方法”下拉列表中选择“填充缺失”，右端的下拉列表中选择“上一个值”后，变量 newT 的值随之更新。因为输入数据(表对象 T)含有非数值类型的表变量(如表变量 A、C)，因此选择“所有支持变量”后，填充缺失的方法只有三种：上一个值、下一个值、最邻近值。

（3）清理非标准指示符表示的缺失值。

变量 T 中采用了-99 表示一种缺失值，这是非标准指示符。单击清理缺失数据面板中部的“定义可选的缺失值指示符”左端的黑色三角形，展开这个子面板，在“选择指示符”下拉列表中选择“指定非标准指示符”后，其右端出现一个编辑框，在编辑框内输入－99，如图 6.14 所示。

设置参数后，实时脚本自动运行，在“显示结果”栏的“要显示的变量”下拉列表中选择 B 后，输出如图 6.15 所示。

清理缺失数据

newT = 使用 上一个值 方法在 T 中填充的缺失数据

▾ 选择数据

输入数据 T ▾ 所有支持变量 ▾

输出格式 复制包含清理后的所选变量的 T ▾

X 轴 默认 ▾

▾ 定义可选的缺失值指示符

选择指示符 指定非标准指示符 ▾ -99

▾ 指定方法

清理方法 填充缺失 ▾ 上一个值 ▾ 结束值 与填充方法相同 ▾

要填充的最大空缺 Inf

▾ 显示结果

要显示的变量 B ▾

☑清理的数据 ☑填充的缺失条目

图 6.14　清理表变量 T 缺失值的交互界面

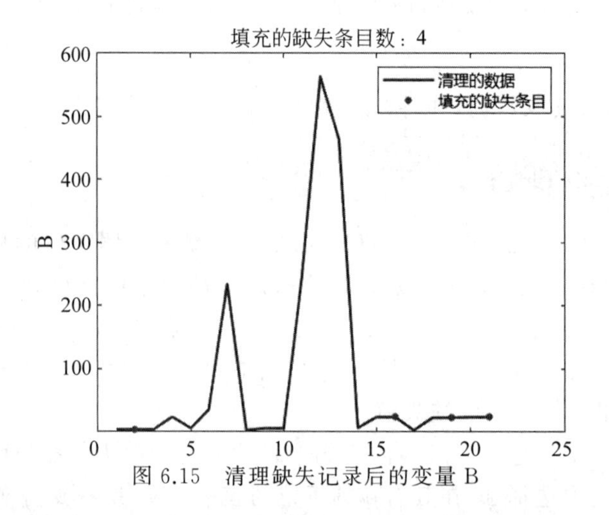

图 6.15　清理缺失记录后的变量 B

若要保存清理离群值后的数据集，从工作区中选中变量 newT，从右键快捷菜单中选择"另存为"，将其存储到.mat 文件中。

6.5.3　平滑数据

来自各种传感器的数据通常是不平滑和不干净的，数据在传输过程中也会受到噪声干扰，即实践中处理的大多是含噪数据。数据平滑处理可以有效地去除原始数据中的噪声。

1. 数据平滑方法

基础算法是基于滑动窗口（Rolling Window）模式，窗口中包含若干数据项，从数据集的首个数据项逐步向前推进，滑过整个数据集。

1）移动平均值

也称为滑动平均法，对该点附近的数据点求平均值，作为这个点平滑处理后的值，此方法有利于减少数据中的周期性趋势。例如,图 6.16 中第一个方框,以 6 为中心,得到 8、6、−1 的平均值为 4.33,将值 4.33 放入平滑后的数据集,元素位置与原数据集元素 6 对应。这个方框称为“移动窗口”,方框内数据的个数称为移动窗口长度。图 6.16 的移动窗口长度为 3,采用“居中”模式,即窗口内中心数据点前后的数据点个数相同。若个数不同,则称为“不对称”模式。

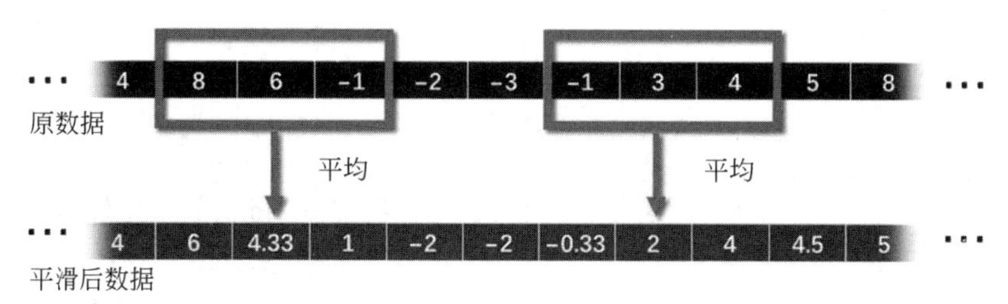

图 6.16 移动平均值法原理

平滑因子决定了平滑水平以及对预测值与实际结果之间差异的响应速度,主要用于对时间序列数据集的处理。当时间序列相对平稳时,可取较小的平滑系数;当时间序列波动较大时,应取较大的平滑系数,以不忽略远期实际值的影响。

2) 移动中位数

方法与移动平均值相似,只是取窗口内数据的中位数。当单位时间内样本数量大且比较平滑的情况下,中位数法可以很好地剔除离群值。但用中位数法平滑处理后,极值点会丢失,且不适用于噪声较大的情况。

3) 线性回归

建立自变量和应变量的回归模型,将待测自变量代入回归模型,预测应变量。

4) 二次回归

用二次多项式建立模型,将待测自变量代入回归模型,预测应变量。

5) Savitzky-Golay 滤波器

根据拟合的二次多项式进行平滑处理。当数据变化很快时,此方法可能比其他方法更有效。

2. 平滑处理数据的函数

MATLAB 的 smoothdata 函数用于对含噪数据进行平滑处理。函数的基本调用格式如下。

```
B = smoothdata(A, dim, method, window)
```

其中,输入参数 A 存放原始数据,可以是向量、矩阵、多维数组、表、时间表;dim 指定沿哪个维度进行计算,省略时,沿第一个大于 1 的数组维度进行计算;method 指定平滑处理方法,可取值包括'movmean'(移动平均值)、'movmedian'(移动中位数)、'gaussian'(高斯加权移动平均值)、'lowess'(线性回归)、'loess'(二次回归)、'rlowess'(稳健线性回归)、'rloess'(稳健二次回归)、'sgolay'(Savitzky-Golay 滤波器)等,省略时,默认采用'movmean'方法;window 指定平滑处理方法使用的窗口长度,可取值是正整数、由正整数组成的二元向量、正持续时间、由正持续时间组成的二元向量。

例 6.8 观察用不同方法对含有噪声的余弦波信号进行平滑处理后的结果。

生成一组含噪数据，模拟采集的实验信号。用 4 种方法（移动平均值、高斯加权移动平均值、线性回归、Savitzky-Golay 滤波器）对数据进行平滑处理。程序如下。

```
x = 1:100;
A = cos(2*pi*0.05*x+2*pi*rand) + 0.5*randn(1,100);
subplot(2,2,1)
B1 = smoothdata(A);
plot(x,A,'-',x,B1,'-x')
legend('Original Data','Smoothed Data','Location','north')
title("移动平均值","FontSize",12);
subplot(2,2,2)
B2 = smoothdata(A,'gaussian');
plot(x,A,'-',x,B2,'-x')
legend('Original Data','Smoothed Data','Location','north')
title("高斯加权移动平均值","FontSize",12)
subplot(2,2,3)
B3 = smoothdata(A,'lowess');
plot(x,A,'-',x,B3,'-x')
legend('Original Data','Smoothed Data','Location','north')
title("线性回归","FontSize",12)
subplot(2,2,4)
B4 = smoothdata(A,'sgolay');
plot(x,A,'-',x,B4,'-x')
legend('Original Data','Smoothed Data','Location','north')
title("Savitzky-Golay 滤波器","FontSize",12)
```

运行程序，绘制如图 6.17 所示图形。不带标记的折线是用原数据绘制的图形，带有×号标记的折线是用平滑处理后的数据绘制的图形。对比 4 个子图，处理后的数据大致趋势是一致的，在某些数据点有差别，例如，横坐标为 10 附近的数据点。

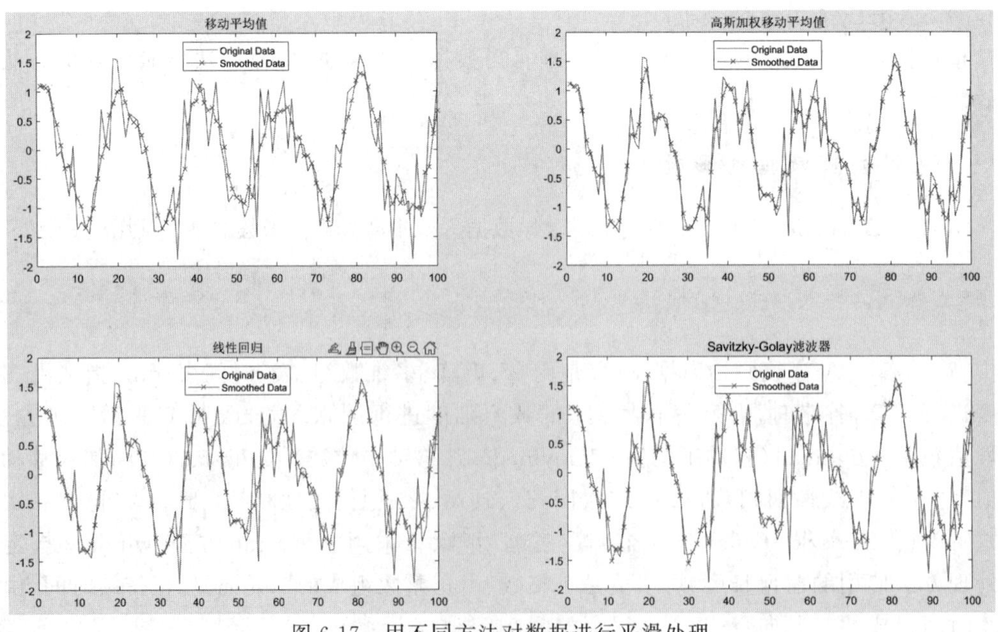

图 6.17 用不同方法对数据进行平滑处理

3. 交互式平滑处理

MATLAB 实时编辑器的“平滑处理数据”任务，用于以交互方式平滑含噪数据。在实时编辑器的“平滑处理数据”面板中，可以定义处理方法和处理过程的参数，且在输出区可以即时看到处理结果。

例 6.9 用“平滑处理数据”任务对例 6.8 生成的变量 A 进行平滑处理。

单击 MATLAB 桌面“主页”工具条中的“新建实时脚本”图标，编辑区将切换到实时脚本编辑界面。在“实时编辑器”工具条中单击“任务”图标，再单击“数据预处理”模块组中的“平滑处理数据”图标后，编辑区中弹出“平滑处理数据”面板。

在“平滑处理数据”面板的“选择数据”栏的“输入数据”下拉列表中选择 A 后，面板的左上角弹出一个编辑框，用于指定存储结果的变量，在编辑框内输入 newA。同时，实时编辑器的输出区出现了用原数据和用默认平滑方法（移动均值）处理后的数据绘制的图形。

在“平滑方法”下拉列表中可以选择其他平滑方法。每选用一种方法，输出区的图形同步更新。例如，选用“稳健 Lowess”，再将平滑因子调整为 0.5，输出如图 6.18 所示。

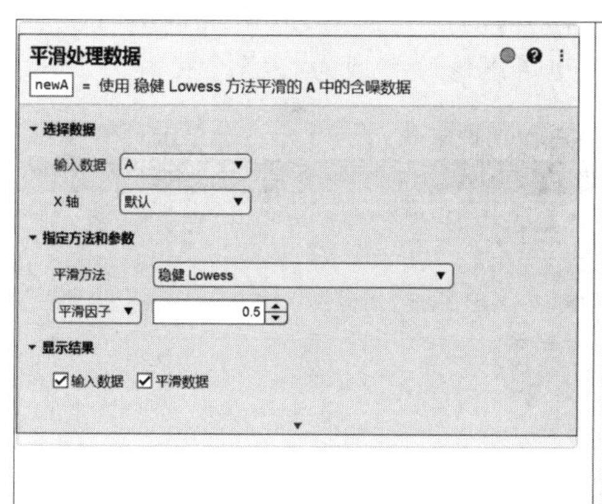

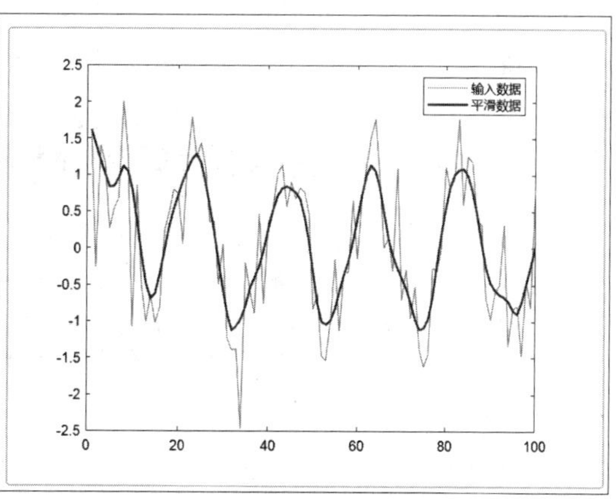

图 6.18　平滑处理数据的实时脚本交互界面

若要保存平滑处理后的数据，从工作区选中变量 newA，从右键快捷菜单中选择“另存为”，将其存储到.mat 文件中。

6.5.4 应用数据清理器

MATLAB 的数据清理器（Data Cleaner）提供了一个清理数据的集成环境。在这个集成环境中，可以完成清理离群数据、清理缺失数据、平滑处理数据等任务，通过简单操作，对数据实施多种清理方法，观察、比较处理效果后，从中选择当前数据的最佳清理方法。

在命令行窗口执行以下命令将打开数据清理器。

```
>> dataCleaner
```

1. 导入数据

可以从文件中导入数据到数据清理器，也可以从工作区导入变量。将数据导入数据清理器的方法如下。

1) 从文件导入

数据清理器只能导入纯文本格式文件(.txt、.csv)和电子表格文件(.xls、.xlsx)中的数据。对于其他格式的数据文件,可以先将文件中的数据导入 MATLAB 工作区,存储到 table 类型的变量中,再导入数据清理器。

下面以 MATLAB 提供的样例数据文件 BicycleCounts.csv 为例,说明将数据从文件导入数据清理器的方法。文件 BicycleCounts.csv 存储有 5 列数据,A 列是时间戳(即采样时间点,间隔为 1h),B 列是与日期对应的星期,C 列是销售总数,D、E 列分别是西部和东部的销售数量。

单击数据清理器“主页”工具条“导入”图标下的展开图标,从下拉列表中选择 Import From File,将弹出“选择要打开的文件”对话框,在对话框中选中要打开的文件 BicycleCounts.csv 后,单击“打开”按钮。此时,将打开“导入文本”窗口,如图 6.19 所示。文件的第一行是表格标题行,由字段名组成,分别是 datetime 类型的 Timestamp、categorical 类型的 Day、double 类型的 Total、Westbound 和 Eastbound。默认存储所有数据的表对象与文件同名,即用 BicycleCounts 作为表对象名。因为文件中有一列数据是日期时间类型,默认设定变量 BicycleCounts 的类型为“时间表”,也可以修改类型为“表”。

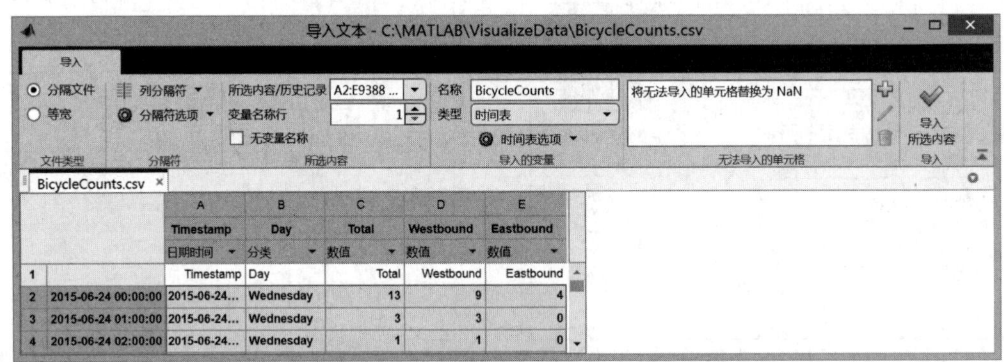

图 6.19　导入文件 BicycleCounts.csv 中的数据

编辑区中默认选中了所有数据项,且默认“将无法导入的单元格替换为 NaN”。单击“导入所选内容”图标✔后,将打开“数据清理器”窗口。

“数据清理器”窗口的左窗格是“变量”面板,如图 6.20 所示,表对象 BicycleCounts 由 Timestamp、Day、Total、Westbound 和 Eastbound 5 个表变量构成。

“数据清理器”窗口的中间窗格有三个选项卡,Plot View 选项卡用于预览图形,显示的图形与“变量”面板所选变量对应;“数据视图”选项卡用于查看在左窗格选中的表对象包含的数据分布;“摘要视图”用于显示数据摘要信息。切换到“摘要视图”选项卡,如图 6.20 所示,查看数据的主要属性及存在的问题。下部列表的“缺少计数”字段显示,5 个表变量都有缺失值。

2) 从工作区导入

数据清理器也可以从工作区导入数据,但只能导入 table 类型的变量。

下面以 MATLAB 提供的样例数据文件 patients.mat 为例,说明将数据从非文本文件导入数据清理器的方法。

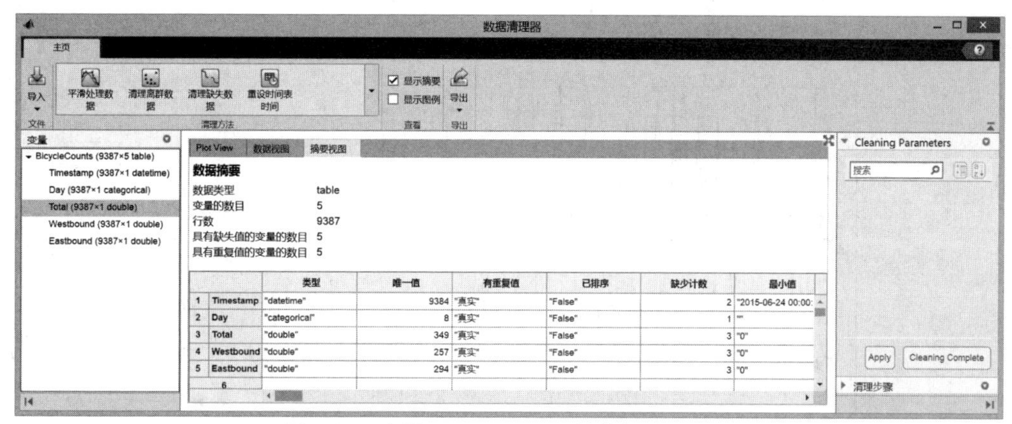

图 6.20　变量 BicycleCounts 的数据摘要视图

在 MATLAB 桌面的当前文件夹双击文件 patients.mat，或单击 MATLAB 桌面“主页”工具条中的“导入数据”图标，将文件 patients.mat 中的所有数据导入 MATLAB 工作区。

因为数据清理器只能从工作区导入 table 类型的变量，所以将待清理的变量 Height、Weight 合成 table 类型的变量 T，命令如下。

```
>> T = table(Height, Weight);
```

生成 table 类型变量后，单击数据清理器“主页”工具条中“导入”下的展开图标，从下拉列表中选择 Import From Workspace，将弹出“导入数据”对话框，在对话框中选中要导入的变量 T 后，单击“导入”按钮。“数据清理器”窗口的显示即时更新，Plot View 选项卡默认显示“变量”面板中第一个数值类型变量(Height)对应的图形，图形右侧显示该变量的摘要信息。

数据导入成功，就可以用数据清理器提供的清理方法(如重设时间表、平滑处理数据、清理离散数据和清理缺失数据等)对数据进行清理。

2. 清理离群数据

下面用数据清理器实现例 6.4 和例 6.5 的清理离群数据。

1) 清理变量的离群值

(1) 将 table 类型变量 T 导入数据清理器后，在数据清理器窗口左窗格的“变量”面板中选中表变量 Height 后，单击“主页”工具条中的“清理离群数据”图标。右窗格的 Cleaning Parameters 面板中呈现清理离群值的参数设置界面。

(2) 在 Cleaning Parameters 面板“输入数据”下拉列表中选择变量 T，“选择方法”下拉列表中选择“指定的变量”，单击“表变量”右端展开图标⋮，从弹出的面板中选中 Height，“清理方法”下拉列表中选择“删除离群值”，“检测方法”下拉列表中选择“中位数”，“下阈值”框内输入 10，“上阈值”框内输入 90，然后单击 Apply 按钮。此时，Plot View 选项卡的输出更新，如图 6.21 所示。

(3) 如果要观察用其他清理方法、检测方法清理变量 Height 离群值的效果，或者观察清理 T 中其他表变量离群值的效果，在重新选择参数后，单击 Apply 按钮。

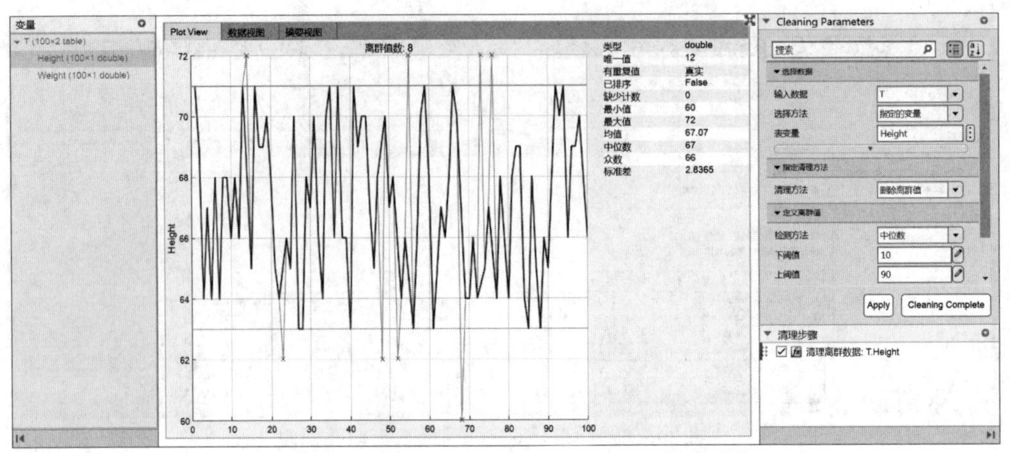

图 6.21　用数据清理器清理变量 Height 的离群值

(4) 若要保存清理离群值后的数据,单击"主页"工具条中的"导出"图标,将其导出到 MATLAB 工作区。也可以将操作方法、参数"导出"为脚本或函数。

如果要继续进行其他数据的清理任务,须先单击右窗格中的 Cleaning Complete 按钮,清空清理器。

2) 清理相关变量的离群记录

清空数据清理器后,按例 6.5 清理由变量 Height、Weight 合成的数据集 T 中的离群记录。

(1) 在"变量"面板中同时选中变量 Height 和 Weight 后,单击"主页"工具条中的"清理离群数据"图标。

(2) 在 Cleaning Parameters 面板的"输入数据"下拉列表中选择变量 T,"选择方法"下拉列表中选择"所有支持变量","清理方法"下拉列表中选择"删除离群值","检测方法"下拉列表中选择"中位数","下阈值"框内输入 10,"上阈值"框内输入 90,然后单击 Apply 按钮。此时,Plot View 选项卡的输出更新,如图 6.22 所示。

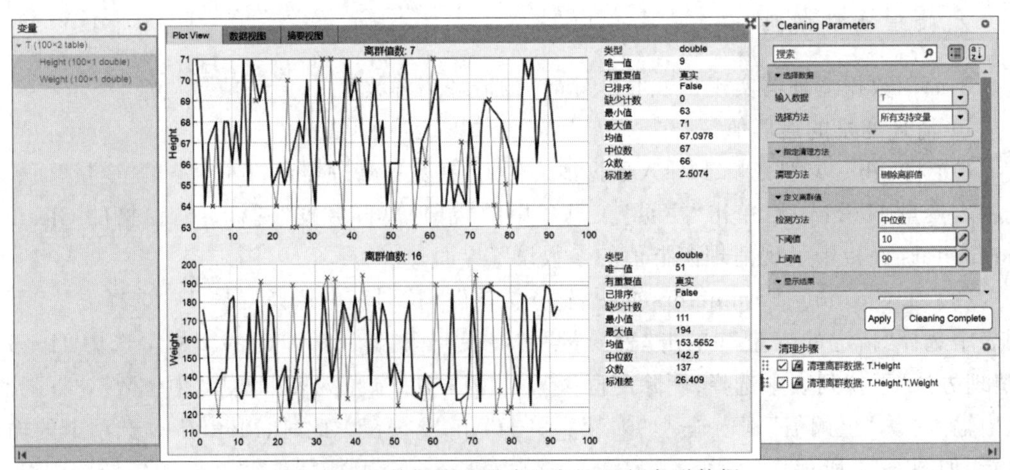

图 6.22　用数据清理器清理变量 T 的离群数据

数据清理器右窗格的"清理步骤"面板列出了所进行过的清理过程,双击某一步骤,

Cleaning Parameters 面板中会呈现该步所采用的参数，单击 Apply 按钮，将再次进行相应的清理任务。

3. 清理缺失数据

下面用数据清理器实现例 6.6 和例 6.7 的清理缺失数据。

1）清理变量的缺失值

（1）从文件 missdata1.mat 加载数据到 MATLAB 工作区。

（2）将变量 aqi 转换为 table 类型，存储于变量 Taqi，命令如下。

```
>> Taqi = table(aqi);
```

（3）打开数据清理器，单击“导入”按钮，从弹出的菜单中选择 Import From Workspace，再从弹出的“导入数据”对话框选中变量 Taqi 后，单击“导入”按钮。如果数据清理器中已有其他变量，会弹出警告对话框，提示“此操作将清除您之前的所有步骤”，在对话框中单击“确定”按钮。此时，中间窗格 Plot View 选项卡的输出更新，如图 6.23 所示。图中折线有两段空缺，右窗格的摘要中“缺少计数”栏的值为 2，说明表变量 aqi 存在两个缺失值。

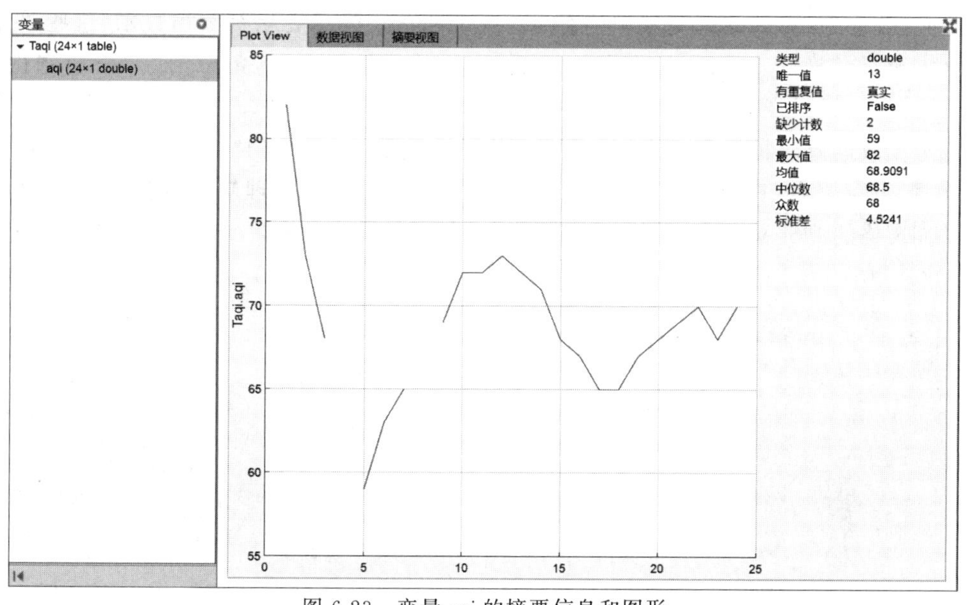

图 6.23　变量 aqi 的摘要信息和图形

（4）填补变量 aqi 的缺失值。单击数据清理器的“主页”工具条中的“清理缺失数据”图标。右窗格的 Cleaning Parameters 面板中呈现清理缺失数据的参数设置界面。在“输入数据”下拉列表中选择 Taqi，“选择方法”下拉列表中选择“指定的变量”，“表变量”选择 aqi，“选择指示符”下拉列表中选择“仅使用标准指示符”，“清理方法”下拉列表中选择“填充缺失”，“填充方法”下拉列表中选择“线性插值”，然后单击 Apply 按钮。

此时，Plot View 选项卡的输出更新，如图 6.24 所示，折线的空缺已填补，填补线段中的圆点就是根据指定的填充方法计算得到的数据点。

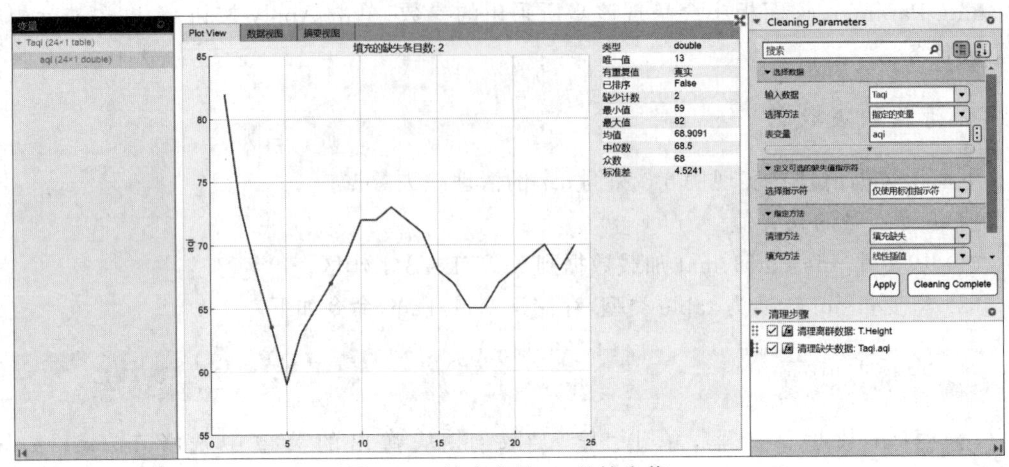

图 6.24　填充变量 aqi 的缺失值

2) 清理含缺失值的记录

(1) 加载数据。

单击数据清理器的“导入”→Import From File,在弹出的“选择要打开的文件”对话框中选择文件 missdata2.csv 后,单击“打开”按钮,将打开“导入文本”窗口。

“导入文本”窗口的数据列表中内容为“.”、空和 NA 的单元格被突出显示,这些单元格在导入时默认替换为 NaN。确定导入方式后,单击“主页”工具条中的“导入所选内容”图标。

(2) 在数据清理器左窗格的“变量”面板中选中变量 B 后,单击“主页”工具条中的“清理缺失数据”图标。右窗格的 Cleaning Parameters 面板中呈现清理缺失数据的参数设置界面。中间窗格的 Plot View 选项卡中呈现用默认方法清理缺失值后变量 B 的图形,如图 6.25 所示。

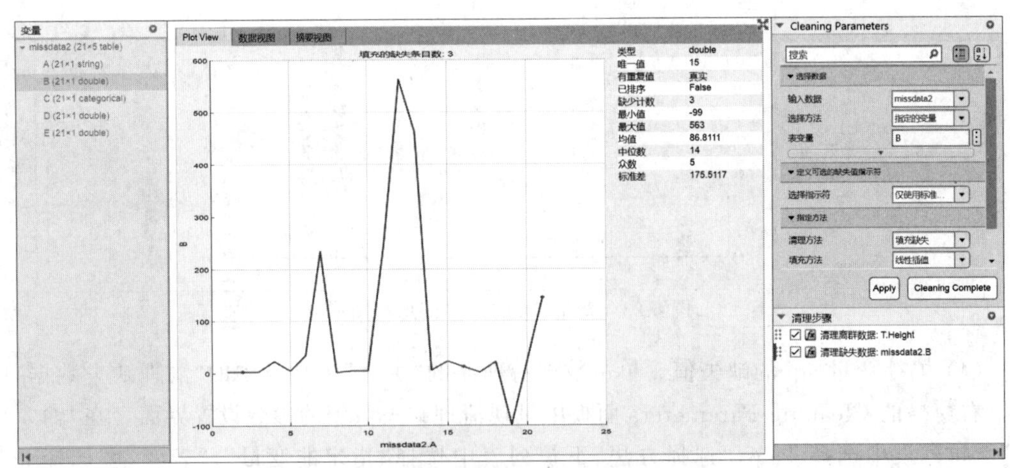

图 6.25　用默认方法清理缺失值后的变量 B

此时变量 B 还有一个非标准指示符(-99)表示的缺失值。从“选择指示符”下拉列表中选择“指定非标准指示符”,在指示符框内输入"-99",不改变其他参数,单击 Apply 按钮。Plot View 选项卡中呈现清理所有缺失值后变量 B 的图形,如图 6.26 所示。

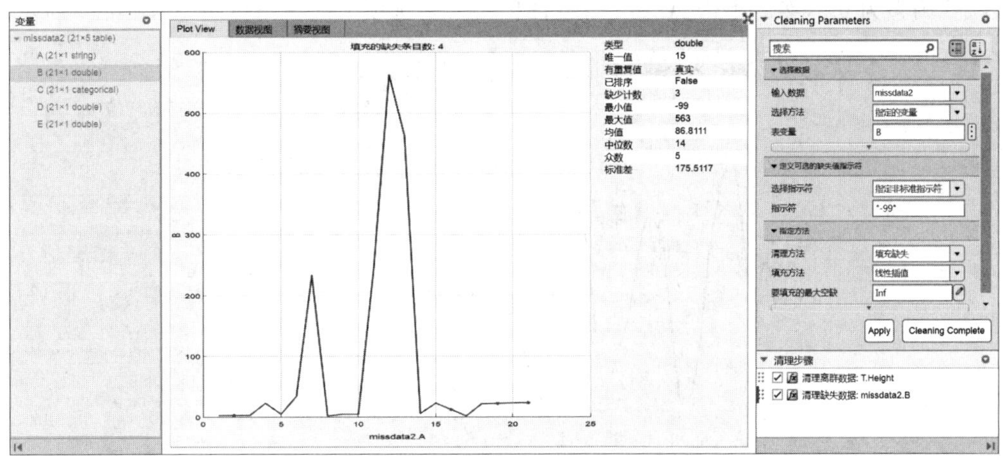

图 6.26　清理所有缺失值后的变量 B

其他数值变量(D、E)都按此方法清理缺失值。数据清理器只能清理数值变量中的缺失值,不能处理非数值变量,如变量 C(categorical 类型)。清理非数值变量中的缺失值,可采用 6.5.2 节介绍的实时脚本的“清理缺失数据”任务。

4. 平滑数据处理

下面用数据清理器平滑处理例 6.8 的数据。

构造一组含噪声的数据,并将数据存储于 table 类型的变量 TA,程序如下。

```
x = 1:100;
A = cos(2 * pi * 0.05 * x+2 * pi * rand) + 0.5 * randn(1,100);
TA = table(x', A');
```

x、A 是行向量,table 类型的变量中的每一个表变量分别存储一个列向量,因此在构造 TA 时,table 函数的输入参数使用 x′、A′。

建立 table 类型的变量 TA 后,为每个表变量指定变量名,命令如下。

```
>> TA.Properties.VariableNames = ["x","A"];
```

1) 导入数据

打开数据清理器,单击“导入”按钮,从弹出的菜单中选择 Import From Workspace,再从弹出的“导入数据”对话框选中变量 TA 后,单击“导入”按钮。如果数据清理器中已有其他变量,会弹出警告对话框,提示“此操作将清除之前的所有步骤”,在对话框中单击“确定”按钮。

2) 平滑处理数据

在数据清理器的“变量”面板选中变量 A 后,单击“主页”工具条中的“平滑处理数据”图标。

右窗格的 Cleaning Parameters 面板中呈现平滑处理数据的参数设置界面。在“输入数据”下拉列表中选择 TA,“选择方法”下拉列表中选择“指定的变量”,“表变量”选择 A,“平滑方法”下拉列表中选择“稳健 Lowess”,“平滑参数”下拉列表中选择“平滑因子”,再将“平滑因子”调整为 0.5,然后单击 Apply 按钮,Plot View 选项卡的输出更新,如图 6.27 所示。

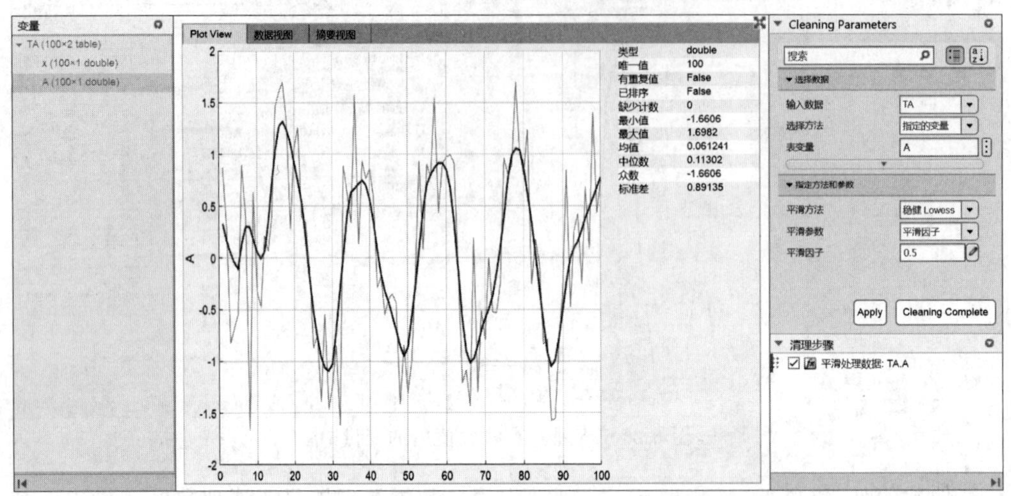

图 6.27　采用稳健 Lowess 算法平滑处理后的变量 A

若在“平滑方法”下拉列表中选择“移动均值”,“平滑参数”下拉列表中选择“移动窗口”,“移动窗口类型”下拉列表中选择“居中”,“窗口长度”框内输入 3,然后单击 Apply 按钮,Plot View 选项卡的输出更新,如图 6.28 所示。

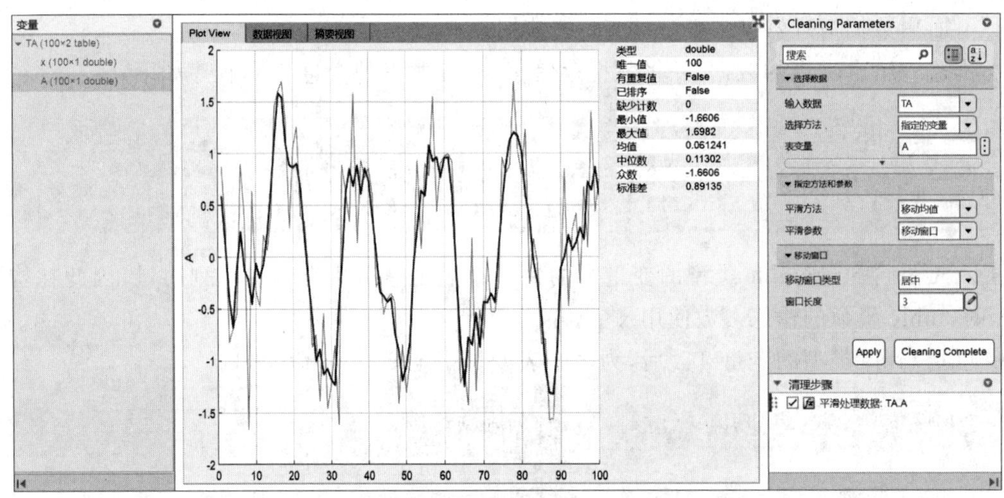

图 6.28　采用移动均值算法平滑处理后的变量 A

在数智时代,通过多种方式获得的原始数据存在着大量不完整、不一致、有异常的数据,严重影响数据可视化的效果,甚至可能导致可视化结果的偏差,通过数据清洗、集成、转换和规约等预处理方法,可以提高数据质量,让数据更好地适应特定目标的可视化。

小　　结

从现实世界获取的数据形式多样,格式繁多,首先要解决的问题是将获取的数据导入计算环境,使其能够参与计算。

在 MATLAB 中，可以使用数据导入工具，快速将数据导入工作区，并可以通过交互手段，指定数据导入的模式。对于不同类型的本地数据源，MATLAB 提供了多种读取数据的函数。例如，读取文本文件的 readmatrix、readcell、readvars 函数，读取电子表格数据的 readtable 函数，读取图像文件的 imread 函数，读取音频文件的 audioread 函数等。

利用 MATLAB 的 Database Explorer，可以快速地获取数据库中的数据。

为了获取更多、更高质量的数据，可以使用 webread 函数爬取网页数据，使用 regexp 等函数提取网页数据中的有效信息。

导入计算环境的数据，有的含有噪声，有的含有异常值、缺失值，若直接用这些数据进行可视化、分析和挖掘，计算结果有偏差，甚至可能得到无意义的结果或者得不到结果。因此，在可视化、分析和挖掘前，需要对数据进行清理，这个过程称为数据预处理。在 MATLAB 中，可以使用相关的函数和“实时编辑器”的“任务”功能所提供的数据预处理模块，清理离群、缺失数据，对数据进行平滑处理。也可以使用 Data Cleaner 工具，通过简单操作清理数据。

第7章 数据集对比的可视化

本章学习目标

(1) 了解数据集对比的相关概念。

(2) 熟悉数据集对比可视化的常用图形。

(3) 掌握 MATLAB 绘制数据集对比图的基本方法。

"无对比,不分析",对比分析法是数据分析中最常见的方法。数据序列的对比分析结果可以采用文字描述,而采用可视化方式比单纯使用文字效果更好。图形可以直观呈现同一数据序列在不同阶段表现的差异,也可以清晰展示不同数据序列局部或整体的相似度。例如,了解某商品在不同时期的销售价格,分析不同品牌汽车的性能,探究不同城市的幸福指数等,在研究分析过程中和展示分析结果时,通常采用数据集对比的可视化手段。

本章详细介绍 MATLAB 实现数据集对比可视化的常用手段,包括绘制条形图、散点图和针状图等。

7.1 条 形 图

条形图是以宽度相同的条形的高度或长度来显示数值或数量大小的一种图形。条形图能够直观表现数据的大小,易于呈现数据项在数量上的差别,适用于表达分类变量。条形图的形式有多种,包括(垂直)条形图、堆积条形图、水平条形图和簇状条形图等。

7.1.1 单数据集条形图

单数据集条形图是用高度或长度不等的条形表示不同类别值大小的图形,通常沿横轴显示分组,沿纵轴显示数量,即若干垂直条形水平排列,也称为柱形图。常用于对比同一指标下的不同群体,如 10 位 CEO 的薪酬。

1. bar 函数

MATLAB 的 bar 函数用于生成单数据集的条形图。bar 函数的基本调用格式如下。

```
bar(x, y, width, style, color)
```

其中,输入参数 y 通常是向量,x 可以是标量或向量。y 中的每个元素对应一个条形,y 的元素值确定条形高度,x 的元素值确定条形在水平方向与原点的距离。若 x 为标量,绘制的图形是一组以 x 值为中心的条形。若 x 为向量,x 必须和 y 长度相同,各个条形用 x 对应元素作为横坐标。当 x 省略时,默认用 y 元素的索引号作为横坐标。

bar 函数的输入参数 width 指定条形的相对宽度,值域是[0,1],用于控制分组中各个条形的间隙宽度,当 width 值为 1 时,条形无间隙,紧挨在一起。当 width 省略时,默认条形宽度为 0.8,即条形宽度与间隙宽度的比为 4∶1。输入参数 style 设置条形的样式,可取值为 'grouped'(分组,默认值)和 'stacked'(堆积)。7.1.3 节将详细介绍 style 的用法。输入参数 color 设置所有条形的填充颜色,可取值为颜色名称或短名称,例如,'red'和 'r' 指定所有条形为红色。当 color 省略时,采用默认颜色序列填充条形。

例 7.1 如图 7.1 所示,将图形窗口划分为 1×3 绘图区,在各子图中分别绘制 x 为标量、向量和省略 x 时的条形图。

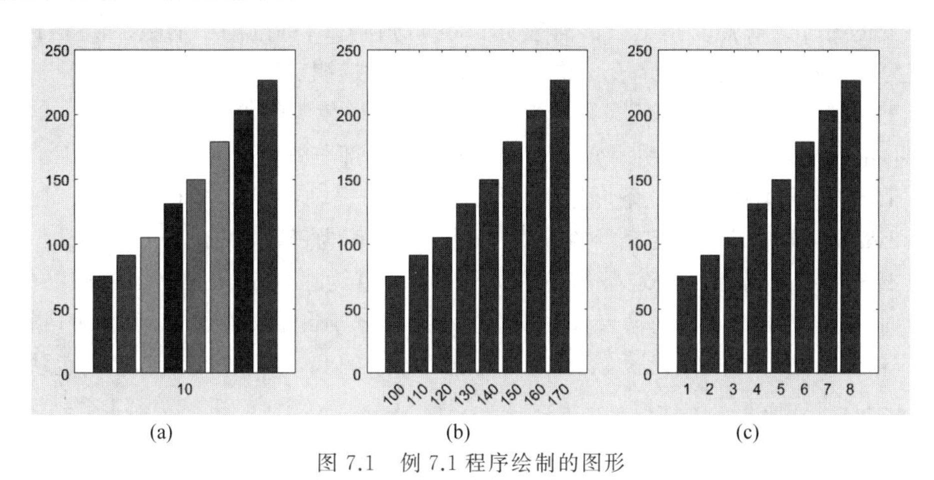

(a) (b) (c)

图 7.1 例 7.1 程序绘制的图形

程序如下。

```
subplot(1,3,1);
x = 10;   y = [75 91 105 131 150 179 203 226];
bar(x,y);
subplot(1,3,2);
x = 100:10:170;   y = [75 91 105 131 150 179 203 226 ];
bar(x,y);
subplot(1,3,3);
y = [75 91 105 131 150 179 203 226];
bar(y);
```

在图 7.1(a)中,x 为标量 10,图中的条形以 10 为中心展开绘制。图 7.1(b)中 x 为向量,图中以 x 为横坐标,绘制出与 y 值对应的条形。图 7.1(c)中省略 x,图中的条形横坐标为 y 元素的索引号。

2. 条形图的基本属性

与第 5 章介绍的修改图形属性的方法一样,修改条形图对象的属性有以下方法。

(1) 调用 bar 函数时,使用由属性名与属性值组成的参数组,设置对象属性。

(2) 先创建条形图对象,再修改条形图对象的属性值。

（3）在“属性检查器”面板中修改图形对象的属性值。绘制条形图后，在图形窗口的工具栏中单击“打开属性检查器”图标，打开“属性检查器”。

条形图的属性控制条形图对象的外观和行为。条形图的基本属性如下。

（1）FaceColor 属性。设置条形填充颜色，可取值为 'flat'、RGB 三元组、十六进制颜色代码、颜色名称或短名称。

（2）FaceColorMode 属性。指定如何设置 FaceColor 属性，可取值为'auto'或 'manual'。默认值是'auto'。当取值是'auto'时，MATLAB 系统从坐标区的 ColorOrder 属性中依次选取颜色作为 FaceColor 属性值；当取值是'manual'时，可以通过命令修改 FaceColor 属性值。

（3）EdgeColor 属性。指定条形轮廓颜色，可取值为 'flat'、RGB 三元组、十六进制颜色代码、颜色名称或短名称。若条形数不大于 150，EdgeColor 属性默认值为[0 0 0]（黑色）。

（4）FaceAlpha 属性。指定条形面透明度，可取值为[0,1]范围中的数。值为 1 表示不透明，值为 0 表示完全透明。介于 0 和 1 的值表示部分透明。默认值为 1。

（5）EdgeAlpha 属性。指定条形轮廓线透明度，可取值为[0,1]范围中的数。值为 1 表示不透明，值为 0 表示完全透明。介于 0 和 1 的值表示部分透明。默认值为 1。

（6）LineStyle 属性。指定条形轮廓线型，可取值如表 5.1 所示，默认值为'-'。

（7）LineWidth 属性。指定条形轮廓线的宽度，可取值为正数，以磅为单位，默认值为 0.5。

（8）BarLayout 属性。指定条形排列方式，可取值为 'grouped'和 'stacked'。取值是'grouped'时，指定按 bar 函数的输入参数 y 中的行对条形分组；取值是'stacked'时，指定每个条形对应输入参数 y 的一行元素，条形高度是这行元素的和，条形中不同颜色的色块长度分别对应行中各个元素值。

（9）BarWidth 属性。指定各个条形的相对宽度，可取值范围为[0,1]，默认值为 0.8。当属性值为 1 时，相邻条形之间没有空隙；当属性值小于 1 时，相邻条形之间存在空隙。

（10）BaseValue 属性。指定基线值，默认值为 0。基线值将根据条形图的方向应用于 x 轴或 y 轴。

（11）ShowBaseLine 属性。指定基线是否可见，可取值为'on'（默认值）或'off'，分别表示显示基线或隐藏基线。

（12）XEndPoints 属性。用于获取条形末端的横坐标。

（13）YEndPoints 属性。用于获取条形末端的纵坐标。

绘制条形时，位于基线的端是始端，远离基线的端是末端。若要将标注文本添加到条形的末端时，可以将 XEndPoints、YEndPoints 属性值作为输出文本的横、纵坐标。

例 7.2 如图 7.2 所示，将图形窗口划分为 2×2 绘图区，在各子图中绘制不同条形宽度、不同条形颜色、不同基线值的条形图。

程序如下。

```
subplot(2,2,1);
x=100:10:200;   y = [75 91 105 123.5 131 150 179 203 226 249 281.5];
h=bar(x,y);
h.BarWidth=1;  h.FaceColor='r';
subplot(2,2,2);
x=100:10:200;   y = [-75 91 105 123.5 -131 150 179 203 226 249 281.5];
```

```
bar(x,y);
subplot(2,2,3);
x=100:10:130;  y = [10 20 30 41];
h=bar(x,y);
h.BaseValue=25;
xticklabels({'Monday','Tuesday','Wednesday','Thursday'});
subplot(2,2,4);
x=100:10:130;  y = [10 20 30 41];
h=bar(x,y);
h.BaseValue=25;  h. LineWidth=2;
h. FaceColor=[.2 .6 .5];  h. EdgeColor=[.63 .08 .18];
xticklabels({'Monday','Tuesday','Wednesday','Thursday'});
```

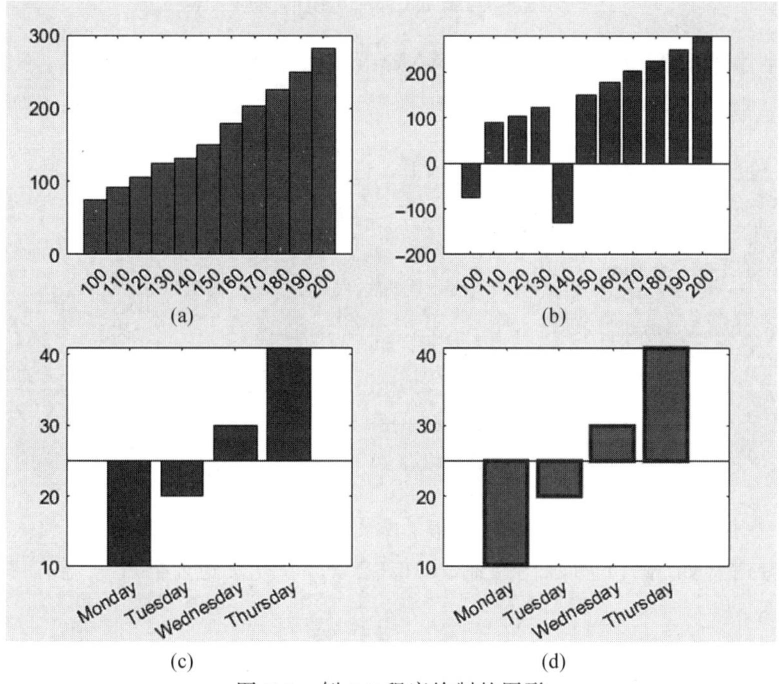

(c) (d)

图 7.2 例 7.2 程序绘制的图形

在图 7.2(a)绘制条形图后，将条形图对象的 BarWidth 属性设置为 1，FaceColor 属性设置为'r'，使得条形紧挨在一起，填充颜色为红色。图 7.2(b)的绘图数据 y 包含负数，因此纵轴基线根据数据值域自动上移。在图 7.2(c)绘制条形图后，将条形图对象的 BaseValue 属性设置为 25，因此与变量 y 中小于 25 的元素对应的条形显示在基线的下方。然后调用 xticklabels 函数设置横轴的刻度标签。在图 7.2(d)绘制条形图后，还修改了条形图对象的 FaceColor、EdgeColor 和 LineWidth 属性，将条形填充为绿色，并使用加粗的红色边框。

例 7.3 用 bar 函数绘制如图 7.3 所示条形图，并在条形末端添加标注，用条形对应元素的值作为标注文本。

本例将通过条形图对象的 XEndPoints 和 YEndPoints 属性获取条形末端的坐标。将 YEndPoints 值加 0.8 作为文本输出的纵坐标，使显示的文本不会紧挨条形轮廓线。最后调用 text 函数以文字水平居中方式显示值。与构成图形的单个元素相关的属性，例如，设置

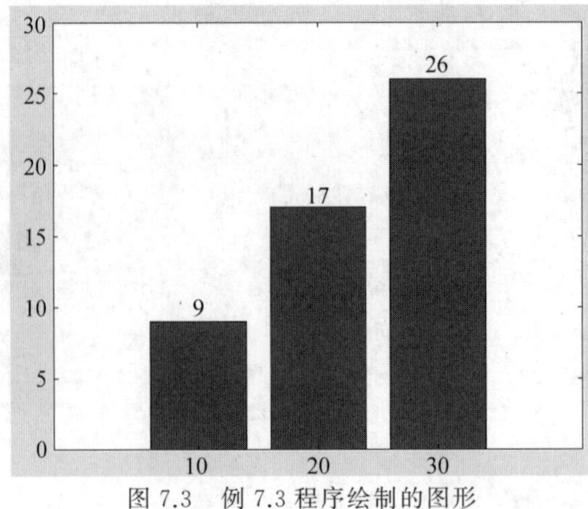

图 7.3　例 7.3 程序绘制的图形

三个标注文本水平对齐方式的 HorizontalAlignment 属性，只能逐个赋值，不能整体赋值。程序如下。

```
x = [10 20 30];   y = [ 9 17 26];
h1 = bar(x,y);
h1. FaceColor = 'r';
xpos = h1.XEndPoints;
ypos = h1.YEndPoints+ 0.8;
labels = string(h1.YData);
h2 = text(xpos,ypos,labels);
h2(1).HorizontalAlignment = 'center';
h2(2).HorizontalAlignment = 'center';
h2(3).HorizontalAlignment = 'center';
```

例 7.4　数据文件 income.xlsx 中存储了 2016—2021 年 5 家企业的年收入数据，文件数据格式和部分内容如图 7.4 所示。绘制 2016—2021 年蓝天药业各年收益占 6 年总收益的百分比条形图。

	A	B	C	D	E	F	G
1	股票名称	2016	2017	2018	2019	2020	2021
2	蓝天药业	2367	2456	2765	2865	2534	2987
3	中福地产	4622	4523	4755	4977	5087	5092
4	重维科技	1456	1654	1876	1933	1988	1865
5	庆盛高科	3854	3878	3988	4034	4123	4567
6	天天药业	1785	1865	1899	1908	2032	2134

图 7.4　文件 income.xlsx 的数据结构

调用 xlsread 函数读入 income.xlsx 中的数据，存于变量 data。蓝天药业的数据在表格的第二行，用 data(2,:)选取第二行的数据，然后计算蓝天药业的各年收益的占比。用计算的结果（年收益占比）作为条形的高度绘制条形图。程序如下。

```
data=xlsread('income.xlsx');
A=data(2,:);
%求出每年收益占 6 年总收益(%)
```

```
A=100 * A./sum(A);
x=data(1,:);
h=bar(x,A);
h.BarWidth=0.5;
h. FaceColor='r';
xlabel('年份');
ylabel('每年收益占 6 年总收益(%)');
title('2016—2021 年蓝天药业每年收益占 6 年总收益的百分比占比图');
grid on
```

第三行命令 A=data(2,:)用于获取蓝天药业 2016—2021 年收益，存储于变量 A。表达式 100 * A./sum(A)用于计算各年收益占 6 年总收益的百分比。调用 bar 函数绘出条形图后，通过修改相关属性值，设置条形的相对宽度为 0.5，填充颜色为红色。最后调用 xlabel 和 ylabel 函数给图形横、纵坐标轴添加轴标签，调用 title 函数给图形添加标题。程序运行结果如图 7.5 所示。

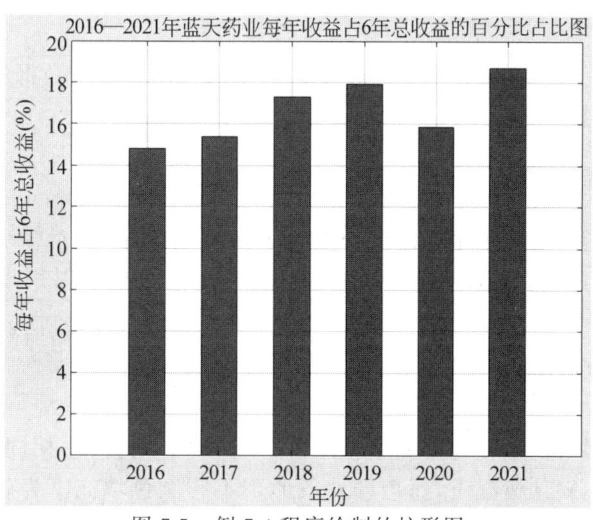

图 7.5　例 7.4 程序绘制的柱形图

如果将图 7.5 中横轴标签的数字后加“年”，纵轴标签用百分比表示，如图 7.6 所示，可以增强数据可视化效果。在上述程序后添加以下代码。

```
ha=gca;
%将横轴标签设置为年份
xtick1=num2str(data(1,:)')+"年";
ha.XTickLabel= xtick1;
%获取纵轴刻度
ytick0=ha.YTick;
%设置纵轴刻度
ytick1=num2str(ytick0')+"%";
ha.YTickLabel=ytick1;
```

在调用 num2str 函数时，如果输入参数是数值行向量，将转换为一个字符向量，因此，程序中将数值行向量转置为列向量，作为 num2str 函数的输入参数，将其转换为由字符向

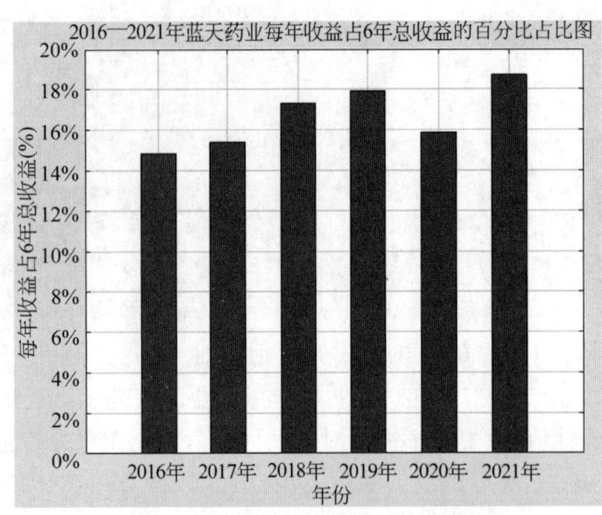

图 7.6　修改坐标轴标签后的条形图

量组成的字符数组。

单数据集条形图适用于描述一个数据序列。如果要对比多个数据序列在各个类别的值大小,就需要采用多数据集条形图。

7.1.2　多数据集条形图

多数据集条形图是在一个坐标区中分组展示多个数据序列,对多个数据序列在数量上进行分类对比,也称为簇状条形图。MATLAB 的 bar 函数也可以用于绘制多数据集条形图,函数调用格式如下。

```
bar(x, y, width, color)
```

其中,输入参数 y 是矩阵,x 可以是向量或矩阵。若 x 和 y 为大小相同的矩阵,则 y 的每列对应一组条形序列。默认情况下,每个序列条形用不同颜色填充。为确保各组序列的位置一致,x 的各列为相同的向量,但每列不能有相同元素。例如,x 和 y 都是大小为 2×3 的矩阵,x 的每一列都是列向量[1980;1990],调用 bar 函数绘制图形,程序如下。

```
x = [1980, 1980, 1980;1990, 1990, 1990];
y = [2 ,6, 9;11, 22, 32];
bar(x,y);
```

运行结果如图 7.7 所示。

若输入参数 x 为向量,y 为矩阵,则 x 的长度必须与 y 某一维的长度相同,绘制图形时将依据 y 的这个维度进行分组。例如,x 是 3 元行向量,y 是大小为 2×3 的矩阵,x 的长度与 y 第 2 维的长度一致,调用 bar 函数绘图时,基于 y 的第 2 维分组,即每列构成一个分组。命令如下。

```
x = [1980, 1990, 2000];
y = [2 ,6, 9;11, 22, 32];
bar(x,y);
```

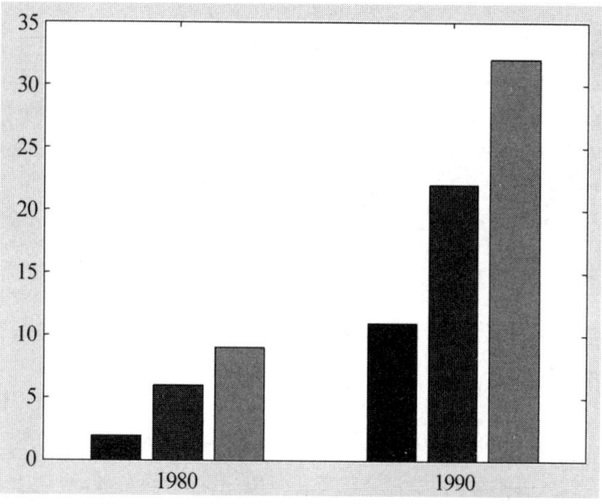

图 7.7 x 为矩阵时的多数据集条形图

运行结果如图 7.8 所示。若 $x = [1980, 1990, 2000]'$,即 x 是一个三元列向量,则调用 bar 函数绘制的图形与图 7.8 相同。

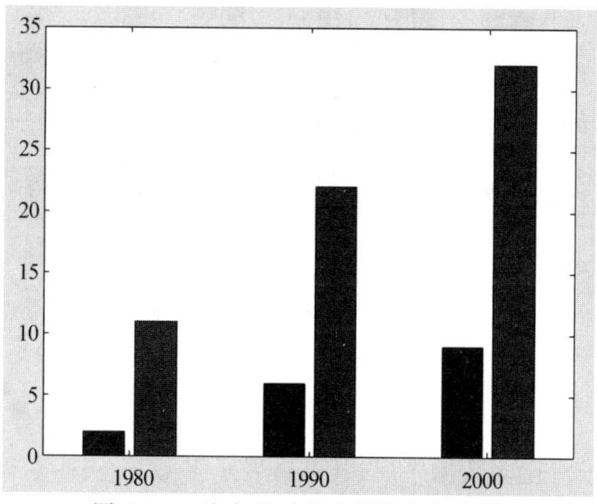

图 7.8 x 为向量时的多数据集条形图

例 7.5 读取文件 income.xlsx 中的数据,绘制蓝天药业和中福地产两组数据每年收益占 6 年总收益百分比条形图。

程序如下。

```
data=xlsread('income.xlsx');
A=data(2:3,:);
%求出每年收益占 6 年总收益的百分比
A=100 * A./sum(A,2);
x=data(1,:);
bar(x,A);
title('2016—2021 年每年收益占 6 年总收益的百分比占比图');
ylabel('每年收益占 6 年总收益(%)');
grid on
```

```
ha=gca;
Labelx=num2str(data(1,:)')+"年";
ha.XTickLabel=Labelx;
ytick0=ha.YTick;
ytick1=num2str(ytick0')+"%";
ha.YTickLabel=ytick1;
legendtext=['蓝天药业';'中福地产'];
legend(legendtext,'Location','northwest');
```

运行以上程序，输出如图7.9所示。因为文件中每个企业的数据按行排列，sum函数的第二个参数为2，指定按行求和。

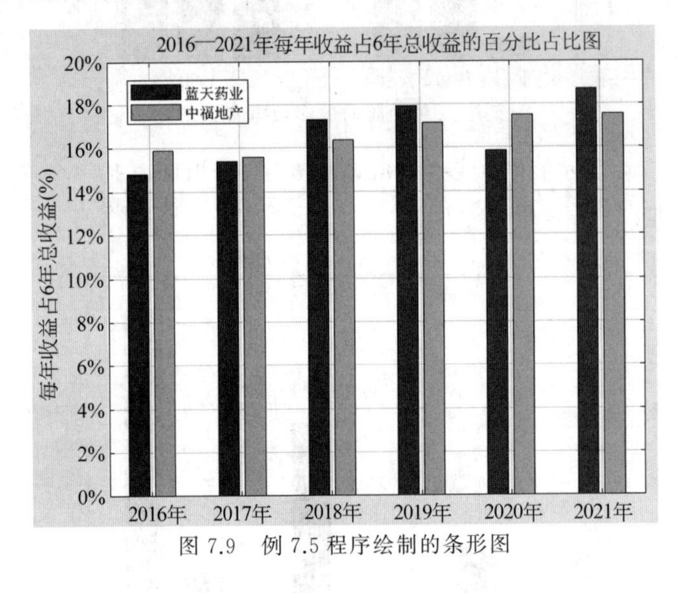

图7.9　例7.5程序绘制的条形图

7.1.3　堆积条形图

堆积条形图适用于对比多数据序列，既可以展示多数据序列各个类别总体数据值的大小，又能展示每个类别中各部分对该类别数据总体的贡献大小。堆积条形图用宽度相同的小矩形堆叠而成一个条形，表示一个类别的总体数据值，每个小矩形的高度（长度）值表示这部分对总体的贡献大小。MATLAB的bar函数也可以绘制堆积条形图，函数调用格式如下。

```
bar(x, y, style)
```

其中，输入参数style指定条形组的样式，默认值为'grouped'，即绘制分组条形图。当设置为'stacked'时，绘制堆积条形图，将每个分组显示为一个由多种颜色填充的矩形块堆积的条形。也可以在创建条形图对象后，修改对象的BarLayout属性值，转换为堆积条形图。例如：

```
y=[2,2,3;2,5,6;2,8,9;2,9,10];
a=bar(y,'stacked');
```

运行以上程序，输出如图7.10所示。

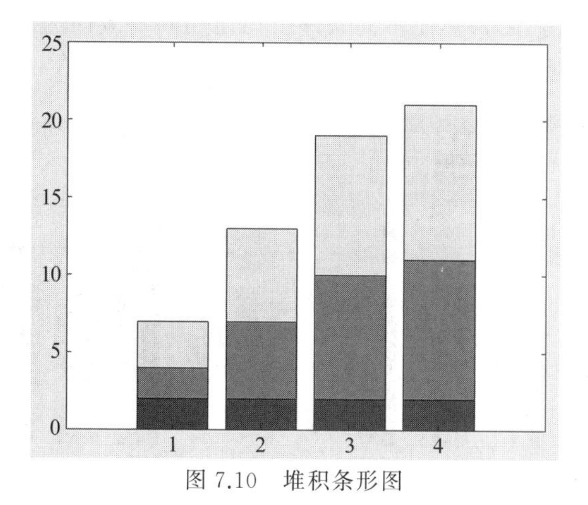

图7.10 堆积条形图

例7.6 数据文件parcel.xlsx存储了某地多个快递公司承运量，文件的数据结构和内容如图7.11所示。用文件中的数据绘制条形图，对比各快递公司承运量。

	A	B	C	D	E
1	快递公司	省外件	省内非同城件	省内同城件	总承运量
2	顺丰	2100	1000	500	3600
3	中通	1800	900	800	3500
4	圆通	1900	700	700	3300
5	申通	1700	700	700	3100
6	韵达	1300	900	700	2900
7	EMS	1900	600	200	2700

图7.11 文件parcel.xlsx的数据构成

为了比较两种条形组样式，将图形窗口划分为1×2绘图区，在各子图中分别采用'group'样式和'stacked'样式。程序如下。

```
data=xlsread('parcel.xlsx');
subplot(1,2,1);
bar(data(:,1:3));
title('主流快递公司承运量分布图(Grouped Style)');
xlabel('快递公司');  ylabel('快递件数');
comname={'顺丰','中通','圆通','申通','韵达','EMS'};
%设置横轴刻度标签
set(gca,'xticklabel',comname);
%添加图例
legend('省内同城件','省内非同城件','省外件');
subplot(1,2,2);
bar(data(:,1:3),'stacked');
title('主流快递公司承运量分布图(Stacked Style)');
xlabel('快递公司');  ylabel('快递件数');
set(gca,'xticklabel',comname);
legend('省内同城件','省内非同城件','省外件');
```

运行以上程序，输出如图7.12所示图形。图7.12(a)采用默认设置，即'grouped'样式绘制。图 7.12(b)采用'stacked'样式绘制堆积条状图。从图中可以看出，既要对比同一公司内部不同流向的承运量占比，又要对比不同快递公司之间同一流向的承运量的占比差异，采用堆积条形图表达更为合适。

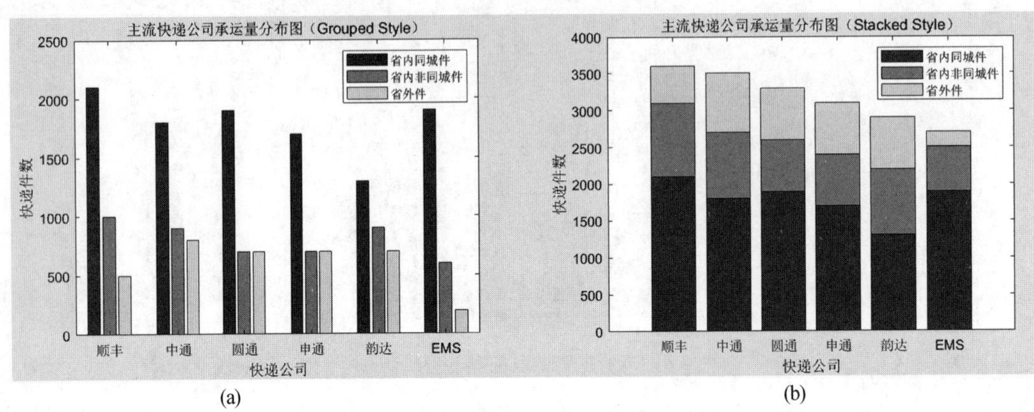

图 7.12　例 7.6 程序绘制的堆积条形图

7.1.4　水平条形图

水平条形图是用一系列长度不等的水平矩形呈现数据大小，沿纵轴显示分组，沿横轴显示数量。水平条形图与条形图很相似，只是将垂直条形改为水平条形。

MATLAB 中的 barh 函数用于绘制水平条形图，其基本调用格式为

```
barh(x, y, width, style, color)
```

barh 函数沿纵轴排列条形，条形的位置由输入参数 x 指定，条形的长度由输入参数 y 指定。其中，输入参数 x 可以是标量、向量或矩阵，y 是向量或矩阵。当 x 省略时，默认用 y 元素的索引号作为纵坐标。其他输入参数 width、style 和 color 的用法与 bar 函数一样。

例 7.7　读取文件 income.xlsx 中的数据，绘制蓝天药业、中福地产、重维科技 2016—2021 年收入的水平条形图。

程序如下。

```
data=xlsread('income.xlsx');
x=2016:1:2021;
y=data(2:4,:);
barh(x,y);                                        %绘制水平条形图
title('企业收入对比分析');
xlabel('收入(万元)');
ytick=num2str(x')+"年";
yticklabels(ytick);
legend('蓝天药业','中福地产','重维科技');
```

运行程序，绘制水平条形图。按默认位置生成的图例遮挡了部分图形，拖动图例至如图 7.13 所示位置。

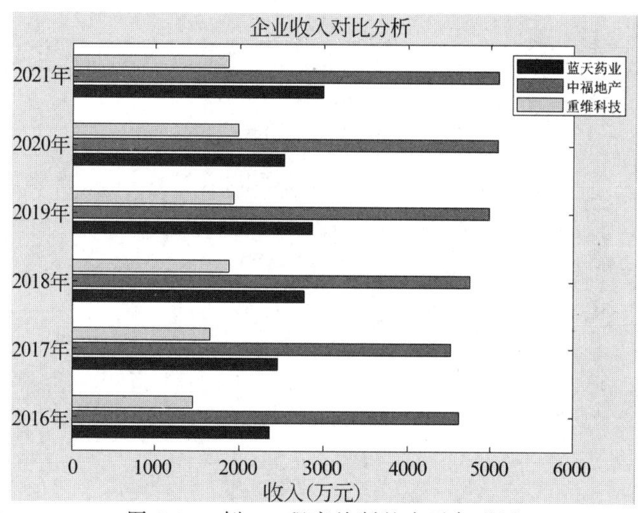

图 7.13　例 7.7 程序绘制的水平条形图

7.1.5　三维条形图

MATLAB 的 bar3 函数用于绘制三维条形图，它将绘制二维条形图的 bar 函数的有关功能扩展到三维空间。MATLAB 的 barh3 函数用于绘制三维水平条形图，与 bar3 的用法大致相同，本节以 bar3 函数为例，说明绘制三维条形图的方法。bar3 函数的基本调用格式如下。

```
bar3(y, z, width, style, color)
```

其中，输入参数 y、z 是大小相同的向量或矩阵，y 指定条形在水平面的纵坐标，z 指定条形的高度。若输入参数 z 为向量，函数 bar3 在水平面的纵轴上绘制单个三维条形序列，当 y 省略时，条形的纵坐标对应 z 元素的索引号。若 z 是矩阵，函数 bar3 将绘制多个三维条形序列，每个条形序列对应 z 中的一列数据，条形的横坐标对应 z 元素的列下标，当 y 省略时，条形的纵坐标对应 z 元素的行下标。

bar3 函数的输入参数 width 指定条形在平面水平和竖直方向的相对宽度，style 指定三维条形图样式，color 指定条形填充颜色。width 用来控制条形的间隙，可取值为 0～1 的数值标量，条形宽度与条形间隙宽度的比为 width：(1－width)。若 width 为 1，即无间隙，条形将紧挨在一起。当 width 省略时，默认值为 0.8，即条形宽度与条形间隙宽度的比为4：1。输入参数 style 可取值为'detached'(默认值)、'grouped'和'stacked'，'detached'表示 z 的每个元素定义一个条形高度，在 y 对应元素指定的位置分别绘制条形；'grouped'表示将分组数据分簇显示；'stacked'表示将分组数据堆积显示。

例 7.8　从例 7.6 的数据文件 parcel.xlsx 读取数据，绘制三维条形图，对比快递公司承运量。在图形窗口中水平排列三个子图，各子图分别采用'detached'样式、'group'样式和'stacked'样式。

程序如下。

```
data=xlsread('parcel.xlsx');
```

```
x=data(:,3:-1:1);
cname={'顺丰','中通','圆通','申通','韵达','EMS'};
ctype={'省内同城件','省内非同城件','省外件'};
figure('Position',[100,100,1080,500])
subplot(1,3,1)
bar3(x,'detached');
title('快递公司承运量对比(detached style)');
%设置平面横纵轴标签
set(gca,'xticklabel',ctype);
set(gca,'yticklabel',cname);
subplot(1,3,2);
bar3(x,'grouped');
title('快递公司承运量对比(grouped style)');
set(gca,'yticklabel',cname);
subplot(1,3,3);
bar3(x,'stacked');
title('快递公司承运量对比(stacked style)');
set(gca,'yticklabel',cname);
legend(ctype,'Location','southwest');
```

运行以上程序，输出如图 7.14 所示图形。为了标识图 7.14(b)和图 7.14(c)的颜色与数据的关系，在图 7.14(c)中调用 legend 函数添加图例，并置于图 7.14(c)的左下角，使得图例位于图 7.14(b)和图 7.14(c)之间。对比图 7.14 和图 7.12 可以发现，三维条形图的可视化效果更加直观，能够从三个维度展示数据的差异。

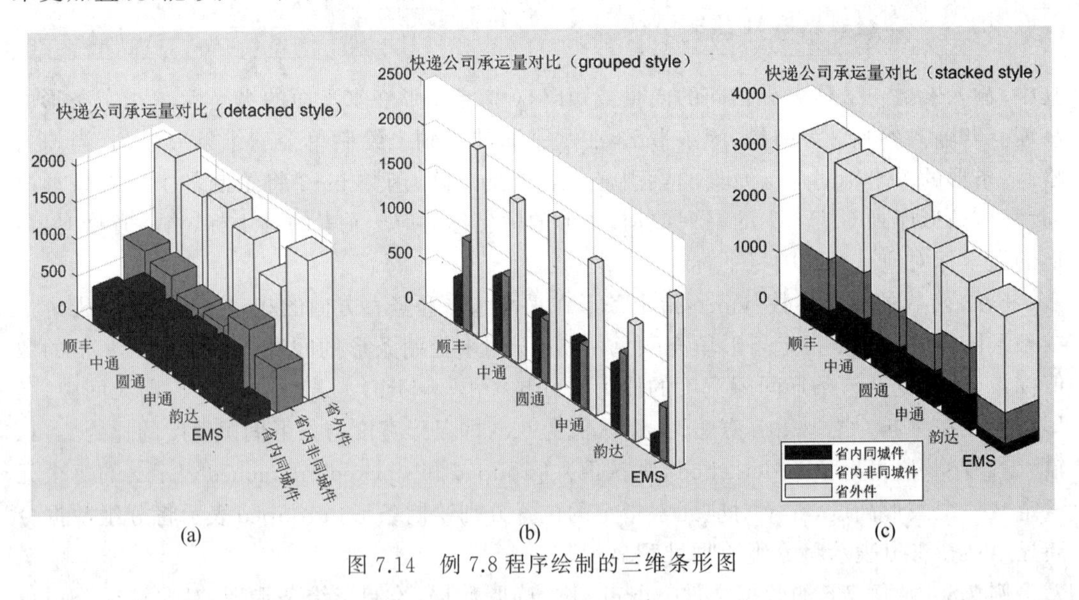

(a) (b) (c)

图 7.14　例 7.8 程序绘制的三维条形图

7.2　散　点　图

散点图用数据点的分布形态反映离散数据的规律。散点图常用于对比一个随时间变化的数据序列不同时期在数量上的差异，或展示数据序列的疏密程度和总体变化趋势。散点图也可以用于对比多数据集跨类别的聚合程度。

7.2.1 简单散点图

二维散点图用两组数据的值定义平面坐标系中一组点的横、纵坐标，用于考查两个变量之间的相关性；三维散点图用三组数据的值定义三维坐标系中一组点的横、纵和高度坐标，用于考察三个变量之间的相关性。散点图可以显示趋势，也可显示集群的形状。

1. scatter 函数

MATLAB 的 scatter 函数用于绘制二维散点图，scatter3 函数用于绘制三维散点图，它们的用法大致相同，这里以 scatter 函数为例，介绍散点图的绘制方法。

针对不同存储格式的数据，scatter 函数有两种调用方法。

（1）使用向量和矩阵数据绘图，scatter 函数的基本调用格式如下。

```
scatter(x, y, sz, c, mkr, 'filled')
```

其中，输入参数 x、y 分别定义数据点横、纵坐标，通常 x 和 y 为相同长度的向量。例如：

```
x=-8:1:8;   y=x.^2;
scatter(x,y);
```

若 x 和 y 中有一个为矩阵，则矩阵必须在某一个维度上的长度与向量长度相同，scatter 函数用矩阵的对应维度的每个向量绘制多组点，每一组用不同颜色表示。

输入参数 sz 用于指定散点标记符的大小。若 sz 为向量或矩阵，则 sz 的每个元素分别决定一个散点标记的大小。若 sz 为标量，则所有散点标记大小相同。当 sz 省略时，默认散点标记大小为 36。输入参数 c 设置散点的颜色，可以是一个和输入参数 x、y 大小相同的向量或矩阵，或者是一个颜色字符。当 c 省略时，使用默认颜色。输入参数 mkr 设置标记样式。当 mkr 省略时，默认散点标记为'o'。输入选项'filled'指定填充散点标记，省略时，散点标记是空心的。例如：

```
x=-2:0.1:2;
y=x.^4;
scatter(x,y,50,'r','p','filled');
hold on;
y=x.^3;
scatter(x,y,30,'k','+');
hold on;
y=-x.^3;
scatter(x,y,30,'b','s');
```

程序运行结果如图 7.15 所示。

（2）使用表数据绘图，scatter 函数的基本调用格式如下。

```
scatter(tbl, xvar, yvar, 'filled')
```

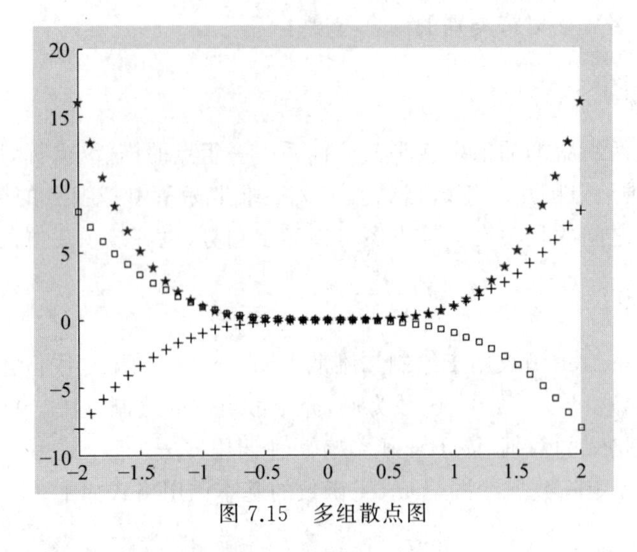

图 7.15　多组散点图

其中,输入参数 tbl 是存储数据的表对象。输入参数 xvar 是定义横坐标的表变量。yvar 是定义纵坐标的表变量。输入选项'filled'表示填充散点标记,省略时,散点标记是空心的。

例 7.9　MATLAB 的样例数据文件 patients.xlsx 记录了若干病例的 10 项数据,数据结构如图 7.16 所示。读取数据,用数据表中的字段 Systolic 和 Diastolic 绘制散点图,展示两个变量之间的关联。

	A	B	C	D	E	F	G	H	I	J	K	L
1	LastName	Gender	Age	Location	Height	Weight	Smoker	Systolic	Diastolic	SelfAssessedHealthStatus		
2	Smith	Male	38	County Ge	71	176	TRUE	124	93	Excellent		
3	Johnson	Male	43	VA Hospit	69	163	FALSE	109	77	Fair		
4	Williams	Female	38	St. Mary'	64	131	FALSE	125	83	Good		
5	Jones	Female	40	VA Hospit	67	133	FALSE	117	75	Fair		
6	Brown	Female	49	County Ge	64	119	FALSE	122	80	Good		
7	Davis	Female	46	St. Mary'	68	142	FALSE	121	70	Good		
8	Miller	Female	33	VA Hospit	64	142	TRUE	130	88	Good		
9	Wilson	Male	40	VA Hospit	68	180	FALSE	115	82	Good		
10	Moore	Male	28	St. Mary'	68	183	FALSE	115	78	Excellent		
11	Taylor	Female	31	County Ge	66	132	FALSE	118	86	Excellent		
12	Anderson	Female	45	County Ge	68	128	FALSE	114	77	Excellent		
13	Thomas	Female	42	St. Mary'	66	137	FALSE	115	68	Poor		

图 7.16　文件 patients.xlsx 的数据结构

调用 readtable 读取文件,将数据存于变量 tbl,这是一个表对象,用 tbl 的表变量 Systolic 定义横坐标,表变量 Diastolic 定义纵坐标,调用 scatter 函数绘制散点图。程序如下。

```
tbl=readtable('patients.xlsx');
scatter(tbl,'Systolic','Diastolic');
```

程序运行结果如图 7.17 所示。结果显示,两个变量非线性相关。

若参数 xvar 或 yvar 为元胞数组,scatter 函数可用于对比分析多个数据序列的分布状态。例如,将两个与血压相关的表变量 Systolic 和 Diastolic 组合成元胞数组,作为参数 yvar,用表变量 Weight 作为参数 xvar,绘制散点图。在图中添加图例,图例标签与变量名称一致。程序如下。

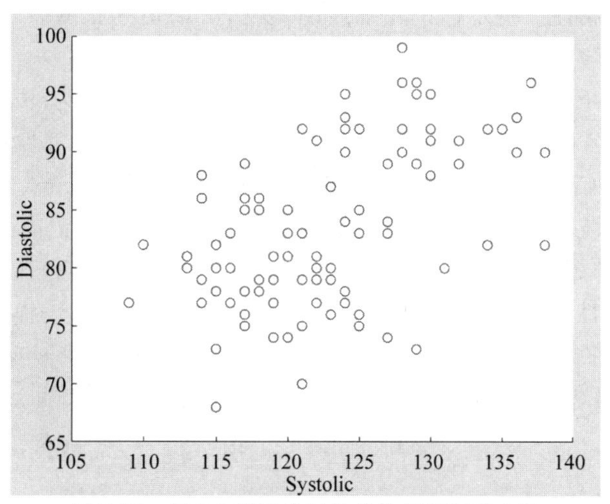

图 7.17　例 7.9 程序绘制的单数据序列散点图

```
tbl=readtable('patients.xlsx');
scatter(tbl,'Weight',{'Systolic','Diastolic'});
ylabel("Diastolic                              Systolic")
legend("Location","best")
```

程序运行结果如图 7.18 所示。图中,上部的散点展示变量 Systolic 的数据分布状态,下部的散点展示变量 Diastolic 的数据分布状态,可以看出,两组数据分布状态相似。

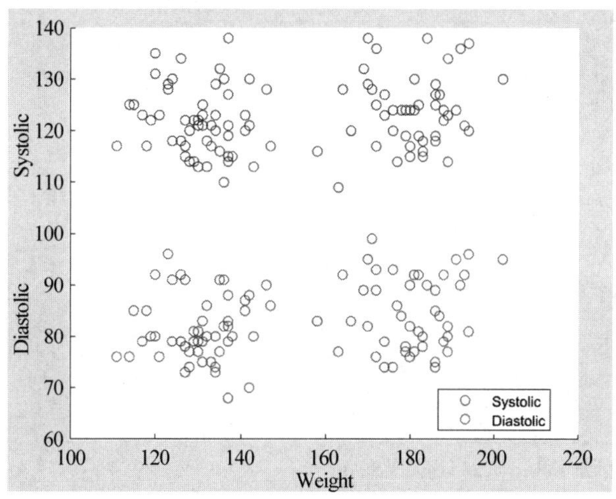

图 7.18　例 7.9 数据绘制的多数据序列散点图

2. 散点图的基本属性

散点图对象具有一些基本属性,这些属性可以控制散点图的外观和行为。散点图对象的常用属性如下。

(1) Marker 属性。指定散点标记样式。Marker 属性的可取值与对应标记样式如表 5.2 所示。

(2) LineWidth 属性。指定标记轮廓线的宽度，可取值为正数，以磅为单位，默认值为 0.5。

(3) MarkerEdgeColor 属性。指定标记轮廓线颜色。可取值为 'flat'、RGB 三元组、十六进制颜色代码、颜色名称或短名称。默认值为'flat'，即使用 CData 属性值。

(4) MarkerFaceColor 属性。指定标记填充颜色，可取值为'none'、'flat'、'auto'、RGB 三元组、十六进制颜色代码、颜色名称或短名称。默认值为'none'，即标记内部不填充颜色。值为'flat'时，使用 CData 值；值为'auto'时，使用坐标区的 Color 属性值。

(5) SizeData 属性。定义标记大小。

例 7.10 文件“货物进出口总额.xlsx”记录了 2012—2021 年我国货物进出口额，数据来源于国家统计局网站 www.data.stats.gov.cn。数据文件结构如图 7.19 所示。

	A	B	C	D	E	F	G	H	I	J	K
1	指标	2021年	2020年	2019年	2018年	2017年	2016年	2015年	2014年	2013年	2012年
2	进出口总额(人民币)(亿元)	390921.67	322215.2	315627.3	305010.1	278099.2	243386.46	245502.93	264241.77	258168.89	244160.21
3	出口总额(人民币)(亿元)	217287.38	179278.8	172373.6	164128.8	153309.4	138419.29	141166.83	143883.75	137131.43	129359.25
4	进口总额(人民币)(亿元)	173634.29	142936.4	143253.7	140881.3	124789.8	104967.17	104336.1	120358.03	121037.46	114800.96
5	进出口差额(人民币)(亿元)	43653.1	36342.4	29119.9	23247.5	28519.6	33452.12	36830.73	23525.72	16093.98	14558.29
6	进出口总额(美元)(百万美元)	6050170	4655910	4577890	4622440	4107140	3685557	3953033	4301527	4158993	3867119
7	出口总额(美元)(百万美元)	3363023	2589950	2499480	2486700	2263340	2097631	2273468	2342293	2209004	2048714
8	进口总额(美元)(百万美元)	2687143	2065960	2078410	2135750	1843790	1587926	1679564	1959235	1949989	1818405
9	进出口差额(美元)(百万美元)	675880	523990	421070	350950	419550	509705	593904	383058	259015	230309

图 7.19 文件“货物进出口总额.xlsx”数据结构

用 2012—2021 年货物进口和出口总额数据绘制散点图，散点颜色分别使用红色和蓝色，大小为 50，标记使用五角星和正方形。程序如下。

```
x=2021:-1:2012;
y=xlsread('货物进出口总额.xlsx');
%提取出口总额和进口总额绘制散点图
h=scatter(x,y(2:3,:));
h(1).SizeData=50;
h(1).MarkerEdgeColor='r';
h(1).Marker='p';
h(2).SizeData=50;
h(2).MarkerEdgeColor='b';
h(2).Marker='s';
h(2).MarkerFaceColor='b';
xtick1=num2str(flipud(x'))+"年";
set(gca,'xticklabel',xtick1);
ylabel('进出口总额(亿元)');
legend('货物出口总额','货物进口总额');
```

程序运行结果如图 7.20 所示。从图中可以看出我国 2012—2021 年货物进口和出口总额的变化及趋势。调用 scatter 函数绘制散点图时，第二个参数包含两个行向量，因此变量 h 有两个元素，分别对应一组散点。通过修改 h 元素的属性值，改变各组散点的外观。

7.2.2 散点图矩阵

当需要同时考查多个变量间的相关性时，可利用散点图矩阵，图矩阵的每一个子图分别展示每一对变量的关系，这样可以快速发现多个变量的主要相关性，这一点在进行多元线性

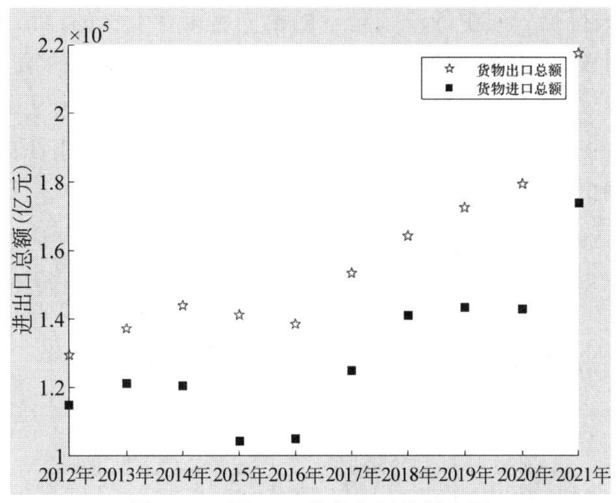

图 7.20　例 7.10 程序绘制的散点图

回归分析时尤为重要。

MATLAB 的 plotmatrix 函数用于绘制散点图矩阵。plotmatrix 函数的基本调用格式如下。

```
plotmatrix(x, y)
```

其中,输入参数 x 和 y 为矩阵,如果 x 是 $p\times n$ 的矩阵,y 是 $p\times m$ 矩阵,则 plotmatrix 函数生成一个 $m\times n$ 子图矩阵,包含由 x 的各列相对 y 的各列数据绘制的散点图。例如:

```
x = randn(50,4);
y = reshape(1:200,50,4);
plotmatrix(x,y,'*r');
```

运行结果如图 7.21 所示。

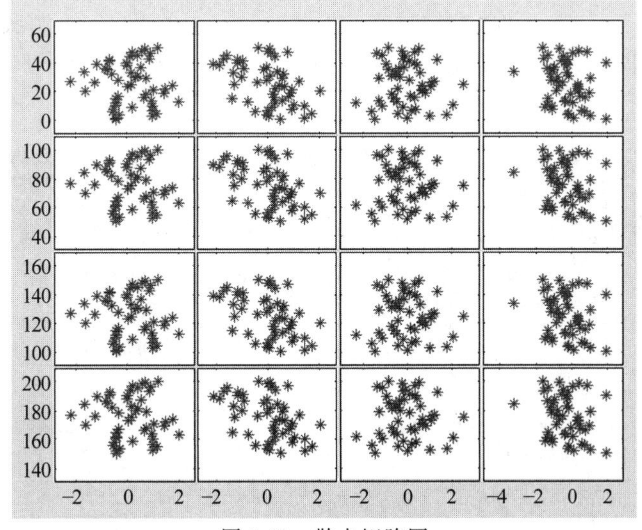

图 7.21　散点矩阵图

图 7.21 中的第 i 行第 j 列中的子图是 y 的第 i 列相对于 x 的第 j 列的散点图。

若调用 plotmatrix 函数时,如果参数 y 省略,那么散点图矩阵的第 i 行第 j 列中的子图是 x 的第 i 列相对于 x 的第 j 列的散点图,散点图矩阵对角线上是 x 每一列的直方图。位于对角线位置的直方图展示了 x 中每一列的数值分布,而对角线上下的散点图则展示了 x 中每列数据两两之间的关系。例如:

```
x = randn(50,4);
plotmatrix(x,'*r');
```

运行结果如图 7.22 所示。

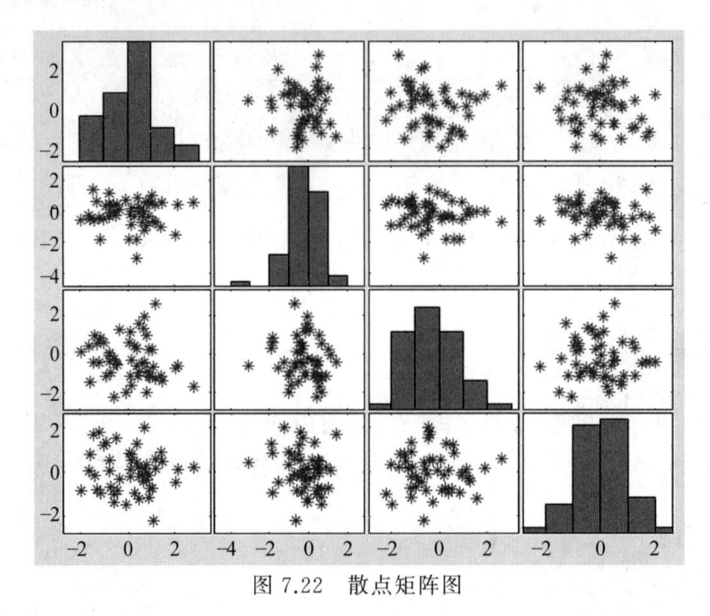

图 7.22 散点矩阵图

若 plotmatrix 函数的输入参数 x 是向量,输入参数 y 是矩阵,x 的长度应与 y 的行数相同,则绘制若干散点图,各散点图纵向排列,散点图的个数与 y 的列数相同。

例 7.11 使用例 7.10 文件"货物进出口总额.xlsx"中的数据,绘制我国 2012—2021 年货物进出口总额、出口总额、进口总额和进出口差额散点矩阵图。

程序如下。

```
x=2021:-1:2012;
x1=x';
y=xlsread('货物进出口总额.xlsx');
y1=y(1:4,:)';
hf=figure('Position',[100,100,1080,500]);
plotmatrix(x1,y1);
title('散点矩阵图');
h=hf.Children;
h(1).YLabel.String="进出口总额";
h(2).YLabel.String="出口总额";
h(3).YLabel.String="进口总额";
```

```
h(4).YLabel.String="进出口差额";
h(4).XTickLabel= h(4).XTickLabel+"年";
```

程序运行结果如图 7.23 所示。矩阵图包含 4 个子图,通过图形窗口对象的 Children 属性获得子图句柄,存储于变量 h,并通过句柄设置各子图的纵轴标签,以标识该子图对应的数据序列。

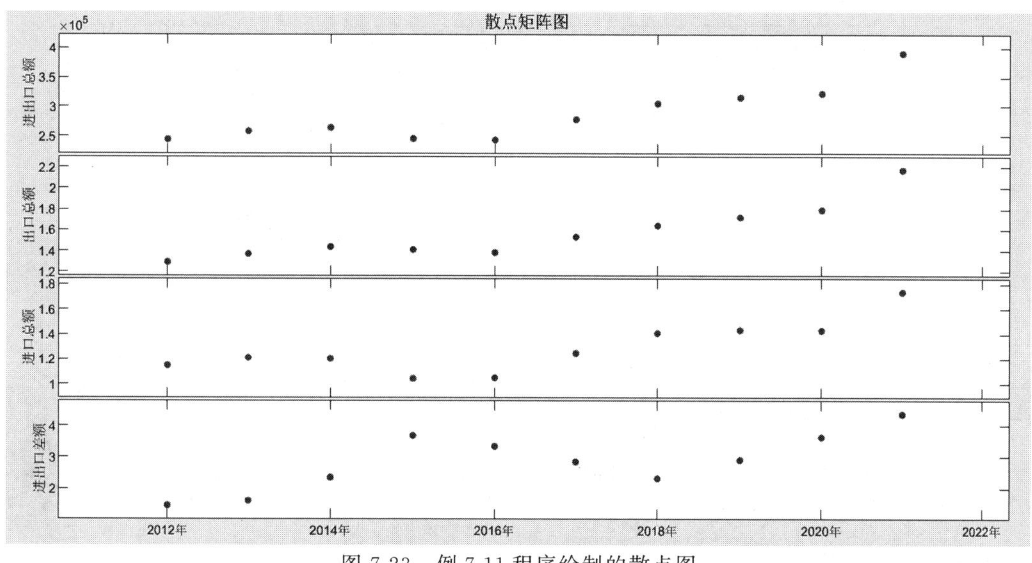

图 7.23　例 7.11 程序绘制的散点图

7.3 针 状 图

针状图也用于对比离散数据集的数据,用标记表示数据点,并显示数据点与水平基线的垂直连线。针状图用点反映数据值的差异性,用线段长度反映值的相差程度。

7.3.1 二维针状图

MATLAB 中针状图分为二维针状图和三维针状图。本节先介绍二维针状图。

1. stem 函数

MATLAB 的 stem 函数用于绘制二维针状图。stem 函数的基本调用格式如下。

```
stem(x, y, 'filled', LineSpec)
```

其中,输入参数 x 和 y 必须是大小相同的向量或矩阵。若 x 和 y 都是向量,分别以 x、y 的对应元素值定义数据点的横、纵坐标。当 x 省略时,用 y 元素的索引号作为数据点的横坐标;若 x 为向量,y 为矩阵,则 y 的行数等于向量 x 的长度,绘制图形时,y 的每列分别和向量 x 组成一个数据序列;若 x 和 y 都是大小为 $m \times n$ 的矩阵,则 x、y 的对应列分别组成一个数据序列,共有 n 个数据序列。当 x 省略时,用 y 元素的行号作为数据点的横坐标。

输入参数'filled'表示用颜色填充数据点标记,省略时,数据点标记是空心的。输入参数LineSpec指定线型、标记符号和颜色。线型、标记和颜色可以按任意顺序显示。stem函数可以使用的标记符号如表5.2所示。

例7.12 文件"人口数据.xlsx"存储了2002—2021年我国的人口数据,数据来源于国家统计局网站。文件的人口数据结构和部分内容如图7.24所示。用2002—2021年"年末总人口"数绘制针状图。

	A	B	C	D	E	F	G	H	I	J	K
1	指标	2021年	2020年	2019年	2018年	2017年	2016年	2015年	2014年	2013年	2012年
2	年末总人口(万人)	141260	141212	141008	140541	140011	139232	138326	137646	136726	135922
3	男性人口(万人)	72311	72357	72039	71864	71650	71307	70857	70522	70063	69660
4	女性人口(万人)	68949	68855	68969	68677	68361	67925	67469	67124	66663	66262
5	城镇人口(万人)	91425	90220	88426	86433	84343	81924	79302	76738	74502	72175
6	乡村人口(万人)	49835	50992	52582	54108	55668	57308	59024	60908	62224	63747

图7.24 文件人口数据.xlsx部分数据

程序如下。

```
x=2021:-1:2002;
data=xlsread('人口数据.xlsx');
y=data(1,:);
hf=figure('Position',[100,100,1080,500]);
stem(x,y);
title('2002—2021年末总人口(万人)');
ha=gca;
ha.XTickLabel= ha.XTickLabel+"年";
```

程序运行结果如图7.25所示。

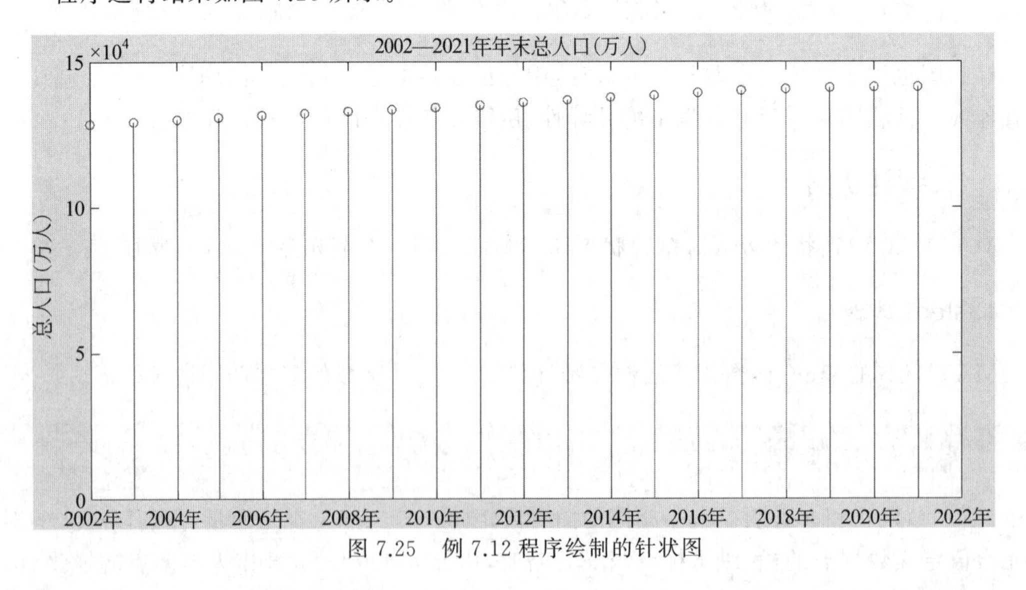

图7.25 例7.12程序绘制的针状图

2. 针状图的基本属性

MATLAB中可以在创建针状图后,通过更改针状图对象属性值修改针状图的外观。

(1) Color 属性。指定针状图颜色,可取值为 RGB 三元组、十六进制颜色代码、颜色名称或短名称。

(2) ColorMode 属性。控制如何设置 Color 属性。可取值为'auto'(默认值)和'manual'。当属性值为'auto'时,自动从坐标区的 ColorOrder 属性中取颜色值。当属性值为'manual'时,可以通过修改 Color 属性值改变图形颜色。

(3) LineStyle 属性。指定针状图线型,可取值如表 5.1 所示,默认值为'-'。

(4) LineWidth 属性。指定针状标记轮廓和连线的宽度,可取值是正数,以磅为单位。默认值为 0.5。

(5) Marker 属性。指定标记符号,可取值如表 5.2 所示,默认值为'o'。

(6) MarkMode 属性。指定标记大小,可取值为正数,以磅为单位,默认值为 6。

(7) MarkerFaceColor 属性。指定标记填充颜色,可取值为 'none'(不填充,默认值)、'auto'、RGB 三元组、十六进制颜色代码、颜色名称或短名称。当属性值为'auto' 时,使用与所在坐标区的 Color 属性值填充。

(8) BaseValue 属性。指定基线值,可取值为数值标量,默认值为 0。

(9) ShowBaseLine 属性。指定是否显示基线,可取值为'on' 或 'off',表示显示基线或隐藏基线。

例 7.13 使用例 7.12 的数据,绘制年末总人口、城镇人口和乡村人口三个数据序列针状图,将标记符号设置为菱形,并填充标记。

程序如下。

```
hf=figure('Position',[100,100,600,320]);
x1=2021:-1:2002;
data=xlsread('人口数据.xlsx');
x=x1';
y=data([1,4,5],:)';
stem(x,y,'filled','d');
title('2002—2021 年年末人口数据(万人)');
ha=gca;
ha.XTickLabel=ha.XTickLabel+"年";
itemstr={'年末总人口','城镇人口','乡村人口'};
legend(itemstr,'Location','southeast');
```

运行结果如图 7.26 所示。在调用 stem 函数时,统一设置数据点标记为菱形。可以在创建对象后,逐个修改图形对象的属性,使各组数据点采用不同的标记。例如,绘制针状图后,将第 2、3 组数据点的标记分别修改为五角星和三角形,且各组标记用不同颜色填充,程序如下。

```
h=stem(x,y);
h(2).Marker='p';
h(2).MarkerFaceColor='g';
h(3).Marker='^';
h(3).MarkerFaceColor='r';
```

变量 h 存储针状图对象句柄,元素 h(1)、h(2)和 h(3)分别代表三组数据对应的 stem

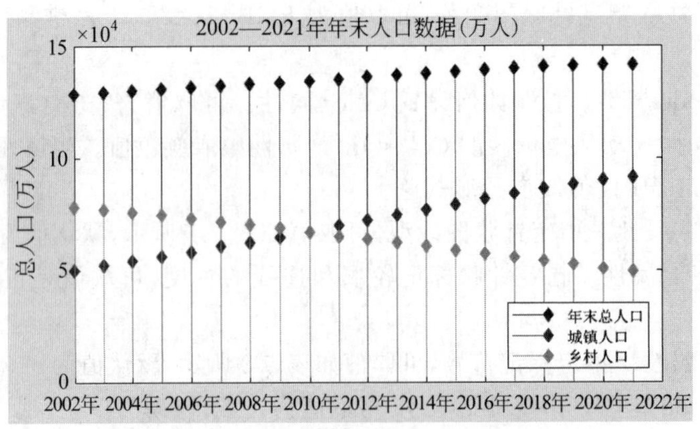

图 7.26　例 7.13 程序绘制的针状图

对象。逐个设置各个 stem 对象的 Marker 属性和 MarkerFaceColor 属性，修改图形外观。如果基于多个数据序列绘制针状图，每个序列需要使用不同的标记符号或颜色进行区分，适合采用这种方法。

7.3.2　三维针状图

MATLAB 的 stem3 函数用于绘制三维针状图。stem3 函数的基本调用格式如下。

```
stem3(x, y, z, 'filled', LineSpec)
```

其中，输入参数 x、y 和 z 为大小相同的向量或矩阵，参数 x 和 y 指定标记连线在 xy 平面的横坐标和纵坐标，参数 z 指定标记高度。当 x 和 y 省略时，若 z 是行向量，用 z 元素的索引号作为针状线条在 xy 平面的横坐标；若 z 是列向量，用 z 元素的索引号作为针状线条在 xy 平面的纵坐标；若 z 是矩阵，用 z 的元素下标作为针状线条在 xy 平面的横、纵坐标。输入选项 'filled'和 LineSpec 的意义和使用方法和 stem 函数相同。

例 7.14　将图形窗口划分为 1×3 绘图区，在各子图中分别绘制当 x 和 y 省略时，z 分别为行向量、列向量和矩阵的针状图。程序如下。

```
hf = figure('Position',[100,100,800,280]);
subplot(1,3,1);
x = linspace(-pi/2,pi/2,30);
z = cos(x);
h1 = stem3(z, 'r');
subplot(1,3,2);
h2 = stem3(z', 'filled');
subplot(1,3,3);
h3 = stem3([sin(x); cos(x)], 'gd');
```

程序运行结果如图 7.27 所示。图 7.27(a)的绘图参数 z 是长度为 30 的行向量，用 z 元素的索引号定义数据点的横坐标，纵坐标为 1，并设置针状图为红色。图 7.27(b)的绘图参数 z 是列向量，用 z 元素的索引号定义数据点的纵坐标，横坐标为 1，设置填充数据标记。图 7.27(c)的绘图参数 z 是大小为 2×30 的矩阵，用 z 元素的列下标定义数据点的横坐标，行下标定义纵坐标。因为 z 是两行矩阵,所以图 7.27(c)中包含两组针状序列。

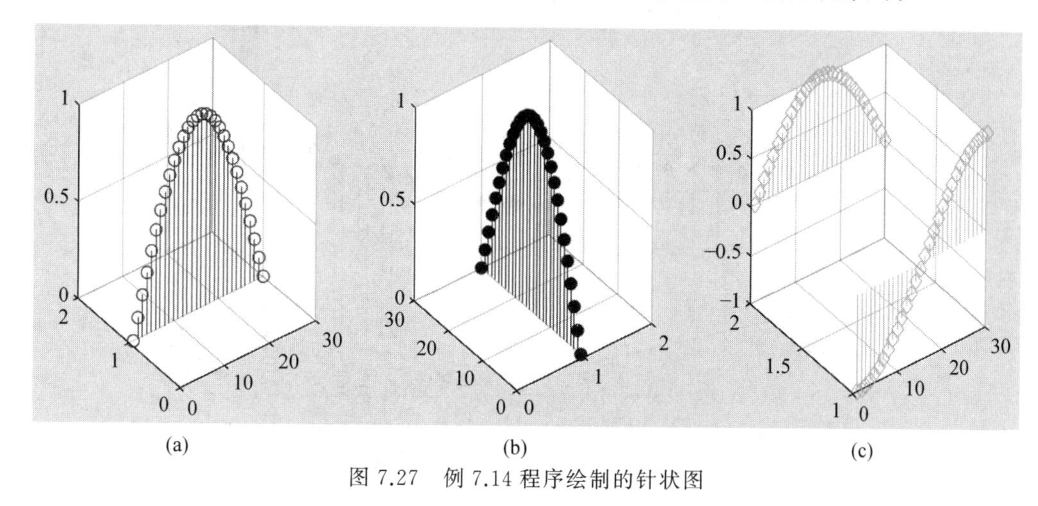

(a) (b) (c)

图 7.27 例 7.14 程序绘制的针状图

若 stem3 函数的输入参数 x、y 和 z 为矩阵,三个参数的大小应一致。

例 7.15 使用例 7.12 的数据,绘制年末总人口、城镇人口和乡村人口多个数据序列的三维针状图。

本例横轴表示年份,纵轴分别表示年末总人口、城镇人口和乡村人口类别,z 轴表示人口数据(万人)。针状图颜色设置为红色,数据标记符设置为菱形并填充标记。程序如下。

```
figure('Position',[100,100,800,320]);
x1=2021:-1:2002;
y1=1:3;
data=xlsread('人口数据.xlsx');
z=data([1,4,5],:);
[x,y]=meshgrid(x1,y1);
h=stem3(x,y,z);
h.Color='r';
h.Marker='d';
h.MarkerFaceColor='auto';
title('2002—2021 年年末人口数据(万人)针状图');
zlabel('总人口(万人)');
ha=gca;
ha.XTick=fliplr(x1);
ha.XLim=[2002,2022];
xlabel("年份");
ha.YTick=[1,2,3];
ha.YTickLabel={'年末总人口','城镇人口','乡村人口'};
```

程序运行结果如图 7.28 所示。本例生成的变量 x1、y1 是向量,变量 z 是大小为 3×20 的矩阵,x1 的长度与 z 的列数相同,y1 的长度与 z 的行数相同,调用 meshgrid 函数生成与变量 z 大小相同的矩阵,存于变量 x、y。

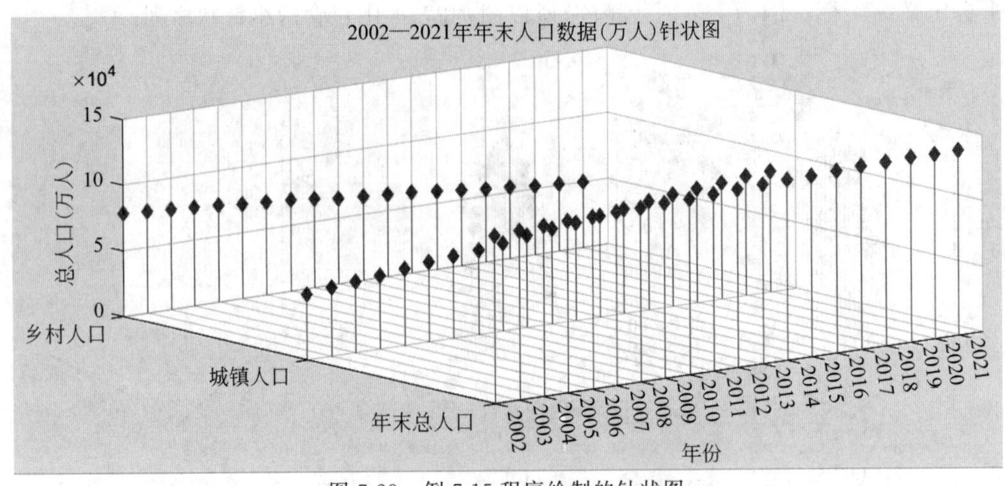

图 7.28　例 7.15 程序绘制的针状图

小　　结

数据集对比的可视化分析是从数量上展示和说明研究对象规模的大小、水平的高低、速度的快慢等。将数据处理和分析结果可视化,比单纯使用文字更直观、更清晰。此类应用可以采用条形图、散点图、针状图等多种形式。

条形图是用宽度相同的条形的高度来表示数据多少的图形。条形图可以横置或纵置,纵置时也称为柱形图。MATLAB 的 bar 函数用于绘制条形图,针对不同存储格式的数据集和绘制不同样式的条形图,bar 函数的调用方法不同。barh 函数用于绘制水平条形图,bar3 函数用于绘制三维条形图。

散点图将数据序列显示为一组点,通常用于考察因变量随自变量变化的大致趋势,也用于对比跨类别的聚合数据。MATLAB 的 scatter 函数用于绘制散点图,针对不同存储格式的数据集,scatter 函数的调用方法不同。绘制散点图时,可以采用不同颜色或不同标记区分不同类别。plotmatrix 函数用于绘制散点图矩阵。

针状图上的数据点用垂直线连接到基线。MATLAB 的 stem 函数用于绘制二维针状图,stem3 函数用于绘制三维条形图。

第 8 章将详细讲解 MATLAB 中数据分布的可视化方法。

数据分布特征的可视化

本章学习目标

(1) 了解数据分布特征可视化的相关概念。
(2) 熟悉数据分布特征可视化的常用图形。
(3) 掌握数据分布特征常用图形的绘制。

在进行数据分析时,很多时候用户需要了解特定变量在数据集中如何分布,根据数据分布的特点结合业务需求进行数据分析。数据的分布特性表征了不同数据之间的本质区别。本章分类介绍反映数据分布特征的几类常用图表,包括一元分布图(如直方图、箱线图、帕累托图)、多元分布图(如分组散点图、气泡图)和局部与整体关系图(如饼图、热图、气泡云图、文字云图)等,并通过示例详细讲解 MATLAB 提供的绘制数据分布图的相关函数。

8.1 一元分布图

一元分布图是单变量的分布可视化方法。采用一元分布图可视化数据时,首先将样本数据按照指定的方式划归到若干区间(也称为数据分桶),对分布在各个区间的数据点进行计数(即统计频次),然后将统计结果可视化。

常用一元分布图包括直方图、箱线图、误差棒图和帕累托图等。

8.1.1 直方图

直方图(Histogram)是频数直方图的简称,又称为质量分布图,用一系列高度不等的条形表示数据分布的情况。直方图形状类似条形图,但是和条形图表达的含义完全不同。条形图是通过条形的高度或长度表示数值,条形间通常有间隙,横轴表示类别,适用于展示较小数据集的数值大小。直方图用条形的高度表示各组的数据频数,横轴表示数据分组的组距,条形间无间隙,适用于分析较大数据集的分布状况。

1. histogram 函数

MATLAB 的 histogram 函数用于绘制直方图,针对数据是否分组,函数的调用方法不同。

(1) 绘制基本直方图,histogram 函数有两种基本调用格式。

① histogram(x, nbins, edges)。

其中,输入参数 x 可以是向量或矩阵。若 x 为向量,则将其介于最小值和最大值之间的值区间等分为若干小区间,并对划归到每个小区间的数据点进行计数,然后以数据点个数作为条形的高度绘制直方图。若 x 不是向量,则将其自动转换为列向量进行统计。输入参数 nbins 是正整数,指定将统计区间均匀分成 nbins 个小区间。当 nbins 省略时,函数自动拟定区间数目。输入参数 edges 为向量,按 edges 中的元素值逐个指定每个区间的边界,edges(1) 是第一个区间的左边界,edges(end) 是最后一个区间的右边界。参数 nbins 和 edges 都是用来给 x 划分统计区间的,函数调用时只能选用其中一种方式。

② histogram('BinEdges', edges, 'BinCounts', counts)。

其中,输入参数 edges 是向量,edges 的元素指定每个区间的边界,区间的数量为 length(edges)−1。输入参数 counts 是一个向量,长度必须等于区间的数量,counts 的元素指定每个区间条形的高度。

(2) 绘制基于分组的直方图,histogram 函数有两种基本调用格式。

① histogram(c, Categories)。

其中,输入参数 c 是分类数组,Categories 指定直方图中包含的类别,区间的数量为类别的数量。绘制直方图时,仅使用 c 中与 Categories 指定类别相符的数据。当 Categories 省略时,histogram 函数将为 c 的每个类别绘制一个条形。

② histogram('Categories', Categories, 'BinCounts', counts)。

其中,输入参数 Categories 指定类别,区间的数量为类别的数量。输入参数 counts 是一个向量,长度必须等于区间的数量,counts 的元素指定每个区间条形的高度。

例 8.1 如图 8.1 所示,将图形窗口划分为 2×3 绘图区,在各子图中分别采用 histogram 函数的不同调用方法绘制直方图。

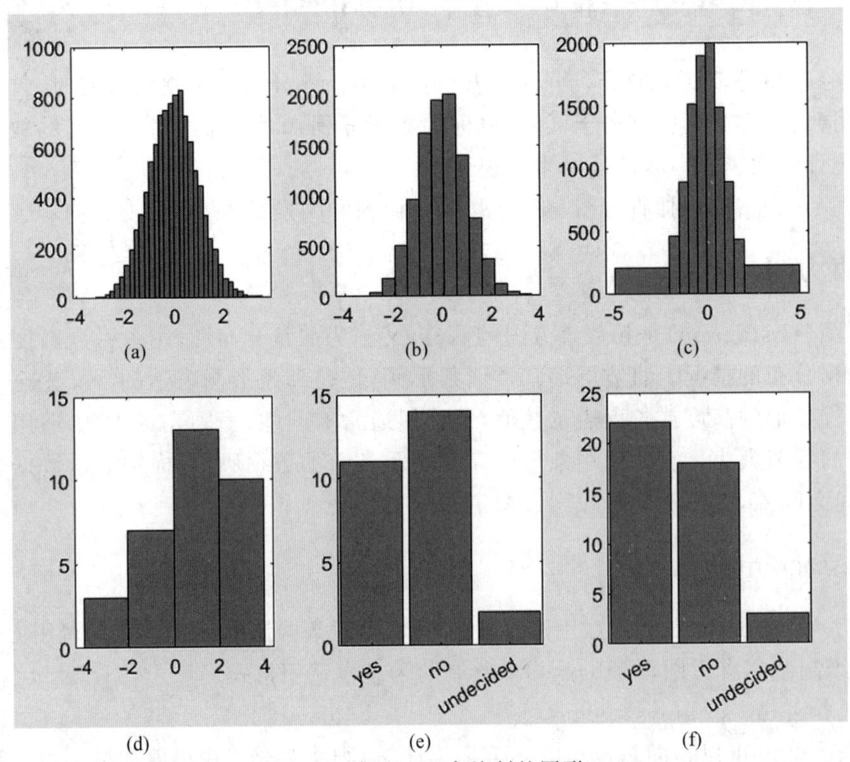

图 8.1 例 8.1 程序绘制的图形

程序如下。

```
x = randn(10000,1);
subplot(2,3,1);                                        %子图 1
histogram(x)
subplot(2,3,2);                                        %子图 2
nbins = 15;
histogram(x,nbins)
subplot(2,3,3);                                        %子图 3
edges = [-5 -2:0.5:2 5];
histogram(x,edges)
subplot(2,3,4);                                        %子图 4
histogram('BinEdges',-4:2:4,'BinCounts',[3 7 13 10])
subplot(2,3,5);                                        %子图 5
A = [0 0 1 1 1 0 0 0 0 NaN NaN 1 0 0 0 1 0 1 0 1 0 0 0 1 1 1 1];
classA = {'yes','no','undecided'};
C = categorical(A,[1 0 NaN],classA);
histogram(C);
subplot(2,3,6);                                        %子图 6
countA = [22 18 3];
histogram( 'Categories',classA, 'BinCounts',countA)
```

图 8.1(a)中 nbins 省略,函数自动计算出合适的区间数目绘制直方图。图 8.1(b)中将 x 统计区间均匀分成 15 个小区间。图 8.1(c)中用向量[−5,−2:0.5:2,5]指定区间边界,左右两端的区间宽为 3,中间的区间宽为 0.5。图 8.1(d)中用向量[−4,−2,0,2,4]指定区间边界,用向量[3,7,13,10]指定各条形的高度。图 8.1(e)中首先生成一个包含三个类别('yes'、'no'和'undecided')的分类向量 C,其元素值分别对应向量 A 中三类值[1, 0, NaN]的频数,用频数指定条形的高度。图 8.1(f)中用变量 classA 指定直方图中要展示的三个类别,用变量 countA 指定条形的高度。

2. 直方图的基本属性

直方图对象具有一些基本属性,这些属性可以控制条形对象的外观和行为。MATLAB 正是通过对属性的操作来控制和改变图形对象的。

(1) NumBins 属性。指定区间数量,可取值为正整数,此属性不适用于分类数据的直方图。该属性设置和前面调用 histogram 函数时使用输入参数 nbins 的作用是一样的。

(2) BinEdges 属性。指定区间的边界,可取值为数值向量,此属性不适用于分类数据的直方图。该属性设置和前面调用 histogram 函数时使用输入参数 edges 的作用是一样的。

(3) BarWidth 属性。指定分类条形的相对宽度,可取值为 [0,1] 范围的数值标量。使用此属性可控制直方图内各分类条形的间隔。默认值是 0.9,表示条形宽度占从上一条形到下一条形之间的空间的 90%,两侧各占该空间的 5%。如果该属性设置为 1,则相邻的条形将紧挨在一起。此属性仅适用于分类数据的直方图。

(4) BinLimits 属性。指定区间范围,可取值为二元素向量[bmin,bmax]。该属性表示使用输入数组 x 中介于 bmin 和 bmax 的值绘制直方图。此属性不适用于分类数据的直方图。

（5）BinLimitsMode 属性。指定区间范围的选择模式，可取值为'auto'或'manual'。默认值是'auto'，表示区间范围自动调整为 x。若显式指定 BinLimits 或 BinEdges，则 BinLimitsMode 自动设为'manual'。在这种情况下，将 BinLimitsMode 指定为'auto'可将区间范围重新调整为 x。此属性不适用于分类数据的直方图。

（6）BinWidth 属性。指定区间的宽度，可取值为数值标量。此属性不适用于分类数据的直方图。

（7）DisplayStyle 属性。指定直方图的显示样式，可取值为'bar'或'stairs'。默认样式为'bar'。指定为'stairs'样式时只显示直方图的轮廓而不填充内部，类似于阶梯图。

（8）EdgeColor 属性。指定直方图的轮廓颜色，默认为黑色。可取值为'none'（不绘制轮廓线）、'auto'（自动确定轮廓线颜色）、RGB 三元组、十六进制颜色代码或颜色名称。

（9）FaceColor 属性。指定直方图条形的填充颜色，默认值为'auto'。可取值为'none'（条形不填充颜色）、'auto'（自动确定条形的填充颜色）、RGB 三元组、十六进制颜色代码或颜色名称。

（10）LineStyle 属性。指定条形轮廓线的线型，LineStyle 属性可取值和对应线型如表 5.1 所示。

（11）LineWidth 属性。指定条形轮廓线的宽度，可取值是正数，以磅为单位，默认值为 0.5 磅。

例 8.2 如图 8.2 所示，按分数段统计学生成绩，并绘制成绩分布直方图。

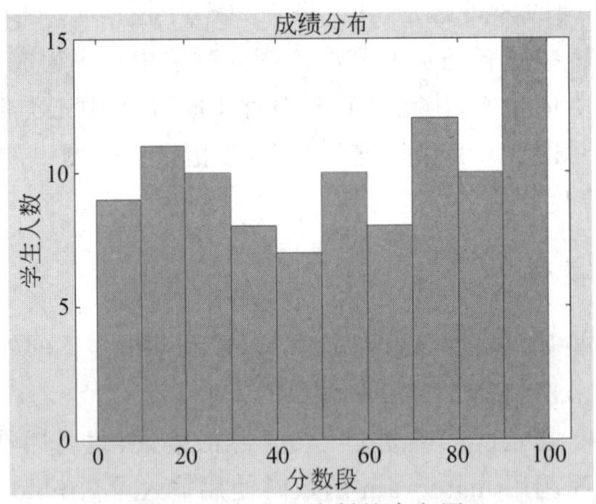

图 8.2 例 8.2 绘制的直方图

本例调用 rand 函数生成模拟数据。然后利用该数据绘制直方图，设置区间数目为 10，修改直方图颜色，程序如下。

```
score = fix(101 * rand(100,1));
h = histogram(score);
h. NumBins = 10;
h.EdgeColor = 'r';
h.FaceColor = [0 0.8 0.5];
title('成绩分布', 'FontSize',12);
```

```
ylabel('学生人数', 'FontSize',12);
xlabel('分数段', 'FontSize',12);
```

8.1.2 箱线图

箱线图又称为盒须图、盒式图或箱形图，是利用数据中的5个统计量：最小值、第一四分位数、中位数、第三四分位数与最大值来描述数据的一种方法。箱线图也可以粗略地看出数据是否具有对称性、分布的分散程度等信息，特别可以用于对几个样本的比较。箱线图可以直观地展示出异常数据。箱线图的绘制方法是：先找出一组数据的上限、下限、中位数和两个四分位数，然后连接两个四分位数画出箱体，再用直线将上限和下限与箱体相连接，中位数在箱体中间。

1. boxplot 函数

MATLAB的boxplot函数用于绘制箱线图。boxplot函数的基本调用格式为

```
boxplot(x)
```

其中，输入参数x可以为向量或矩阵。若x为向量，则boxplot函数绘制一个箱子。若x为矩阵，则boxplot函数为x的每列绘制一个箱子。在每个箱子上，中心标记表示中位数，箱子的底边和顶边分别表示第25个和75个百分位数，再利用虚线将最大值和最小值与箱体连接起来，离群值会以'+'符号单独绘制。例如：

```
A = [5,20,17,29,52,62,12,3,48,33,90];
boxplot(A);
```

运行结果如图8.3所示。

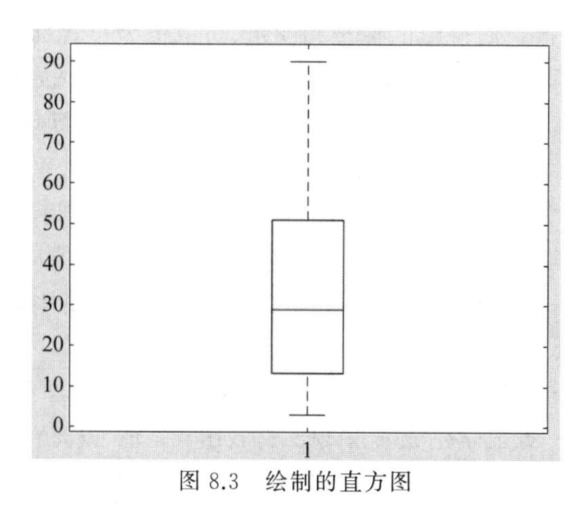

图8.3 绘制的直方图

2. 箱线图的基本属性

箱线图对象具有一些基本属性，这些属性可以控制箱线图对象的外观和行为。

MATLAB 正是通过对属性的操作来控制和改变图形对象的。

(1) BoxStyle 属性。指定箱子样式,可取值及样式描述如表 8.1 所示。

表 8.1 箱子样式

可取值	描述
'outline'	使用带虚须线的空心箱绘制箱子。这是'PlotStyle' 为'traditional'时的默认值
'filled'	使用带实须线的窄实心箱绘制箱子。这是'PlotStyle'为'compact'时的默认值

(2) PlotStyle 属性。指定绘图样式,可取值及样式描述如表 8.2 所示。

表 8.2 绘图样式

可取值	描述
'traditional'	使用传统箱子样式绘制箱子,这是默认值
'compact'	使用较小的箱子样式绘制箱子,该箱子样式适用于具有许多组的绘图

(3) MedianStyle 属性。指定中位数样式,可取值及样式描述如表 8.3 所示。

表 8.3 中位数样式

可取值	描述
'line'	用线条来表示每个箱子中的中位数。这是'PlotStyle'为'traditional'时的默认值
'target'	用带圆心的圆来表示每个箱子的中位数。这是'PlotStyle'为'compact'时的默认值

(4) OutlierSize 属性。指定离散值的标记大小,以磅为单位,可取值为正数。若 PlotStyle 是'traditional',OutlierSize 的默认值为 6;若 PlotStyle 是'compact',OutlierSize 的默认值为 4。

(5) Symbol 属性。指定离群值的标记和颜色,可取值为包含标记符号和颜色的字符向量或字符串标量。符号可以按任意顺序显示。若 PlotStyle 是'traditional',默认值为 '+r',则使用红色加号 '+' 标记每个离群值;若 PlotStyle 是'compact',默认值为 'o',则使用与对应箱子颜色相同的圆形 'o' 标记每个离群值。

(6) Color 属性。指定箱子颜色,可取值为 RGB 三元组、字符向量或字符串标量。

(7) Widths 属性。指定箱子宽度,可取值为数值标量或数值向量。当 Widths 属性是标量时,所有箱子宽度一致;当 Widths 属性是向量时,则依序使用向量元素的值作为各个箱子宽度。

例 8.3 数据文件"学生成绩.xlsx"存储了 15 位学生的语文、数学和英语成绩。文件的结构和部分内容如图 8.4 所示。绘制学生成绩箱线图,并找出异常值(偏离大部分观测值的数值)。

	A	B	C	D	E
1		语文	数学	英语	
2	王英	83	89	94	
3	赵小明	75	73	87	
4	苏力	93	85	92	
5	王余威	88	79	84	

图 8.4 文件"学生成绩.xlsx"的数据结构和部分内容

程序如下。

```
data = xlsread('学生成绩.xlsx');
h = boxplot(data,'Colors', 'r', ...
'MedianStyle','target','symbol','*b');
title('学生成绩箱线图');
xlabel('科目');
ylabel('成绩');
%将横轴刻度设定为科目
set(gca,'xticklabel',{'语文','数学','英语'});
```

运行以上程序,输出如图 8.5 所示。图中,中位数用带圆心的圆表示,离群值标记为星号。

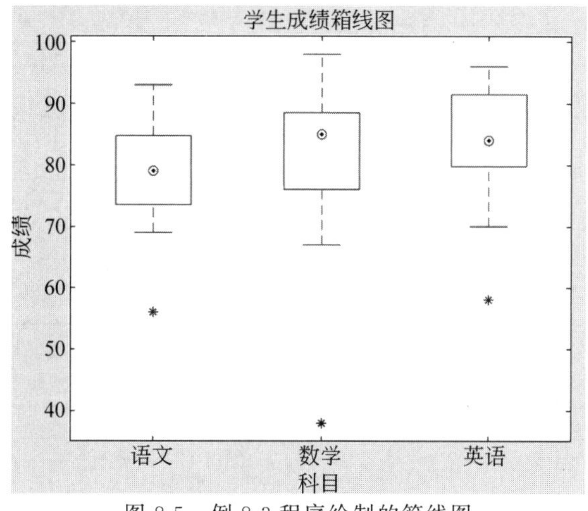

图 8.5　例 8.3 程序绘制的箱线图

从上面的箱线图可以看出,15 位学生的三门课程的中位数、最高成绩、最低成绩以及离散异常成绩。

8.1.3　误差棒图

误差棒图是用于表示一个数据序列中的数据变异程度的可视化方法,也称为误差线图、偏差棒图或实验误差图。误差棒通常表示为带有垂直线和水平线的线段,垂直线表示数据的中心值(如平均值)以及标准误差或置信区间,水平线表示各数据点所在的组。误差棒图常用于比较不同实验条件下的数据集中程度,了解样本数据的可靠性,或展示数据的变异程度。

1. errorbar 函数

MATLAB 的 errorbar 函数用于绘制误差棒图,基本调用格式为

```
errorbar(x, y, err, ornt)
```

其中,输入参数 x 和 y 可以是向量或矩阵,表示绘制 y 对 x 的线图,并在每个数据点处绘制

一个误差棒。若 y 为向量,则 errorbar 函数绘制一个线条,当 x 省略时,默认 x 的元素值是 y 对应元素的索引号。若 y 为矩阵,则 errorbar 函数将为 y 中的每一列绘制一个单独的线条,当 x 省略时,默认 x 是向量,长度与 y 的行数相同,x 的元素值是 y 对应元素的行号。输入参数 err 中的值确定数据点误差棒的长度,误差棒长度是 err 值的两倍。err 必须是和 x、y 大小相同的向量或矩阵。输入参数 ornt 设置误差棒的方向。ornt 为'horizontal'(默认值)时,绘制水平误差棒;ornt 为'vertical'时,绘制垂直误差棒;ornt 为'both'时,绘制两个方向的误差棒。

例 8.4 如图 8.6 所示,将图形窗口划分为 1×3 绘图区,在各子图中分别显示三种误差棒图。

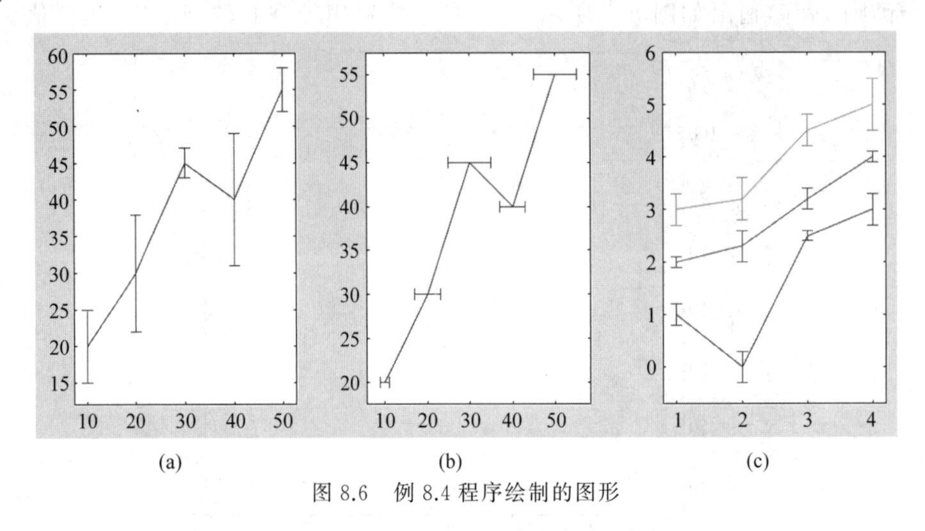

图 8.6 例 8.4 程序绘制的图形

程序如下。

```
figure('Position', [100,100,800,320])
subplot(1,3,1);
x = 10:10:50;
y = [20 30 45 40 55 ];
err = [5 8 2 9 3 ];
errorbar(x,y,err);
axis padded
subplot(1,3,2);
err = [1 3 5 3 5 ];
errorbar(x,y,err,'horizontal');
axis padded
subplot(1,3,3);
y = [1,2,3 ; 0,2.3,3.2 ; 2.5,3.2,4.5; 3,4,5];
err = [0.2,0.1,0.3;  0.3,0.3,0.4;  0.1,0.2,0.3; 0.3,0.1,0.5];
errorbar(y,err);
axis padded
```

图 8.6(a)和图 8.6(b)中,x、y 和 err 都是向量,图 8.6(a)按默认方式绘制误差条,图 8.6(b)中绘制水平误差条。图 8.6(c)中 y 和 err 都是三列矩阵,绘制三个误差条。为了使线条两端的误差条不与坐标区的轮廓线重叠,设置坐标区的模式为 padded。

2. 误差棒图的基本属性

误差棒图对象具有一些基本属性，这些属性可以控制误差棒图对象的外观和行为。MATLAB 正是通过对属性的操作来控制和改变图形对象的。

(1) Color 属性。指定线条颜色，可取值为 RGB 三元组、十六进制颜色代码、颜色名称或短名称，默认值为[0 0 0](黑色)。

(2) LineStyle 属性。指定线型，可取值如表 5.1 所示。

(3) LineWidth 属性。指定线条宽度，可取值为正数，以磅为单位，默认值为 0.5。

(4) CapSize 属性。指定误差条末端的端盖长度，可取值为非负数，以磅为单位，默认值为 6。值为 0，表示不显示端盖。

(5) Marker 属性。指定标记符号，可取值如表 5.2 所示。

(6) MarkSize 属性。指定标记大小，可取值为正数，以磅为单位，默认值为 6。

(7) MarkerEdgeColor 属性。指定标记轮廓颜色，可取值为'auto'、RGB 三元组、十六进制颜色代码、颜色名称或短名称。

(8) MarkerFaceColor 属性。指定标记填充颜色，可取值为'auto'、RGB 三元组、十六进制颜色代码、颜色名称或短名称。

例 8.5 数据文件"科研实验数据.xlsx"中 B～F 列存储了 5 次平行实验的实验数据，文件数据结构和部分内容如图 8.7 所示。用文件中的数据绘制误差棒图。

	A	B	C	D	E	F
1	x	y1	y2	y3	y4	y5
2	0	5.26	4.7794	4.876	4.8875	4.654
3	0.5	7.193	8.613	7.498	6.7343	7.292
4	1	9.921	9.75311	10.103	9.7601	9.6034
5	1.5	5.392	5.3365	5.1632	5.2675	5.669
6	2	2.856	2.95	3.201	3.352	3.123
7	2.5	4.1078	5.413	4.532	4.2187	4.1975

图 8.7 文件"科研实验数据.xlsx"的部分内容

调用 mean 函数求 5 次平行实验的平均值，定义数据点的纵坐标；调用 std 函数求标准差，定义误差棒的长度。生成误差条后，通过误差条对象的属性设置线条颜色、标记符号等。程序如下。

```
data=xlsread('科研实验数据.xlsx');
x=data(:,1);
y=data(:,2:end);
ymean=mean(y,2);                                        %求平均值
ystd=std(y,0,2);                                        %求标准差
h=errorbar(x,ymean,ystd);
h.Color='r';
h.Marker='o';
h.MarkerFaceColor='b';
title('5 次平行实验数据误差棒图');
axis padded
```

运行以上程序，输出如图 8.8 所示。图 8.8 的输出说明：误差棒图可以反映各组数据的

离散程度，更好地表现实验数据客观存在的测量偏差。

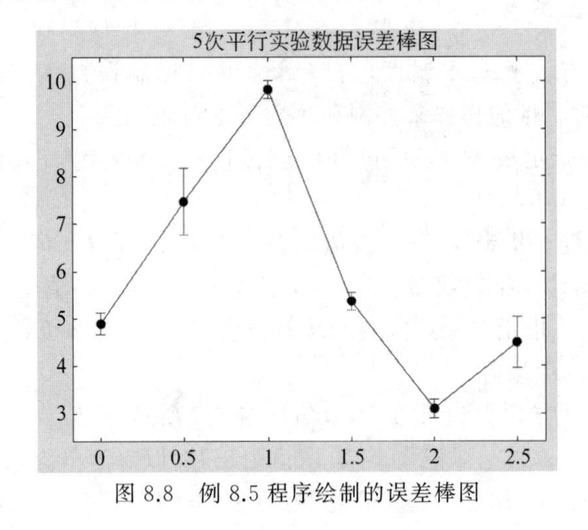

图 8.8　例 8.5 程序绘制的误差棒图

8.1.4　帕累托图

帕累托图又称为排列图、主次图，是按照各项因素出现的次数（即频数）大小从左到右绘制的条形图，图中还包含一条显示累计频率的折线。帕累托图采用双坐标系，左边纵坐标表示频数，右边纵坐标表示频率（即各自所占比率），横坐标表示影响质量的各项因素。通过对帕累托图的观察分析，可以抓住主要因素，从而优先解决主要问题。帕累托图是进行优化和改进的有效工具，尤其应用在质量检测方面。

1. pareto 函数

MATLAB 的 pareto 函数用于绘制帕累托图，基本调用格式为

```
pareto(y, x, threshold)
```

其中，输入参数 y 表示条形高度，是由非负数组成的向量。绘制条形时，按 y 值降序排列各条形，输入参数 x 定义横轴的条形标签，是与 y 长度相同的向量，x 的元素与 y 的元素按索引号一一对应。当 x 省略时，默认用 y 元素的索引号作为横坐标。输入参数 threshold 指定一个介于 0 和 1 的阈值，表示图中累计分布比例的最大值。pareto 函数以降序显示对累计分布有贡献的条形，最多显示 10 个条形。当 threshold 省略时，默认为 0.95。

例 8.6　如图 8.9 所示，将图形窗口划分为 2×2 绘图区，在各子图分别绘制省略 x 时不同阈值的帕累托图。

程序如下。

```
subplot(2,2,1);
y = [6 10 40 20 24];
pareto(y);
subplot(2,2,2);
pareto(y, 0.6);
```

```
subplot(2,2,3);
x = ["A" "B" "C" "D" "E"];
y = [35 50 30 5 80];
pareto(y,x,1);
subplot(2,2,4);
pareto(y,x,0.8);
```

图 8.9(a)中不指定 x,累计比例最大值默认为 95%。横轴刻度是变量 y 中值与条形高度对应的元素索引号,y(3) 是最大元素,因此其条形显示在最左边的位置,其后是 y(5) 和 y(4)。图 8.9(b)指定累计比例最大为 60%,而(y(3)+y(5))/sum(y)大于 0.6,因此图中仅显示两个条形。图 8.9(c)将 threshold 参数设置为 1,显示变量 y 中所有元素对应的条形,第二个参数是一个包含 5 个字符串的向量,定义横轴刻度。图 8.9(d)中将 threshold 参数设置为 0.8,而(y(5)+y(2)+y(1))/sum(y)大于 0.8,因此图中只显示三个条形。

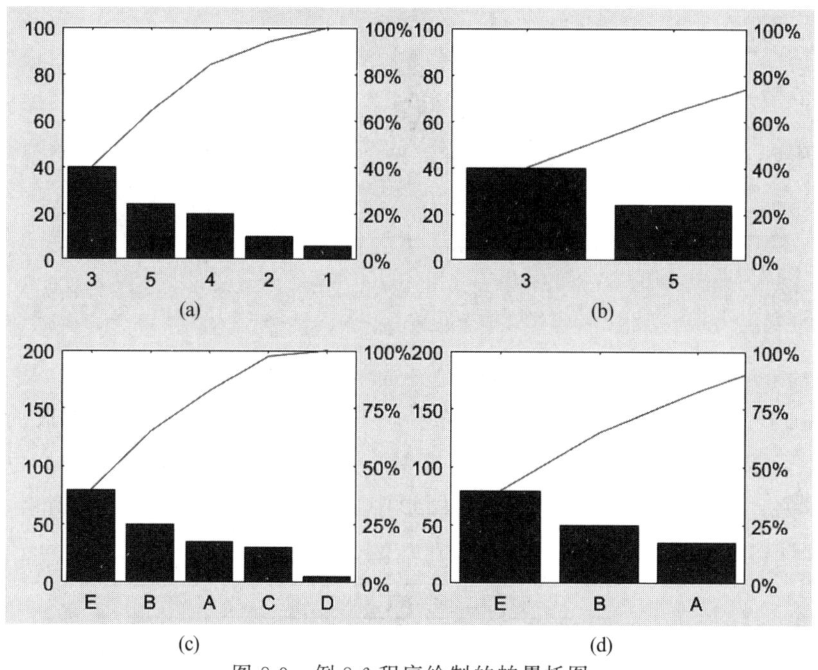

(c) (d)

图 8.9　例 8.6 程序绘制的帕累托图

2. 帕累托图的基本属性

帕累托图由条形和折线构成,调用 pareto 函数将返回一个图形对象句柄数组,第一个元素是 Bar 对象,第二个元素是 Line 对象。可以通过 Bar 对象的属性修改条形外观,通过 Line 对象的属性修改折线外观。

例 8.7　某公司收集了 100 份调查问卷,统计员工离职原因加权数量,数据存储于文件"员工离职原因.xlsx"中。文件内容如图 8.10 所示。用帕累托图展示员工离职的主要原因。

程序如下。

	A	B
1	离职原因	加权数量
2	公司发展前景与预期落差大	40
3	当前职业无法发挥个人专长	30
4	晋升机会少	35
5	工资待遇与福利水平较差	90
6	激励机制较差	38
7	上级处事方式较差	25
8	工作缺少成就感	26
9	职业发展方向变化	12
10	工作压力较大	28
11	工作氛围较差	16
12	个人身体原因	5
13	个人家庭原因	9
14	个人创业或继续求学深造	11
15	公司地理位置不便	13
16	其他	10

图 8.10　文件“员工离职原因.xlsx”的部分数据

```
data = readcell ('员工离职原因.xlsx');
x = string(data(2:end,1));
y = cell2mat(data(2:end,2));
charts = pareto(y,x);                                    %绘制帕累托图
charts(1).FaceColor = 'r';
charts(2).Color = [0 0.50 0.10];
grid on
title('员工离职原因调查图');
xlabel('离职原因');
ylabel('加权数量');
```

调用 readcell 函数读取文件，返回的是一个元胞数组，存于变量 data。表达式 string(data(2:end,1))提取表中的离职原因字符串，cell2mat(data(2:end,2))提取加权数量值。调用 pareto 函数生成的图形对象句柄存于变量 charts。将条形颜色更改为红色，将线条颜色更改为绿色。运行结果如图 8.11 所示，图形中显示了排名靠前的 10 个因素，这 10 个因素累计占全部因素的 90%。

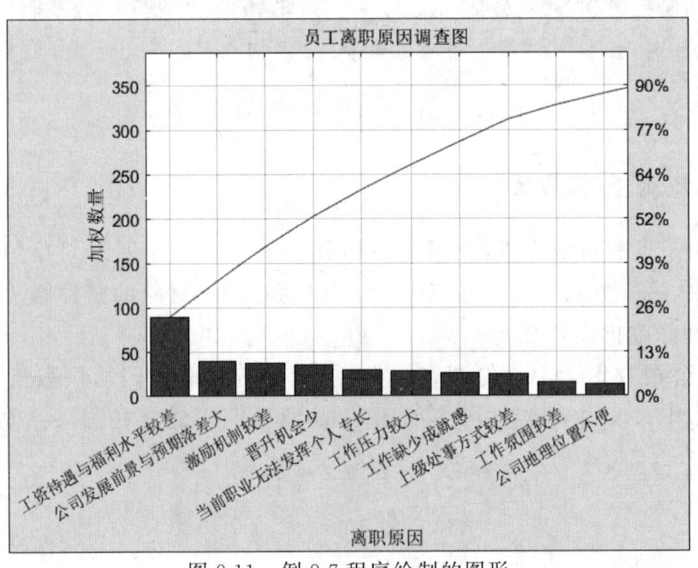

图 8.11　例 8.7 程序绘制的图形

8.2 多元分布图

在很多情况下，需要同时分析多个数据序列的相关性，或从多个角度展示数据的变化。例如，用户既要了解观察不同月份的温度变化趋势，还需要了解每个月内的温度变化态势。这时适用多元分布图。

8.2.1 分组散点图

散点图用点的密集程度和趋势表示两个连续变量间的相关关系和变化趋势。而分组散点图是散点图的一种，是将数据集中的数据按一定标准进行分组，展示各分组数据的分布及变化情况。

1. gscatter 函数

MATLAB 的 gscatter 函数用于绘制分组散点图，其基本调用格式为

```
gscatter(x, y, g, clr, sym, size, doleg, xnam, ynam)
```

其中，输入参数 x 和 y 是同等大小的向量，定义数据点的横、纵坐标。参数 g 指定分组的依据。输入参数 clr 指定每个组的颜色，省略时，绘图使用 MATLAB 默认颜色。输入参数 sym 指定标记符号，默认值为'.'。输入参数 size 指定标记符号的大小。输入参数 doleg 控制图例是否显示在图形上，可取值为'on'或'off'，默认值为'on'。输入参数 xnam 和 ynam 指定用于 x 轴和 y 轴标签的名称。当 xnam 和 ynam 省略时，并且 x 和 y 是带有名称的变量，则 gscatter 会使用变量名标记轴标签。

例 8.8 样例数据文件“carsmall.xlsx”存储了若干车型的技术指标，文件结构和部分数据如图 8.12 所示。按照汽车生产年份分组，可视化车重与 MPG(每加仑英里数)的关系。

	A	B	C
1	车重	MPG(每加仑英里数)	生产年份
2	4976	7	1997
3	4763	9	1997
4	4532	10	1997
5	4412	10	1997
6	4312	11	1997

图 8.12 文件“carsmall.xlsx”的部分数据

程序如下。

```
data = xlsread('carsmall.xlsx');        %导入数据
weight = data(:,1);
MPG = data (:,2);
year = data (:,3);
gscatter(weight,MPG,year,'rgb','xo * ',6);
legend('location','northeast');
title("车辆重量(weight)" +...
"与 MPG(每加仑英里数)的分组散点图");
```

程序运行结果如图8.13所示。图例显示，生产年份有三个，图中包含三组散点。调用gscatter函数给三组散点设置了不同颜色和标记符号。

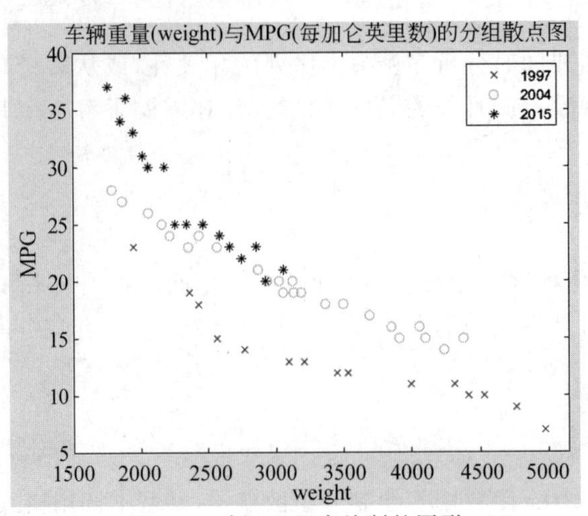

图8.13　例8.8程序绘制的图形

从图中可以看出，重量越重，MPG越低；2015年的车更轻，1997年的车更重。同时可以看出，新款车比旧款车油耗表现更好。

2. 分组散点图的基本属性

分组散点图的基本属性和散点图的属性一致。可以先调用gscatter()函数绘出分组散点图，接着通过修改图形对象的属性改变散点的颜色、标识符号和标识符号大小等。例如，绘制如图8.13所示图形也可以使用以下程序。

```
h=gscatter(weight,MPG,year);
h(1).Color='r';  h(1).Marker='x';  h(1).MarkerSize=6;
h(2).Color='g';  h(2).Marker='o';  h(2).MarkerSize=6;
h(3).Color='b';  h(3).Marker='*';  h(3).MarkerSize=6;
```

程序中调用gscatter函数生成图形对象，返回的图形句柄存储于变量h，这是一个Line对象数组，h(1)、h(2)和h(3)分别代表图中的三组散点。通过修改h(1)、h(2)和h(3)的属性值，改变了各组散点的颜色、标记等。

8.2.2　气泡图

气泡图是反映数据序列分布特征的一种图表。和散点图相似，位置反映数据集的两个属性，此外，气泡增加了第三种图形元素——用气泡大小反映数据序列的另一种属性。在气泡图中，较大的气泡表示较大的值，这样可以通过气泡的位置分布和大小比例来分析数据的分布特征。

1. bubblechart函数

MATLAB的bubblechart函数用于绘制气泡图。针对不同存储格式的数据，

bubblechart 函数的调用方法不同。

(1) 使用向量数据绘图。bubblechart 函数的基本调用格式如下。

```
bubblechart(x, y, sz, c)
```

其中,输入参数 x 和 y 指定显示气泡的位置,输入参数 sz 指定气泡的大小。向量 x、y 和 sz 的长度必须相同。输入参数 c 指定气泡的颜色,可以对所有气泡使用一种颜色,也可以定义 c 为与 x 和 y 长度相同的向量或矩阵来为每个气泡指定一种不同的颜色。当省略 c 时,对所有气泡都使用默认颜色。

例 8.9 生成一个线性递增的向量 x 和两个由随机数构成的向量 y、sz,三个向量大小相同。用 x 定义数据点横坐标,用 y 定义数据点纵坐标,用 sz 定义气泡大小,绘制气泡图,并将气泡颜色指定为红色。程序如下。

```
x = 1:20;
y = rand(1,20);
sz = rand(1,20);
bubblechart(x,y,sz,'r');
```

运行以上程序,输出如图 8.14 所示。

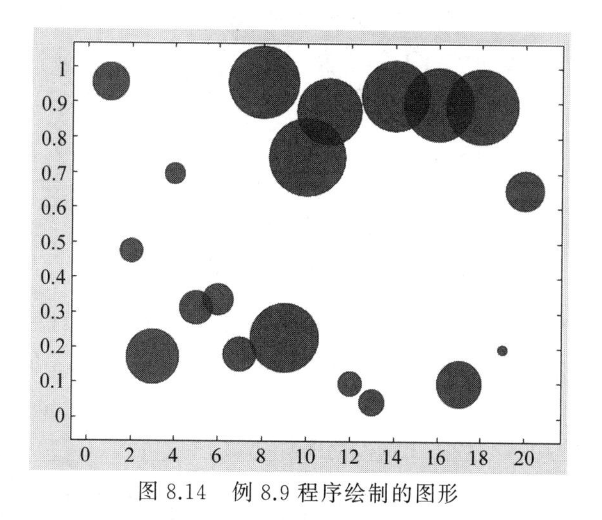

图 8.14 例 8.9 程序绘制的图形

(2) 使用表数据绘图。bubblechart 函数的基本调用格式如下。

```
bubblechart(tbl, xvar, yvar, sizevar, cvar)
```

其中,输入参数 tbl 是表对象,指定数据源。输入参数 xvar、yvar、sizevar、cvar 是表对象 tbl 的表变量,xvar、yvar 分别定义各个气泡中心横、纵坐标,sizevar 定义气泡大小,cvar 定义气泡颜色。当 cvar 省略时,所有气泡使用默认颜色。

例 8.10 从 MATLAB 的样例数据文件 patients.mat 加载数据,用气泡图呈现变量 Systolic、Diastolic 和 Weight 之间的关联。

绘制气泡图时,用变量 Systolic 定义气泡横坐标,变量 Diastolic 定义气泡纵坐标,变量

Weight 定义气泡的大小。程序如下。

```
load patients
tbl = table(LastName,Height,Weight,Systolic,Diastolic);        %生成表对象
bubblechart(tbl,'Systolic','Diastolic','Weight');
title('坐标参数为向量的气泡图');
```

运行以上程序，输出如图 8.15 所示。图中气泡大小说明，样例数据中变量 Systolic、Diastolic 和 Weight 之间不存在线性关系。气泡密集度说明，样例数据中变量 Systolic 值为 112～130 和 Diastolic 值为 70～90 的样本较多。

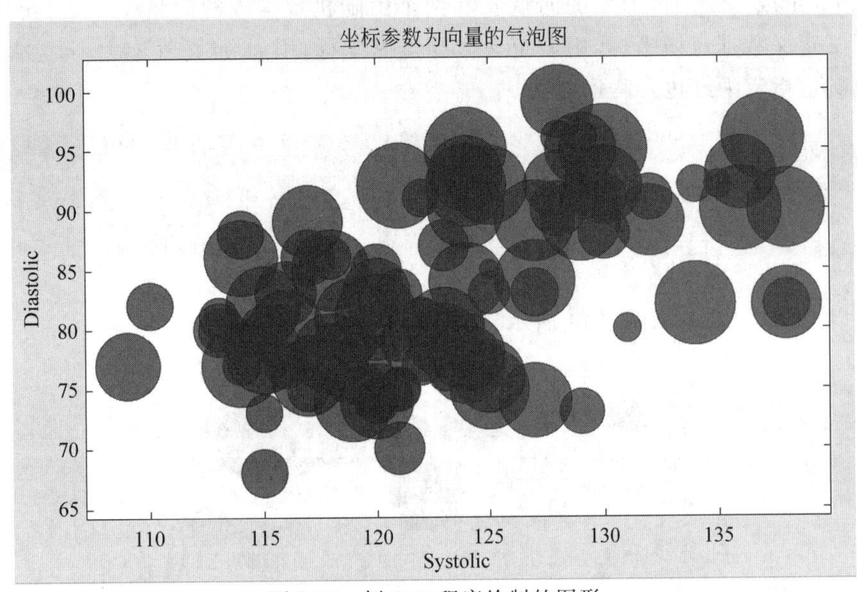

图 8.15　例 8.10 程序绘制的图形

若 bubblechart 函数的第三个参数 yvar 是元胞数组，则可以对比多个变量与某变量的相对关系，同一组数据的气泡用同一个颜色，不同组数据气泡颜色不同。例如，参数 yvar 为元胞数组 {'Systolic', 'Diastolic'}，用气泡图表示对比两个变量与变量 Height 的关系。在图中添加图例，图例标签与变量名称一致。程序如下。

```
load patients
tbl = table(LastName,Height,Weight,Systolic,Diastolic);
bubblechart(tbl,'Height',{'Systolic','Diastolic'},'Weight');
title('Height 与 Systolic 和 Diastolic 变量气泡图');
legend('Location','northeastoutside');
```

运行以上程序，输出如图 8.16 所示。图中气泡密集度说明样例数据中 Height 值为 66～71 的样本数最多；气泡大小说明 Weight 值随 Height 值增大而增大；气泡水平方向的位置说明 Systolic 和 Diastolic 值随 Height 值增大而增大。

2. 气泡图的基本属性

通过对气泡图对象的属性的操作可以控制图形对象的呈现效果。气泡图对象的基本属

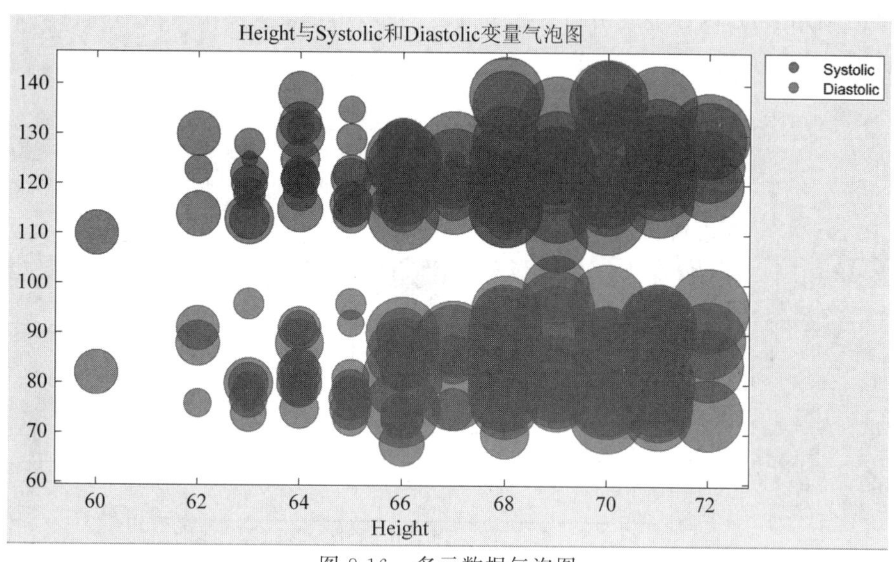

图 8.16 多元数据气泡图

性如下。

(1) LineWidth 属性。指定气泡轮廓的宽度,可取值为正数,以磅为单位。默认值为0.5。

(2) MarkerEdgeColor 属性。指定气泡轮廓颜色,可取值为'flat'、RGB 三元组、十六进制颜色代码、颜色名称或短名称。

(3) MarkerFaceColor 属性。指定气泡填充颜色,可取值为'flat'、'auto'、RGB 三元组、十六进制颜色代码、颜色名称或短名称。

(4) MarkerEdgeAlpha 属性。指定气泡轮廓的透明度,可取值为 [0,1] 范围中的数。值为 1 表示不透明,值为 0 表示完全透明,介于 0 和 1 的值表示部分透明。默认值为 1。

(5) MarkerFaceAlpha 属性。指定气泡填充区域的透明度,可取值为 [0,1] 范围中的标量。值为 1 表示不透明,值为 0 表示完全透明,介于 0 和 1 的值表示部分透明。默认值为0.6。

例 8.11 绘制农作物产量与温度、降雨量的关系气泡图。

本程序中的变量 prod、temp、rain 分别存储农作物产量、温度和降雨量三类数据,使用气泡图分析产量是否受温度或降雨量的影响。程序如下。

```
%农作物产量数据
prod=[1105,1697,2320,3270,2888,2998,3245,3653,4234,4898];
temp=[6,8,9,11,14,15,17,19,20,23];                %温度数据
rain=[23,25,29,32,34,39,40,42,45,48];             %降雨量数据
colors=rand(1,length(temp));
h=bubblechart(temp,rain, prod,colors);
h.LineWidth=1;
h.MarkerEdgeAlpha=0.7;
title('农作物产量与温度和降雨量的关系气泡图');
xlabel('温度');                                    %横坐标标题
ylabel('降雨量');                                  %纵坐标标题
```

程序中调用 rand 函数生成由随机数组成的向量,用于设置图中气泡的颜色。运行以上程序,输出如图 8.17 所示。

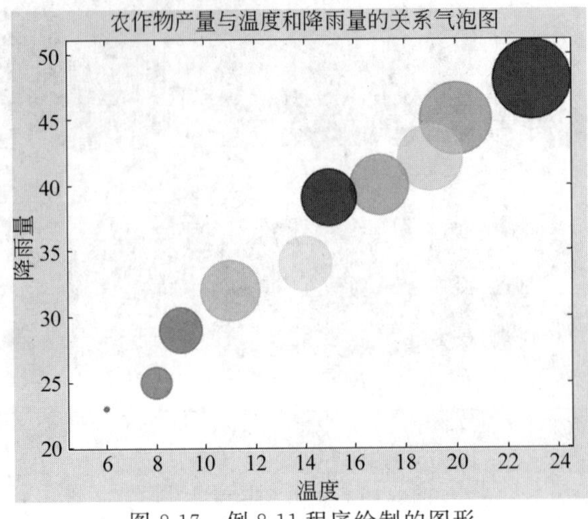

图 8.17　例 8.11 程序绘制的图形

8.2.3　二元直方图

二元直方图将两个数据集按两个维度进行分组,将分组统计结果展示在三维空间。MATLAB 的 histogram2 函数用于生成二元直方图,基本调用格式如下。

```
histogram2(x, y, nbins, Xedges, Yedges)
```

其中,输入参数 x 和 y 可以是数值向量或矩阵,大小相同。若 x 和 y 是矩阵,则 histogram2 函数将 x、y 转换为列向量,并绘制一个二元直方图。x 和 y 构成一个二维数据区域,x 和 y 中的对应元素表示二维空间数据点的横和纵坐标。输入参数 nbins 表示每个维度中的区间数量,可取值为一个正整数标量或由正整数组成的二元向量。当 nbins 省略时,histogram2 函数自动基于 x 和 y 中的值计算选择合适的区间数目。输入参数 Xedges 指定 x 方向的区间边界,用向量表示,Xedges(1)是 x 方向的第一个区间的起始边界,Xedges(end)是最后一个区间的结束边界。输入参数 Yedges 指定 y 方向的区间边界,用向量表示,Yedges(1)是 y 方向第一个区间的起始边界,Yedges(end)是最后一个区间的结束边界。参数 nbins 和 Xedges、Yedges 都是用来给二维数据区域进行分组的依据,调用函数时可以选其中任一种方式。histogram2 函数统计每个二维区间中数据点的个数,然后以数据点个数为高度绘制三维矩形条。这些三维矩形条显示数据分布的状态。

例 8.12　将图形窗口划分为 1×2 绘图区,在各子图中采用不同边界绘制二元直方图,图 8.18(a)指定 x、y 方向划分的区间数,图 8.18(b)指定每个区间的边界。程序如下。

```
x = randn(1000,1);
y = randn(1000,1);
subplot(1,2,1);
nbins = [4 5];
```

```
histogram2(x,y,nbins)
subplot(1,2,2);
Xedges = [-Inf -2:0.4:2 Inf];
Yedges = [-Inf -2:0.4:2 Inf];
histogram2(x,y,Xedges,Yedges);
```

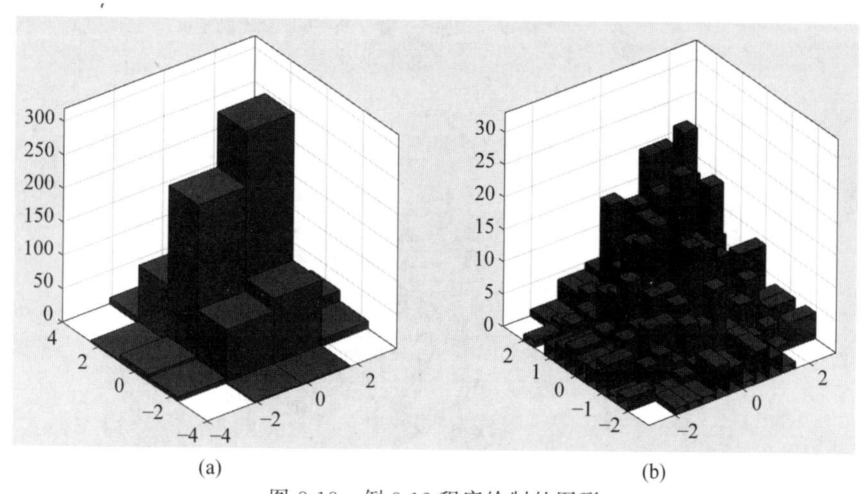

图 8.18　例 8.12 程序绘制的图形

运行以上程序，输出如图 8.18 所示。图 8.18(a)中参数 nbins 为二元向量，指定将 x 方向均匀分成 4 个小统计区间，y 方向均匀分成 5 个小统计区间。绘制的二元直方图显示在区间[0,2]×[−1,1]的数据点最多。图 8.18(b)中用向量[−Inf −2：0.4：2 Inf]指定 x 和 y 方向区间边界。绘制的二元直方图显示在区间[−2,−Inf]×[−2,−Inf]没有数据点。

例 8.13　利用 rand 函数生成随机向量，用这些数据绘制二元直方图，并修改二元直方图对象属性。程序如下。

```
rng(0)
x=fix(101 * rand(100,1));
y=fix(11 * rand(100,1));
h=histogram2(x,y) ;
h.NumBins=[20 10];
h.FaceColor='flat';
h.EdgeColor='r';
h.FaceAlpha=0.9;
xlabel('X');
ylabel('Y');
zlabel('Numbers');
title('二元直方图');
%坐标轴美化
box on;
grid on;
axis tight
```

程序的第一行命令用于初始化随机数生成器，然后调用 rand 函数生成数列，生成的

x∈[0,100],生成的y∈[0,10]。首先用默认方式绘制二元直方图,将图形句柄存储于变量h,利用变量h将x方向的数据划分为20个统计区间,y方向的数据划分为10个统计区间。将FaceColor属性值设置为'flat',指定对直方图条形颜色按高度(即该区间数据点的个数)着色。将EdgeColor属性值设置为'r',指定将直方图条形轮廓线设为红色。将FaceAlpha属性值设置为0.9,指定直方图条形稍透明。运行以上程序,输出如图8.19所示。

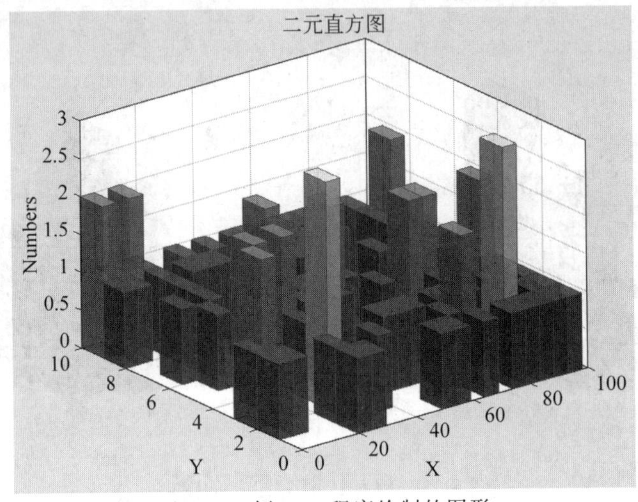

图8.19　例8.13程序绘制的图形

8.3　局部与整体关系图

局部与整体的可视化常用于表达、对比组成部分占比大小。例如,一群人中的男女比例、选举中不同政党投票的百分比、公司的市场份额等。可视化数据集局部与整体的关系,有助于展现各分类及总体的发展趋势及相互之间的影响程度。

8.3.1　饼图

饼图由若干扇形构成,用扇形大小反映一个数据系列中各项在总体中所占的比例。饼图可以反映出部分与部分、部分与整体之间的相对关系。

1. pie函数

MATLAB的pie函数用于绘制饼图,基本调用格式为

```
pie(x, explode, labels)
```

其中,输入参数x是向量或矩阵,pie函数使用x中的数据绘制饼图。饼图的每个扇区代表x中的一个元素。若sum(x)≤1,x中的值直接指定饼图扇区的面积,因此若sum(x)<1,pie函数仅绘制部分饼图;若sum(x)>1,则pie函数通过x/sum(x)对值进行归一化,以确定饼图每个扇区的面积;若x为分类数据类型,则扇区对应于类别,每个扇区的面积是类别中的元素数除以x中的元素数的结果。输入参数explode是一个由与x对应的零值和非零值组成

的向量或矩阵，用于指定扇区是否偏离圆心，与 explode 中非零元素对应的扇区偏离圆心，突出显示这部分数据所占比例。若 x 为分类数据类型，则 explode 可以是由对应于类别的零值和非零值组成的向量，或者是由要偏移的类别名称组成的元胞数组。当 explode 省略时，默认全为零，即所有扇区不偏移。输入参数 labels 用于定义饼图扇区的标签，可取值为文本标签数组或格式表达式。当 labels 省略时，默认采用'%.0f%%'格式显示每个扇区的标签。

例 8.14 如图 8.20 所示，将图形窗口划分为 1×3 绘图区，在各子图中分别显示三种不同构图方式绘制的饼图。程序如下。

```
subplot(1,3,1);
x = [1 3 0.5 2.5 2];
pie(x);
subplot(1,3,2);
explode = [0 1 0 1 0];
labels = {'A','B','C', 'D', 'E'};
pie(x,explode,labels);
subplot(1,3,3);
x = categorical({'North','South','North','East','South','West'});
explode = {'North','South'};
labels = '%.3f%%';
pie(x,explode,labels);
```

运行以上程序，输出如图 8.20 所示。图 8.20(a)按向量 x 中的数据绘制饼图，饼图的每个扇区代表 x 中的一个元素，构图使用默认方式，所有扇区不偏移，采用默认格式(即'%.0f%%')显示每个扇区的标签。图 8.20(b)的绘图数据与图 8.20(a)的相同，用变量 labels 定义每个扇区的标注信息。因 explode 的第 2、4 号元素值为 1，绘图时，偏移第 2 和第 4 块扇区。图 8.20(c)的绘图数据是一个由 4 种字符向量构成的 categorical 类型数组，分类统计并显示 x 中 4 种字符向量出现的比例，参数 explode 设置了要偏移的类别，因此'North'和'South'两个扇区偏离圆心。参数 labels 指定每个标签显示百分比，输出精度为小数点后三位。

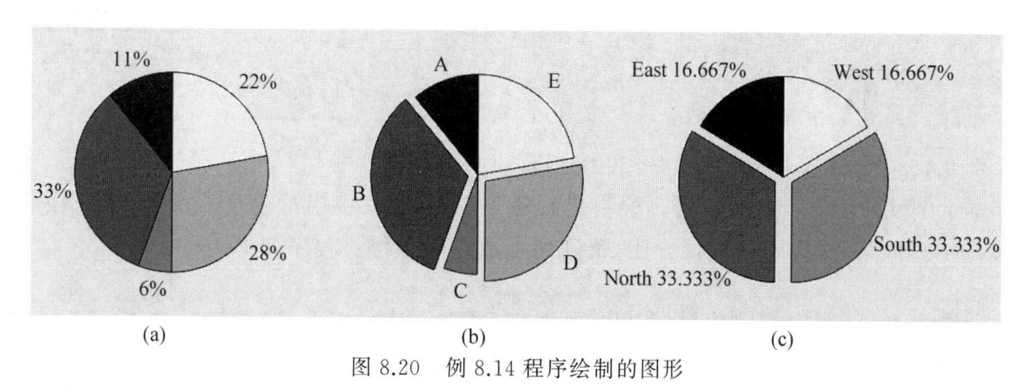

图 8.20 例 8.14 程序绘制的图形

2. 饼图的基本属性

饼图是由 Patch(补片)对象和 Text 对象(文本)构成的，组成圆的各个扇形就是 Patch

对象，标注文本就是 Text 对象。例如：

```
x = 1:3;
labels = {'one','two','three'};
p = pie(x,labels);
```

运行以上程序，输出如图 8.21 所示图形。输出显示，按逆时针顺序依次排列扇形。

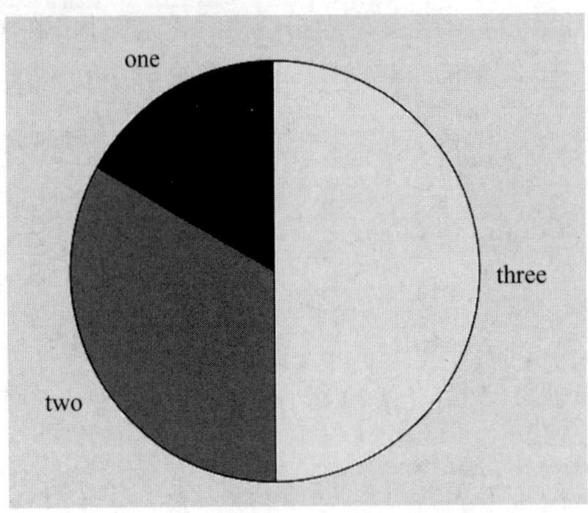

图 8.21　调用 pie 函数的图形

在命令行窗口查看变量 p 的值，输出如下。

```
p =
  1×6 graphics 数组:
    Patch    Text    Patch    Text    Patch    Text
```

结果显示，图 8.21 的图形对象 p 由 6 个元素构成，索引号为 1、3、5 的元素是 Patch 类，索引号为 2、4、6 的元素是 Text 类。

调整饼图对象的外观可以通过修改 Patch 对象和 Text 对象的属性实现。例如，修改图 8.21 中标签为'three'的 Patch 对象（即变量 p 的第 5 号元素）的颜色和线宽，程序如下。

```
h = p(5);
h.FaceColor = 'r';
h.LineWidth = 2;
```

例 8.15　绘制蓝天药业 2016—2021 年营业收入饼图。

本示例使用例 7.4 中的数据。绘制蓝天药业 2016—2021 年营业收入饼图，第 5 块扇形偏移，每块扇形标注文本显示百分比，精确到小数点后 1 位。程序如下。

```
data = xlsread('income.xlsx');
x = data(2,:);
explode = [0 0 0 0 1 0];
labels = '%.1f%%';
year = 2016:2021;
text = string(year')+"年";
```

```
pie(x,explode,labels);
legend(text,'Location','northeast');
title('蓝天药业 2016—2021 年营业收入饼图');
```

运行以上程序，输出如图 8.22 所示。

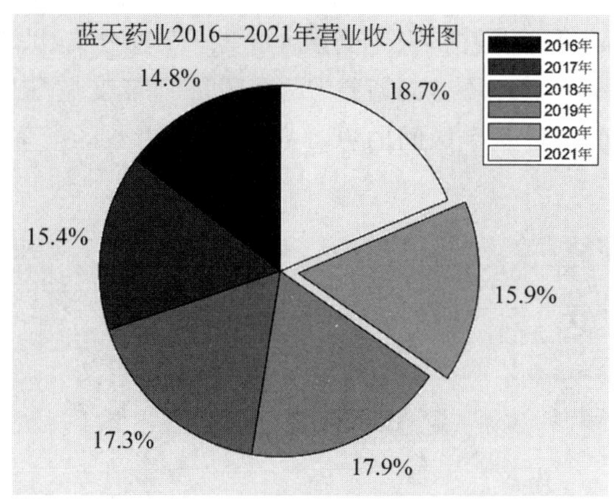

图 8.22　例 8.15 程序绘制的图形

8.3.2　热图

热图是由多个小色块组合而成，每一个小色块都代表一个数值，用不同颜色表示对应区间数据值大小或强度的图形。通过热图可以展示两组数据在区间的相关程度。例如，利用热图展示网站页面或区域的访问量，浏览量大、点击量大的地方呈红色，浏览量小、点击量少的地方呈无色、淡蓝色。

1. heatmap 函数

MATLAB 的 heatmap 函数用于绘制热图。针对不同存储格式的数据，heatmap 函数的调用方法不同。

（1）使用表数据绘图。heatmap 函数的基本调用格式为

```
heatmap(tbl, xvar, yvar)
```

其中，输入参数 tbl 是一个表对象，指定数据源。heatmap 函数用表对象 tbl 中的数据绘制热图。输入参数 xvar、yvar 是表对象 tbl 中的表变量，xvar 是 x 方向划分统计区间的依据，yvar 是竖直方向划分统计区间的依据。每个小色块的颜色与对应区间的数据点（或样本数）匹配，即按照每对 x 和 y 值一起出现在表中的次数来统计。

（2）使用数值矩阵绘图。heatmap 函数的基本调用格式为

```
heatmap(xvalues, yvalues, cdata)
```

其中，输入参数 cdata 为矩阵，heatmap 函数基于矩阵 cdata 创建热图。变量 cdata 各个元素值分别指定热图对应单元格的颜色值和显示的数值。输入参数 xvalues 和 yvalues 指定水

平方向和竖直方向的区间标签。当 xvalues 和 yvalues 省略时，x 轴和 y 轴标签分别为矩阵 cdata 元素的列号和行号。

例 8.16 使用 MATLAB 提供的样例数据文件 patients.mat 作为数据源，文件的部分数据内容如图 7.16 所示。基于变量 Smoker 和 SelfAssessedHealthStatus 划分统计区间，统计各个区间的患者数，热图单元格的颜色值与对应区间的患者数匹配。

加载文件 patients.mat，并将其中的三个变量合成为一个表对象 tbl，然后用表对象 tbl 的数据绘制热图。基于变量 Smoker 将水平方向划分为两个区间，基于变量 SelfAssessedHealthStatus 将竖直方向划分为 4 个区间，统计各个区间的患者数，并按患者数匹配颜色图中的颜色填充单元格。程序如下。

```
load patients
tbl = table(Smoker,Weight, ...
SelfAssessedHealthStatus);
h = heatmap(tbl,'Smoker', ...
    'SelfAssessedHealthStatus');
```

程序运行结果如图 8.23 所示。

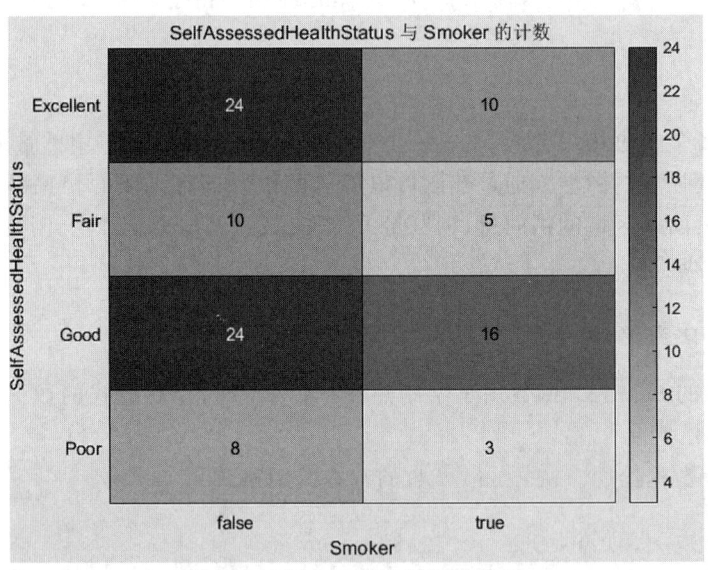

图 8.23 例 8.16 程序绘制的图形

例 8.17 基于矩阵创建热图。

首先创建一个数值矩阵，然后将前两个输入参数指定为所需的标签，在 x 轴和 y 轴上使用自定义标签，最后绘制矩阵值的热图。程序如下。

```
cdata = [25 60 42; 48 24 76; 42 84 68; 33 92 58];
xvalues = {'Class One','Class two','Class Three'};
yvalues = {'Mon','Tue','Wed','Thu'};
h = heatmap(xvalues,yvalues,cdata);
```

程序运行结果如图 8.24 所示。

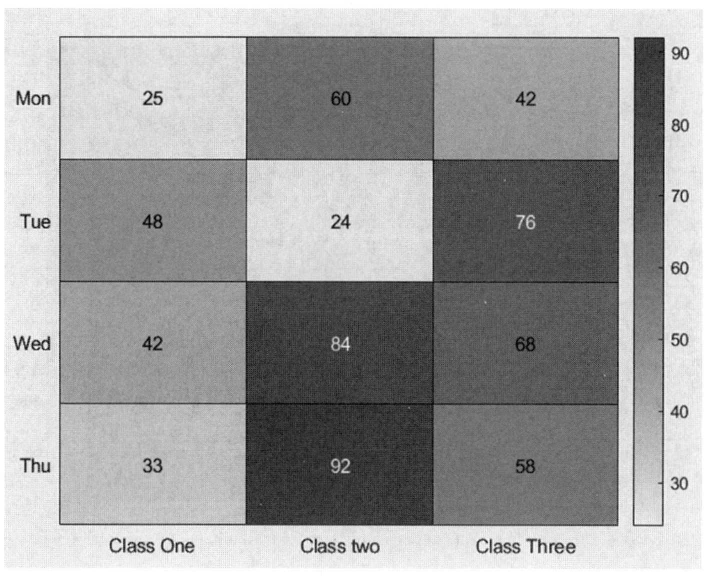

图 8.24　例 8.17 程序绘制的图形

2. 热图的基本属性

通过修改热图对象的属性值来控制和改变图形对象的外观和行为。热图对象的常用属性如下。

（1）ColorVariable 属性。指定表示颜色数据的表变量。

（2）ColorMethod 属性。指定计算颜色数据的方法，可取值为'count'、'mean'、'median'、'sum'、'max'、'min' 或 'none'。默认值为'count'，即统计每对 x 和 y 值在源表中出现的次数。

（3）Colormap 属性。指定为热图单元格着色的颜色图，可取值为预定义的颜色图名称或定义颜色的 RGB 三元组。

（4）ColorbarVisible 属性。指定是否显示颜色栏，可取值为 'on'或'off'，默认值为'on'。

例 8.18　加载样例数据文件 patients.mat，基于变量 Smoker 和 SelfAssessedHealthStatus 值划分统计区间，统计各区间的患者人数，用每个区间患者年龄的中位数匹配颜色图的颜色填充对应单元格。

程序如下。

```
load patients
tbl = table(Age, SelfAssessedHealthStatus, Smoker, Weight);
h = heatmap(tbl,'Smoker','SelfAssessedHealthStatus');
h.ColorVariable = 'Age';
h.ColorMethod = 'median';
h.ColorbarVisible = 'on';
```

运行程序，结果如图 8.25 所示。

例 8.19　读取数据文件"income.xlsx"，用文件中的数据绘制热图，如图 8.26 所示，对比收入情况和发展趋势。

程序如下。

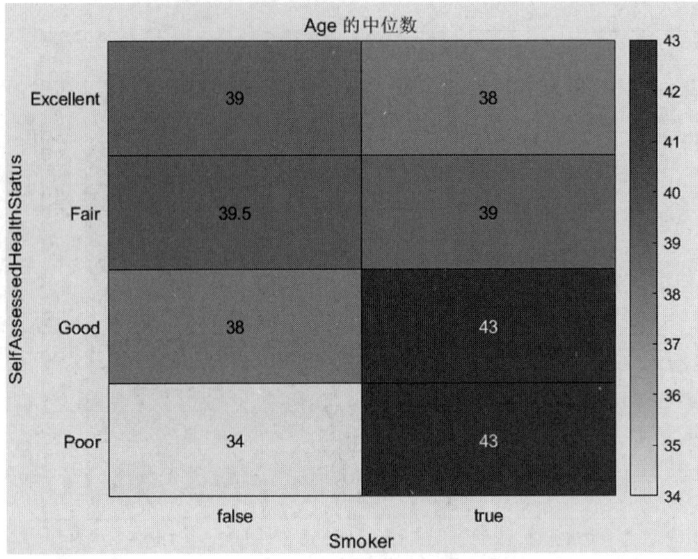

图 8.25　例 8.18 程序绘制的图形

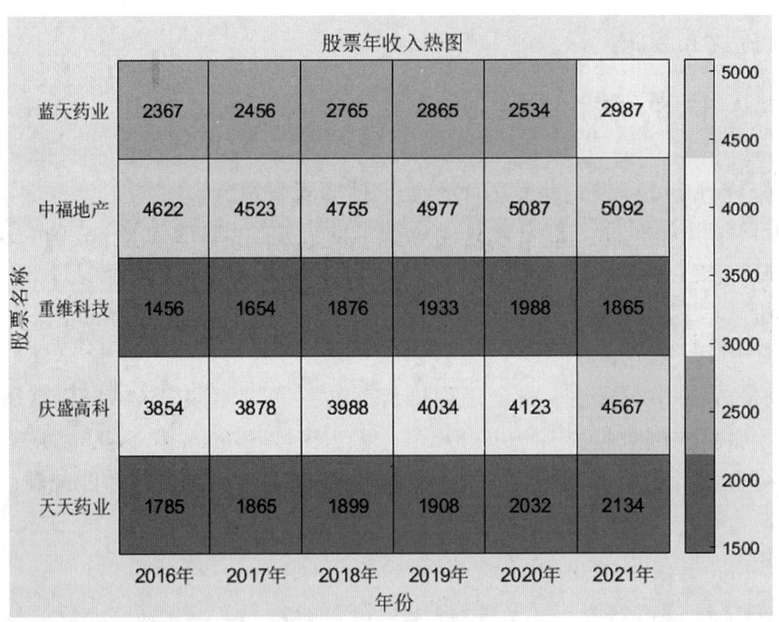

图 8.26　例 8.19 程序绘制的图形

```
%定义包含 5 种颜色的色图矩阵
mycolor = [0.47,0.65,0.80; 0.68,0.82,0.89;...
0.94,0.97,0.86; 0.99,0.96,0.70; 1,0.90,0.60];
data = xlsread('income.xlsx');
year = 2016:2021;
xvalues = string(year')+"年份";
yvalues = {'蓝天药业','中福地产','重维科技','庆盛高科','天天药业'};
h = heatmap(xvalues,yvalues,data(2:6,:));
h.Colormap = mycolor;
```

```
title('股票年收入热图');
ylabel('股票名称');
```

程序中热图单元格采用自定义的颜色图 mycolor 进行填充。运行以上程序，输出如图 8.26 所示。

8.3.3　气泡云图

气泡云图通过气泡的大小反映不同主题的数据分布。气泡云图与气泡图有很大的差别，气泡图需要三个变量，而气泡云图只需要两个变量：主题和主题对应的数值。

1. bubblecloud 函数

MATLAB 的 bubblecloud 函数用于绘制气泡云图。针对不同存储格式的数据，bubblecloud 函数的调用方法不同。

（1）使用表数据绘图。基本调用格式为

```
bubblecloud(tbl, szvar, labels, groups)
```

其中，输入参数 tbl 是包含气泡云图数据的表对象；输入参数 szvar、labels、groups 是表对象 tbl 的表变量，szvar 指定气泡大小，labels 指定气泡上显示的标签，groups 用于构造分组。当 labels 省略时，默认不显示标签。若指定了分组方式，则各组气泡用不同颜色填充，展示各个分组的差异，当 groups 省略时，默认不分组。

例 8.20　采用气泡云图可视化某部门 10 个员工的业绩。

首先生成一个存储数据的表对象，存于变量 tbl，其中的表变量 performance 存储业绩，name 存储姓名，sex 存储性别。程序如下。

```
n = [34 21 54 89 104 45 76 134 80 110]';
name = ["Wangwei" "Lisi" "Hexufeng" "Zengchen"...
"Liuxiaohong" "Wangke" "Congrong" "Zhangpoyun"...
"Daiyue" "Zhaomo"]';
sex = ["male" "female" "male" "male" "female" "male"...
"male"  "male" "female" "male"]';
tbl = table(n,name,sex, 'VariableNames',["performance" "name" "sex"]);
```

运行以上程序，生成变量 tbl，这是一个表对象，包含三个表变量。

基于表对象 tbl 创建一个气泡云图，可视化每个员工的业绩，气泡的大小表示表变量 performance 的值，气泡的标签是表变量 name 对应元素的值。命令如下。

```
>> bubblecloud(tbl,"performance","name");
```

执行以上命令，输出如图 8.27 所示。

可以通过参数 groups 将气泡分成多个组，对比各个分组的数据分布。例如，按表变量 sex 分为两组，命令如下。

```
>> bubblecloud(tbl,"performance","name","sex");
```

执行以上命令，输出如图 8.28 所示。

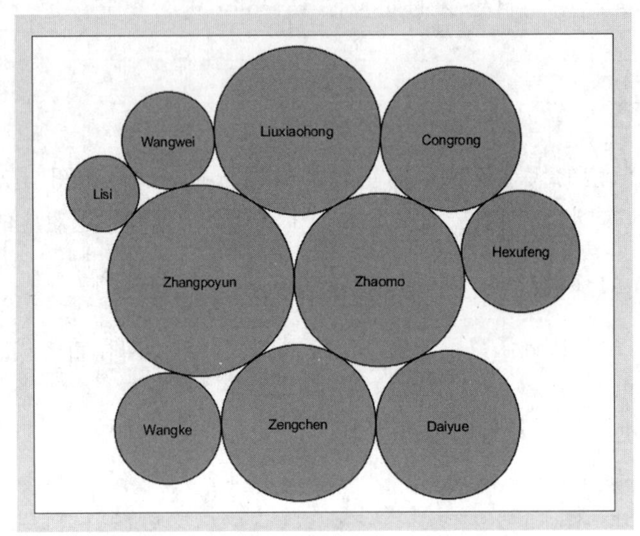

图 8.27　例 8.20 程序绘制的未分组气泡图

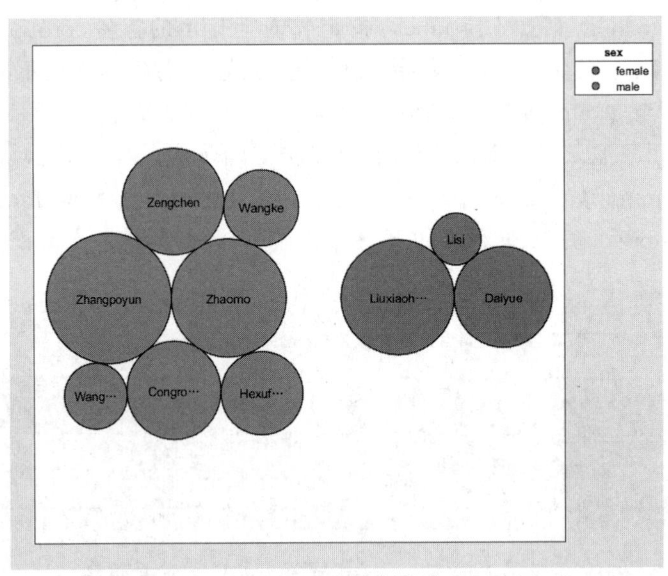

图 8.28　例 8.20 程序绘制的分组气泡图

（2）使用向量数据绘图。基本调用格式为

```
bubblecloud(sz, labels, groups)
```

其中，输入参数 sz、labels 和 groups 为同等大小的向量，sz 的元素指定气泡的大小，labels 指定气泡的标签，groups 用于构造分组。

图 8.28 也可以用例 8.20 生成的三个向量数据创建。程序如下。

```
a = bubblecloud(n,name,sex);
a.LegendTitle = 'sex';
```

2. 气泡云图的基本属性

MATLAB通过对气泡云图对象属性的操作来控制和改变图形对象的外观和行为。气泡云图对象的常用属性如下。

(1) LegendTitle 属性。定义图例标题,可取值为字符向量、字符向量元胞数组、字符串数组或分类数组。

(2) FaceColor 属性。指定气泡填充颜色,可取值为'flat'、RGB三元组或十六进制颜色代码、颜色名称或短名称、'none'。默认值为'flat',MATLAB为每组气泡指定不同颜色。具体颜色在图的 ColorOrder 属性中定义。

(3) EdgeColor 属性。指定气泡轮廓颜色,可取值为'flat'、RGB三元组或十六进制颜色代码、颜色名称或短名称、'none'。默认值为黑色。

(4) ColorOrder 属性。设置色序,值是由 RGB 三元组构成的矩阵,若矩阵大小为 $m\times 3$,则定义了一个包含 m 种颜色的色序。在绘图时,每个数据序列或分组依次取用色序矩阵中的一个颜色值。默认色序包含7种颜色。

(5) FaceAlpha 属性。指定气泡填充颜色透明度,可取值为范围为[0,1]的标量。值1表示气泡不透明,值0表示完全透明。0~1的值表示部分透明,默认值为0.6。

(6) FontName 属性。指定气泡标签字体,可取值为字体名称或'FixedWidth',默认值取决于操作系统和区域设置。

(7) FontSize 属性。设置气泡标签字体大小,可取值为正数(以磅为单位)。默认值取决于操作系统和区域设置。

(8) FontColor 属性。指定气泡标签字体颜色,可取值为 RGB 三元组、十六进制颜色代码、颜色名称或短名称。默认值为黑色。

例 8.21 加载 MATLAB 的样例数据文件 patients.mat,用 20 个样本的 SelfAssessedHealthStatus(自我评估健康状况,可取值为'poor'、'fair'、'good' 或'excellent')和 Weight(体重)绘制气泡云图,根据 Smoker(是否吸烟)进行分组。

程序将分析数据集的前 20 个样本,用变量 Weight 的元素值定义气泡的大小,变量 SelfAssessedHealthStatus 的元素值定义相应气泡的标签,按变量 Smoker 元素值(是否吸烟)进行分组,绘制气泡云图。然后通过设置气泡云图属性,修改分组气泡颜色、图例标题和气泡标签字体大小等外观效果。程序如下。

```
load patients
h = bubblecloud(Weight(1:20),SelfAssessedHealthStatus(1:20), ...
Smoker(1:20));
h.FaceColor = 'flat';
h.EdgeColor = 'flat';
h.ColorOrder = [0.3 0.6 0.4; 0.4 0.3 0.6];
h.LegendTitle = "Smoker";
h.FontSize = 9;
```

程序运行结果如图 8.29 所示。

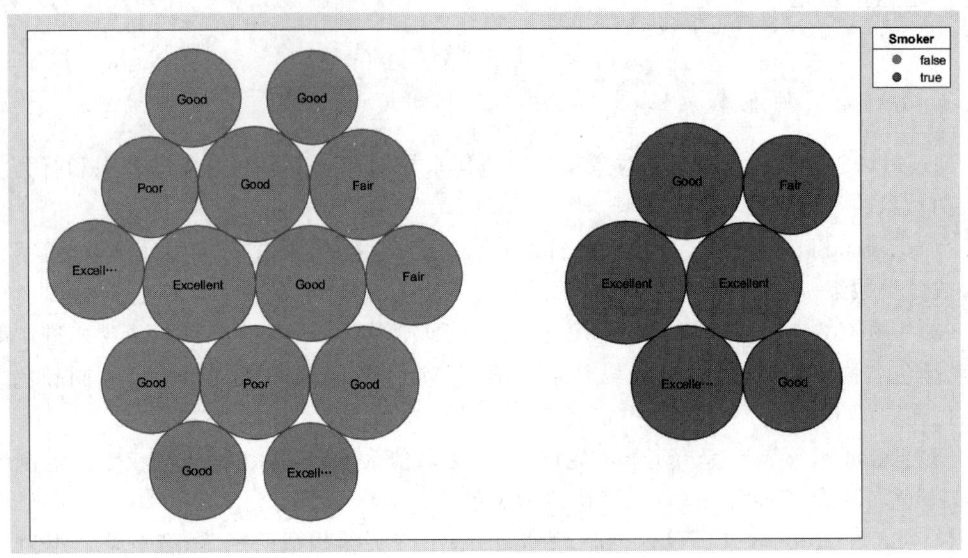

图 8.29　例 8.21 程序绘制的气泡图

8.3.4　文字云图

文字云图是将文本中出现频率较高的关键词进行可视化展示，且文字云图过滤掉了大量低频的文本信息，本身是对文本内容的高度浓缩和精炼处理，使用户能快速、直观地获得关于文本数据的主要信息。文字云图是常用的数据可视化形式，尤其适用于文本数据的处理和分析。

1. wordcloud 函数

MATLAB 的 wordcloud 函数用于绘制文字云图，针对不同形式的数据集，函数调用格式不同。

(1) 使用表数据绘图。wordcloud 函数基本格式为

```
wordcloud(tbl, wordVar, sizeVar)
```

其中，输入参数 tbl 是存储数据的表对象。输入参数 wordVar 和 sizeVar 是表对象 tbl 的表变量，wordVar 指定输出的文字，sizeVar 控制输出文字的大小。调用函数时，先基于表变量 sizeVar 对数据集排序，然后按表变量 sizeVar 元素值从大到小的顺序，从中心位置开始逐个输出表变量 wordVar 的对应元素值。

(2) 使用向量数据绘图。wordcloud 函数基本格式为

```
wordcloud(words, sizeData)
```

其中，输入参数 words 是存储数据的向量，可取值为字符串向量或字符向量元胞数组。输入参数 sizeData 是数值向量，指定输出单词的字符大小。

(3) 使用分类数组绘图。wordcloud 函数基本格式为

```
wordcloud(c)
```

其中,输入参数 c 是分类数组。输出单词的字符大小与单词元素的频率计数对应。如果 MATLAB 系统中安装了工具包 Text Analytics Toolbox,则 c 可以是字符串数组、字符向量或字符向量元胞数组。

2. 文字云图的基本属性

文字云图对象具有一些基本属性,这些属性可以控制文字云图对象的外观和行为。MATLAB 正是通过对属性的操作来控制和改变图形对象的。

(1) Color 属性。指定单词颜色,可取值为 RGB 三元组、包含颜色名称的字符向量。默认值为[0.2510, 0.2510, 0.2510]。

(2) HighlightColor 属性。指定单词高亮颜色,用于突出显示某些单词。可取值为 RGB 三元组或包含颜色名称的字符向量。

(3) FontName 属性。指定文字云图中的文本使用的字体。默认字体取决于操作系统和区域设置。

(4) MaxDisplayWords 属性。指定要显示的最多单词数,可取值为非负整数。默认值为 100。

(5) Shape 属性。指定文字云的形状,可取值为 'oval' 或 'rectangle'。默认值为 'oval'。

(6) LayoutNum 属性。指定单词的位置布局,可取值为非负整数。如果每次调用 wordcloud 函数使用相同的 LayoutNum 值,则每次的单词位置布局都相同。如果要获得不同的单词位置布局,需要使用不同的 LayoutNum 值。默认值为 1。

例 8.22 加载 MATLAB 的样例数据文件 sonnetsTable.mat,利用表数据创建文字云图。

首先加载数据文件 sonnetsTable.mat。加载数据时,自动按.mat 文件中指定方式生成变量 tbl,这是一个表对象,包含两个表变量 Word 和 Count。每个样本的第一项数据存储单词,类型是由字符串构成的元胞数组;第二项数据存储单词出现的次数(即频数)。调用 wordcloud 函数绘制文字云图时,输出表变量 Word 各个元素存储的单词,用表变量 Count 的元素值控制相应单词的字大小。程序如下。

```
load sonnetsTable
figure
wordcloud(tbl,'Word','Count');
title("Sonnets Word Cloud");
```

程序运行结果如图 8.30 所示。

例 8.23 绘制 2021 年度网络热词的文字云图。

变量 name 存储预先收集的网络热词,输出时,字符的大小和颜色采用随机值控制。程序如下。

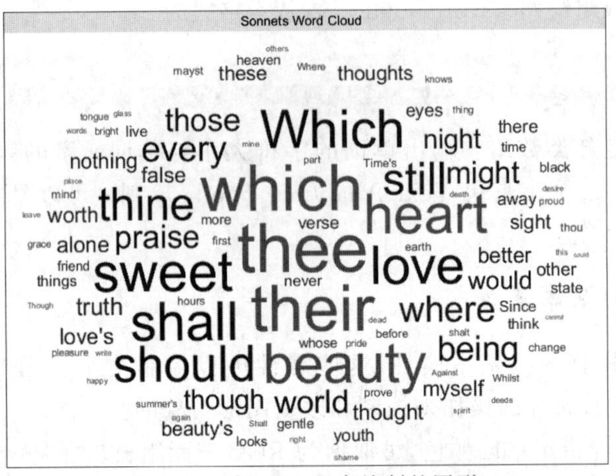

图 8.30　例 8.22 程序绘制的图形

```
name = {'新冠疫情','升学','社交距离','学习强国','民法典', ...
'打工人', '内卷', '乘风破浪','名媛','小镇做题家','全面小康', ...
'火星探测','外卖小哥','人工智能','中国足球', '肖战','高考', ...
'钟南山','口罩','直播带货','在线网课','云社交', '张文宏', ...
'陈薇','庆余年','绝绝子','破防','鸡娃','YYDS','云监工'...
'核酸检测','凡尔赛文学','量子计算'};
m = length(name);
s = rand(m,1);                           %用于设置文字大小
c = rand(m,3);                           %用于设置文字颜色
h = wordcloud(name,s);                   %绘制文字云图
h.Color = c;
title('2021年度网络关键词文字云图');
```

程序中，变量 name 的元素为字符向量，存入事先从 Internet 上采集的使用频度高的一些词汇。s 是随机数构成的向量，用于指定输出字符的大小。c 是随机数构成的矩阵，用于指定输出字符的颜色。程序运行结果如图 8.31 所示。

图 8.31　例 8.23 程序绘制的图形

例 8.24 绘制现代诗“再别康桥”的文字云图。诗词存储于文件“再别康桥.txt”。

首先调用 fileread 函数从文件“再别康桥.txt”中读取文本，然后调用 string 函数将文本转换为字符串读入字符串数组 data，再调用 splitlines 函数按换行符对字符串数组 data 进行拆分，同时利用 replace 函数用空格替换标点字符。为了将 data 拆分为其元素包含单个单词的字符串数组，需要用 join 函数先将所有字符串元素合并成一个字符串，接着用 split 函数从空白字符处进行拆分并且删除少于两个字符的单词，然后把 data 数组转换为分类数组 item，最后用分类数组 item 作为绘图数据，调用 wordcloud 函数绘制文字云图。程序如下。

```
data = fileread('再别康桥.txt');                %从 txt 中读取文本
data = string(data);                           %使用 string 函数将文本转换为字符串
data = splitlines(data);                       %使用 splitlines 函数按换行符对其进行拆分
r = ["。" "、" "!" "," ";" "?"];
data = replace(data,r," ");                    %用空格替换一些标点字符
data = join(data);                             %将所有字符串元素合并成一个 1×1 字符串
data = split(data);                            %空白字符处进行拆分
data(strlength(data)<2) = [];                  %删除少于两个字符的单词
item = categorical(data);                      %转换为分类数组
figure
h = wordcloud(item);                           %绘制文字云图
h.Color = [0.8500 0.3250 0.0980];
h.HighlightColor = 'g';
title("再别康桥 文字云图");
```

程序运行结果如图 8.32 所示。

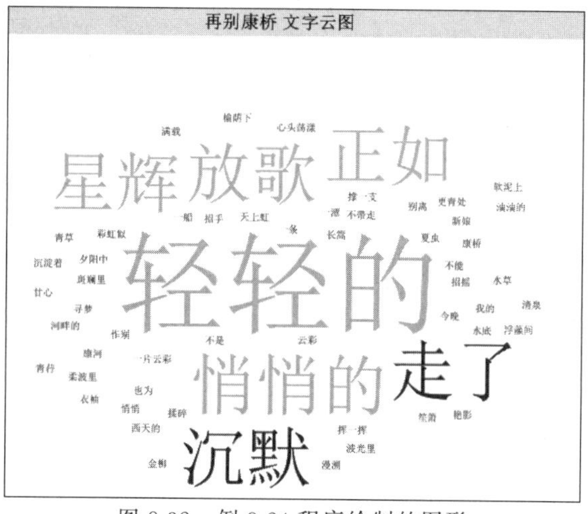

图 8.32　例 8.24 程序绘制的图形

小　　结

用户在进行数据分析时，常需要了解特定变量在数据集中如何分布，根据数据分布的特点结合业务需求进行决策，采用可视化手段是反映数据分布特征的最佳方法。

在实际应用中，常采用直方图、箱线图、误差棒图等反映单变量数据集的数据分布状况。直方图能够显示各组频数或者数量分布的情况，易于展示各组之间频数或数量的差别。由于分组数据具有连续性，直方图的各矩形通常是连续排列。直方图适合于展示样本量较大的数据集的数据分布状态。MATLAB 的 histogram 函数用于绘制直方图，针对不同表达形式的数据集，histogram 函数的调用方法不同。箱线图能显示出一组数据的最大值、最小值、中位数及上下四分位数，可用于快速发现数据集的异常值，判断数据分布的偏态和尾重，比较不同数据序列分布特征等。MATLAB 的 boxplot 函数用于绘制箱线图。误差棒图可以帮助我们判断不同实验条件下数据的分布是否有明显的差异，MATLAB 的 errorbar 函数用于绘制误差棒图。分析帕累托图可以帮助我们抓住主要因素，从而优先解决主要问题，MATLAB 的 pareto 函数用于绘制帕累托图。

对多变量数据集进行分析时，常采用分组散点图、气泡图、二元直方图等展示数据分布状况。MATLAB 的 gscatter 函数用于绘制分组散点图，bubblechart 函数用于绘制气泡图，histogram2 函数用于绘制二元直方图。

饼图在圆形中显示部分与整体的关系，圆形被分为多个切片，每个切片代表每一部分对整体的相对贡献，MATLAB 的 pie 函数用于绘制饼图。热图用颜色表现两个数据集在不同指标的数据差异，也可以表达相关性，heatmap 函数用于绘制热图。气泡云图用于展示数据集各个样本的表现，气泡大小表示样本值，气泡标签表示气泡代表的元素，bubblecloud 函数用于绘制气泡云图。文字云图通过形成“关键词云层”或“关键词渲染”，收集并展示文本中出现频率较高的词，每个词的重要性以字体大小或颜色突出显示，适用于做用户画像和热点分析，wordcloud 函数用于绘制文字云图。

第 9 章将详细讲解 MATLAB 中时序数据的可视化方法。

第9章 时序数据的可视化

本章学习目标

(1) 了解时序数据的特点。

(2) 了解时序数据可视化的常用图形。

(3) 掌握时序数据常用图形的绘制。

我们经常会接触到按时间对某些指标或者状态进行统计和分析的场景,例如,股票走势、气象变化、体检的心电图等。这些按时间顺序记录变化,用数值来反映其变化程度的数据称为时间序列数据,简称时序数据。时序数据具有两个关键变量:采样时间和样本值。时序数据可视化时,常用时间变量定义数据点的横坐标,用每个时间点的样本值定义数据点的纵坐标。

本章详细介绍时序数据可视化的常用图形,包括折线类图形和极坐标类图形。

9.1 折线类图形

折线类图形常用于反映时序数据或有序数值序列的变化趋势,也可用于分析多组时序数据或有序数值序列的相互影响。本节介绍的折线类图形包括折线图、面积图和阶梯图。

9.1.1 折线图

折线图是用线段将各数据点连接起来而形成的图形,适合展示连续时段的数据变化,或有序数值序列的数据波动。在折线图中,时间序列等有序数据沿横轴均匀分布,数据值沿纵轴从下到上递增。折线的走向可以反映数据变化的总体趋势,折线的斜率可以反映变化速率,折线的拐点可以反映峰值等。例如,用折线图分析某类商品或某几类相关的商品随时间变化的销售情况,预测未来的销售情况。

MATLAB 中调用 plot 函数绘制折线图,plot 函数的使用方法在第 5 章中已经介绍过,这里不再赘述。

例 9.1 文件"stock.xlsx"存储了 2021 年 1~12 月两只股票的收盘价,文件内容如图 9.1 所示。绘制两只股票 2021 年股价走势折线图。

程序如下。

	A	B	C
1	月份	启动电源	合升电业
2	一月	23.56	56.23
3	二月	21.43	53.87
4	三月	20.97	50.34
5	四月	17.12	47.23
6	五月	26.45	41.67
7	六月	28.52	40.69
8	七月	25.98	43.78
9	八月	20.34	40.12
10	九月	24.12	38.67
11	十月	22.45	45.15
12	十一月	25.39	43.68
13	十二月	27.26	44.43

图 9.1　文件“stock.xlsx”的内容

```
data=readcell('stock.xlsx');
y=cell2mat(data(2:13,[2,3]));                        %提取股价数据
figure('Position',  [100,100,800,360])               %绘制折线图
h=plot(y);
h(1).Color='r'; h(1).Marker='o';
h(2).Color='b'; h(2).Marker='*';
title('启动电源与合升电业 2021 年股价折线图');
ylabel('股价(元)');                                   %设置横轴刻度
xtick=string(data(2:13,1));
set(gca,'xticklabel',xtick);
legend(string(data(1,[2,3])));
```

程序中调用 plot 函数生成两个 Line 对象,存储于变量 h。通过设置 h(1)和 h(2)元素的属性,修改两条折线的颜色和标记符号。表达式 string(data(2: 13,1))提取月份数据,利用当前坐标区的 xticklabel 属性将横轴刻度设置成月份。表达式 string(data(1,[2,3]))提取股票名称,用于定义图例标签。程序运行结果如图 9.2 所示。

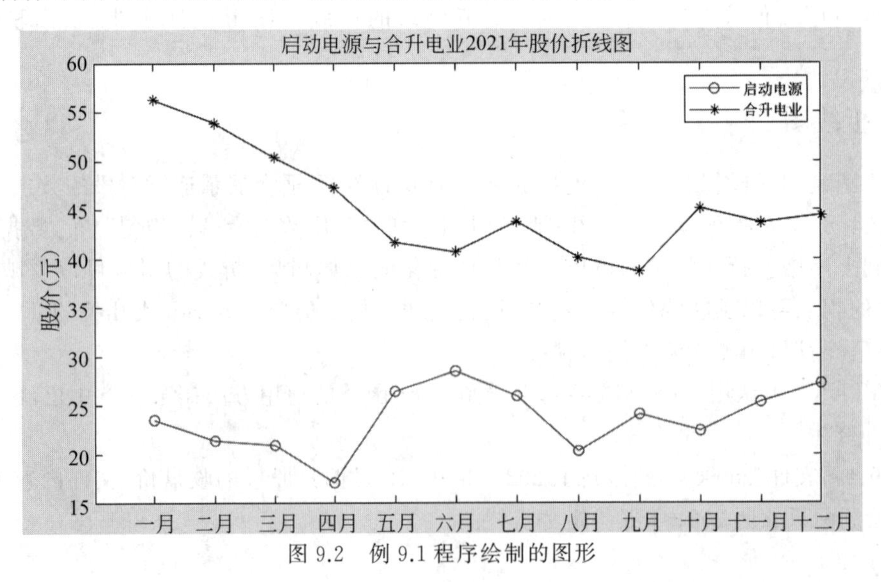

图 9.2　例 9.1 程序绘制的图形

9.1.2 面积图

面积图,又称为区域图,常用于反映多数据集各自数量的变化以及合计数量的变化趋势。面积图是在折线图的基础上,将折线以下到横轴的区域用颜色填充,用面积表达数量随时间变化的程度。

1. area 函数

MATLAB的 area 函数用于绘制面积图,area 函数的基本调用格式为

```
area(x, y)
```

其中,输入参数 x 定义折线数据点的横坐标,y 定义数据点的纵坐标。若 x、y 为长度相同的向量,绘制一条折线,并将折线到横轴的区域填充颜色。若 x 为向量,y 为矩阵,则 y 的行数与 x 的长度相同,先用 y 的第一列数据绘制折线,并将折线到横轴的区域填充颜色。然后依次用 y 的其他列数据绘制折线,并将折线到上一条折线的区域填充与相邻区域不同的颜色。最上方折线的纵坐标反映 y 中每行元素值之和。若 x 和 y 均为大小相同的矩阵,x 的每列是相同的。当 x 省略时,若 y 为向量,用 y 元素的序号定义横坐标;若 y 为矩阵,用 y 的行下标定义横坐标。

例 9.2 如图 9.3 所示,将图形窗口划分为 1×2 绘图区,在各子图中分别绘制 y 为向量和 y 为矩阵时的面积图。程序如下。

```
subplot(1,2,1);
y = [1 5 6 3];
area(y);
subplot(1,2,2);
x = [10 11 12 14];
y = [1 5 3; 3 2 7; 1 5 3; 2 6 1];
area(x,y);
```

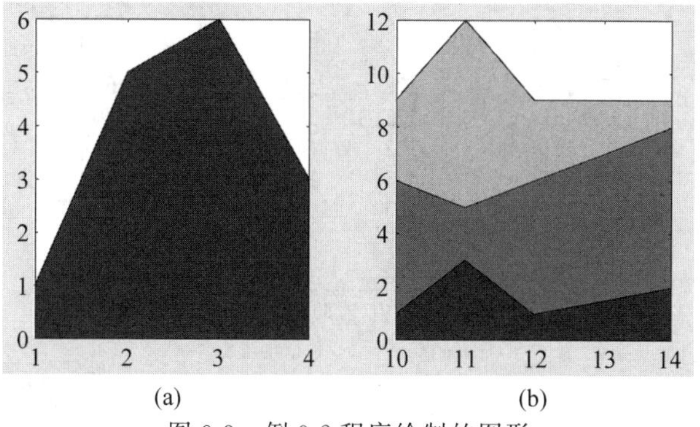

(a) (b)

图 9.3 例 9.2 程序绘制的图形

图 9.3(a)中 x 省略,y 是长度为 4 的向量,用 y 的序号定义横轴刻度,图 9.3(a)中绘制一条折线,折线下方区域的填充颜色值取坐标区 ColorOrder 属性的第一个值。图 9.3(b)中

x是向量，定义横轴刻度；y是大小为4×3的矩阵，图中三个颜色块堆叠，从下到上填充颜色值依次取坐标区ColorOrder属性的第1～3个值；相邻折线上数据点的纵坐标之差就是y对应列元素的值，y每列元素之和对应最上方折线的纵坐标。

2. 面积图的基本属性

MATLAB通过对面积图对象属性的操作来控制和改变图形对象的外观和行为。面积图对象的常用属性如下。

(1) FaceColor属性。指定区域填充颜色，可取值为RGB三元组、十六进制颜色代码、'flat'、颜色名称或短名称。

(2) FaceColorMode属性。控制如何设置FaceColor属性，可取值为'auto'(默认值)或'manual'。当属性值为'auto'时，从坐标区的ColorOrder属性依次取颜色值定义填充色。当值为'manual'时，可以通过面积图对象的FaceColor属性设置填充色。

(3) EdgeColor属性。指定区域轮廓颜色，可取值为'auto'、RGB三元组、十六进制颜色代码、'flat'、颜色名称或短名称。默认颜色为黑色。

(4) FaceAlpha属性。指定填充区域透明度，可取值为[0,1]范围的标量，默认值为1。值为1表示不透明，值为0表示完全透明。介于0～1的值表示部分透明。

(5) EdgeAlpha属性。指定折线透明度，可取值为[0,1]范围的标量，默认值为0.6。值为1表示不透明，值为0表示完全透明。介于0～1的值表示部分透明。

(6) LineStyle属性。指定区域轮廓线型，可取值如表5.1所示，默认值为'-'。

(7) LineWidth属性。指定区域轮廓线宽度，可取值为正数，以磅为单位，默认值为0.5。

(8) BaseValue属性。指定基线值，可取值为数值标量，默认值为0。基线值指定水平基线的纵坐标。区域图填充折线和基线之间的区域。

例9.3 文件“双11签收流量.xlsx”存储了2018—2021年双11期间某购物网站包裹签收数据，文件的内容如图9.4所示。用面积图分析包裹签收的峰值流量。

	A	B	C	D	E
1	日期	2018年	2019年	2020年	2021年
2	11日	12	14	15	17
3	12日	56	23	46	52
4	13日	104	87	93	116
5	14日	135	113	132	159
6	15日	121	125	139	178
7	16日	132	142	137	142
8	17日	108	117	105	121
9	18日	63	45	57	69
10	19日	42	36	48	52
11	20日	31	24	40	21

图9.4 文件“双11签收流量.xlsx”的内容

程序如下。

```
figure('Position', [100,100,600,280])
data = readcell('双11签收流量.xlsx');
x = 11:20;
```

```
y = cell2mat(data(2:11,[2,3,4,5]));                    %提取流量数据
h = area(x,y);
newcolors = [0 0.5 1; 0.5 0 1; 0.7 0.7 0.7;0.2 0.6 0.5];
colororder(newcolors);                                  %设置色序
h(2).EdgeColor = 'r';
h(2).LineWidth = 3;
title('双 11 包裹签收峰值流量');
ylabel('订单数(每分钟)');
xticklabels(string(data(2:11,1)));                      %提取日期字符串
legend(string(data(1,2:5)));
```

运行程序,绘制出如图 9.5 所示图形。导入数据存入变量 data,这是一个元胞数组,表达式 cell2mat(data(2: 11,[2,3,4,5]))获取数据,存于变量 y,这是一个大小为 10×4 的数组,元素是 double 类型。调用 area 函数生成面积图对象,将对象句柄存于变量 h,h 是包含 4 个元素的向量,每个元素对应于变量 y 的一列。变量 newcolors 用于存储色图矩阵,定义了 4 种颜色值,调用 colororder 函数将当前绘图区色序设置为这个色图。然后通过设置 h(2)的EdgeColor、LineWidth 属性值,将第二个区域的折线改为加粗的红线。图中显示,每年的 14～16 日签收流量较大,2021 年 11 月 15 日的流量最大。

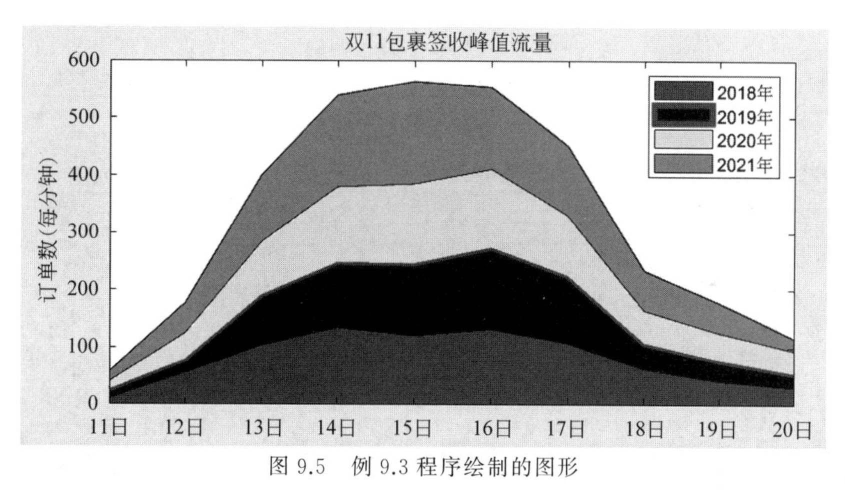

图 9.5 例 9.3 程序绘制的图形

9.1.3 阶梯图

阶梯图,又称为方波图、瀑布图,体现出数据逐步变化的过程。阶梯图在体现数据趋势的同时,又通过阶梯的高低展示相邻阶段数据变化的差异是否显著。阶梯图常用来分析相邻结点数据的相对变化,例如,用于展示商品价格变动、油价波动、税率变化等。这种图表能直观地反映出数据的变化过程,或反映数据在不同时期变化的差异,或受不同因素影响的结果。

1. stairs 函数

MATLAB 的 stairs 函数用于绘制阶梯图,stairs 函数的基本调用格式为

```
stairs(x, y)
```

其中,输入参数 x 定义阶梯各个梯级的横坐标,y 定义对应梯级的纵坐标。若 x、y 是大小相同的向量,将绘制一条阶梯状的折线。若 y 为矩阵,x 必须是大小相同的矩阵或长度等于 y 的行数的向量,将为 y 的每列数据绘制一条折线。当 x 省略时,若 y 是向量,使用 y 的序号定义数据点的横坐标;若 y 是矩阵,使用 y 的行下标定义数据点的横坐标。

例 9.4 如图 9.6 所示,将图形窗口分为 1×3 绘图区,在各子图中分别绘制 y 为向量和矩阵时的阶梯图。

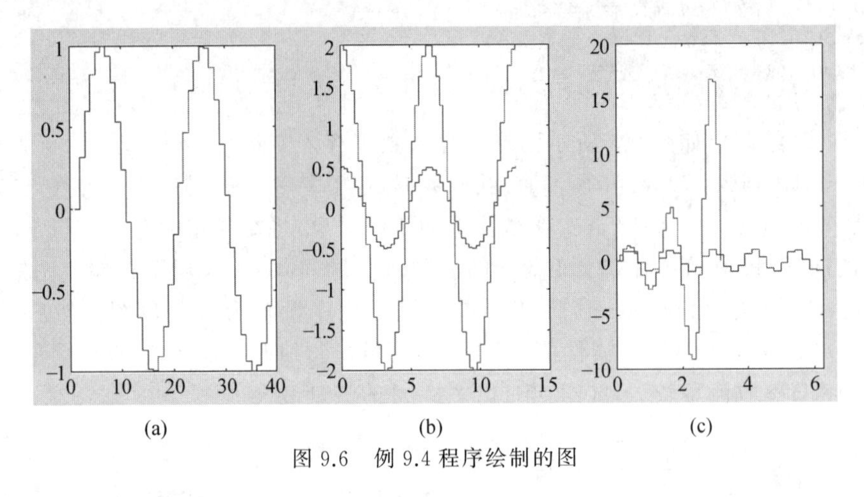

(a) (b) (c)

图 9.6 例 9.4 程序绘制的图

程序如下。

```
figure('Position',  [100,100,800,320])
subplot(1,3,1);
x = linspace(0,4 * pi,40);
y = sin(x);
stairs(y);
subplot(1,3,2);
x = linspace(0,4 * pi,50)';
y = [0.5 * cos(x), 2 * cos(x)];
stairs(x,y);
subplot(1,3,3);
x1 = linspace(0,2 * pi,30)';
x2 = linspace(0,pi,30)';
x = [x1,x2];
y = [sin(5 * x1),exp(x2) .* sin(5 * x2)];
stairs(x,y);
```

图 9.6(a)中调用 stairs 函数只有一个输入参数,是一个有 40 个元素的向量,用该向量元素的序号作为阶梯梯级的横坐标。图 9.6(b)和图 9.6(c)中都绘制了两个数据序列阶梯图。图 9.6(b)调用 stairs 函数时,x 是有 50 个元素的列向量,y 是大小为 50×2 的矩阵,用 x 的元素值定义阶梯梯级的横坐标。图 9.6(c)调用 stairs 函数时,x 和 y 是大小为 30×2 的矩阵,用 x 和 y 的对应元素定义阶梯梯级的横、纵坐标。

2. 阶梯图的基本属性

MATLAB 通过对阶梯图对象属性的操作来控制和改变图形对象的外观和行为。阶梯图对象的常用属性如下。

(1) Color 属性。指定线条颜色,可取值为 RGB 三元组、十六进制颜色代码、颜色名称或短名称,默认值为'k'。

(2) LineStyle 属性。指定线型,可取值如表 5.1 所示,默认值为'-'。

(3) LineWidth 属性。指定线条宽度,可取值为正数,以磅为单位,默认值为 0.5。

(4) Marker 属性。指定标记符号,可取值如表 5.2 所示,默认值为'none'。

(5) MarkerSize 属性。指定标记大小,可取值为正数,以磅为单位,默认值为 6。

(6) MarkerEdgeColor 属性。指定标记轮廓颜色,可取值为'auto'、RGB 三元组、十六进制颜色代码、颜色名称或短名称。默认值为'auto'。

(7) MarkerFaceColor 属性。指定标记填充颜色,可取值为'none'、'auto'、RGB 三元组、十六进制颜色代码、颜色名称或短名称。默认值为'none'。

例 9.5　读取数据文件 stock.xlsx,绘制"启动电源"全年股价变化图。

为了展示股票的变动,强调两个相邻结点的数据差值,适合采用阶梯图。程序如下。

```
figure('Position', [100,100,900,320])
data=readcell('stock.xlsx');
x=1:12;
y1=cell2mat(data(2:13,2));                         %提取"启动电源"股价数据
h=stairs(x,y1);                                    %绘制阶梯图
h.LineWidth=2; h.Marker='d'; h.MarkerFaceColor='r';
title('启动电源 2021 全年股价变化图');
ylabel('股价(元)');
axis padded                                        %使两端数据点不与坐标区轮廓重合
ha=gca;
ha.XTick=1:12;                                     %设置横轴刻度
ha.XTickLabel=string(data(2:13,1));                %设置横轴刻度标签
```

运行以上程序,输出如图 9.7 所示。表达式 cell2mat(data(2: 13,2))得到一个列向量,包含"启动电源"12 个月股价数据。调用 stairs 函数绘制阶梯图后,通过图形对象属性设置线宽、标记符号和标记颜色。与普通折线图相比,阶梯图更能突出前后月份股价的波动情况。

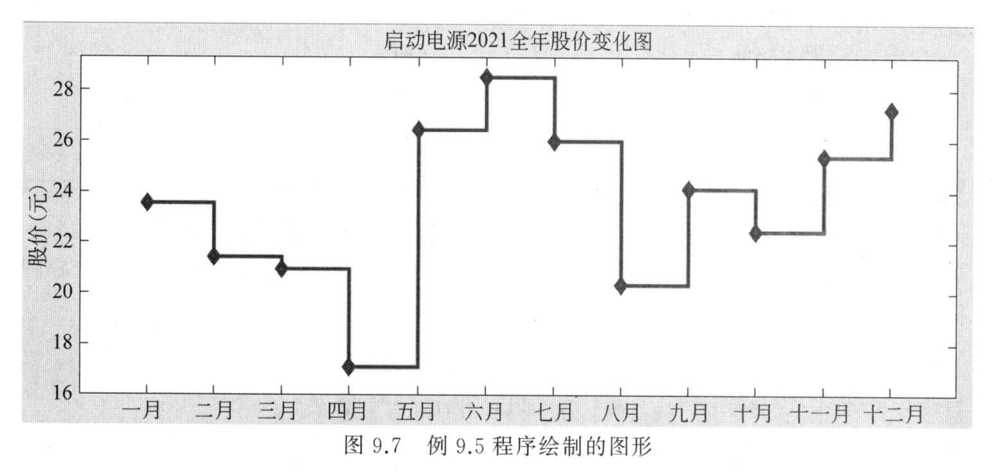

图 9.7　例 9.5 程序绘制的图形

9.2 极坐标类图形

极坐标系是二维坐标系,其平面上的每个点由距参考点的距离和距参考轴的角度确定。基准点称为极点,极点沿基准方向发出的射线称为极轴。数据点距极点的距离,称为极径。数据点与极点连线与极轴的夹角称为极角,逆时针方向为正。由于极坐标系圆周期的特性,适用于表示周期性轮回(如24小时、月份、季节等)的时序数据。

9.2.1 极坐标图

极坐标图是在极坐标系中绘制线条或数据点标记。

1. polarplot 函数

MATLAB的polarplot函数用于绘制极坐标图,polarplot函数的基本调用格式为

```
polarplot(theta, rho, LineSpec)
```

其中,输入参数theta定义数据点的极角(弧度表示),rho定义数据点的极径,两者必须是长度相同的向量或大小相等的矩阵。若theta和rho均为矩阵,则以rho的每列与theta的对应列定义一组数据点的坐标。若theta和rho一个为向量,一个为矩阵,则向量的长度必须与矩阵的一个维度相同。当theta省略时,按rho的元素个数将区间[0, 2π]均匀划分,用计算得到的值作为极角。输入参数LineSpec用来设置线条的线型、标记符号和颜色等,当LineSpec省略时,线条的线型、标记符号和颜色使用默认值。

例9.6 文件"货运量.xls"记录了2020年8月~2023年6月的货运数据,文件数据结构和部分内容如图9.8所示。数据来源于国家统计局网站。读取文件中的数据,用极坐标图观察数据的周期性变化。

指标	2023年6月	2023年5月	2023年4月	2023年3月	2023年2月	2023年1月
货运量当期值(万吨)	467802	470779	465700	472330	389418	323763
铁路货运量当期值(万吨)	39790	41719	41000	44154	39218	40888
公路货运量当期值(万吨)	347236	349773	346600	351208	285101	220906
水运货运量当期值(万吨)	80711	79229	78000	76913	65054	61920
民航货运量当期值(万吨)	65	59	54	55	45	49

图9.8 文件"货运量.xls"的数据结构和部分内容

如图9.9所示,将图形窗口划分为1×3绘图区。图9.9(a)用2022年1月~2022年12月的货运量当期值绘制图形,图9.9(b)用2022年1月~2022年12月的铁路、公路和水运货运量当期值绘制图形,图9.9(c)用2020年8月~2023年6月的货运量当期值绘制图形。

程序如下。

```
figure('Position',  [100,100,900,320])
data = xlsread('货运量.xls');        %读入数据,存入变量 data
Labels = string((1:12)')+"月";
```

```
subplot(1,3,1);
theta = (0:11) * pi/6;
rho1 = data(1,18:-1:7);                    %提取 2022 年 1~12 月的货运量当期值
polarplot(theta,rho1);
ha1 = gca;
ha1.ThetaTickLabel = Labels;
subplot(1,3,2);
rho2 = data(2:4,18:-1:7)';                 %提取 2022 年 1~12 月的铁路、公路、水运货运量当期值
polarplot(theta,rho2);
ha2 = gca;
ha2.ThetaTickLabel = Labels;
legend(ha2,["铁路","公路","水运"])
subplot(1,3,3);
theta = (7:41) * pi/6;
rho3 = data(1,35:-1:1);                    %提取 2020 年 8 月~2023 年 6 月的货运量当期值
polarplot(theta(1:5),rho3(1:5));
hold on
polarplot(theta(6:17),rho3(6:17));
polarplot(theta(18:29),rho3(18:29));
polarplot(theta(30:35),rho3(30:35));
ha3 = gca;
ha3.ThetaTickLabel = Labels;
legend(ha3,["2020","2021","2022","2023"])
```

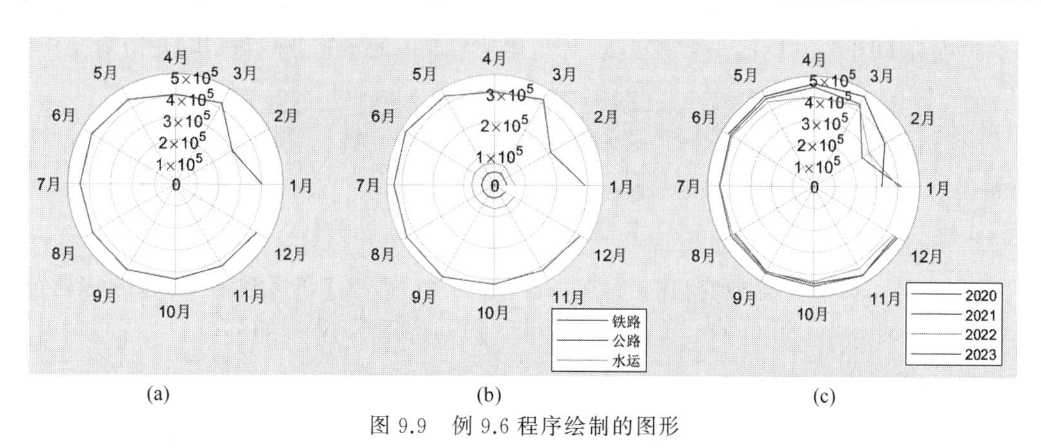

(a)　(b)　(c)

图 9.9　例 9.6 程序绘制的图形

运行以上程序，输出图形。2022 年 1～12 月的货运量当期值对应于变量 data 的元素 data(1,7)～data(1,18)，按时间逆序排列，因此用表达式 data(1,18:-1:7)获取要绘制的数据。图 9.9(a)的绘图参数 rho1 为向量，绘制一条曲线。图形显示，2 月的货运量较少。图 9.9(b)的绘图参数 rho2 为三列矩阵，绘制三条曲线。图 9.9(c)分 4 次调用 polarplot 函数，分别使用 4 个时间段(2020 年 8～12 月、2021 年 1～12 月、2022 年 1～12 月、2023 年 1～6 月)的货运量当期值作为绘图数据。为了区分不同类别、不同时间段对应的曲线，图 9.9(b)和图 9.9(c)添加图例加以说明，因图例影响图形的显示，将其拖动至图形的右下方，如图 9.9 所示。

调用 polarplot 函数生成线条对象，其属性和调用 plot 函数生成的线条对象基本一致，

例如,Color 属性控制线条颜色,Marker 属性控制数据点标记等。

2. 极坐标区的基本属性

极坐标图的容器(父对象)是极坐标区,呈现为圆形,与平面直角坐标区有些不同的外观特性,这些特性通过极坐标区的属性进行控制。极坐标区的常用属性如下。

(1) Rtick 属性。指定坐标区 r 轴(图中用半径递增的同心圆表示)刻度,可取值是由递增值组成的向量。默认值是[0 0.2 0.4 0.6 0.8 1]。也可以调用 rticks 函数进行设置。

(2) RTickLabel 属性。指定坐标区 r 轴的标签,可取值是字符向量元胞数组、字符串数组或分类数组。默认值是{'0'; '0.2'; '0.4'; '0.6'; '0.8'; '1'}。也可以调用 rticklabels 函数进行设置。

(3) ThetaTick 属性。指定坐标区 theta 轴(图中用从极点发出的线条表示)刻度,可取值是由递增值组成的向量。默认值是[0 30 60 … 300 330 360],即将 0～360 均分为 12 个区间。也可以调用 thetaticks 函数进行设置。

(4) ThetaTickLabel 属性。指定坐标区 theta 轴的刻度标签,可取值是字符向量元胞数组、字符串数组或分类数组。默认值是{'0'; '30'; '60'; … '300'; '330'; '360'}。也可以调用 thetaticklabels 函数进行设置。

(5) ThetaZeroLocation 属性。指定 theta 轴的零参照轴的位置,可取值是'right'、'top'、'left'、'bottom'。默认值是'right',即极点右侧刻度线是零参照轴。

例 9.7 文件"各部门开销与预算.xlsx"记录了某公司各部门的预算分配与实际开销数据,文件内容如图 9.10 所示。绘制极坐标图,比较各部门的预算分配与实际开销情况。

	A	B	C	D	E	F	G
1	类别	销售	管理	信息技术	客服	研发	市场
2	预算分配	4300	10000	28000	35000	50000	19000
3	实际开销	5000	14000	28000	31000	42000	21000

图 9.10 文件"各部门开销与预算.xlsx"的内容

程序用 readcell 函数读取文件,得到的是一个大小为 3×7 的元胞数组,包含标题行和标题列,数组的第 2 行第 2 列～第 3 行第 7 列元素存储数据。程序如下。

```
data=readcell('各部门开销与预算.xlsx');
angle=0:2*pi/6:2*pi;
the=angle(1:end-1);                                    %定义数据点极角
r1=cell2mat(data(2,2:7));                              %提取"预算分配"数据
r2=cell2mat(data(3,2:7));                              %提取"实际开销"数据
h=polarplot(the,r1,the,r2);
h(1).Color='r';  h(1).Marker='o';
h(2).Color='b';  h(2).Marker='*';
title('某公司各部门开销与预算对比图');
ha=gca;
%设置 theta 轴刻度
ha.ThetaTick=rad2deg(angle);
ha.ThetaTickLabel=string(data(1,2:7));
legend(string(data(2:3,1)));
```

文件中有 6 个部门，表达式 0：2 * pi/6：2 * pi 计算极角，得到一个向量，存于变量 angle。因为 angle 的 1 号元素与最后一个元素都对应同一个极角刻度，绘图时不需要使用 angle 的最后一个元素。调用 polarplot 函数绘制两组数据的极坐标图，随后修改两条折线的颜色和标记符号。通过坐标区的 ThetaTick 属性修改刻度，ThetaTickLabel 属性修改刻度标签为各部门名称。运行程序，结果如图 9.11 所示。

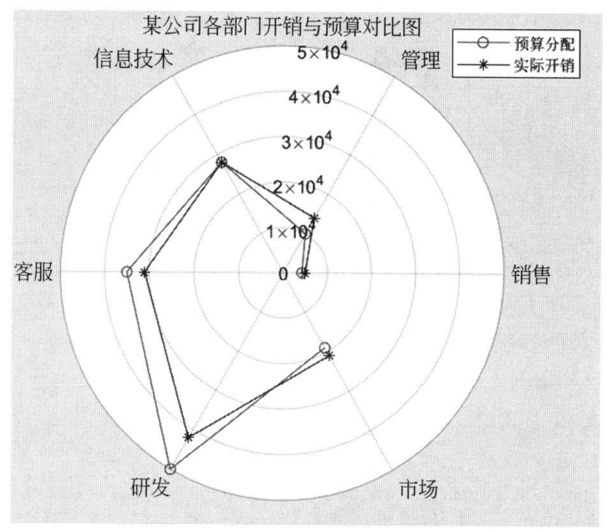

图 9.11　例 9.7 程序绘制的图形

上面的极坐标图清晰地显示了各部门预算与实际开销的差额，这些信息可以为后期调整各部门预算计划提供帮助。

9.2.2　南丁格尔玫瑰图

南丁格尔玫瑰图，又称为玫瑰图、极坐标区域图，是基于极坐标系的直方图，其原理是将极坐标平面分为若干等角区域，然后依据数值大小或数据量确定各个扇形的半径，最后对相应的扇形进行填充。南丁格尔玫瑰图使用扇形的半径表示数值，由于半径和面积的关系是平方的关系，玫瑰图会放大数据的差距，尤其适合对比大小相近的数据。当数据差异过大时，适合用直方图来表现数据。

1. polarhistogram 函数

MATLAB 的 polarhistogram 函数用于绘制南丁格尔玫瑰图。针对不同存储形式的绘图数据，polarhistogram 函数的调用格式不同。

(1) 绘图参数是时序数据，基本调用格式如下。

```
polarhistogram('BinEdges', edges, 'BinCounts', counts)
```

其中，输入参数 edges、counts 是长度相同的向量，edges 元素指定对应扇形的起始边线与 theta 零轴的夹角，counts 元素值指定对应扇形的半径。

例 9.8　文件“rain.xlsx”中存储了某地 2021 年 1～12 月的平均降水量数据，文件数据内容如图 9.12 所示。用月均降水量绘制南丁格尔玫瑰图。

	A	B
1	month	rainfall
2	1月	2.2
3	2月	1.7
4	3月	3.7
5	4月	5.1
6	5月	4.2
7	6月	7.5
8	7月	6
9	8月	8
10	9月	7.4
11	10月	7
12	11月	8.5
13	12月	7.6
14		

图 9.12　文件“rain.xlsx”的内容

程序如下。

```
data = readtable("rain.xlsx");
angle = linspace(0,2 * pi,13)-pi/12;
%绘制南丁格尔玫瑰图
h = polarhistogram('BinEdges',angle,'BinCounts',data.rainfall);
ha = gca;
ha.ThetaTickLabel = data.month;
```

运行程序,输出如图 9.13 所示。程序中调用 readtable 函数读取文件中的数据,存于变量 data,data 是一个表对象,包含两个表变量 month 和 rainfall。因为要绘制 12 个月的降雨量,所以把极坐标平面分为 12 个等角区域(每个区域夹角为 $\pi/6$),为了让 theta 轴刻度标签显示在每个扇形区域顶部的中间位置,将每个扇形的边线相对刻度线顺时针旋转 $\pi/12$,因此用表达式 linspace(0,2 * pi,13)-pi/12 生成变量 angle。然后调用 polarhistogram 函数绘制南丁格尔玫瑰图,用变量 angle 指定每个扇形起始边线的极角,用表变量 rainfall(即每个月降水量)指定对应区域的扇形半径。绘制图形后,用表变量 month 定义 theta 轴的刻度标签。

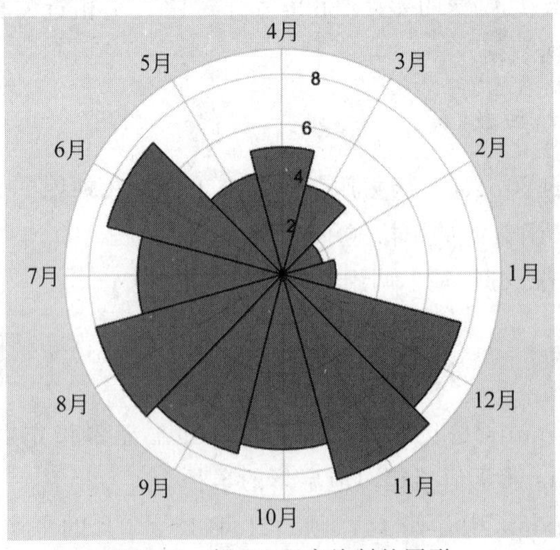

图 9.13　例 9.8 程序绘制的图形

南丁格尔玫瑰图将12个月的降水量在一个圆周中以大小不同的扇形表示，能够更清晰地呈现月度数据的细小差别。

(2) 绘图参数是待统计的数据。基本调用格式如下。

```
polarhistogram(theta, nbins)
polarhistogram(theta, edges)
```

其中，输入参数theta存放数据，可以是向量或矩阵。第一种格式的输入参数nbins指定将theta的值区间划分为nbins个小区间，可取值是正整数。绘制图形时，先按theta元素值分区间进行计数，然后用计数值定义各个扇形的半径。当nbins省略时，polarhistogram函数基于theta的数据自动确定区间数。第二种格式的输入参数edges为向量，按edges中的元素来指定每个扇形起始边线的极角，元素值用弧度表示。然后对参数theta中的数据按edges的区间进行统计计数，用计数值定义各个扇形的半径。例如：

```
rng(0)
theta = ceil(rand(1,100) * 299);
nbins = 6;
h1 = polarhistogram(theta,nbins);
ha = gca;
ha.ThetaTick = 0:60:360;
```

第二行命令生成的变量theta是一个有100个元素的向量，元素值为1～300。nbins设置为6，指定将theta的值区间划分为6个区间，polarhistogram函数根据变量theta的元素值，统计在6个值区间的theta元素个数，然后绘制南丁格尔玫瑰图。结果如图9.14所示，图中所有扇形的起始边线与theta轴刻度线夹角为$-15°$(即$-\pi/12$)。

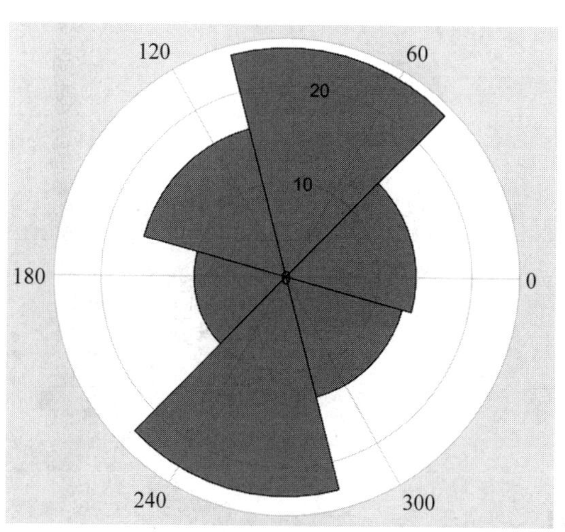

图9.14　6个等角区间的南丁格尔玫瑰图形

若采用第二种格式，则先将圆周按角距$\pi/3$划分为6个等角区间，然后调用polarhistogram函数绘图，polarhistogram函数对theta中的数据按edges的区间数划分值区间进行统计，用计数值定义扇形的半径，绘制如图9.14所示的南丁格尔玫瑰图。程序如下。

```
rng('default')
theta = ceil(rand(1,100) * 299);
edges = 0:pi/3:2 * pi;
polarhistogram(theta, edges-pi/12) ;  %-pi/12 使扇形的起始边线偏离 theta 轴刻度线
ha = gca;
ha.ThetaTick = 0:60:360;
```

2. **南丁格尔玫瑰图的基本属性**

调用 polarhistogram 函数和调用 histogram 函数生成的图形都是 Histogram 类型的图形对象,修改图形外观的方法一样。例如,用 FaceColor 属性设置扇形填充颜色,LineWidth 属性控制线条粗细等。南丁格尔玫瑰图的容器(父对象)就是极坐标区,设置极坐标区的属性可以修改坐标区的外观特性。例如,用 String 属性控制坐标区标题。

例如,给图 9.13 绘图区添加标题,将扇形填充指定颜色,扇形轮廓线宽度设置为 1,颜色为红色。补充程序如下。

```
ha.Title.String = "2021 年 1~12 月平均降水量";
h.FaceColor = [0 0.5 0.8];
h.LineWidth = 1;
h.EdgeColor = 'r';
```

运行以上程序,输出如图 9.15 所示。

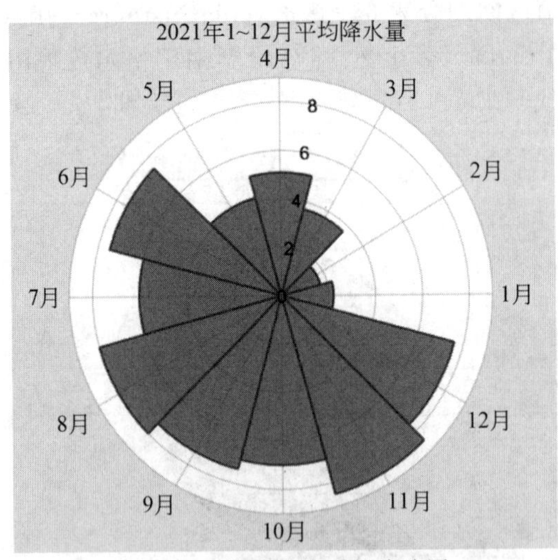

图 9.15　修改属性后的玫瑰图

9.2.3　极坐标散点图

极坐标散点图是在极坐标系展示数据点的分布情况。极坐标散点图以圆的形式展示数据分布,适合表现呈周期变化的时序数据。

1. polarscatter 函数

MATLAB 的 polarscatter 函数用于绘制极坐标散点图。针对不同存储形式的数据，polarscatter 函数的调用方法不同。

（1）绘图数据用向量或矩阵表示。polarscatter 函数的基本调用格式如下。

```
polarscatter(theta, rho, sz, c, mkr, 'filled')
```

polarscatter 函数在极坐标上绘制 theta 对 rho 的图，并在每个数据散点上显示一个标记。以弧度为单位指定 theta。若输入参数 theta 和 rho 为等长向量，函数绘制一组点。若 theta 或 rho 中有一个为矩阵，函数要在同一极坐标区内绘制多组点。输入参数 sz 可以是一个和 theta、rho 等长的向量或矩阵，也可以是一个标量，指定散点标记的大小。当 sz 省略时，默认散点标记大小为 36。输入参数 c 设置散点的颜色，可取值是一个和 theta、rho 等长的向量或矩阵，或标量（表示颜色的 RGB 三元组或颜色字符）。当 c 省略时，使用默认颜色。输入参数 mkr 设置标记符号，当 mkr 省略时，默认散点标记符为'o'。输入选项'filled'表示填充散点标记，省略时，散点标记符是空心的。

例 9.9 文件“噪声监测数据.xlsx”记录了某监测点 24h 的噪声监测值，包括 4 项监测值，文件的数据结构和部分内容如图 9.16 所示。

timestamp	L10	L50	L90	Leq
5月17日00:00-01:00	75.5	68.4	57.9	73.6
5月17日01:00-02:00	76.1	66.4	57.8	72.6
5月17日02:00-03:00	76.9	65.3	57.5	71.6
5月17日03:00-04:00	75.2	64.1	55.8	70.3
5月17日04:00-05:00	73.7	63.1	54.1	69.5
5月17日05:00-06:00	74.7	67.1	57.7	71.2

图 9.16 文件“噪声监测数据.xlsx”的数据结构和部分内容

读取文件中的数据，用第一项的监测值绘制极坐标散点图。

程序如下。

```
data=readtable("噪声监测数据.xlsx");
th=pi/2:-pi/12:-3*pi/2;
r=data.L10;
h=polarscatter(th(1:24),r);
ha=gca;
ha.ThetaTick=0:15:345;
ha.ThetaTickLabel=num2cell([6:-1:0,23:-1:5])+"时";
```

调用 readtable 函数获取的数据是一个表对象，第一个表变量是 L10，表达式 data.L10 用于获取第一项数据。为了与日常钟表的表示模式一致，即 0 时位于钟表的最上方，时间刻度顺时针递增，表达式 pi/2：-pi/12：-3*pi/2 生成有 25 个元素的向量，存于变量 th。坐标区刻度标签也按日常钟表方式设置。运行结果如图 9.17 所示。图中显示，17 时监测值最大。

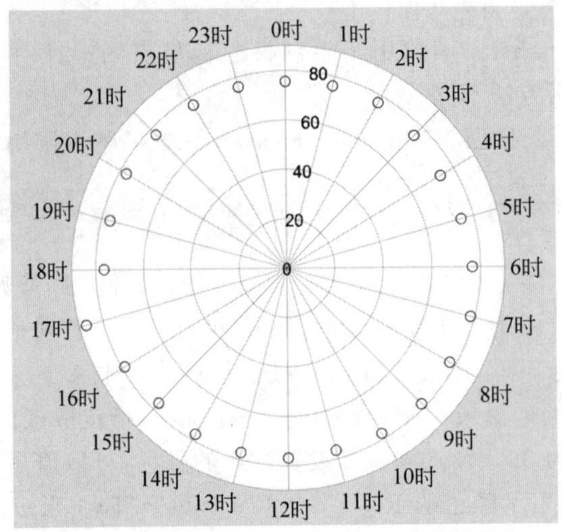

图 9.17　例 9.9 程序绘制的极坐标散点图

若用 4 项数据绘制极坐标散点图，将生成多组散点，每组散点使用不同颜色进行区分。程序如下。

```
data=readtable("噪声监测数据.xlsx");
th=pi/2:-pi/12:-3*pi/2;
r=[data.L10,data.L50,data.L90,data.Leq];
h=polarscatter(th(1:24),r, 50, 'filled');
ha=gca;
ha.ThetaTick=0:15:345;
ha.ThetaTickLabel=num2cell([6:-1:0,23:-1:5])+"时";
```

调用 polarscatter 函数时，指定数据标记大小为 50，标记是实心的。程序运行结果如图 9.18 所示。

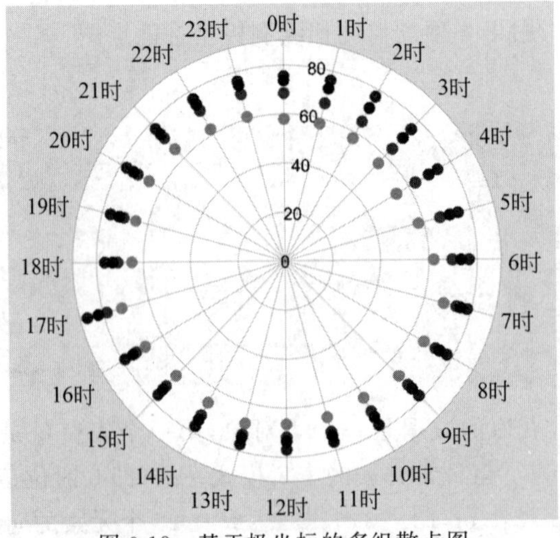

图 9.18　基于极坐标的多组散点图

（2）绘图数据为表对象，其基本调用格式如下。

```
polarscatter(tbl, thetavar, thovar, 'filled')
```

其中，输入参数 tbl 是一个表对象，指定数据源。输入参数 thetavar、thovar 是表对象 tbl 中的表变量，thetavar 表示极角，thovar 表示极径。如果要绘制多个数据集，可以将多个表变量合成元胞数组，用元胞数组作为绘图参数。输入选项'filled'表示填充散点标记，省略时，散点标记符是空心的。

例如，用文件“噪声监测数据.xlsx”中的 L10 监测值绘制极坐标散点图，程序如下。

```
data=readtable("噪声监测数据.xlsx");
th=pi/2:-pi/12:-3*pi/2;
r=data.L10;
theta=th(1:24)';
tbl=table(theta,r);
h=polarscatter(tbl,'theta','r');
ha=gca;
ha.ThetaTick=0:15:345;
ha.ThetaTickLabel=num2cell([6:-1:0,23:-1:5])+"时";
```

参数 thetavar、thovar 可以包含多个表变量，绘制多组散点。例如，将参数 thovar 指定为元胞数组{'r1','r2'}，绘制两组监测值对应的散点。程序如下。

```
data=readtable("噪声监测数据.xlsx");
th=pi/2:-pi/12:-3*pi/2;
theta=th(1:24)';
r1=data.L10;
r2=data.L50;
tbl=table(theta,r1,r2);
h=polarscatter(tbl,'theta',{'r1','r2'});
h(1).Marker='*';
h(2).MarkerFaceColor='g';
ha=gca;
ha.ThetaTick=0:30:345;
ha.ThetaTickLabel=num2cell([6:-2:0,22:-2:5])+"时";
legend(["L10","L50"])
```

程序运行结果如图 9.19 所示。程序中将图例标注指定为检测项目名["L10","L50"]，通过图例展示颜色与变量的对应关系。

2. 极坐标散点图的基本属性

调用 polarscatter 函数和调用 scatter 函数生成的图形都是 Scatter 类型的图形对象，修改图形外观的方法一样，例如，用 Marker 属性设置标记符，MarkerEdgeColor 属性设置标记轮廓颜色等。极坐标散点图的容器（父对象）就是极坐标区，设置极坐标区的属性可以修改坐标区的外观特性。

例 9.10 文件“货物进出口总额.xlsx”中存储 2012—2021 年我国货物进出口总额，数

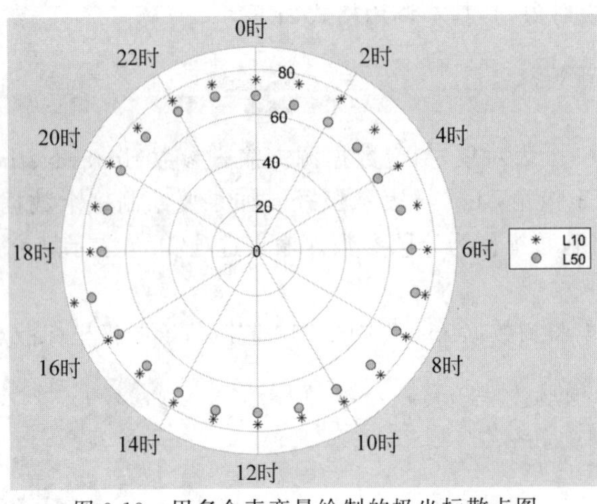

图 9.19　用多个表变量绘制的极坐标散点图

据来源于国家统计局网站 www.data.stats.gov.cn。文件的数据结构和部分内容如图 7.19 所示。绘制我国 2012—2021 年货物进出口总额极坐标散点图。程序如下。

```
x1=0:pi/5:2*pi;
x=x1(1:end-1);
data=readcell('货物进出口总额.xlsx');
y=cell2mat(data(2:9,11:-1:2));
y1=y(2,:);                                          %提取货物出口总额
h1=polarscatter(x,y1);
h1.SizeData=50;
h1.MarkerEdgeColor='r';
h1.Marker='p';
hold on
y2=y(3,:);                                          %提取货物进口总额
h2=polarscatter(x,y2);
h2.SizeData=50;
h2.MarkerEdgeColor='b';
h2.Marker='s';
h2.MarkerFaceColor='b';
title('货物进出口总额');
ha=gca;
%设置 theta 轴刻度
ha.ThetaTick=rad2deg(x) ;
ha.ThetaTickLabel=data(1,11:-1:2)';
legend('出口总额','进口总额');
```

文件“货物进出口总额.xlsx”中的数据从左往右依次是 2021—2012 年的数据，即按年份降序水平排列，表达式 data(2:9,11:-1:2)按年份升序生成数组，这样绘制的极坐标散点图符合日常习惯。程序中分别用出口总额数据和进口总额数据绘制两组散点，然后通过设置每组散点对象的属性，修改散点标记、标记颜色等外观特性。程序运行结果如图 9.20 所示。图形显示，2012 年货物出口与货物进口总额相差最小，货物出口比货物进口逐年增长幅度大。

极坐标散点图适合于对比同一周期多个变量的变化,或展示同一变量多个周期的变化。

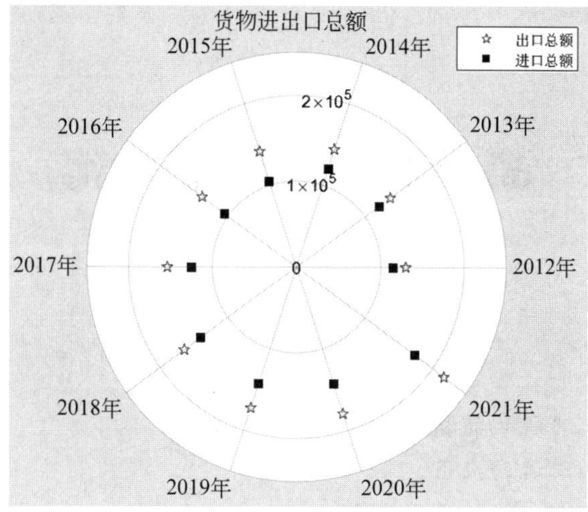

图 9.20　例 9.10 程序绘制的图形

小　　结

带时间标签的数据称为时序数据,这类数据的可视化,常用于表现数据在时间维度的发展趋势和变化速度。

本章首先讲解时序数据的特性,然后详细介绍了时序数据可视化的两类常用图表,包括折线类图形和极坐标类图形。

折线类图形用于强调数量随时间而变化的程度,展示数据集总体的变化趋势,MATLAB 的 plot 函数用于绘制折线图;面积图是在折线图的基础之上形成的,它将折线图中折线与坐标轴之间的区域使用颜色或者纹理填充,可以更好地突出数量上的差别,MATLAB 的 area 函数用于绘制面积图;阶梯图通过相邻阶梯的高低差反映数据是否发生剧烈变化,MATLAB 的 stairs 函数用于绘制阶梯图。

极坐标类图形是基于极坐标系的图形,圆形的坐标区适用于呈现周期性变化的时序数据。MATLAB 的 polarplot 函数用于绘制极坐标图,生成的图形对象和 plot 函数生成的图形对象类型一致;polarhistogram 函数用于绘制南丁格尔玫瑰图,生成的图形对象和 histogram 函数生成的图形对象类型一致;polarscatter 函数用于绘制极坐标散点图,生成的图形对象和 scatter 函数生成的图形对象类型一致。

第 10 章将详细讲解 MATLAB 中高维数据的可视化方法。

高维数据的可视化

本章学习目标

(1) 了解高维数据可视化的相关技术。
(2) 掌握数据降维工具的应用。
(3) 掌握多元数据可视化的常用方法。
(4) 掌握地理数据可视化的方法。

本章首先介绍高维数据可视化的相关技术和方法,接着通过实例介绍 MATLAB 提供的数据降维工具,以及在 MATLAB 中如何实现多元数据可视化,然后通过实例讲解地理数据的可视化方法。

10.1 高维数据处理

高维数据能够提供更加丰富、更加全面的信息,帮助人们从更多角度了解研究对象,但是,数据维度高也给后续的数据可视化和分析带来了巨大的挑战。

10.1.1 高维数据

高维数据泛指多维和多变量数据,多维是指数据具有多个独立属性,多变量(也称为多元)是指数据具有多个相关属性。高维数据具有以下特性。

1. 数据规模大

随着经济、技术的迅速发展,人们探究的问题更加复杂,可以通过更多途径获得跟研究对象相关的数据,使得要测试和识别的因素越来越多,导致了研究的数据维度越来越高,有时候可达几十、数百,甚至是成千上万维。例如,MATLAB 提供的样例数据文件 ovariancancer.mat(记录卵巢癌切片 WCX2 蛋白质阵列的数据集)中包含两个变量 obs 和 grp,其中,obs 变量有 4000 个属性。

2. 多元相关

研究对象用若干属性描述,如一个患者的年龄、升高、体重、家族病史等。各属性之间存在着复杂的关系,如身高与年龄、遗传因素等有关。随着研究对象的可采集数据增多,研究对象的各个属性之间的关联也越复杂,从而进一步加大了对这类数据分析和处理的难度。

例如，UC Irvine(加利福尼亚大学尔湾分校)提供的样例数据集 Heart Disease 包含 76 个属性，这些属性反映了心脏病发病的有关因素，多个因素的共同影响导致不同的危急程度。

3. 稀疏性

数据稀疏性是指在高维数据集中，只有很少一部分数据是有用的。这种情况在自然语言处理、推荐系统和图像识别等领域很常见。高维数据的稀疏性使得可视化分析结果的准确度下降，引发维度灾难(即模型的复杂度和计算量随着维数的增加而指数增长)。

高维数据可视化的基础是在视觉空间(三维空间/二维平面)表达研究对象多方面的信息。低维数据容易理解和表达，一维数据可以用一条直线表示，元素值映射为线条上各点与某点的距离；二维数据可以用一个平面图形表示，元素值映射为图形各顶点的两个坐标(横、纵坐标)；三维数据可以用一个立方体表示，元素值映射为立方体各顶点的三个坐标(横、纵坐标和高度值)。四维数据如果用图形表示，元素值映射为空间的位置属性＋1 个其他图形元素，……

高维数据可视化要解决的问题包括如何呈现单个数据点的多个属性，以及描述多个数据点之间的关系，从而提升高维数据的分类、聚类、关联、异常点检测、属性选择和属性关联分析等任务的效率和有效性。对高维数据的可视化，常采用切片、切块、聚合、钻取、旋转等操作，减少数据的维度，或聚合多个属性关联，尽可能全面地反映原始数据中的重要信息。

10.1.2 多维数据可视化

多维数据普遍具有稀疏特征，即对问题求解结果影响大的成分并不太多，许多成分是冗余的。例如，前面提到的数据集 ovariancancer 中的变量 obs 维数达 4000，但是导致卵巢癌发生的一般只有几个或几十个因素。因此，利用稀疏性特征，如何从成百上千维成分中有效地选择出真实的影响成分，即降低数据维度，从而达到提高推断和预测精度的目的，是进行多维数据可视化需要解决的基础问题。

1. 降维目的

在解决维度灾难时，常常会采用降维手段。降维是指采用某种映射方法，将高维数据投影到低维空间中，去掉冗余属性，同时尽可能地保留高维空间的重要信息和特征。

降维技术的应用，可以缓解维数灾难，增加样本密度，降低信噪比。降维后的数据更容易可视化，利于发掘数据的有意义结构。

2. 降维方法

降低数据维度主要采用线性降维方法和非线性降维方法。线性降维方法适用于大规模数据和可解释性要求较高的场景，而非线性降维方法适用于复杂数据和保持数据结构要求较高的场景。

1) 线性降维

线性降维方法通过线性变换将高维数据映射到低维空间，算法较简单，且对数据的结构保持较好，但无法捕捉数据中的非线性关系，在处理非线性数据时效果有限。线性降维方法在特征提取、图像压缩和数据可视化等领域应用广泛。以下是常用的线性降维方法。

(1) 主成分分析(Principle Components Analysis,PCA)。一种无监督的线性降维技术,通过找到数据中的主成分,将高维数据映射到新的低维空间。主成分是原始特征的线性组合,使得映射后的数据具有最大的方差,并且各个成分之间不相关。

(2) 独立成分分析(Independent Component Algorithm,ICA)。

(3) 多维缩放(Multiple Dimensional Scaling,MDS)。

(4) 线性判别分析(Linear Discriminant Analysis,LDA)。

2) 非线性降维

非线性降维方法通过非线性变换将高维数据映射到低维空间,保留数据的局部和全局结构。非线性降维方法可以捕捉数据中的非线性关系,适用于处理复杂数据。非线性降维方法在数据可视化和聚类分析中应用广泛。以下是常用的非线性降维方法。

(1) 随机近邻嵌入(Stochastic Neighbor Embedding,SNE)。一种基于数据间相似度的降维方法。t-SNE 利用 t 分布来衡量数据样本之间的相似性,使得映射后的数据样本可以保留原始数据中的局部结构。

(2) 局部线性嵌入(Locally Linear Embedding,LLE)。通过局部线性近似将高维数据映射到低维空间。LLE 算法首先寻找每个数据样本的局部邻居,然后通过局部线性逼近来表示每个数据样本。最终,通过线性组合得到映射后的低维表示。LLE 在保持数据的全局和局部结构上具有很好的性能,特别适用于处理流形结构数据。

(3) 等距映射(Isometric Mapping,Isomap)。

(4) 最大方差展开(Maximum Variance Unfolding,MVU)。

10.1.3 多元数据可视化

多元数据也称为多变量样本值,即对研究对象的多个相关属性联合观测所取得的数据。在日常生活中,我们会采集和分析多元数据,例如,为了测评个人的日常健康指数,记录当日摄取食物的热量、食物中是否有反式脂肪、运动量等;为了购买到最适合自己的手机,购买前会搜集手机的屏幕分辨率、摄像头像素、内存大小、价格等参数进行性价比分析。这些决策通常都取决于我们对多元数据的分析。除此之外,对于多元数据的分析,还能够帮助我们发现数据之间潜在的规律,并以这些规律为依据进行预测。

分析多元数据关系常采用以下可视化方法。

1. 散点图

二维散点图用于展示两个变量的相关性,三维散点图展示三个变量间的相关性。通过在二维/三维散点图上增加视觉通道,可以表达更多的信息。例如,改变散点图中点的颜色、大小、透明度或形状等区分数据的属性值。若分析 n 元变量的关系,则使用散点图矩阵,图矩阵由 n^2 个散点图组成,每一个散点图分别展示一组(2 个或 3 个)变量的关系。随着数据维度的增加,散点图数量随之增加,导致可读性下降。

2. 平行坐标图

使用平行坐标系。平行的坐标轴表示不同变量,每个数据点对应一条穿过所有坐标轴的折线。每个变量对应平行图的一条线,当数据维度较大时,折线交叠,混杂在一起,无法清晰地呈现变量的联系。

3. 基于图标的可视化

用图标表达多元数据对象，不同图标元素表示不同属性。例如，星形图、切尔诺夫脸谱图。

4. 多视图协调关联

用多图形协调关联的方法来展示多元的数据，即同时用多种图形来展示变量的不同关联，如图10.1所示，用旭日图来展示产品的区域信息，用柱状图来展示产品销量，用环形图来展示周期变化的信息等。

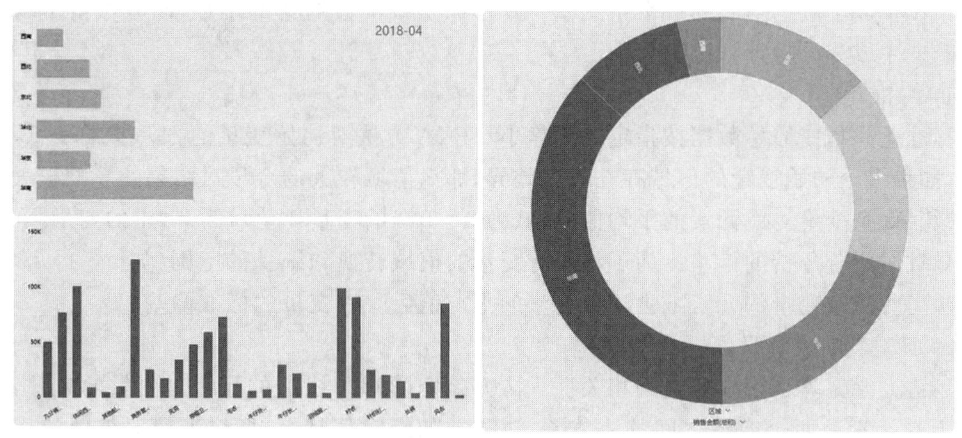

图10.1 多视图协调关联

5. 基于像素的可视化

每一个数据项仅使用很小的一个图块（常用一个或多个连续排列的像素）进行视觉编码。对于大规模数据集，基于像素的可视化方法有较高分辨率。当数据的值域大、分布较为稀疏时，单个的数据项（用一个像素描述）容易被忽视；或者某个范围内数据较多，密集排列的数据点（像素叠加、边界融合）会掩盖潜在的数据特征。此时，常采用视觉增强的手段（如光轮、颜色、变形、影线、形状符号等）提升基于像素的可视化表达效果。

10.2 数据降维

研究表明，当数据规模越来越大时，分析和处理数据的复杂度、计算耗时和所需的存储空间会成指数增长。数据可视化过程中，通常采取一些变换方法来减少数据的维度，即使用线性或非线性变换将高维数据投影到较低维子空间，从而提高计算效率。降维是以牺牲精度为代价的，但通过降维构造较小的数据集，更易于探索和可视化。

对于多维数据分析和特征提取，MATLAB的“统计和机器学习工具箱”提供了主成分分析、因子分析、特征选择、特征提取等工具来实现数据降维的目的。

10.2.1 PCA 算法

主成分分析(PCA)是最常用的线性降维方法，它的目标是通过某种线性投影，将高维数据映射到低维空间，并期望在所投影的维度上数据的信息量最大(通常用方差最大作为衡量指标)。采用 PCA 降维的目标是使用较少的维度，保留较多原数据的特性。常用于生成评价事物或现象的综合指标。

1. PCA 算法原理

主成分分析以定量的方式来实现信息浓缩，通过计算生成一组新变量(称为主成分)，每个新变量是一组原始变量的线性组合。所有主成分相互正交，没有冗余信息。主成分作为一个整体构成了数据空间的一个正交基。其目标是减少数据集的维数，同时保留尽可能多的信息。主成分分析计算过程如下。

1）标准化

标准化是指使原始数据按指定比例缩小。PCA 方法对初始变量的方差非常敏感，也就是说，如果多个初始变量的值域存在较大差异，那么值域较大的变量对结果的影响较大。例如，计算 10 个变量对应元素的平均值，值域为 0～100 的变量比值域为 0～1 的变量影响大，这将导致主成分分析的偏差。为了将所有变量的值域转换到统一的范围(如 0～1)，常采用的方法是将每个变量的元素减去这个变量的平均值后除以变量的标准偏差。

2）计算协方差矩阵

用协方差矩阵来识别变量的相关性。协方差矩阵对角线上的元素是变量的方差，非对角线上的元素是两个变量之间的协方差，协方差的绝对值越大，两个变量对彼此的影响越大，反之越小。若协方差为 0，表示两者不相关。

3）计算协方差矩阵的特征值和特征向量

将特征值按照从大到小的顺序排序，选择其中最大的 k 个值，然后将其对应的 k 个特征向量分别作为列向量组成特征向量矩阵。协方差矩阵的特征向量信息量最大，称为主成分。特征值是每个主成分中的方差。按特征值的顺序对特征向量进行排序，从最高到最低，作为重要性指标识别主成分。

4）将原始特征投影到选取的特征向量上

计算样本在协方差矩阵的最大 k 个特征值所对应的特征向量上的投影，得到降维后的新 k 维特征。将原始特征投影到具有最大信息量的维度上，使降维后信息量损失最小。由于协方差矩阵对称，因此 k 个特征向量两两正交，即各主成分之间正交(线性不相关)，因此可弱化和消除原始数据成分间的相互影响。

例如，设样本数为 m，原始特征数为 n，样本矩阵大小为 $m \times n$，协方差矩阵大小为 $n \times n$，选取 k 个特征向量组成的矩阵大小为 $n \times k$，那么投影后的数据大小为 $m \times k$。将原始数据的 n 维特征转换成 k 维，构造的 k 维特征就是原始特征在 k 维空间的投影。如果 100 维的向量最后可以转换成 10 维来表示，那么数据压缩率为 90%。

2. MATLAB 的 PCA 算法函数

在 MATLAB 程序中，可以通过调用相关函数进行主成分分析。MATLAB 提供的主成分分析函数如下。

(1) pca 函数。基于原始数据的主成分分析。

(2) pcacov 函数。基于协方差矩阵的主成分分析。

(3) pcares 函数。保留 n 个主成分的残差的主成分分析。

(4) ppca 函数。基于概率分布的主成分分析。

这些函数的用法相似,下面以 pca 函数为例,介绍函数的用法。pca 函数的基本调用格式如下。

```
[coeff, score, latent, tsquared, explained, mu] = pca(X, Name, Value)
```

其中,输入参数 X 是待处理的原始数据(即样本),Name 和 Value 配对使用,Name 是算法参数,Value 是参数的取值。表 10.1 列出了 pca 函数的常用参数及可取值。

表 10.1　pca 函数的常用参数

参　数	含　义	可 取 值
Algorithm	主成分分析采用的算法	'svd'——奇异值分解,默认值 'eig'——协方差矩阵的特征值分解 'als'——交替最小二乘(ALS)算法
Centered	是否中心化	true(默认)或 false
Economy	是否精简大小输出	true(默认)或 false
NumComponents	指定主成分的数目	正整数
Rows	分析过程中对含 NaN 的记录采取的操作	'complete'(默认)、'pairwise'或'all'
Weights	样本记录权重	1(默认)或行向量
VariableWeights	变量权重	行向量或'variance'(样本方差的倒数)
Coeff0	系数初始值	默认是由随机数组成的矩阵

pca 函数的输出参数 coeff 返回主成分系数。若输入参数 X 是大小为 $m \times p$ 的矩阵,则 coeff 的大小为 $p \times p$,每列存储一个主成分的系数,即生成的主成分与原变量的关系;score 返回主成分分数,行对应于样本,列对应于成分;latent 返回主成分方差,即原始数据协方差矩阵的特征值,是一个列向量,元素按降序排列;tsquared 返回每个样本的标准化分数的平方和,是一个列向量;explained 返回每个成分解释方差占总方差的百分比,是一个列向量;mu 返回估计的均值,是一个行向量。后 5 个输出参数可以省略。

例 10.1　MATLAB 提供的样例文件 hald.mat 中存储了多种硅酸盐水泥的主要成分配比。试对文件 hald.mat 存储的数据进行主成分分析,以便了解硅酸盐水泥的组成对放热的影响。

(1) 加载样本数据集。在 MATLAB 的命令行窗口执行以下命令。

```
>> load hald
```

加载文件后,工作区出现 4 个变量。变量 Discription 描述数据集的内容、来源和其他变量的结构等信息，变量 ingredients 记录 13 种硅酸盐水泥的原料配比，变量 heat 记录水泥样本硬化 180 天后的放热量，变量 hald 集成了变量 ingredients、heat 的数据。双击变量 ingredients，可以看到该变量的大小为 13×4，每个列向量对应一种成分，每个行向量对应一种硅酸盐水泥的 4 种成分配比。

(2) 识别变量 ingredients 的主成分，比较各个变量的解释方差，命令和输出如下。

```
>> [coeffs, newData, ~, ~, EXP] = pca(ingredients);
>> disp(EXP)
   86.5974
   11.2882
    2.0747
    0.0397
```

以上结果显示：第 1 主成分的解释方差占总方差的 86.5974%，第 2 主成分的解释方差占总方差的 11.2882%，后两个主成分占比小，说明可以将原数据集由 4 维降至 1～2 维。若将原数据集降至 1 维，即用变量 newData 中第 1 列的数据（对应第 1 主成分）替代原数据，可以保留原数据 86.5974%的信息；若将原数据集降至 2 维，即用变量 newData 中前 1～2 列的数据（对应第 1、2 主成分）替代原数据，可以保留原数据 97.8856%的信息。

例 10.2 MATLAB 的样例数据文件 cities.mat 中存储了某年美国各城市的 9 项评价数据，对该数据集进行主成分分析，比较当年各城市的生活状况。

(1) 加载样本数据集。在 MATLAB 的命令行窗口执行以下命令。

```
>> load cities
```

加载文件后，工作区出现三个变量。变量 categories 是一个字符数组，存储变量 ratings 各个列向量数据的含义，即城市的 9 项评价指标，例如，climate（气候）、housing（住房）等；变量 names 存储城市名，共有 329 个城市；变量 ratings 是大小为 329×9 的数值数组，存储各个城市各项指标的评价值，每个列向量对应一项指标，每个行向量对应一个城市的 9 项指标评价值。

(2) 识别变量 ratings 的主成分，比较各个变量的解释方差，命令和输出如下。

```
>> [coeffs, newData, ~, ~, EXP] = pca(ratings);
>> disp(EXP)
   75.2903
   13.5940
    5.0516
    3.3194
    1.4752
    0.7428
    0.2862
    0.2066
    0.0338
```

以上结果显示：第 1、2 主成分的解释方差分别占总方差的 75.2903%、13.5904%，第 3～4 主成分的解释方差占总方差的 8.371%，后 5 个主成分占比很小。因此，可以将原数据集由 9 维降至 2～4 维。若将原数据集压缩至 2 维，即用变量 newData 中前 1、2 列的数据（即第 1、2 主成分）替代原数据，可以保留原数据 88.8843%的信息；若将原数据集降至 4 维，用变量 newData 中前 1～4 列的数据（即第 1～4 主成分）替代原数据，可以保留原数据 97.2553%的信息。

3. 交互式 PCA 降维

MATLAB R2022b 实时编辑器的 Reduce Dimensionality 任务，提供了设置 PCA 方法参数的交互式界面。在 Reduce Dimensionality 任务中观察、比对不同参数配置对数据降维结果的影响，从中选出对当前数据集采用 PCA 方法降维的最合适参数。

若所使用的计算机系统安装的是 MATLAB R2022b 之前的版本，可通过 MATLAB Online（https://matlab.mathworks.com/）在线调用 Reduce Dimensionality 任务模块。

例 10.3 用实时编辑器的 Reduce Dimensionality 任务模块实现例 10.1。

先加载文件 hald.mat，将文件中的变量导入 MATLAB 工作区。

单击 MATLAB 桌面"主页"工具条中的"新建实时脚本"图标，编辑区将切换到实时脚本编辑界面。在"实时编辑器"工具条中单击"任务"图标，在任务列表中单击"统计和机器学习"模块组中"降低维度"图标后，编辑区中弹出"降低维度"面板。

在"降低维度"面板左上角的左边编辑框内输入变量 newData，用于保存降维后生成的数据集。在"选择数据"栏的"输入数据"下拉列表中选择变量 ingredients，然后在"指定降维标准"下拉列表中选择"成分数量"，在其右侧的编辑框内输入 2，在"显示结果"栏中选中"碎石图"复选框。若面板右上角的圆形图标为绿色，脚本将自动运行（也可以在"实时编辑器"工具条中单击"运行"图标 ▷），实时编辑器的输出如图 10.2 所示。查看工作区，变量 newData 的大小为 13×2。

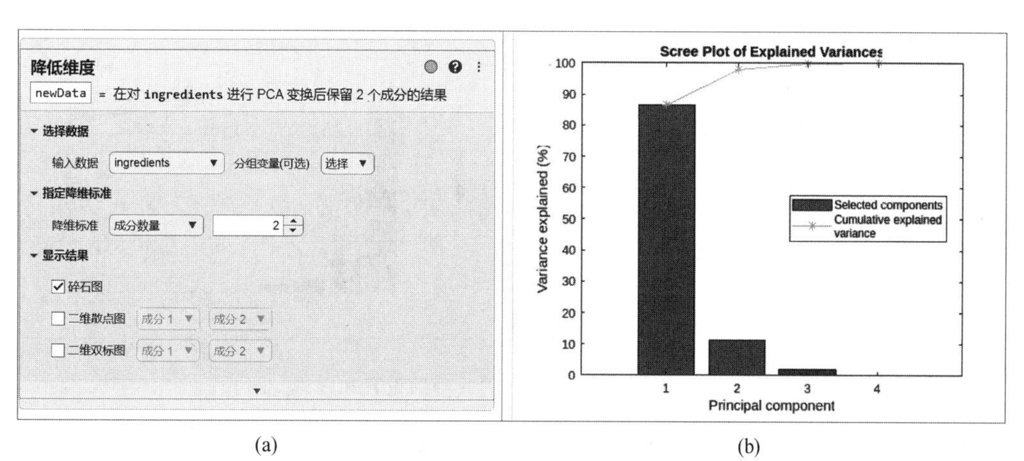

(a) (b)

图 10.2 指定保留两个主成分的设置和输出

图 10.2(a)是设置 PCA 算法参数的面板，图 10.2(b)是主成分解释方差占比图，图上方的折线是第 1～4 主成分累计占比。图中显示，第 1 主成分占比超过 85%，第 1～2 主成分累计占比超过 95%。此时，输出区第 1、2 个柱形是橙色，表示第 1、2 主成分被选用。

若在面板中将"降维标准"改变为"解释方差(%)"，并将其右侧输入框内的值设为 86，输出如图 10.3 所示。此时，输出区只有第 1 个柱形是橙色，表示只有第 1 主成分被选用。

查看工作区，变量 newData 的大小为 13×1。

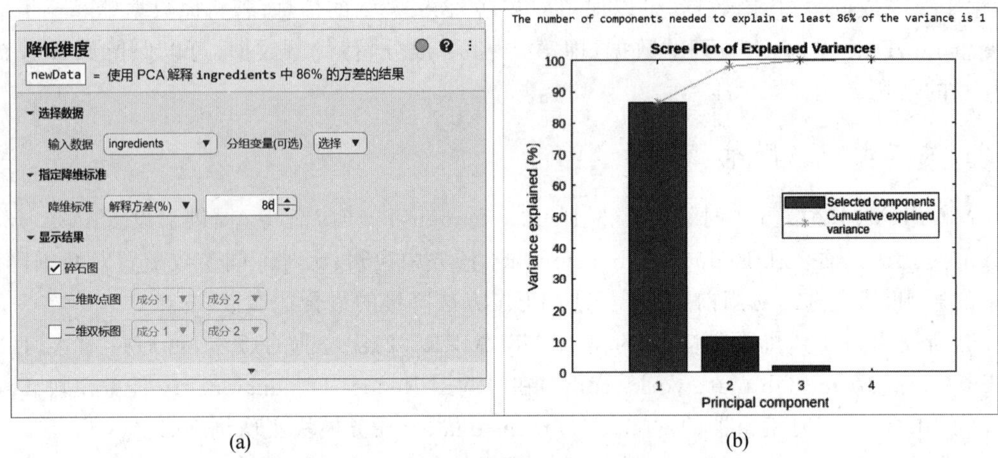

(a) (b)

图 10.3 指定主成分解释方差为 85%的设置和输出

例 10.4 用实时编辑器的 Reduce Dimensionality 任务实现例 10.2。

先加载文件 cities.mat，将文件中的变量导入工作区。

在实时编辑器的“降低维度”面板左上角的编辑框内输入变量 newData，用于保存降维后生成的数据集。在“选择数据”栏中的“输入数据”下拉列表中选择变量 ratings，然后在“指定降维标准”下拉列表中选择“成分数量”，在其右侧的编辑框内输入 2，在“显示结果”栏中选中“碎石图”复选框。脚本运行后，输出更新，如图 10.4 所示。查看工作区，变量 newData 的大小为 329×2。

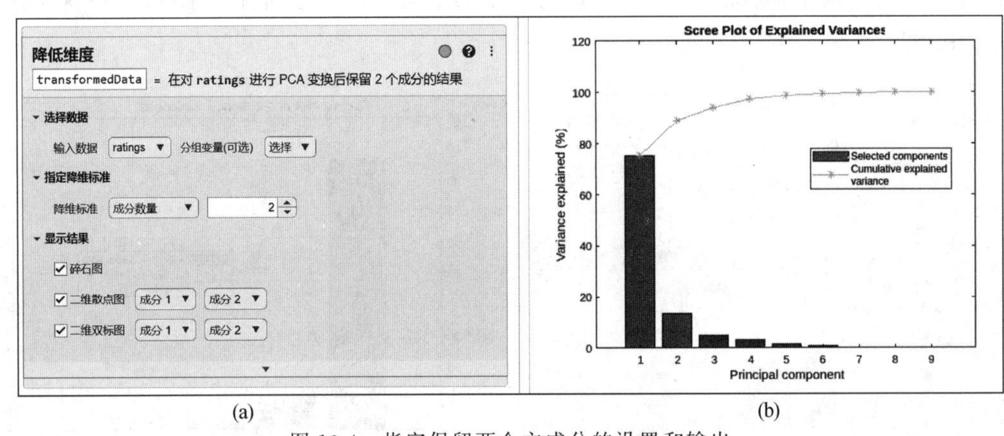

(a) (b)

图 10.4 指定保留两个主成分的设置和输出

图 10.4(a)是设置 PCA 算法参数的面板，图 10.4(b)是主成分解释方差占比图，图上方的折线是第 1～4 主成分累计占比。图中显示，第 1 主成分占比超过 75%，第 1～2 主成分累计占比超过 90%。此时，输出区第 1、2 个柱形是橙色，表示第 1、2 主成分被选用。

若在面板中将“降维标准”改变为“解释方差(%)”，并将其右侧输入框内的值设为 95，输出如图 10.5 所示。此时，输出区的前 4 个柱形是橙色，表示第 1～4 主成分被选用。查看工作区，变量 newData 的大小为 329×4。

当数据各特征间存在高度的线性相关性，可采用线性降维算法(如 PCA)，对数据进行

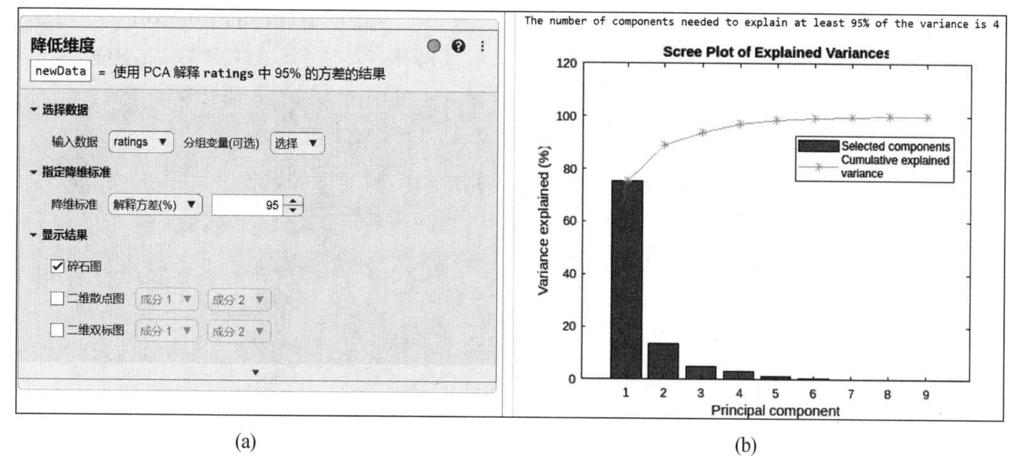

(a) (b)

图 10.5 指定主成分解释方差为 95%的设置和输出

降维处理。PCA 算法常利用协方差矩阵等寻找映射函数，使得投影到低维空间后的数据集尽可能保留原数据的最多信息。但 PCA 不能解释特征之间的非线性关系，若数据集的特征之间是非线性关系，需采用其他方法建立多成分的非线性映射来降维。

10.2.2 t-SNE 算法

t-SNE 是非线性降维算法，通过将数据点间的距离转换为概率分布，并且以此来表达点与点之间的相似度。t-SNE 的目标是保证在低维数据分布特性与原始数据分布特性的相似度高。

1. t-SNE 算法原理

t-SNE 利用 t 分布来衡量数据样本之间的相似性，使得映射后的数据样本可以保留原始数据中的局部结构，即高维数据空间中距离相近的点投影到低维空间中仍然相近。

1）SNE 算法

随机近邻嵌入（Stochastic Neighbor Embedding，SNE）算法是通过仿射变换将数据点映射到概率分布上，计算过程如下。

（1）将欧氏距离转换为条件概率来表征数据点与选定数据点的相似度。与所选数据点距离较近的数据点相似度高，而距离较远的数据点相似度低。

（2）采用梯度下降算法使低维空间数据分布与高维空间数据分布特征相似。

SNE 算法存在拥挤问题，即高维空间中分离的簇，映射到低维空间后边界不明显。

2）t-SNE

t-SNE 算法是对 SNE 的改进，使用对称 SNE，简化梯度公式，低维空间下，使用 t 分布替代高斯分布表达两点之间的相似度。t 分布是一种长尾分布，如图 10.6(a)所示。

若数据集不包含异常值，t 分布（虚线）与高斯分布（实线）的拟合结果基本一致。若数据集包含异常值，由于高斯分布的尾部较低，对异常值比较敏感，高斯分布的拟合结果偏离了大多数样本所在位置，方差也较大，如图 10.6(b)中实线所示；t 分布的尾部较高，对异常值不敏感，鲁棒性较好，其拟合结果较好地反映了数据的整体特征，如图 10.6(b)中虚线

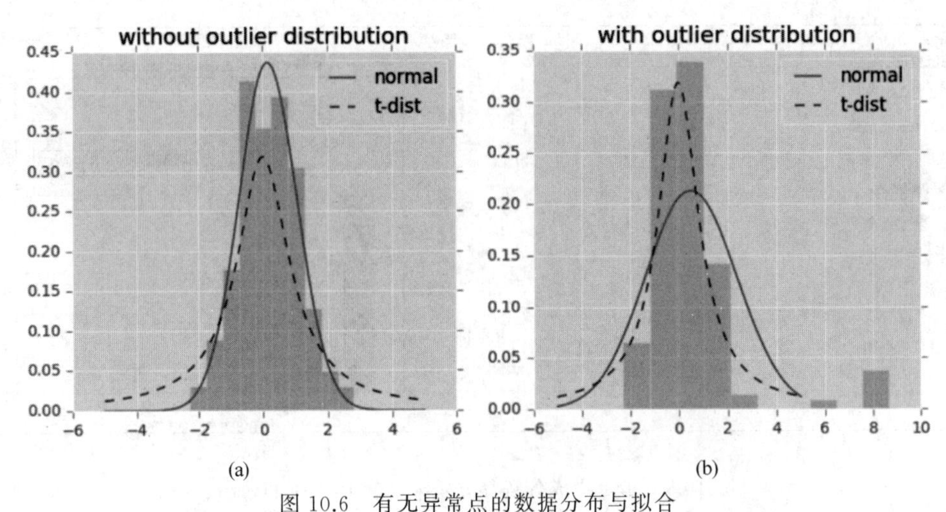

(a) (b)

图 10.6 有无异常点的数据分布与拟合

图片来源于 https://blog.csdn.net/sinat_20177327/article/details/80298645

所示。

在低维空间中采用 t 分布代替原高维空间的高斯分布，对于高维空间中距离较近的点，映射到低维空间中距离近；而对于高维空间中相距较远的点，映射到低维空间中距离远。t-SNE 算法优化了 SNE 过于关注局部特征、忽略全局特征的问题，适用于高维数据可视化。

在实际应用中，大多数数据的特征变量是非线性相关的，采用 t-SNE 算法的降维效果要好于 PCA 算法。例如，用 MNIST 数据集（美国国家标准与技术研究院收集整理的手写数字数据库）的样本识别手写数字时，分别采用两种方法对数据进行降维处理，可视化结果如图 10.7 所示。图 10.7(a)是采用 PCA 算法，图 10.7(b)是采用 t-SNE 算法，采用 t-SNE 算法降维后，相似的数据离得近，不相似的数据离得远，效果优于 PCA 算法。

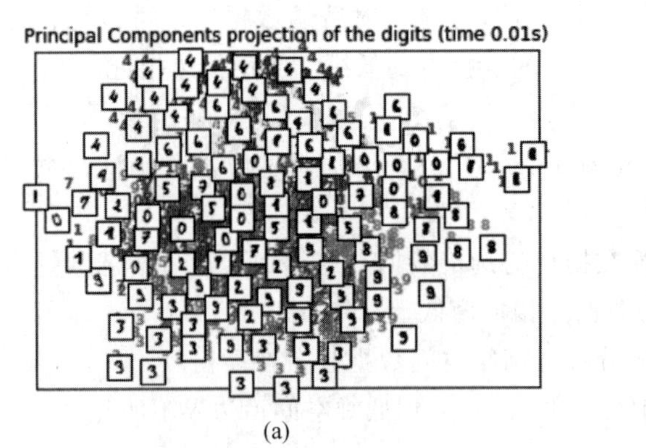

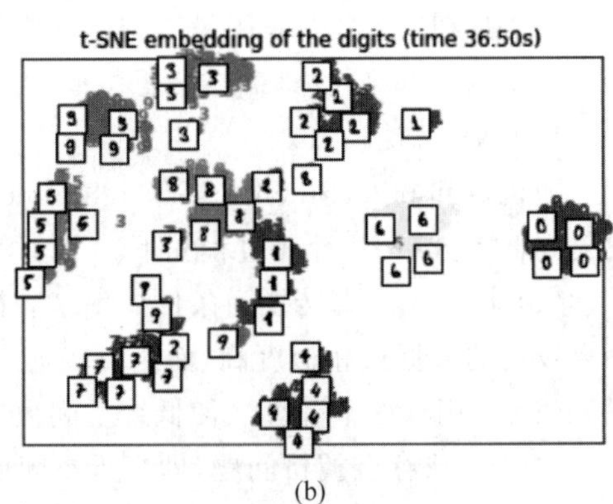

(a) (b)

图 10.7 比较 PCA 算法与 t-SNE 算法

图片来源于 https://blog.csdn.net/sinat_20177327/article/details/80298645

t-SNE 算法的计算复杂度很高，且它的目标函数非凸，可能会得到局部最优解。

2. tsne 函数

MATLAB 的 tsne 函数采用 t-SNE 算法降低数据维度。tsne 函数的基本调用格式如下。

```
[Y, loss] = tsne(X, Name, Value)
```

输入参数 X 是待处理的原始数据(即样本),Name 和 Value 配对使用,Name 是算法的控制参数,Value 是参数的取值。输出参数 Y 返回 X 的二维嵌入矩阵,每行对应一个嵌入点;loss 返回 Kullback-Leibler 差异。

tsne 函数的常用控制参数如下。

(1) Algorithm 指定 tsne 函数所采用的算法,可取值是'barneshut'(默认值)或'exact'。若设定为'exact',则计算时优化原始空间和嵌入空间之间分布的 Kullback-Leibler 差异;若指定为'barneshut',则当数据行的数量较大时,执行速度更快且使用更少内存空间。

(2) Distance 指定距离矩阵,可取值是'euclidean'(欧氏距离,默认值)、'seuclidean'、'cityblock'、'chebychev'、'minkowski'、'mahalanobis'、'cosine'、'correlation'、'spearman'、'hamming'、'jaccard'或自定义的距离计算函数句柄。

(3) LearnRate 指定优化过程的学习率。通常值为 100～1000,默认为 500。

(4) InitialY 定义初始化嵌入点矩阵,矩阵第 1 维与输入参数 X 的第 1 维相同,第 2 维与输出参数 Y 的第 2 维相同。默认是由服从正态分布的随机数构成的矩阵。

例 10.5 导入 MATLAB 的样例数据文件 fisheriris.mat 中的数据,用 t-SNE 算法进行降维处理,观察降维后数据的可视化结果。

文件 fisheriris.mat 中的变量 meas 的大小为 150×4,记录了 150 个样本的 4 项测量值(鸢尾花萼片 sepal 的长与宽、花瓣 petal 的长与宽);变量 species 存储了与变量 meas 对应的样本所属类型,共有三个类型(Setosa、Virginica、Versicolour)。

对变量 meas 用 t-SNE 进行降维处理,使用 4 种距离矩阵,比较降维效果,程序如下。

```
load fisheriris
rng('default')
Y = tsne(meas,'Algorithm','barneshut','Distance','euclidean');
subplot(2,2,1)
gscatter(Y(:,1),Y(:,2),species)
title('Euclidean')
rng('default')
Y = tsne(meas,'Algorithm','barneshut','Distance','cityblock');
subplot(2,2,2)
gscatter(Y(:,1),Y(:,2),species)
title('City block')
rng('default')
Y = tsne(meas,'Algorithm','barneshut','Distance','hamming');
subplot(2,2,3)
gscatter(Y(:,1),Y(:,2),species)
title('Hamming')
rng('default')
Y = tsne(meas,'Algorithm','barneshut','Distance','chebychev');
subplot(2,2,4)
gscatter(Y(:,1),Y(:,2),species)
title('Chebychev')
```

运行程序,工作区出现变量 meas 和 Y1～Y4,meas 大小为 150×4,Y1～Y4 大小为 150×2,即数据由 4 维降为 2 维。程序中的 gscatter 函数用于绘制分组散点图,分别用变量 Y1～Y4 的第 1 列数据作为横坐标,第 2 列数据作为纵坐标,可视化结果如图 10.8 所示。可以看到,采用 Euclidean、City block、Chebychev 距离,三个分组聚簇形状较好,而采用 Hamming 距离,三个分组的聚簇形状不好。

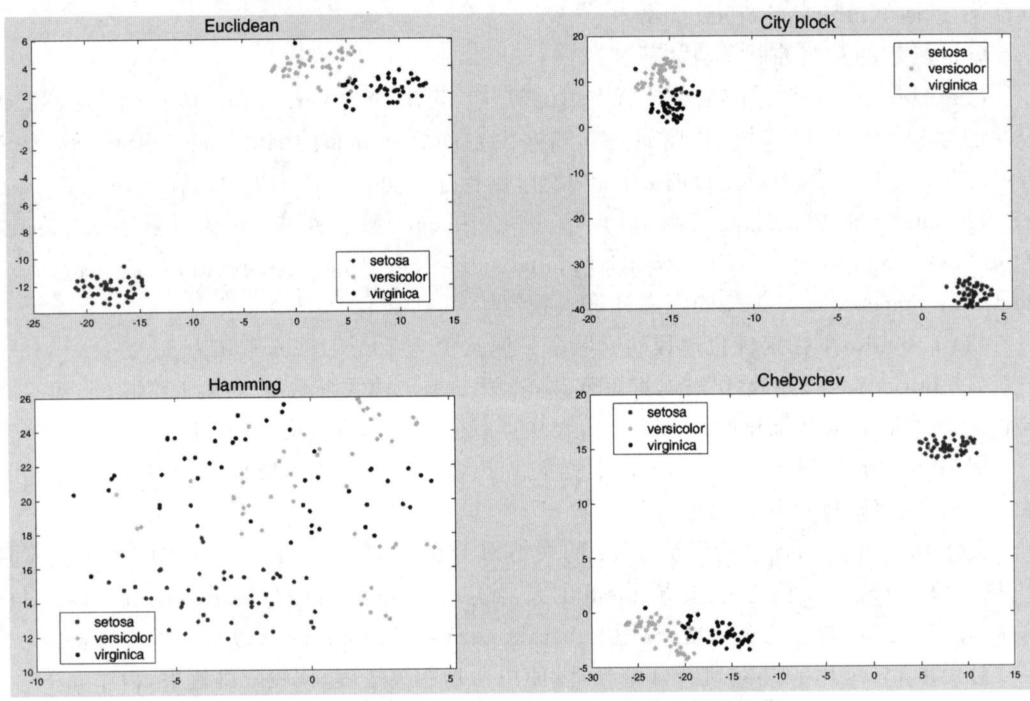

图 10.8　数据集 fisheriris 的 t-SNE 降维后的可视化

t-SNE 算法能够将多维数据映射到二维或三维空间中,方便直观地了解数据的分布、聚类特性,如数据大致聚成几团,哪些数据聚成一团,哪些团比较接近等。

例 10.6　对 kaggle 的样例数据集 Mushroom 进行 t-SNE 降维后可视化。该数据集记录了 8124 个蘑菇样本的 24 项属性,第 1 列数据是样本的食用性分类(可食用 e、有毒 p),第 2～23 列是样本属性(如菌盖表面、形状、颜色)的描述。

将文件 mushrooms.mat 中的数据导入工作区。然后双击变量 mushrooms,在变量编辑器查看数据。可以看到变量 mushrooms 是 table 类型的变量,第 1 列的每个数据项用一个字符代表一个类别(可食用 e、有毒 p)。用变量 mushrooms 的第 1 列数据作为分类标签,取第 2～23 列数据作为降维的源数据。因为参与计算的必须是数值,因此调用 categorical 函数将源数据转换为分类数组,存储于变量 cats 后,再将其转换为数值。程序如下。

```
load('mushrooms.mat')
labels = categorical(mushrooms{:,1});
cats = categorical(mushrooms{:,2:23});
data = double(cats);
subplot(1,2,1)
Y1 = tsne(data,'Algorithm','barneshut','Distance','euclidean');
```

```
gscatter(Y1(:,1),Y1(:,2),labels)
legend('Edible','Poisonous');
subplot(1,2,2)
Y2 = tsne(data,'Algorithm','barneshut','Distance','hamming');
gscatter(Y2(:,1),Y2(:,2),labels)
legend('Edible','Poisonous');
```

运行程序,结果如图 10.9 所示。

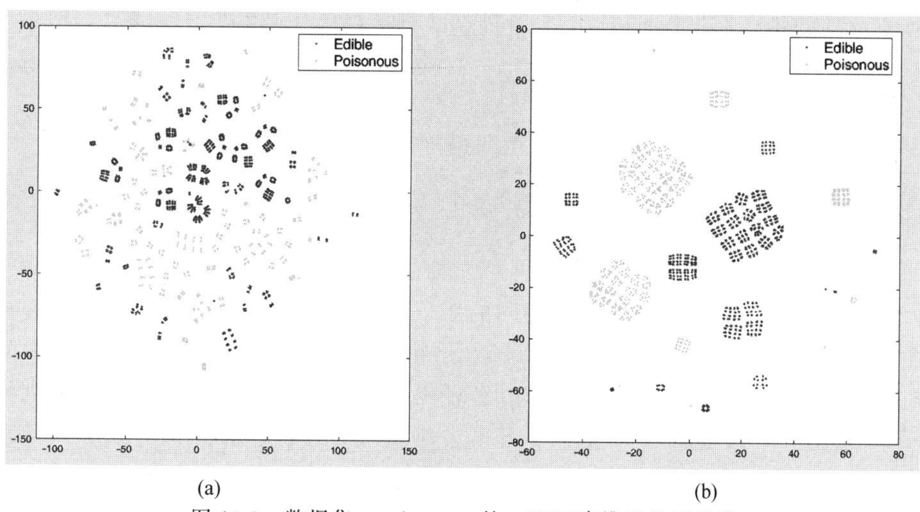

(a) (b)

图 10.9 数据集 mushrooms 的 t-SNE 降维后的可视化

图 10.9(a)是采用 Euclidean 距离,图 10.9(b)是采用 Hamming 距离。结果显示,对于此数据集,Hamming 距离聚类效果相对较好。t-SNE 算法具有扩展密集簇并缩小稀疏簇的特点。对于不同数据集,数据的聚类特征不同,采用不同的距离会得到不同的可视化结果。因此,在实际应用中,可以通过尝试不同参数进行数据降维,观察和比较可视化结果,从而选取有效的算法参数。

10.3 多元数据可视化

多元数据通常采用散点图矩阵、平行坐标图、图形符号图、调和曲线图等进行可视化,这些方法是基于二维坐标系的可视化方法,在二维可视空间中展现数据的多个相关(维度)特征。

10.3.1 散点图矩阵

1975 年,John Hartigan 发明散点图矩阵,展示 n 个变量之间的关系。n 个变量的散点图矩阵包括 $n \times n$ 个子图。位于对角线的子图采用直方图,展示每一个变量的分布情况;位于非对角线的子图采用散点图,展示变量两两之间的关系。

1. plotmatrix 函数

第 7 章介绍的 plotmatrix 函数用于生成散点图矩阵,其基本调用格式如下。

```
plotmatrix(X,Y, Name, Value)
```

输入参数 X、Y 是第 1 个维度大小相同的矩阵,存储源数据,元素为数值型。Name、Value 成对使用,Name 是参数名,Value 是参数的值。

若输入参数 X 的大小为 $p \times n$,Y 的大小为 $p \times m$,plotmatrix(X,Y)生成一个大小为 $m \times n$ 的散点图矩阵,第 i 行第 j 列散点图中的数据点由 X 的第 j 列元素定义横坐标,Y 的第 i 列元素定义纵坐标。若只有 X,则第 i 行第 j 列散点图的数据点由 X 的第 j 列元素定义横坐标,X 的第 i 列元素定义纵坐标,且用 X 每列数据的分布直方图替换对角线上的散点图。

2. gplotmatrix 函数

gplotmatrix 函数用于生成分组的散点图矩阵,其基本调用格式如下。

```
gplotmatrix(X, [], group, clr, sym, siz, doleg, dispopt, xnam)
gplotmatrix(X, Y, group, clr, sym, siz, doleg, [], xnam, ynam)
```

输入参数 X、Y 是第 1 个维度大小相同的矩阵,存储源数据,元素为数值型。若输入参数 X 的大小为 $p \times n$,Y 的大小为 $p \times m$,gplotmatrix(X,Y)生成一个大小为 $m \times n$ 的散点图矩阵,第 i 行第 j 列散点图中的数据点由 X 的第 j 列元素定义横坐标,Y 的第 i 列元素定义纵坐标。若第 2 个参数值为[],则第 i 行第 j 列散点图的数据点由 X 的第 j 列元素定义横坐标,X 的第 i 列元素定义纵坐标,且用 X 每列数据的分布直方图替换对角线上的散点图。输入参数 group 是用于界定分组的变量,可以是类别向量(如元素值是 yes 和 no、颜色值等)、数值向量、逻辑向量、字符数组、字符串数组或单元数组。

其他输入参数可以省略。其中,参数 clr 指定数据点标记的颜色,默认使用 MATLAB 系统颜色;参数 sym 指定数据点标记,可取值参见表 5.2,默认值为'.';参数 siz 指定标记的大小,默认值取决于样本数;参数 doleg 指定是否显示图例,可取值是'on'(默认值,也可用 true)和'off'(也可用 false);参数 dispopt 指定图样式,可取值包括'stairs'(默认值)、'hist'、'grpbars'、'none'、'variable';参数 xnam 为 X 每列向量的意义,ynam 为 Y 每列向量的意义,可以是字符数组、字符串数组或由字符向量构成的元胞数组,默认不显示矩阵行、列名。

例 10.7 MATLAB 的样例数据文件 carbig.mat 记录了 20 世纪 70～80 年代约 400 辆汽车的 10 项测量数据,如燃油效率 MPG(每加仑汽油可行驶的英里数)、加速度 Acceleration(从 0MPH 到 60MPH 需要的时间)、发动机排量 Displacement、重量 Weight、马力 Horsepower、气缸数量 Cylinders、型号 Model、出产地 Origin 等。按照气缸数量 Cylinders 对样本数据进行分组,可视化变量 MPG、Acceleration、Displacement、Weight、Horsepower 的数据分布状态和关系,如图 10.10 所示。

(1) 从文件 carbig.mat 加载数据到工作区,命令如下。

```
>> load carbig.mat
```

加载数据后,在变量编辑器中查看变量 Cylinders,可以看到变量大小为 406×1,元素有 5 种值:3、4、5、6、8。

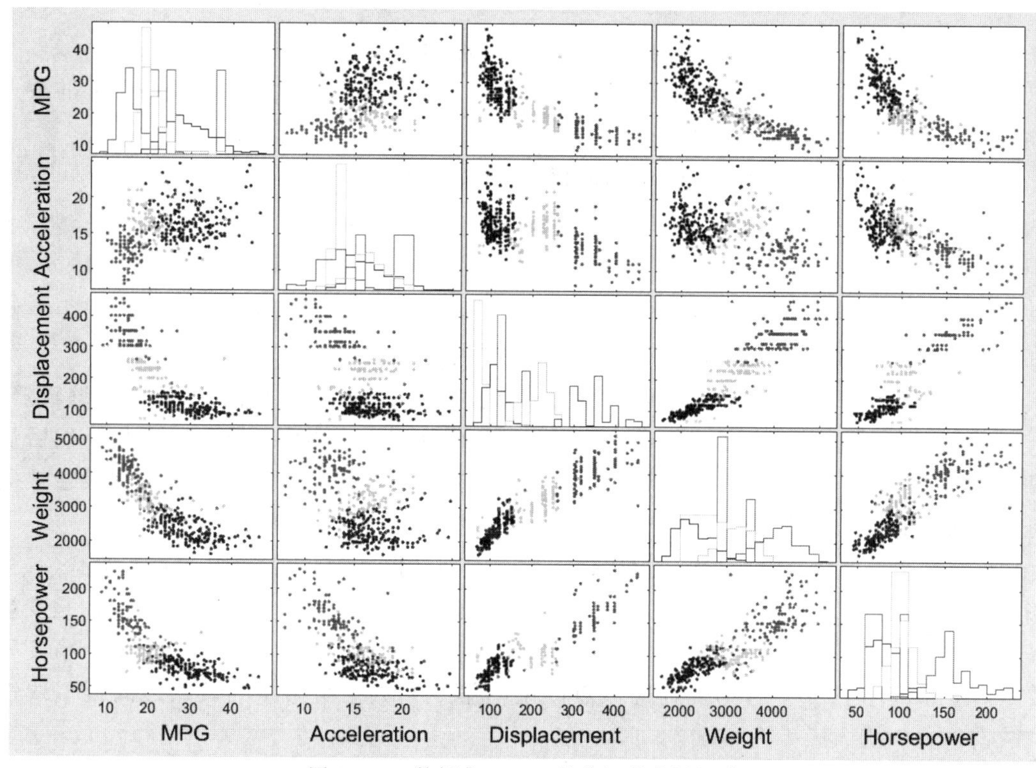

图 10.10 数据集 carbig 的分组散点图矩阵

(2) 绘制分组散点图矩阵。

gplotmatrix 函数要求将绘图数据存储于一个数组中,因此,首先将要可视化的 5 项数据合成一个数组。绘制散点图时,数据点按变量 Cylinders 的元素值进行分组,指定 5 个分组分别使用颜色['c', 'b', 'm', 'g', 'r']。为了显示坐标区子图的数据构成,构造变量 varNames,存储各子图横、纵坐标的变量名,调用 text 函数在图矩阵的左侧和下方输出与子图横、纵坐标对应的变量名。绘制散点图矩阵时,不显示分组图例。程序如下。

```
fh = figure;
fh.Position = [200,100,900,600];
X = [MPG, Acceleration, Displacement, Weight, Horsepower];
gplotmatrix(X, [], Cylinders, ['c','b', 'm', 'g', 'r'], [], [], false);
varNames = ["MPG"; "Acceleration"; "Displacement"; "Weight"; "Horsepower"];
text([.08, .24, .43, .66, .83], repmat(-0.05,1,5), varNames, 'FontSize',12);
text(repmat(-.05,1,5), [.86 .62 .41 .23 .02], varNames, 'FontSize',12, 'Rotation',
90);
```

运行以上程序,输出如图 10.10 所示。

3. 交互式生成散点图矩阵

在 MATLAB 中,还可以使用 plotmatrix 绘图工具和实时编辑器的“创建绘图”任务,通过交互界面来生成散点图矩阵。通过交互式界面比较不同参数配置的图形效果,从中选出

最合适的参数。

例 10.8 用散点图矩阵绘制例 10.5 的数据图形。

从文件 fisheriris.mat 加载数据到工作区后，可以使用以下方法绘制变量 meas 的散点图矩阵。

(1) 在命令行窗口中调用 plotmatrix 函数，命令如下。

```
>> plotmatrix(meas)
```

(2) 在工作区选中变量 meas，单击 MATLAB 桌面“绘图”工具条中“绘图”模块组右侧的展开图标，然后单击列表中的 plotmatrix 模块图标。

(3) 单击 MATLAB 桌面“主页”工具条中的“新建实时脚本”图标，打开实时编辑器。单击“实时编辑器”工具条中的“任务”图标，在展开的列表中单击“创建绘图”图标。然后从编辑区“创建绘图”面板的“选择数据”下拉列表中选择 meas，此时“选择可视化”列表会根据变量 meas 的数据类型更新可用图形列表，单击其中的 plotmatrix 图标。

绘制的图形如图 10.11 所示，变量 meas 包含 4 列数据，因此散点图矩阵大小为 4×4，第 i 行第 j 列中的子图是变量 meas 的第 i 列相对于第 j 列的散点图。对角线上的子图是变量 meas 每一列数据的直方图，反映各列数据的分布，位于第 2 行第 2 列的直方图说明第 2 列数据正态分布；位于第 3 行第 4 列的散点图说明第 3 列数据与第 4 列数据之间近似线性关系。

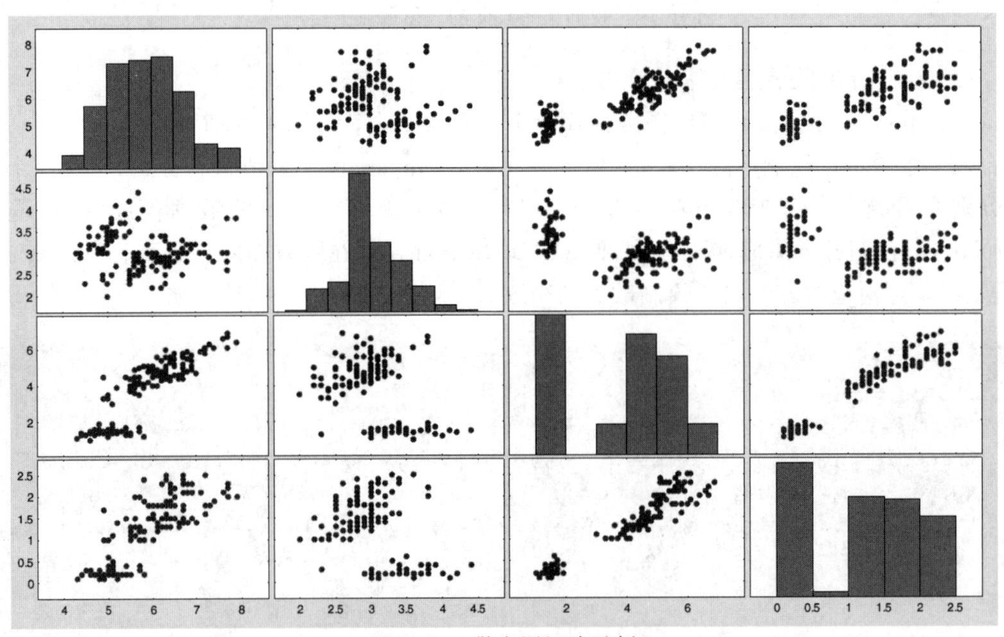

图 10.11 散点图矩阵示例

图 10.11 显示，鸢尾花花瓣的长度和宽度之间以及萼片的长度和花瓣的长、宽之间具有较明显的相关性。

散点图矩阵反映的是变量两两之间的关系，因其直观、简单、容易理解，在实际工作中得到广泛应用。但散点图矩阵不能表达多变量之间的关系。

10.3.2 平行坐标图

平行坐标图(Parallel Coordinates Plot)是一种经典的高维多元数据可视化方法。为了观察和比较一组具有多个属性的对象,生成由多条平行且等距分布的坐标区,将每一个对象在平行坐标图中用一条折线表示,折线上数据点的坐标用属性值定义,并用颜色区分类别。在平行坐标图中,一个变量对应一个坐标区,所有轴线平行放置,各自有不同的刻度和度量单位。

1. parallelplot 函数

MATLAB 的 parallelplot 函数用于绘制平行坐标图,其基本调用格式如下。

```
p = parallelplot(X);
```

其中,输入参数 X 是一个 table 类型的变量,存储源数据。输出参数 p 返回 ParallelCoordinatesPlot 类型对象。绘制图形后,可通过修改 p 的属性值,控制平行坐标图的外观和行为,其常用属性如下。

(1) CoordinateVariables 属性。指定坐标区轴线名称,可以是数值向量、字符串数组、字符向量元胞数组或逻辑向量。

(2) GroupData 属性。指定对数据分组的依据,可以是字符向量、字符串标量、数值标量或逻辑向量。

(3) CoordinateData 属性。指定要显示的表变量,可以是数值向量或逻辑向量。

(4) DataNormalization 属性。指定坐标的归一化方法,可取值是'range'(默认值)、'none'、'zscore'、'scale'、'center'、'norm'。

例 10.9 MATLAB 的样例数据文件 tsunamis.xlsx 存储了 1950—2006 年监测到的海啸的 20 项数据(如发生的地点、时间、程度、原因等)。选取其中的 4 项监测值(Year、Validity、Cause、Country)绘制平行坐标,观察和比较海啸的发生时间、原因等。

(1) 导入数据。

文件 tsunamis.xlsx 的每列都有列名(字段名),适合导入为 table 类型变量。将文件 tsunamis.xlsx 的数据导入工作区,命令如下。

```
>> tsunamis = readtable('tsunamis.xlsx');
```

(2) 绘制平行坐标图。

导入数据后,在变量编辑器中查看变量 tsunamis,可以看到变量 tsunamis 由 20 个表变量组成。取其中的表变量 Year、Validity、Cause、Country 绘制平行坐标图。程序如下。

```
figure('Units','normalized','Position',[0.3 0.3 0.45 0.4])
p = parallelplot(tsunamis);
coordvars = {'Year','Validity','Cause','Country'};
p.CoordinateVariables = coordvars;
p.GroupVariable = 'Validity';
```

第1行命令调用figure函数建立图形窗口，指定图形窗口采用相对大小（图形窗口的宽为屏幕的45%，高为屏幕的40%）；第3行命令用变量tsunamis中的4个表变量构造变量coordvars；第4行命令通过属性CoordinateVariables设置水平排列的各个坐标轴与4个表变量的对应关系，变量coordvars中元素出现的顺序决定了对应坐标区出现的顺序和轴标签；第5行命令通过属性GroupVariable指定根据表变量Validity对海啸事件进行分组。

运行以上程序，绘制的图形如图10.12所示，每条折线对应一次海啸事件，6种颜色分别表示Validity属性的6个类别。当光标移动到某条折线上，会突出显示该折线，并弹出一个提示框，显示该次海啸的4项属性值。

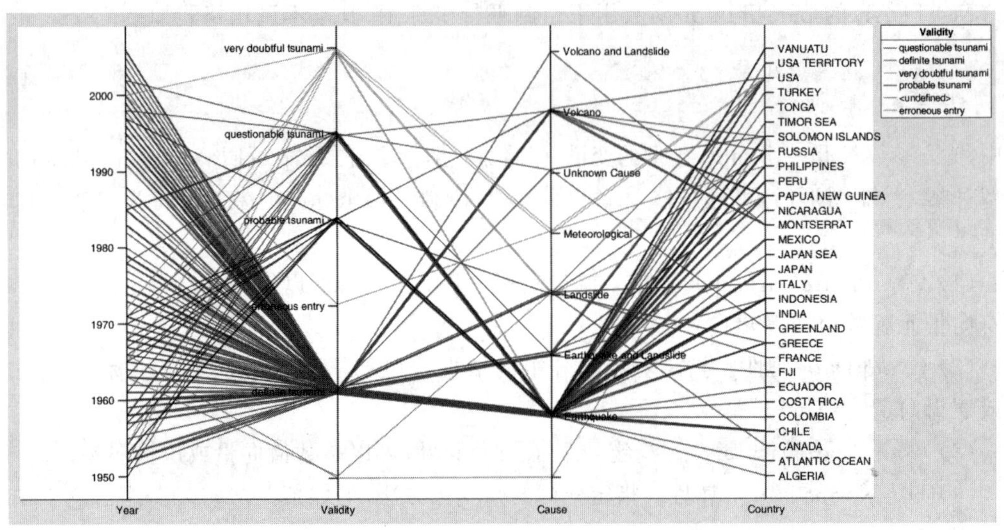

图10.12 数据集tsunamis的平行坐标图

平行坐标图可以清晰地展现不同类别数据在多个维度的差异，当样本数量大、属性多时，折线会过于密集，可视化效果不佳。

2. 交互式生成平行坐标图

在MATLAB中，还可以使用parallelplot绘图工具和实时编辑器的“创建绘图”任务，通过交互界面来生成平行坐标图。

通过交互式界面比较不同参数配置的图形效果，可以遴选出可视化过程最合适的参数。当数据规模很大时，用平行坐标图可能过于杂乱。通过交互界面，筛选出符合分析目标的属性或样本集合，可以提高可视化分析的效率。

平行坐标图的坐标区（轴）的相对位置会影响用户对数据的理解，也就是说，将两个变量放置在相邻坐标区比放置在非相邻坐标区，更容易让人们发现两个变量之间的关联。通过交互界面，可以重新排列坐标区，优化平行坐标图的表达效果。

例10.10 表10.2是某企业6个销售区域在2014—2020年的利润增长率及业绩评估情况，绘制平行坐标图，比较各地销售业绩。

表 10.2 某企业各销售区域年利润增长率

销售大区	2014年	2015年	2016年	2017年	2018年	2019年	2020年	业绩评估
西北	1.18	1.26	0.3	2.82	2.03	2.62	2.02	A
华中	7.18	9.26	12.3	6.82	9.03	4.62	2.82	B
西南	6.18	7.26	10.3	4.82	8.03	3.32	6.12	B
华南	9.18	9.26	13.3	13.82	14.63	11.62	15.12	C
东北	8.18	8.26	10.3	11.82	13.03	14.52	10.12	C
华东	10.98	18.66	20.83	15.62	17.93	16.82	19.62	D

数据保存在文件 Achievement.mat 中，变量名为 echack，table 类型，大小为 6×9。从该文件加载数据后，可以采用以下方法绘制平行坐标图。

(1) 调用 parallelplot 函数。

因为 MATLAB 程序中变量不允许使用中文名，故将与图形绑定的变量第 9 列定义别名 yjpg，在后续的程序中通过别名 yjpg 引用第 9 列数据。parallelplot 函数在绘制图形时，是按数据点值大小定义数据点相对位置，值小的数据点在下方，值大的数据点在上方，而表 10.2 中的“业绩评估”中 A 表示级别最高，对应的曲线应位于图的上部，但由于字符 A 的值最小，parallelplot 函数会将其置于图的下部，因此调用 reordercats 函数重新定义优先级，然后通过平行坐标图对象的 SourceTable 属性与对应字段绑定。程序如下。

```
p = parallelplot(echack);
p.SourceTable.Properties.VariableNames{9} = 'yjpg';
categoricalLevel = categorical( p.SourceTable.yjpg);
newOrder = {'D','C','B','A'};
orderLevel = reordercats(categoricalLevel,newOrder);
p.SourceTable.yjpg = orderLevel;
p.GroupVariable = 'yjpg';
```

运行程序，将在图形窗口中绘制平行坐标图，如图 10.13 所示。属性 GroupVariable 将变量 echack 按 yjpg 列的值分成 4 组，每组使用一种颜色。图中显示，华东区、西北区这几年的发展趋势相似，华东区年利润增长率一直维持在高位，而西北区一直处于低位，其他区有波动，华南区、东北区的后期增长较西南区、华中区强。

(2) 使用“绘图”工具条的绘图工具。

在工作区选中变量 echack 后，“绘图”列表列出根据变量 echack 类型自动筛选出的可用图形。单击 MATLAB 桌面“绘图”工具条“绘图”列表中的 parallelplot 图标，将在图形窗口中绘制平行坐标图。然后选中图形，打开图形的“属性检查器”，在“表数据”栏的 GroupVariable 框内填入“业绩评估”，图形窗口更新后，呈现分组显示的图形。

(3) 使用实时编辑器的“创建绘图”任务。

在 MATLAB 桌面单击“主页”工具条中的“新建实时脚本”，打开实时编辑器，单击“实时编辑器”工具条中的“任务”图标，从展开的列表中单击“创建绘图”图标。此时，编辑区出现“创建绘图”面板。在“创建绘图”面板的“选择数据”的 X 下拉列表中选择变量 echack，

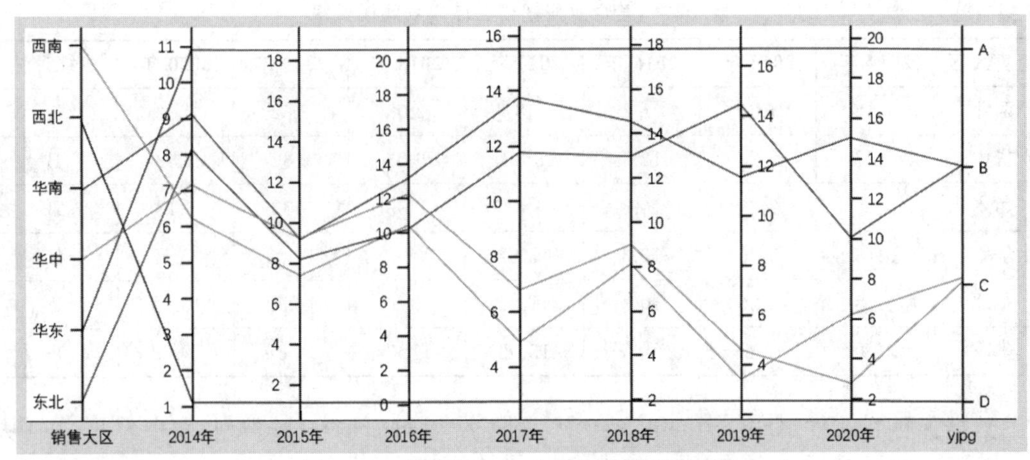

图 10.13 用变量 echack 绘制的平行坐标图

然后在“选择可视化”列表中单击 parallelplot 图标，实时脚本自动运行，输出区更新图形。在实时脚本中，Group 不支持中文变量名，因此不能直接用第 9 列的字段名“业绩评估”对数据进行分组，可以利用 MATLAB 的变量编辑器将“业绩评估”字段名改为符合 MATLAB 规范的名称，如 yjpg。然后在“创建绘图”面板“选择数据”栏的 Group 下拉列表中选择变量 echack，再从其右侧的下拉列表中选择 yjpg。运行实时脚本，编辑器的输出区更新图形，呈现分组显示的图形。

10.3.3 图形符号图

可视化多属性(多元)数据的另一种方法是使用图形符号，用不同图形符号表示不同属性。通过易于感知的视觉元素，展示数据的多个属性差异。

1. 图形符号

1）星座符号

星座图，也称为星相图，用不规则多边形代表多元数据。它将样本表示为一个星座，星座的不同顶点代表不同变量。n 个样本对应 n 个星座，m 个变量分别对应星座符号的 m 个顶点，各个顶点与中心点的距离与该顶点所代表变量的值成正比。

2）脸谱符号

脸谱图是用脸谱来表达多变量数据集，将观测的 p 个变量分别用脸谱某一部位的形状和大小来表示，一个样本用一张脸谱表示。按照脸谱符号图发明者 H.Chernoff 提出的画法，采用 15 个指标代表面部特征，例如，脸的大小、嘴的长与宽、眼睛的位置、眼睛的长与宽、鼻子的长度、耳朵的长与宽等。这样，按照各变量的取值，根据一定的数学函数关系，就可以确定脸的轮廓、形状及五官的部位、形状。

人类善于识别脸部特征，脸谱化使得多变量数据容易被理解。但 Chernoff 脸谱无法表示数据的多重联系，且不能显示具体的数据值。

2. glyphplot 函数

MATLAB 的 glyphplot 函数用于绘制图形符号图，支持两种图形符号：星座图和

Chernoff 脸谱图。

1）星座图

glyphplot 函数绘制星座图的调用格式如下。

```
glyphplot(X, 'glyph','face', 'obslabels',labels,'grid',[rows,cols])
```

其中，输入参数 X 是存储源数据的变量；第二个输入参数'glyph'指定使用图形符号，第三个输入参数'face'指定采用星座符号表示；参数'obslabels'用于设置每个星座下显示标签，其后的变量 labels 存储这些标签值；参数组'grid'用于设置星座的排列模式，其后的二元向量指定排成 rows 行，每行有 cols 个星座。

2）脸谱图

glyphplot 函数绘制脸谱图的调用格式如下。

```
glyphplot(X, 'glyph','face', 'features',f)
```

其中，输入参数 X 是存储源数据的变量；第二个输入参数'glyph'指定绘制图形符号，第三个输入参数'face'表示指定采用脸谱符号表示；参数'features'用于设置脸谱元素，其后的变量 f 存储与脸谱元素对应的值。MATLAB 提供了 17 种面部特征元素，按序号依次是脸的大小、前额/下颌相对弧长、前额形状、下颌形状、两眼间距、眼的垂直位置、眼高、眼宽、眼角、眉毛的垂直位置、眉毛的间距、眉毛的角度、瞳孔的方向、鼻子的长度、嘴的垂直位置、嘴的形态、嘴唇的弧长等。

例 10.11 加载数据文件 carbig.mat，绘制前 6 个型号的星座图，星座排成两行输出。

首先从文件 carbig.mat 加载数据到工作区，合成变量 X。取变量 X 的前 6 行数据，存储于变量 X1，作为绘图数据。取存储汽车型号的变量 Model 前 6 行数据，存储于变量 Label1，作为星座图的标签。然后调用 glyphplot 函数绘制星座图，程序如下。

```
load('carbig.mat')
X = [MPG, Acceleration, Displacement, Weight, Horsepower];
X1 = X(1:6,:);
Label1 = Model(1:6,:);
glyphplot(X1, 'glyph','star', 'obslabels',Label1,'grid',[2,3])
```

运行以上程序，输出如图 10.14 所示，在同一个图形窗口展示 6 个型号汽车的 5 种属性。图形窗口中有 6 个星座，分为两行展示，每一行星座的中心点处于同一水平线，每一个星座对应同一属性的边朝向相同，边长对应属性值。

若把光标移动到某星座的中心点上，会弹出一个提示框，显示该星座对应样本的所有属性值。例如，将光标移动到第二行右端星座的中心顶点时，弹出的数据提示框如图 10.15(a)所示。若把光标移动到星座的某个顶点上，会弹出一个提示框，显示该顶点对应属性值以及该样本所有属性值。例如，将光标移动到第一行中间星座位于最上方的顶点时，弹出的数据提示框如图 10.15(b)所示。

如果要绘制脸谱图，最后一行语句修改如下。

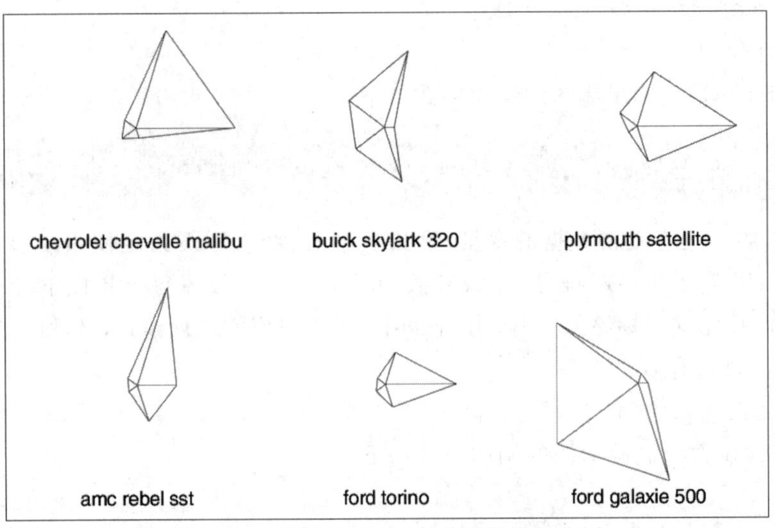

图 10.14　数据集 carbig 部分型号的星座图

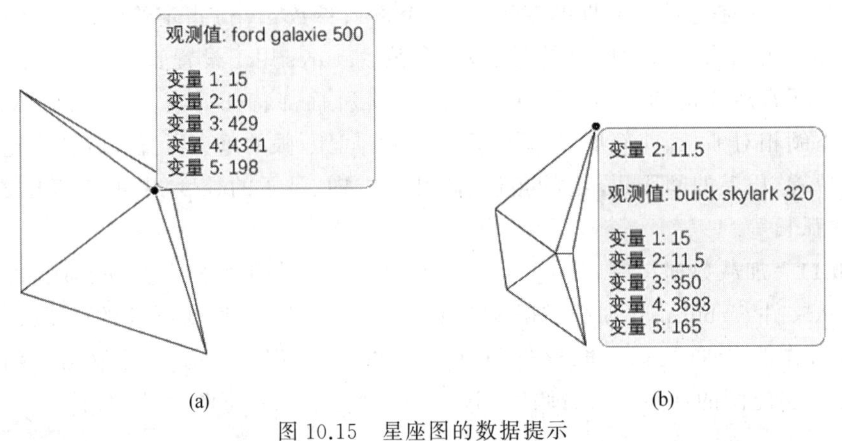

图 10.15　星座图的数据提示

```
glyphplot(X1, 'glyph','face', 'obslabels',Label1, 'grid',[2,3])
```

运行程序，绘制的图形如图 10.16 所示。若把光标移动到某个脸谱的轮廓线上时，会弹出一个提示框，显示该脸谱对应样本所有属性值。

如果调整变量 X 的属性排列顺序，则会改变变量与脸谱特征的对应关系，脸谱图的形状随之变化。例如，绘制如图 10.17 所示的脸谱图，程序如下。

```
X = [Acceleration, Displacement, Horsepower, MPG, Weight];
X1 = X(1:6,:);
glyphplot(X1, 'glyph','face', 'obslabels',Label1, 'grid',[2,3])
```

3. 交互式生成图形符号图

在 MATLAB 中，还可以使用 glyphplot 绘图工具、和实时编辑器的“创建绘图”任务，通过交互界面来生成图形符号图。通过交互式界面比较不同参数配置的图形效果，从

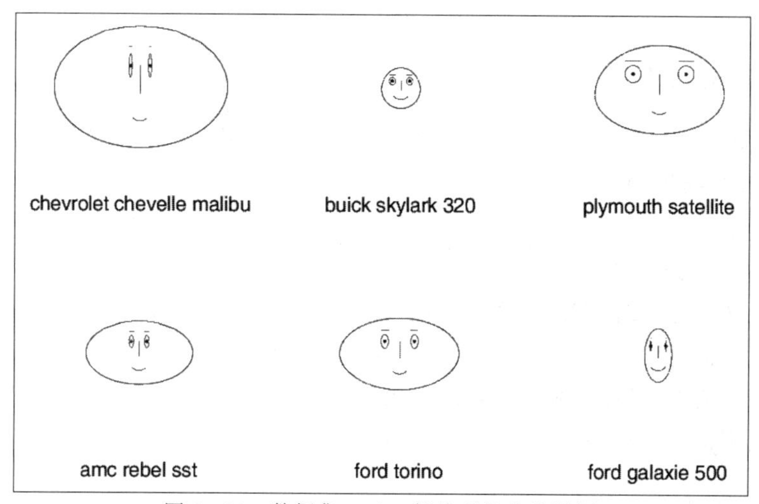

图 10.16 数据集 carbig 部分型号的脸谱图

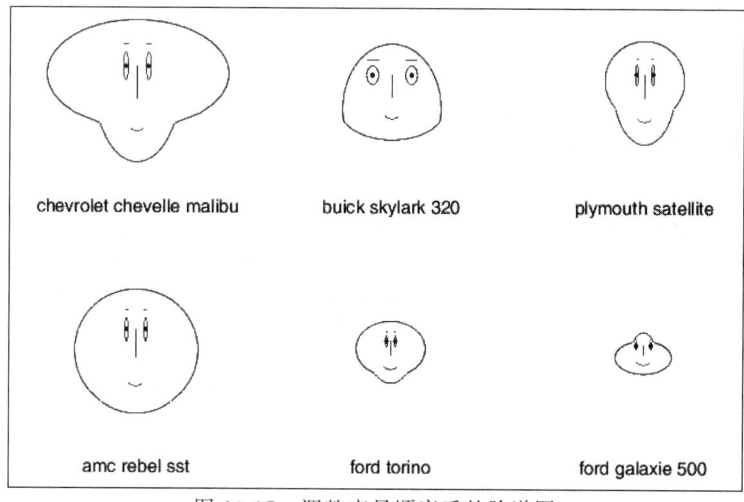

图 10.17 调整变量顺序后的脸谱图

中选出最合适的参数。

（1）在工作区选中变量 X1 后，单击 MATLAB 桌面“绘图”工具条中“绘图”模块组右侧的展开图标，在列表中单击 glyphplot 模块图标生成星座图，或单击图标生成脸谱图。

（2）单击 MATLAB 桌面“主页”工具条中的“新建实时脚本”，打开实时编辑器后，单击“实时编辑器”工具条中的“任务”图标，从展开的列表中单击“创建绘图”图标。然后从编辑区的“创建绘图”面板的“选择数据”下拉列表中选择 X1，此时“选择可视化”列表会根据变量 X1 的类型更新可用图形列表，单击列表中的 glyphplot 图标，默认绘制的是星座图。若要绘制脸谱图，从“创建绘图”面板的“选择可视化参数”栏的“选择”下拉列表中选择 Glyph，然后从其右侧的下拉列表中选择 Face。

星座图、脸谱图只能看到每个样本的大致情况，星座图中没有指示星座的哪个顶点与哪个变量对应，脸谱图中没有指示脸谱的哪个特征元素与哪个变量对应，且无法体现变量值的差异。

10.3.4 调和曲线图

调和曲线图(也称为 Andrews 图)是将多元数据集 X 中每个样本的属性值代入以下表达式计算,用计算结果绘制成一条曲线。

$$f(t)=\frac{x_1}{\sqrt{2}}+x_2\sin t+x_3\cos t+x_4\sin 2t+x_5\cos 2t+\cdots,t\in[0,1]$$

数据集的样本分成若干类,一个类的曲线采用一种颜色表示。变量的排列顺序不同,生成的调和曲线图也不同。在绘制调和曲线图时,将指标变量按影响力或权重进行降序排序,重要的变量放在前面,可以增加调和曲线的灵敏性。

调和曲线图常用于反映多元数据的结构以及样本的聚类特性。

1. andrewsplot 函数

MATLAB 的 andrewsplot 函数用于绘制调和曲线图,函数的基本调用格式如下。

```
andrewsplot(X, 'Standardize',standopt, 'Group',group)
```

其中,输入参数 X 存储源数据;参数组'Standardize'用于设置变量标准化的方法,standopt 的可取值如下。

(1) 'on'——在绘图之前,缩放 X 的每列,缩放处理后的变量均值为 0,标准差为 1。

(2) 'PCA'——根据 X 的主成分分数创建 Andrews 图,按特征值降序排列。

(3) 'PCAStd'——使用标准化主成分分数创建 Andrews 图。

参数组'Group'指定数据分组依据,group 是一个数值数组,元素是每个样本的分组号。group 也可以是描述样本类别的分类数组、字符矩阵、字符串数组或字符向量元胞数组。

例 10.12 加载数据集 carbig,筛选出气缸数量为 4、6 和 8 的样本,按气缸数量分组,用变量 MPG、Acceleration、Displacement、Weight、Horsepower 绘制调和曲线图,如图 10.18 所示,通过三种颜色展示 4 缸、6 缸和 8 缸汽车整体性能的差异。

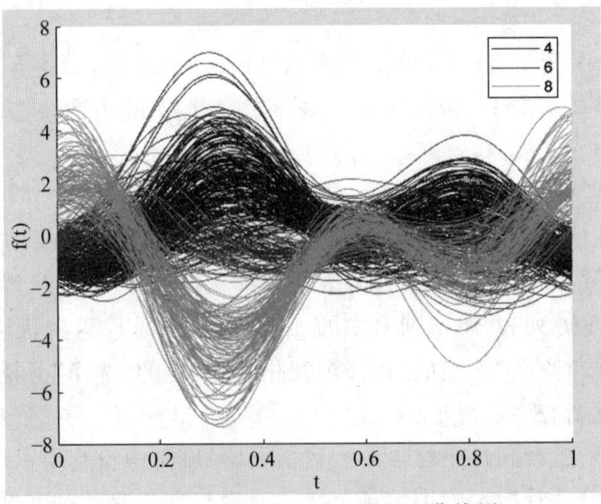

图 10.18 数据集 carbig 的调和曲线图

首先调用 ismember 函数判定变量 Cylinders 中哪些元素值为 4、6、8，将判定结果存储于变量 Cyl468。X(Cyl468，:)表示筛选出变量 X 中 4、6、8 缸的样本，只对气缸数量为 4、6 和 8 的样本进行可视化分析。程序如下。

```
load('carbig.mat')
X = [MPG, Acceleration, Displacement, Weight, Horsepower];
Cyl468 = ismember(Cylinders,[4 6 8]);
andrewsplot(X(Cyl468,:), 'group',Cylinders(Cyl468), 'standardize','on')
```

2. 交互式生成调和曲线图

在 MATLAB 中，还可以使用 andrewsplot 绘图工具和实时编辑器的“创建绘图”任务，通过交互界面来生成调和曲线图。通过交互式界面比较不同参数配置的图形效果，从中选出最合适的参数。

在交互界面中，只能使用工作区已有变量。因此，绘制调和曲线图之前，须先提取符合要求的样本数据，生成变量，存储这些数据。

例 10.13 通过交互式方法绘制如图 10.18 所示的调和曲线图。

先从变量 Cylinders 筛选出气缸数量为 4、6 和 8 的数据，构造分组依据，存储于变量 Cylinders468；再按同样方式筛选出绘图数据，存储于变量 X468。程序如下。

```
load('carbig.mat')
X = [MPG, Acceleration, Displacement, Weight, Horsepower];
Cyl468 = ismember(Cylinders,[4 6 8]);
Cylinders468 = Cylinders(Cyl468);
X468 = X(Cyl468, :);
```

生成变量后，可以采用以下方法绘制 Andrews 图。

(1) 使用“绘图”工具条的绘图工具。

在工作区选中变量 X468 后，单击 MATLAB 桌面“绘图”工具条中“绘图”模块列表中的 andrewsplot 模块图标，将在图形窗口中绘制调和曲线图。此种方式不能绘制分组调和曲线图。

(2) 使用实时编辑器的“创建绘图”任务。

单击 MATLAB 桌面“主页”工具条中的“新建实时脚本”图标，打开实时编辑器。单击“实时编辑器”工具条中的“任务”图标，从展开的列表中单击“创建绘图”图标。此时，编辑区出现“创建绘图”面板。在面板的“选择数据”栏的 X 下拉列表中选择变量 X468，然后单击“选择可视化”列表中的 andrewsplot 图标，脚本自动运行，输出区输出未分组的调和曲线图。接下来，在“创建绘图”面板的“选择数据”栏的 Group 下拉列表中选择变量 Cylinders468，在“选择可视化参数”栏的“选择”下拉列表中选择 Standardize，从其右侧的下拉列表中选择 on，运行脚本，输出区的输出更新，呈现用不同颜色表示分组的图形，与图 10.18 所示一致。

当数据集包含的样本太多时，图形会比较杂乱，仅适合于呈现样本数较少的数据集。

10.4 地理数据可视化

随着定位技术的发展，与地理位置相关的数据已经成为一种十分普遍的数据形式，例如，研究动物、交通工具、地壳版块等事物以及人类各种活动的数据。数据中包含时间、空间信息，还记录了研究对象的多个属性值，可以帮助相关领域人员了解研究对象行为模式及成因。

与地理位置相关数据的可视化表达手段可分为静态可视化和动态可视化。静态可视化，一般是在二维地图上叠加可以描述空间变化的要素；动态可视化常采用动态地图、三维GIS等形式表示空间信息随时间变化的过程。

10.4.1 轨迹可视化

轨迹是研究对象在地理空间随时间连续运动而形成的路径信息。随着移动互联网和物联网技术的发展，形成了海量移动对象轨迹数据。轨迹数据含有丰富的时空信息，通过可视化等技术，可以挖掘研究对象的活动规律与行为特征。

研究活动轨迹的数据大多是通过传感器采集，例如，汽车上的车载GPS记录，动物身体绑定的定位器数据，卫星监测获取的台风活动数据等。研究人类活动轨迹的数据则包括研究对象在各类活动中的操作记录，例如，人们在社交软件上的位置分享、带有位置信息的照片、公交刷卡记录、电话呼出记录、网约车的订单等。

轨迹数据往往伴随着属性信息，如活动对象的特征(如位置、大小、类型等)或活动过程的参数(如速度、方向、角度等)。基于轨迹数据的可视化，包括行为分析、轨迹时间线的比较、活动规律的分析等。

在MATLAB中，轨迹数据的可视化可以采用10.1节介绍的方法(如平行坐标、散点图矩阵、降维投影等)，还可以通过在二维、三维地图上构建地理图，呈现轨迹的相关信息，以揭示行为模式的成因。

1. 基于二维地理图的数据可视化

地理图是MATLAB提供的可视化与特定地理位置有关的数据的工具，通常用经纬度数据表示研究对象的方位。表10.3列出了MATLAB绘制地理图的常用函数。

表10.3 地理数据可视化函数

函数	功能
geoplot	绘制地理线图
geoscatter	绘制地理散点图
geobubble	绘制地理气泡图
geodensityplot	绘制地理密度图

1) geoplot函数

geoplot函数使用经纬度坐标在二维地图上绘制曲线，常用于展示活动路径。geoplot

函数基本调用格式如下。

```
geoplot(lat, lon, LineSpec)
```

其中,输入参数 lat 和 lon 为长度相同的向量,分别指定采样点的纬度和经度;参数 LineSpec 指定线型,省略时,默认使用不带标记的实线。生成线条对象后,可以通过修改线条对象的属性改变线条的外观。这类线条对象的属性与 plot 函数生成的线条对象的属性基本相同。例如,Color 属性设置线条颜色,LineStyle 属性设置线型,LineWidth 属性设置线条宽度,Marker 属性设置标记符号,MarkerFaceColor 属性设置标记填充颜色,MarkerSize 属性设置标记大小。

例 10.14 MATLAB 的样例数据文件 hurricane1.mat 记载了某次飓风的轨迹数据。变量 latitude 存储各时间点飓风中心点位置的纬度,正数表示位于北半球(北纬),负数表示位于南半球(南纬);变量 longitude 存储飓风中心点位置的经度,正数表示位于东半球(东经),负数表示位于西半球(西经)。用该文件的数据绘制轨迹图,程序如下。

```
load('hurricane1.mat')
geoplot(latitude,longitude,"- * ")
```

运行以上程序,绘制如图 10.19 所示图形。将光标移动到地理图线条上的某个采样点附近,将弹出提示框,显示该点的纬度、经度。单击某个采样点,数据提示框停靠在该点,若要删除已生成的数据提示框,右击采样点,从右键菜单中选择"删除当前数据提示"或"删除所有数据提示"。

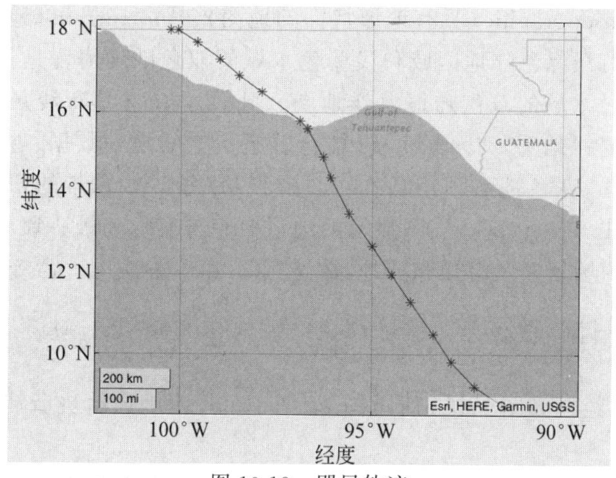

图 10.19 飓风轨迹

2) geoscatter 函数

geoscatter 函数使用经纬度坐标在二维地图上绘制散点图,可以用于展示沿活动路径的采样值。geoscatter 函数基本调用格式如下。

```
h = geoscatter (lat, lon, A, C, M)
```

其中,输入参数 lat 和 lon 为长度相同的向量,分别指定数据点的纬度和经度;参数 M 指定标记符号;A 指定每个标记的面积(以平方磅为单位,默认值为 36),可以是数值标量、向量或空矩阵;C 指定每个标记的颜色,可取值是 RGB 三元组或颜色名称,C 可以是标量、向量或矩阵,若用矩阵表示,则 C 的行数应与 lat、lon 长度相同。输出参数 h 返回 Scatter 对象。

例如,用例 10.14 的数据绘制地理散点图,标记使用三角形,标记颜色与经度值对应,程序如下。

```
load('hurricane1.mat')
geoscatter(latitude, longitude)
h = geoscatter(latitude, longitude, [], longitude, '^');
colormap jet
```

执行以上命令,绘制轨迹。因为默认的底图色调是浅灰色,因此调用 colormap 函数将散点的颜色图设置为与灰色色差大的 jet 颜色图。

生成 Scatter 对象后,可以通过修改 Scatter 对象的属性改变散点的外观。常用属性和第 5 章介绍的标记属性基本相同。例如,Marker 指定标记类型,MarkerEdgeColor 属性设置标记轮廓颜色,MarkerFaceColor 属性设置标记填充颜色,LineWidth 属性设置标记轮廓线宽度。

在 R2021b 及后续版本的 MATLAB 中,geoscatter 函数还可以使用表数据作为输入参数。

3) 地理图的底图

绘制地理图后,可以调用 geobasemap 函数改变地理图的底图,可用底图包括'streets-light'(浅色背景街道图,默认值)、'streets-dark'(深色背景街道图)、'streets'(通用公路图)、'satellite'(卫星图)、'topographic'(具有地形特征的地图)、'colorterrain'(地表配色的着色地势图)、'bluegreen'(具有浅绿色陆地区域和浅蓝色水域的双色陆地海洋地图)、'grayland'(具有灰色陆地区域和白色水域的双色陆地海洋地图)、'darkwater'(具有浅灰色陆地区域和深灰色水域的双色陆地海洋地图)、'landcover'(结合卫星衍生的地表数据、着色地势和海底地势的地图)、'grayterrain'(灰色地形图)和'none'。除了 MATLAB 自带的'darkwater'底图,使用其他底图需要连接 Internet,这些底图显示的地形概貌与实际场景一致。

例 10.14 发生的场景涉及海洋和陆地,故选用'landcover'底图。命令如下。

```
>> geobasemap landcover                          %或 geobasemap('landcover')
```

执行以上命令,绘制如图 10.20 所示图形,图中呈现出飓风轨迹所涉及的地理区域海洋和陆地地形、地势。

在 MATLAB R2022b 及后续版本中,geoplot 函数还可以使用表数据作为输入参数。

4) 设置地理图的坐标值域

geolimits 函数用于设置地理图的经纬度值域,其基本调用格式如下。

```
geolimits(latlim, lonlim)
```

其中,输入参数 latlim、lonlim 都是二元向量,分别指定地理坐标区的纬度和经度的最小值、最大值,默认根据采样点的方位自动确定经纬度值域。

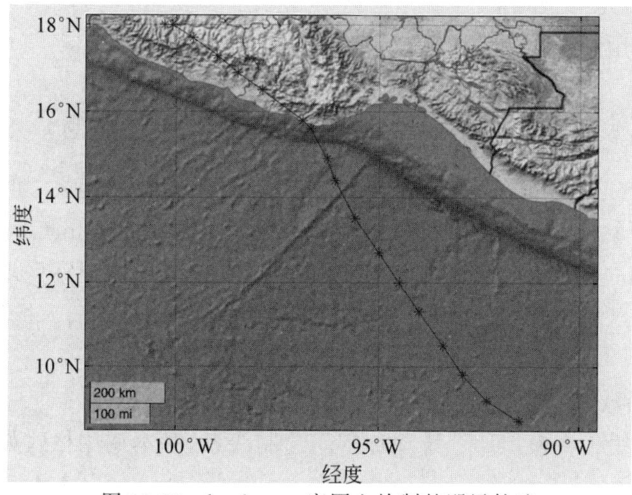

图 10.20 landcover 底图上绘制的飓风轨迹

例 10.15 MATLAB 的样例数据文件 cycloneTracks.mat 记载了 2007—2017 年的飓风监测数据。文件中数据的采样时间间隔为 6h，记录了飓风中心的位置、气压和风速。表中的每一行存储一次采样数据。数据存储于 table 类型的变量 cycloneTracks，其中，表变量 ID 记录飓风编号，表变量 Name 记录飓风的名称，表变量 Time 记录数据的采集时间，表变量 Grade 记录飓风级别，表变量 Latitude、Longitude 记录飓风中心的纬度、经度，表变量 Pressure 记录气压(以百帕为单位)，表变量 WindSpeed 记录风速(以节为单位)。

加载数据，绘制 ID 为 1725、1726、1727 的三次飓风的轨迹，并将观测区纬度限定在 0°～20°，经度限定在 100°～140°。和 plot 函数的绘图机制相同，调用 geoplot 函数绘制图形时，会自动清除坐标区原有图形，因此在绘制第二条轨迹前，使用 hold on 命令保留地图上已有图形。程序如下。

```
load cycloneTracks
lat1 = cycloneTracks.Latitude(cycloneTracks.ID == 1725);
lon1 = cycloneTracks.Longitude(cycloneTracks.ID == 1725);
gh1 = geoplot(lat1,lon1,'.-');
geolimits([0 20],[100 140])
hold on
lat2 = cycloneTracks.Latitude(cycloneTracks.ID == 1726);
lon2 = cycloneTracks.Longitude(cycloneTracks.ID == 1726);
geoplot(lat2,lon2,'.-')
lat3 = cycloneTracks.Latitude(cycloneTracks.ID == 1727);
lon3 = cycloneTracks.Longitude(cycloneTracks.ID == 1727);
geoplot(lat3,lon3,'.-')
```

2. 基于三维地球仪的数据可视化

在 MATLAB 中，基于三维地球仪可视化轨迹，先要调用 geoglobe 函数绘制三维地球仪，然后调用 geoplot3 函数在地球仪上绘制轨迹。

1）geoglobe 函数

geoglobe 函数用于生成模拟地球仪，基本调用格式如下。

```
g=geoglobe(parent)
```

其中，输入参数 parent 是父对象的句柄，父对象是放置地球仪的容器，可以是 uifigure 类型对象、Panel 类型对象或 Tab 类型对象。输出参数 g 返回 GeographicGlobe 对象。

生成 GeographicGlobe 对象后，通过鼠标操作调整地球仪的观察区域：滚动鼠标滚轮，可以放大缩小观察区域；拖动操作可以调整地球仪的呈现区域；Ctrl＋拖动操作可以旋转地球仪。

2）geoplot3 函数

geoplot3 函数用于在模拟的三维地理空间绘制线条，基本调用格式如下。

```
geoplot3(g, lat, lon, h)
```

其中，输入参数 g 是地球仪对象，lat、lon 是长度相同的向量，分别指定数据点的纬度、经度；参数 h 指定数据点的高程，可以是标量，也可以是与 lat、lon 长度相同的向量。

与地理位置有关的数据大多使用 GPS 设备或带有 GPS 部件（如手机）的设备采集，存储于.gpx 文件。GPS 交换格式（GPS eXchange Format，GPX）文件专门用于存储地理信息，一个 GPX 文件包含航线点（waypoint，没有顺序关系的点集合）或轨迹点（trackpoint，有顺序的点集合）数据。一组包含时间信息的轨迹点构成一个轨迹，一组无时间信息的轨迹点构成一个路程（route）。MATLAB 的 gpxread 函数用于读取.gpx 文件，基本调用格式如下。

```
P = gpxread(filename, Name, Value)
```

其中，输入参数 filename 是.gps 文件，也可以是包含 GPX 数据的 Internet 资源链接。输入参数 Name、Value 指定读取数据的参数，成对使用，Value 是参数 Name 的取值。常用参数是'FeatureType'，指定读取数据的特征，可取值是'auto'（默认值）、'track'（轨迹）、'route'（路程）、'waypoint'（航线）。

例 10.16 MATLAB 样例数据文件 sample_mixed.gpx 记载了滑翔机的一次活动轨迹，包括 2956 个数据点的经度（Longitude）、纬度（Latitude）和高程（Elevation）。用该文件中的数据绘制基于地球仪的轨迹图。

读取数据后，先调用 uifigure 函数生成 uifigure 对象，在 uifigure 对象上放置地球仪，然后调用 geoplot3 函数绘制轨迹图。程序如下。

```
trk = gpxread('sample_mixed','FeatureType','track');
lat = trk.Latitude;
lon = trk.Longitude;
h = trk.Elevation;
uif = uifigure;
g = geoglobe(uif);
geoplot3(g,lat,lon,h,'r')
```

运行程序，将在地球仪上绘制出滑翔机的活动轨迹，默认视点在地面正上方。若要调整视点，采用 Ctrl+拖动操作。

若.gpx 文件中没有高程数据，可以统一设置一个大于观测区域地表高程的标量作为绘制轨迹的参数 h。如果参数 h 的值小于地表高程，轨迹线位于地表下，将无法展现。例如，样例数据文件 gpxdemo.gpx 记载了某地出租车的一次行驶轨迹，其中有经过位置的纬度、经度数据，但没有高程数据，因此在调用 geoplot3 函数绘制轨迹图时，用 500 作为参数 h，程序如下。

```
trk = gpxread('gpxdemo');
lat = trk.Latitude;
lon = trk.Longitude;
uif = uifigure;
g = geoglobe(uif);
geoplot3(g, lat, lon, 500,'r')
```

运行程序，输出地理图。系统自动确定的地理范围较大，轨迹线不明显。在图形窗口滚动鼠标滚轮，缩小观测区域，使轨迹线放大；拖动光标，使轨迹线位于图形窗口的中部，调整后的轨迹图如图 10.21 所示。该处高程约为 480，若设置 geoplot3 的参数 h 为 450，绘制的轨迹线位于地表下，不会呈现出来。

图 10.21 出租车的行驶轨迹

3. 轨迹动态可视化

前面介绍了在二维、三维地图上可视化轨迹的方法，若加以时间的控制，可展示与地理位置相关的数据随时间的变化过程。

例 10.17 绘制例 10.15 的样例数据文件中 ID 为 1725 的飓风轨迹动态。

geoplot 函数使用纬度和经度在二维地图上绘制线条，本例通过调用 geoplot 函数逐段绘制两个相邻数据点之间的线条来生成动态轨迹图。geoplot 函数和 plot 函数的运行机制相同，默认在绘制新的线条时，会先擦除当前坐标区的已有图形，所以在调用 geolimits 函数定义绘图区域后，使用 hold on 保持原有图形。程序如下。

```
load cycloneTracks
lat1 = cycloneTracks.Latitude(cycloneTracks.ID == 1725);
lon1 = cycloneTracks.Longitude(cycloneTracks.ID == 1725);
geolimits([0 20],[100 140])
hold on
for k = 1:length(lat1)-1
    geoplot(lat1(k:k+1),lon1(k:k+1),'b-');
    pause(1)
end
```

循环体中用 pause 函数控制绘制行为的时隙,参数为 1 表示两个绘制行为间隔 1s,在实际应用中,可以利用样本数据中与时间有关的变量来控制时隙,例如,用表变量 Time 控制时隙。从表变量 Time 提取 ID 为 1725 的飓风采样时间,命令如下。

```
t1 = cycloneTracks.Time(cycloneTracks.ID == 1725);
```

本例也可以先调用 geoplot 函数绘制轨迹线,再调用 geoscatter 函数逐步标示各个数据点,从而呈现飓风中心的移动过程。程序如下。

```
load cycloneTracks
lat1 = cycloneTracks.Latitude(cycloneTracks.ID == 1725);
lon1 = cycloneTracks.Longitude(cycloneTracks.ID == 1725);
geoplot(lat1,lon1,'b-');
geolimits([0 20],[100 140])
hold on
for k = 1:length(lat1)
    geoscatter(lat1(k),lon1(k),10,"magenta");
    pause(1)
end
```

10.4.2 地理气泡图

地理气泡图在二维地图上用纬度和经度数据作为坐标绘制气泡(即填充了颜色的圆),用气泡的大小和颜色来指示采样点的数据值。

1. geobubble 函数

MATLAB 的 geobubble 函数用于绘制地理气泡图,其基本调用格式如下。

```
h = geobubble(tbl, latvar, lonvar)
```

其中,输入参数 tbl 是 table 或 timetable 类型的变量,存储要绘制的数据;输入参数 latvar、lonvar 分别存储数据点的纬度、经度。若用变量 tbl 中的表变量作为经纬度,则表变量名用字符向量表示。输出参数 h 返回 GeographicBubbleChart 对象。

2. GeographicBubbleChart 对象属性

生成 GeographicBubbleChart 对象后,可以通过修改 GeographicBubbleChart 对象的属

性值改变气泡图的外观和行为。控制气泡外观的常用属性如下。

1）气泡颜色

ColorVariable 属性指定气泡颜色所使用的表变量，可以是字符向量或字符串标量（表变量名）、数值标量（表变量索引号）或逻辑向量（值为 1 的元素对应要使用的表变量）；ColorData 属性用于控制同一类别的气泡在地图上用相同的颜色填充，可以是分类向量或空矩阵；BubbleColorList 指定气泡的颜色，是一个大小为 $m \times 3$ 的数组，每一行是一个 RGB 三元组，m 等于 ColorData 向量中的类别数。

2）气泡大小

SizeVariable 属性指定气泡大小所使用的表变量，可以是字符向量或字符串标量（表变量名）、数值标量（表变量索引号）或逻辑向量（值为 1 的元素对应要使用的表变量）；SizeData 属性用于控制气泡大小，可以是数值标量、向量。

3）底图

Basemap 属性指定地理气泡图的底图，可取值与 geobasemap 函数的参数可取值相同。

例 10.18 MATLAB 的样例数据文件 tsunamis.xlsx 记录了 1950—2006 年发生的海啸数据，每一行对应一次海啸，每一列对应海啸的一种属性，例如，纬度（Latitude）、经度（Longitude）、海啸发生的原因（Cause）和浪高（MaxHeight）等。用地理气泡图可视化海啸数据。

导入文件 tsunamis.xlsx 中的数据，工作区出现变量 tsunamis，这是一个 table 类型变量。其中，表变量 Cause 是由字符向量组成的元胞数组，元素值有 8 种，如'Earthquake'、'Volcano'、'Earthquake and Landslide'等，调用 categorical 函数将表变量 Cause 转换为 categorical 类型的变量，用其作为分类依据，每一类在图中用不同颜色区分。程序如下。

```
tsunamis = readtable('tsunamis.xlsx');
tsunamis.Cause = categorical(tsunamis.Cause);
h = geobubble(tsunamis,'Latitude','Longitude');
h.SizeVariable = 'MaxHeight';
h.ColorVariable = 'Cause';
h.Basemap = 'landcover';
```

运行程序，绘制图形。位于上部的图例展示气泡大小与浪高的关系，下部的图例列出了不同海啸发生原因所对应的颜色。

例 10.19 MATLAB 的样例数据文件 counties.xlsx 记录了新英格兰地区各郡在 2010—2015 年莱姆病病例数据，每一行对应一个郡的数据，每一列对应某项数据，例如，纬度（Latitude）、经度（Longitude）、2010 年人口数量（Population2010）、2015 年病例数（Cases2015）等。用地理气泡图可视化 2015 年新英格兰地区的莱姆病疫情。

加载文件中的数据，程序如下。

```
counties = readtable('counties.xlsx');
```

为了比较各地的发病率，通常用每 1000 人中出现的病例数作为度量指标。因此，提取变量 counties 的分量 Population2010、Cases2015，计算每 1000 人中的病例数，计算方法为：Cases2015 / Population2010×1000。将得到的数据添加到变量 counties 中，该分量命名为

Severity,程序如下。

```
counties.Severity = counties.Cases2015./counties.Population2010 * 1000;
```

为了呈现不同地区的疫情轻重状况,需要用不同颜色区分发病率高低。调用 discretize 函数基于变量 counties 的分量 Severity 的值将数据分为 4 个类别:0、Low、Medium 和 High。添加到变量 counties 中,该分量命名为 SeverityClass,程序如下。

```
counties.SeverityClass = discretize(counties.Severity,[0, 0.1, 1.3, 2.7, 4],...
                             'categorical', {'0','Low', 'Medium', 'High'}, ...
                             'IncludedEdge','right');
```

用变量 counties 的经纬度分量 Latitude、Longitude 绘制气泡图。绘制图形后,用表变量 Severity 定义气泡的大小,用表变量 SeverityClass 作为分类依据,每一类在图中用不同颜色区分,程序如下。

```
h = geobubble(counties,'Latitude','Longitude');
h.SizeVariable = 'Severity';
h.ColorVariable = 'SeverityClass';
h.Basemap = 'street';
```

运行上述 7 条语句,绘制地理气泡图。

10.4.3 地理密度图

地理密度图在二维地图上可视化与地理位置有关事件的分布特征。

1. geodensityplot 函数

MATLAB 的 geodensityplot 函数用于绘制地理密度图,其基本调用格式如下。

```
gh=geodensityplot(lat, lon, weights)
```

其中,输入参数 lat、lon 是长度相同的向量,分别存储数据点的纬度、经度;weights 存储数据点的权重,可以是空数组(默认值)、数值标量或向量(长度与 lat、lon 相同)。输出参数 gh 返回 DensityPlot 对象。

geodensityplot 函数使用各个位置的占比来计算累积的概率分布曲面,曲面透明度随密度而变化。

例 10.20 MATLAB 的样例数据文件 cycloneTracks.mat 记载了 2007—2017 年的飓风监测数据。加载数据,通过地理密度图观察飓风的活动规律,程序如下。

```
load cycloneTracks
figure
latAll = cycloneTracks.Latitude;
lonAll = cycloneTracks.Longitude;
gh = geodensityplot(latAll, lonAll);
```

运行程序，绘制出地理图。颜色越深的位置，表明飓风在此经过的概率越大。

2. DensityPlot 对象属性

绘制地理密度图后，可以通过修改 DensityPlot 对象的属性值改变气泡图的外观和行为。常用属性如下。

1）FaceAlpha 属性

设置面透明度，可取值是介于 0～1 的数值标量，值为 1 时完全不透明，值为 0 时完全透明。默认为'interp'，通过基于面的各顶点处透明度数值进行插值，每个面上的透明度会渐变。

2）FaceColor 属性

指定不同密度的区域如何用颜色区分。默认情况下，geodensityplot 使用一种颜色表示所有密度值，通过透明度表示密度变化。若要使用多种颜色来表示不同密度的区域，可以修改 FaceColor 属性。FaceColor 属性的可取值是'interp'、RGB 三元组、十六进制颜色代码、颜色名称或短名称，默认值为[0, 0.4470, 0.7410]。若属性值设置为'interp'，表示使用基于密度值进行插补计算着色。

3）Radius 属性

指定每个点对密度计算的影响半径，可取值是数值标量，以 m 为度量单位。默认根据纬度和经度数据确定半径值。

例 10.21 MATLAB 的样例数据文件 cellularTowers.mat 记录了加利福尼亚地区蜂窝塔位置。绘制地理密度图来查看该地区蜂窝塔分布情况。

加载数据，设置影响半径为 50km，将 FaceColor 属性的值设为'interp'，并调整色图为 hot，以突出蜂窝塔密集的位置。程序如下。

```
load cellularTowers
lat = cellularTowers.Latitude;
lon = cellularTowers.Longitude;
h = geodensityplot(lat,lon);
h.Radius = 50000;
h.FaceColor = 'interp';
colormap hot
```

运行程序，绘制地理密度图。图中亮黄色的部分为蜂窝塔密集处。

与地理位置相关的数据以地球表面空间位置为参照，描述自然、社会和人文景观，通过可视化活动轨迹、密度等，可以直观、生动地呈现观测目标的活动规律和分布特性。

小　　结

技术的进步使得数据收集变得越来越容易，导致数据规模越来越大、复杂性越来越高，如各种类型的贸易交易数据、Web 文档、基因表达数据、文档词频数据、用户评分数据及多媒体数据等，它们的维度（属性）有时可以达到成百上千维。由于高维数据存在的普遍性，高维数据的可视化有着非常重要的意义。

多维数据可视化是指将高维数据降维后,在低维空间进行可视化展示。常见的数据降维方法有主成分分析、t-SNE 算法等,MATLAB 提供了 pca、tsne 等函数对高维数据进行降维处理。

多元数据也被称为多元样本数据集,多元数据的可视化常采用散点图矩阵、平行坐标图、图形符号图、调和曲线图等,在 MATLAB 中,可以选用 plotmatrix、parallelplot、glyphplot、andrewsplot 等函数实现多元数据的可视化。

轨迹数据含有丰富的时空特征信息,利用 MATLAB 的 geoplot 函数可以展示研究对象的活动规律,利用 geobubble、geodensityplot 等函数可以实现自然现象分布特征的可视化。

MATLAB 提供了多种可用于高维数据可视化和分析的工具,利用这些工具,可以快速从大规模数据集中提取关键数据,发现数据中蕴藏的信息。

参考文献

[1] 克劳斯·O. 威尔克. 数据可视化基础[M]. 林琪，译. 北京：中国电力出版社，2020.
[2] MathWorks. MATLAB帮助中心. https://ww2. mathworks. cn/help/.
[3] 蔡旭晖，刘卫国，蔡立燕. MATLAB基础与应用教程[M]. 2版. 北京：人民邮电出版社，2019.
[4] 周苏，王文. 大数据可视化[M]. 北京：清华大学出版社，2016.
[5] 高云龙. Tableau数据可视化企业应用实战[M]. 北京：人民邮电出版社，2019.
[6] 王大伟. ECharts数据可视化入门、实战与进阶[M]. 北京：机械工业出版社，2021.
[7] Claus O W. Fundamentals of Data Visualization. https://clauswilke. com/dataviz/.
[8] 李昕. MATLAB数学建模[M]. 北京：清华大学出版社，2017.
[9] 尚涛. Python数据分析全流程实操指南[M]. 北京：北京大学出版社，2020.
[10] 潘强，张良均. Power BI数据分析与可视化[M]. 北京：人民邮电出版社，2019.
[11] 周涛，袁飞，庄旭. 最简数据挖掘[M]. 北京：电子工业出版社，2020.
[12] 高静，申志军，等. 大数据基础与Python机器学习[M]. 北京：清华大学出版社，2022.
[13] 凯蒂·伯尔纳，戴维·E. 波利. 数据可视化实用教程[M]. 北京：清华大学出版社，2017.
[14] 胥国根，贾瑛. 实战大数据——MATLAB数据挖掘详解与实践[M]. 北京：清华大学出版社，2017.
[15] 刘礼培，张良均，等. Python数据可视化实战[M]. 北京：人民邮电出版社，2022.
[16] 张金雷，杨立兴，高自友. 深度学习与交通大数据实战[M]. 北京：清华大学出版社，2022.

图书资源支持

感谢您一直以来对清华版图书的支持和爱护。为了配合本书的使用，本书提供配套的资源，有需求的读者请扫描下方的“书圈”微信公众号二维码，在图书专区下载，也可以拨打电话或发送电子邮件咨询。

如果您在使用本书的过程中遇到了什么问题，或者有相关图书出版计划，也请您发邮件告诉我们，以便我们更好地为您服务。

我们的联系方式：

清华大学出版社计算机与信息分社网站：https://www.shuimushuhui.com/

地　　址：北京市海淀区双清路学研大厦 A 座 714

邮　　编：100084

电　　话：010-83470236　010-83470237

客服邮箱：2301891038@qq.com

QQ：2301891038（请写明您的单位和姓名）

资源下载：关注公众号“书圈”下载配套资源。

资源下载、样书申请

书圈

图书案例

清华计算机学堂

观看课程直播